职业教育课程改革系列教材

单片机应用与调试项目教程
（C语言版）

主　编　周正鼎
副主编　龙善寰　宋天齐
参　编　周志文　黄丽君　陈　俭　江幸福

机械工业出版社

本书是在总结编者多年课程改革、技能大赛辅导以及工程实践经验的基础上编写而成的。以51系列单片机为载体，运用项目式的编写模式介绍单片机的应用与调试技术。为更贴近工程实际，本书将C语言编程引入进来。本书主要介绍以下内容：单片机基础知识、LED及键盘、电机控制、A/D转换及D/A转换、显示系统、单片机通信以及单片机控制系统安装与调试项目精选。每一章下均由若干个项目组成，最终在第7章用综合项目的形式将单片机应用技术提升到一定高度。

本书内容翔实、实例丰富，有较强的实际应用指导价值，可作为电子信息类专业单片机课程教学用书，也可作为单片机调试比赛的指导用书。

本书配有免费电子教案及源程序代码，需要者可登录www.cmpedu.com进行注册及下载。

图书在版编目（CIP）数据

单片机应用与调试项目教程：C语言版/周正鼎主编. —北京：机械工业出版社，2011.8（2023.8重印）

职业教育课程改革系列教材

ISBN 978-7-111-34632-6

Ⅰ.①单…　Ⅱ.①周…　Ⅲ.①单片微型计算机-职业教育-教材②C语言-程序设计-职业教育-教材　Ⅳ.①TP368.1②TP312

中国版本图书馆CIP数据核字（2011）第143654号

机械工业出版社（北京市百万庄大街22号　邮政编码100037）
策划编辑：高　倩　责任编辑：范政文　赵红梅　版式设计：霍永明
责任校对：刘怡丹　封面设计：鞠　杨　责任印制：邓　博
北京盛通商印快线网络科技有限公司印刷
2023年8月第1版第12次印刷
184mm×260mm · 12.75印张 · 312千字
标准书号：ISBN 978-7-111-34632-6
定价：29.80元

电话服务	网络服务
客服电话：010-88361066	机　工　官　网：www.cmpbook.com
010-88379833	机　工　官　博：weibo.com/cmp1952
010-68326294	金　　书　　网：www.golden-book.com
封底无防伪标均为盗版	机工教育服务网：www.cmpedu.com

前　　言

本书是在总结编者多年课程改革、技能大赛辅导以及工程实践经验的基础上编写而成的。在课程内容的安排上，打破学科体系的束缚，抛弃了以往教材单纯理论讲述或从理论到实践的排列方式，将单片机应用知识及使用技巧渗透到解决任务（问题）的过程中。以学生的实际认知规律为依据，以理论实践一体化的教学思想为宗旨，本着“做学教一体化”的理念，将工作任务与学习任务相结合，工作过程与学习过程相结合，工作内容与学习内容相结合。

为帮助学生理清学习思路，本书的主体部分还是以单片机的功能为主线，划分为6章，即单片机基础知识、LED及键盘、电机控制、A/D转换及D/A转换、显示系统、单片机通信等功能模块。在每个模块中按照任务引领的思路，设计了若干个单体项目，对某一部分单片机的应用知识、相关电路原理以及编程技巧等进行专项训练。项目设计的难度由浅入深、逐层递进，在对基本技能进行反复强化训练的同时，每个项目又有新的内容加入，使得学生逐步树立信心、增强兴趣。在本书的最后增加了一个综合项目模块，在不增加新知识的情况下，集中力量训练学生综合运用单片机知识的能力。在此环节，模拟技能大赛的出题方式，以任务单的形式命题，即仅交代出工作任务名称、工作任务的背景、需达到的技术要求、所能提供的设备、材料等条件，因此除了单片机知识与技能运用本身的综合训练，还训练了学生“明确任务、收集信息、计划和决策、实施与检查、评价与总结”等职业能力。

本书在内容设计方面提供了每个电路的设计原理图，同时以国内目前使用较多的技能大赛单片机项目指定使用设备YL-236为硬件平台进行接口电路介绍。在软件设计环节，着重流程图的介绍，帮助学生理解源程序的同时，强调了设计思路在编写程序中的重要地位。本书所有程序均采用C语言编写，这样更贴近目前的工程实际应用。学生在学习单片机应用的同时还掌握了一门高级计算机语言。

本书编写人员及分工如下：周正鼎编写第1、2、7章，龙善寰编写第3章，周志文编写第4章，黄丽君编写第5章，陈俭、江幸福共同编写第6章。全书由周正鼎提供策划思路并统稿。本书在编写过程中还吸收了多位技能大赛参赛选手的意见和体会，在此一并表示感谢。

本书可作为职业教育院校电类专业“单片机应用技术”课程教材，也可作为技能大赛单片机项目的基础辅导书或作为单片机爱好者的学习参考书。

为方便教学及自学，本书所涉及的所有源程序代码将上传到机械工业出版社教材服务网（www.cmpedu.com），有需要的读者可以下载使用。

由于水平所限，错误和不妥之处在所难免，恳请大家批评指正。

编　者

2011年5月

目　　录

第 1 章　单片机基础知识

1.1　单片机概述

【什么是单片机】

单片机也被称为微控制器（Microcontroller），最早被用在工业控制等领域。单片机由芯片内仅有 CPU 的专用处理器发展而来。最早的设计理念是通过将大量外围设备和 CPU 集成在一个芯片中，使计算机系统更小，更容易集成复杂而对体积要求严格的控制设备。图 1-1 所示为 AT89S51 单片机。

图 1-1　AT89S51 单片机

和计算机相比，单片机只缺少了 I/O 设备。它的体积小、质量轻、价格便宜，为学习、应用和开发提供了便利条件。单片机内部也有和计算机功能类似的模块，如 CPU、内存、并行总线等。现在通用的全自动滚筒洗衣机、排烟罩、VCD 等家用电器里面都可以看到它的身影！

单片机是一种在线式实时控制计算机。在线式就是现场控制，需要有较强的抗干扰能力和较低的成本，这是与离线式计算机（比如家用 PC）的主要区别。单片机是靠程序控制的，通过不同的程序实现不同的控制功能，尤其是器件需要费很大力气才能做到的。比如要完成一个不是很复杂的功能，如果用美国 20 世纪 50 年代开发的 74 系列，或者 60 年代的 CD4000 系列这些纯硬件来做，电路一定是一大块 PCB！如果用美国 70 年代成功投放市场的系列单片机，结果就会有天壤之别！因为单片机通过编写的程序就可以实现高智能、高效率，以及高可靠性的复杂控制。

【单片机的应用领域】

目前，单片机的应用已经渗透到我们生活的各个领域，几乎很难找到哪个领域没有单片机的踪迹，导弹的导航装置，飞机上各种仪表的控制，计算机的网络通信与数据传输，工业自动化过程的实时控制和数据处理，广泛使用的各种智能 IC 卡，轿车的安全保障系统，录像机、摄像机、全自动洗衣机，以及程控玩具、电子宠物等，这些都离不开单片机。再比如，自动控制领域的机器人、智能仪表、医疗器械等。因此，单片机的学习、开发与应用将造就一批计算机应用与智能化控制的科学家和工程师。

单片机广泛应用于仪器仪表、家用电器、医用设备、航空航天、专用设备的智能化管理及过程控制等领域。

【AT89S52 单片机简介】

AT89S52 单片机是一种低功耗、高性能 CMOS 八位微控制器，具有 8KB 在系统可编程 Flash 存储器。使用 ATMEL 公司高密度非易失性储存器技术制造，与工业 80C51 产品指令和引脚完全兼容。片内配置 Flash 存储器，使得 AT89S52 为众多嵌入式控制应用系统提供高灵活、超有效的解决方案。

AT89S52 具有以下标准功能：8KB 容量 Flash 存储器，256B RAM，32 位 I/O 端口线，“看门狗”定时器，2 个数据指针，3 个 16 位定时器/计数器，1 个 6 向量 2 级中断结构，全双工串行口，片内晶振及时钟电路。另外，AT89S52 可降至 0Hz 静态逻辑操作，支持两种软件，可选择节电模式。空闲模式下，CPU 停止工作，允许 RAM、定时器/计数器、串口、中断继续工作。掉电保护方式下，RAM 内容被保存，振荡器被冻结，单片机停止一切工作，直到下一个中断或硬件复位为止。

AT89S52 引脚如图 1-2 所示，其引脚功能介绍如下：

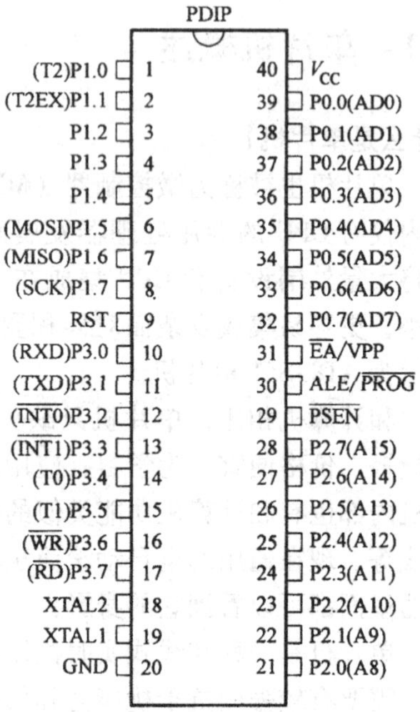

图 1-2　AT89S52 引脚图

- V_{CC}：电源。
- GND：接地。
- P0 口：P0 口是一个 8 位漏极开路双向 I/O 端口。作为输入口，每位能够驱动 8 个 TTL 逻辑电平。对 P0 口进行写“1”操作时，引脚用做高阻抗输入。

当访问外部程序和数据存储器时，P0 口也被作为低 8 位的地址/数据复用。在这种模式下，P0 口具有内部上拉电阻。

在 Flash 编程时，P0 口也用来接收指令字节；在程序校验时，输出指令字节；在程序校验时，需要外部上拉电阻。

- P1 口：P1 口是一个具有内部上拉电阻的 8 位双向 I/O 端口，P1 口输出缓冲器能够驱动 4 个 TTL 逻辑电平。对 P1 口进行写“1”操作时，内部上拉电阻把端口拉高，此时作为输入口使用。这种接口输出没有高阻态，输入也不能锁存，故不是真正的双向 I/O 端口，所以称之为“准双向”因为前面提到过，要作为输入，必须先向该口写“1”，然后单片机内部才能正确地读出外部信号。
- P2 口：准双向 8 位 I/O 端口，每个端口可以独立控制内带上拉电阻，与 P1 口类似。
- P3 口：准双向 8 位 I/O 端口，每个端口可以独立控制内带上拉电阻，第一功能就是当做普通 I/O 端口，与 P1 口功能类似，作为第二功能使用时，P3 口的每一个引脚都可以独立定义第一功能或者第二功能。P3 口引脚第二功能，见表 1-1。

表 1-1　P3 口引脚第二功能

标　号	引　脚	第二功能	说　明
P3.0	10	RXD	串行输入口
P3.1	11	TXD	串行输出口
P3.2	12	INT0	外部中断 0
P3.3	13	INT1	外部中断 1
P3.4	14	T0	定时器/计数器 0 外部输入端
P3.5	15	T1	定时器/计数器 1 外部输入端
P3.6	16	WR	外部数据存储器写脉冲
P3.7	17	RD	外部数据存储器读脉冲

- RST：复位输入。晶振工作时，RST持续两个机器周期，高电平将使单片机复位。“看门狗”计时完成后，RST引脚输出96个晶振周期的高电平。特殊寄存器AUXR（地址8EH）上的DISRTO位可以使此功能无效。DISRTO默认状态下，复位高电平有效。
- ALE/PROG：地址锁存控制信号（ALE）是访问外部程序存储器时，锁存低8位地址的输出脉冲。在Flash编程时，此引脚（PROG）也用做编程输入脉冲。

在一般情况下，ALE以晶振六分之一的固定频率输出脉冲，可用来作为外部定时器或时钟使用。然而，特别强调，在每次访问外部数据存储器时，ALE脉冲将会跳过。

如果需要，通过将地址为8EH的SFR的第0位置“1”，ALE操作将无效。这一位置“1”，ALE仅在执行MOVX或MOVC指令时有效。否则，ALE将被微弱拉高。这个ALE使智能标志位（diz为8EH的SFR的第0位）的设置在微控制器处于外部执行模式下无效。

- PSEN：外部程序存储器选通信号，当AT89S52从外部程序程序存储器执行外部代码时，PSEN在每个机器周期被激活两次，而在访问外部数据存储器时，PSEN将不被激活。
- EA/VPP：访问外部程序存储器控制信号。为使能从0000H到0FFFFH的外部程序存储器读取指令EA必须接GND。如果要执行内部程序指令，EA应该接V_{CC}。在Flash编程期间EA也接12V电压。
- XTAL1：振荡器反相放大器和内部时钟发生电路的输入端。
- XTAL2：振荡器反相放大器的输出端。

1.2　数制的转换

【计算机中的数制】

计算机最早是作为一种计算工具出现的，所以单片机最基本的功能是对数据进行加工和处理。数据在机器中是以器件的物理状态来表示的。一个具有两种不同的稳定状态且能相互转换的器件就可以用来表示1位（bit）二进制数。二进制数有运算简单、便于物理实现、节省设备等优点，所以目前的计算机都采用二进制数表示。

由于二进制数书写太长，且不便阅读和记忆。目前大部分微型计算机是8位、16位或32位，都是4的整数倍，而4位二进制数就是1位十六进制数，所以微型计算机广泛采用的都是十六进制数来缩写二进制数。十六进制数就是用0~9、a~f共16个数码表示十进制数0~15，1个8位二进制数可以用2位十六进制数表示，这样书写方便，且便于阅读和记忆，然而人们最熟悉的是十进制数。为此要掌握各个进制之间的转换。

为了区别上面三种数制，可以在数的右下角注明数制，或者在数的后面加字母进行区别，如B表示二进制数，D或者不带字母表示十进制数，H表示十六进制数。

【十进制数与二进制数之间的相互转换】

1. 十进制数转换为二进制数

方法：“除2取余”法，除2取余，商0为止，余数倒排。

例1-1　将十进制数173转换为二进制数，得：173D=10101101B。

解：将173除2取余，商0为止，余数倒排。

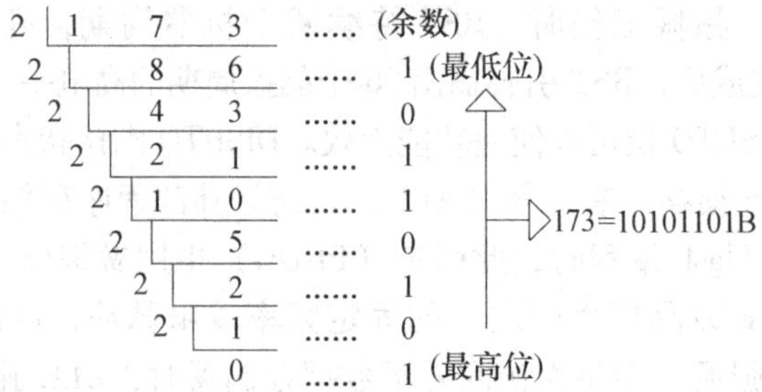

2. 二进制数转换为十进制数

方法：“按权展开求和”。

例 1-2　将 10101101B 转换为十进制数。

解：$10101101B = 1\times2^7 + 0\times2^6 + 1\times2^5 + 1\times2^4 + 1\times2^3 + 1\times2^2 + 0\times2^1 + 1\times2^0$

$= 128 + 0 + 32 + 0 + 8 + 4 + 0 + 1$

$= 173$

【十进制数与十六进制数之间的相互转换】

1. 十进制数转换为十六进制数

方法：“除 16 取余，商 0 为止，余数倒排”。

例 1-3　将十进制数 173 转换为十六进制数，得：173D = 0ADH。

解：将 173 除 16 取余，商 0 为止，余数倒排。

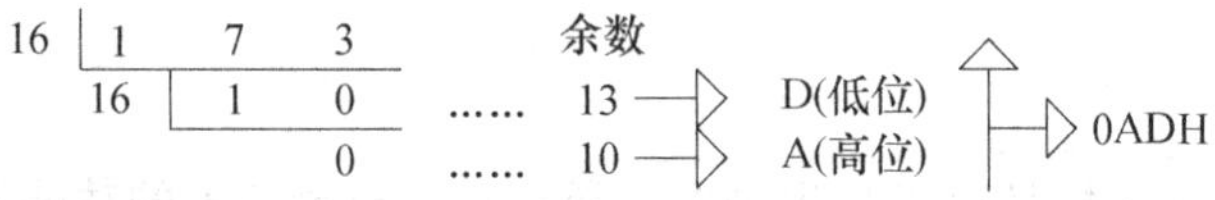

2. 十六进制数转换为十进制数

方法：“按权展开求和”。

例 1-4　将十六进制数 0ADH 转换为十进制数，得：0ADH = 173。

解：用“按权展开求和”法，得：

$$0ADH = A\times16^1 + D\times16^0 = 10\times16 + 13\times1 = 160 + 13 = 173$$

对于以下十六进制数 0FH、0FFH、0FFFH、1FFFH 等，用如下方法可快速求出对应的二进制数和十进制数：

1）把十六进制数写成对应的二进制数；

2）根据二进制数中“1”的个数 x，用公式 $2^x - 1$ 可迅速求出对应的十进制数，见表 1-2。

表 1-2　十六进制-二进制-十进制数转换

十六进制数	对应的二进制数	对应的十进制数
0FH	1111B(4 个 1)	$2^4 - 1 = 16 - 1 = 15$
0FFH	1111 1111B(8 个 1)	$2^8 - 1 = 256 - 1 = 255$
0FFFH(89S51 单片机的末地址)	1111 1111 1111B(12 个 1)	$2^{12} - 1 = 4096 - 1 = 4095$
1FFFH(89S52 单片机的末地址)	0001 1111 1111 1111(13 个 1)	$2^{13} - 1 = 8192 - 1 = 8191$

【二进制数与十六进制数之间的相互转换】

1. 二进制数转换为十六进制数

方法："4 位一组，求 8421 码之和"。

例 1-5　将二进制数 1010 1101B 转换为十六进制数，得：10101101B = 0ADH。

解：用"4 位一组，求 8421 码之和"法，将 1010 1101B 4 位一组，分为左右两组：

8	4	2	1	码	8	4	2	1	码
1	0	1	0		1	1	0	1	

对左组，按位求 8421 码之和，得：$1 \times 8 + 0 \times 4 + 1 \times 2 + 0 \times 1 = 10 = 0AH$

对右组，按位求 8421 码之和，得：$1 \times 8 + 1 \times 4 + 0 \times 2 + 1 \times 1 = 13 = 0DH$

所以 1010 1101B = 0ADH。

2. 十六进制数转换为二进制数

方法："按位拼 8421"法。

例 1-6　将十六进制数 0ADH 转换为二进制数，得：0ADH = 1010 1101B。

解：十六进制数 0AH，用"按位拼 8421"法，得 4 位二进制数，即 0AH = 1010B。

十六进制数 0DH，用"按位拼 8421"法，得 4 位二进制数，即 0DH = 1101B。

所以 0ADH = 10101101B

【十进制小数转化为二进制小数】

将十进制小数乘以 2，取其小数点左边的数，就可以完成小数的转换。

例 1-7　将十进制小数 0.706D 转换为二进制数，要求其误差不大于 2^{-6}。

解：

第一步：$0.706 \times 2 = 1.412$ ………… 1

第二步：$0.412 \times 2 = 0.824$ ………… 0

第三步：$0.824 \times 2 = 1.648$ ………… 1

第四步：$0.648 \times 2 = 1.296$ ………… 1

第五步：$0.296 \times 2 = 0.592$ ………… 1

第六步：$0.592 \times 2 = 1.184$ ………… 1

所以 0.706 = 0.101111B，其误差 $< 2^{-6}$。要注意的是，十进制小数转换成二进制小数，最后排列的顺序是顺着排列的。

除此之外还可以使用计算机自带的计算器进行转换，如图 1-3 所示。

图 1-3　用科学计算机进行数制转换

1.3 符号数的表示方法

【机器数与真值】

机器数就是数值在计算机中的表示形式，即数值在计算机中的二进制表示形式。真值则是它在现实中的实际数值。因为计算机只能直接识别和处理0、1两种状态的二进制数据，所以在计算机中无法按人们的日常书写习惯用正、负符号加绝对值来表示数值，而与数字一样采用二进制代码0和1来表示正、负号。这样在计算机中表示带符号的数据时，符号和数均采用了0、1进行了代码化。这种采用二进制表示形式，连同正、负符号一起代码化的数据，称为机器数或者机器码。与机器数对应用正、负符号加绝对值来表示的实际数值称为真值。

根据约定机器数是否存在符号位，机器数可以分为无符号数和带符号数。无符号数是指计算机字长的所有二进制位均表示数值。带符号数是指机器数分为符号位和数值两部分，且均采用二进制表示。一般约定最高位表示符号。

机器内部设备一次能表示的二进制位数称为机器的字长，一台机器的字长是固定的。8位二进制数称为1字节（Byte），现在机器字长一般都是字节的整数倍，如字长8位、16位、32位、64位等。

在计算机中为了便于数值的运算和处理，对机器数定义了不同的表示方法，其中包括了数的原码、补码、反码和移码表示。下面分别对它们进行介绍。

【原码】

数值用其绝对值表示，正数的符号位用0表示，负数的符号位用1表示，这样表示的数称为原码。例如：

X1 = 105 = +1101001B　　$[X1]_{原}$ = 01101001B

X2 = −105 = −1101001B　　$[X2]_{原}$ = 11101001B

最高位是符号位，后面7位是数制，用原码表示的时候，+105和−105数值部分相同，符号为相反。

为了把减法运算转换成加法运算，简化计算机结构，引进了反码和补码。

【反码】

正数的反码和原码相同，负数的反码是其绝对值按位取反得到的。例如：

X1 = 105 = +1101001B　　$[X1]_{原}$ = 01101001B

X2 = −105 = −1101001B　　$[X2]_{原}$ = 10010110B

【补码】

正数的补码与原码相同，负数的补码是在反码的基础上加1得到的。例如：

X1 = 105 = +1101001B　　$[X1]_{原}$ = 01101001B

X2 = −105 = −1101001B　　$[X2]_{原}$ = 10010111B

1.4 编码

下面介绍两种单片机中常用的编码。

【BCD码】

BCD码就是用4位二进制数来表示1位十进制数中的0～9这10个数码，表1-3就是常用的十进制数转BCD码。

表1-3　十进制数转BCD码

十进制数	BCD码	十进制数	BCD码
0	0000	5	0101
1	0001	6	0110
2	0010	7	0111
3	0011	8	1000
4	0100	9	1001

【ASCII码】

在计算机中，所有的数据在存储和运算时都要使用二进制数表示（因为计算机用高电平和低电平分别表示1和0）。例如，像a、b、c、d这样的52个字母（包括大写），以及0、1等数字还有一些常用的符号（如*、#、@等）在计算机中存储时也要使用二进制数来表示。

1967年美国国家标准学会（American National Standard Institute，ANSI）制定了，后被国际标准化组织ISO定为国际标准，适用于所有拉丁文字母。ASCII码的字符定义见附录C。

注意，在标准ASCII码中，其最高位（b7）用做奇偶校验位。所谓奇偶校验，是指在代码传送过程中用来检验是否出现错误的一种方法，一般分奇校验和偶校验两种。奇校验规定：正确的代码1字节中1的个数必须是奇数，若非奇数，则在最高位b7添1；偶校验规定：正确的代码1字节中1的个数必须是偶数，若非偶数，则在最高位b7添1。

1.5　C语言与C51

【C语言简介】

C语言发展非常迅速，而且成为最受欢迎的语言之一，主要因为它具有强大的功能。许多著名的系统软件都是由C语言编写的。用C语言加上一些汇编语言子程序，就更能显示C语言的优势了，像PC-DOS、WORDSTAR等就是用C语言编写的。C语言有以下特点。

1. 简洁紧凑、灵活方便

C语言一共只有32个关键字，9种控制语句，程序书写形式自由，主要用小写字母表示。它把高级语言的基本结构和语句与低级语言的实用性结合起来。C语言可以像汇编语言一样对位、字节和地址进行操作，而这三者是计算机最基本的工作单元。

2. 运算符丰富

C语言的运算符包含的范围很广泛，共有34种运算符。C语言把括号、赋值、强制类型转换等都作为运算符处理。从而使C语言的运算类型极其丰富，表达式类型多样化。灵活使用各种运算符可以实现在其他高级语言中难以实现的运算。

3. 数据结构丰富

C语言的数据类型有整型、实型、字符型、数组类型、指针类型、结构体类型、共用体类型等，能用来实现各种复杂的数据结构的运算。C语言引入了指针概念，使程序效率更高。另外，C语言具有强大的图形功能，支持多种显示器和驱动器，且计算功能、逻辑判断功能强大。

4. C语言是结构式语言

结构式语言的显著特点是代码及数据的分隔化，即程序的各个部分除了必要的信息交流外彼此独立。这种结构化方式可使程序层次清晰，便于使用、维护以及调试。C语言是以函数形式提供给用户的，这些函数可方便地调用，并具有多种循环、条件语句控制程序流向，从而使程序完全结构化。

5. C语法限制不太严格，程序设计自由度大

虽然C语言也是强类型语言，但它的语法比较灵活，允许程序编写者有较大的自由度。

6. C语言允许直接访问物理地址，可以直接对硬件进行操作

7. 生成目标代码质量高，程序执行效率高

一般只比汇编程序生成的目标代码效率低10%～20%。

8. C语言适用范围大，可移植性好

C语言有一个突出的优点就是适合于多种操作系统，如DOS、UNIX，也适用于多种机型。C语言具有强大的绘图能力，可移植性好，并具备很强的数据处理能力，因此适于编写系统软件，三维、二维图形和动画，它也是数值计算的高级语言。

但是C语言也有缺点：

1. C语言的缺点主要表现在数据的封装性上，这一点使得C语言在数据的安全性上有很大缺陷，这也是C和C++的主要区别。

2. C语言的语法限制不太严格，对变量的类型约束不严格，影响程序的安全性，对数组下标越界不做检查等。从应用的角度，C语言比其他高级语言较难掌握。

【Keil C51】

Keil C51是美国Keil SoftWare公司出品的51系列单片机兼容C语言软件开发系统，与汇编语言相比，C语言在功能、结构性、可读性、可维护性上有明显的优势，因而易学易用。用过汇编语言后再使用C语言来开发，体会更加深刻。Keil C51软件提供丰富的库函数和功能强大的集成开发调试工具，全Windows界面。另外重要的一点，只要看编译后生成的汇编代码，就能体会到Keil C51生成的目标代码效率非常之高，多数语句生成的汇编代码很紧凑，容易理解。在开发大型软件时更能体现高级语言的优势。

第 2 章　LED 及键盘

项目一　点亮一个 LED 灯

【项目任务】

点亮显示模块上的一个 LED 灯。

【任务分析】

控制一个 LED 灯，可以用 51 单片机 I/O 端口的任一引脚实现。例如，用 P1.0 口控制，则当 P1.0 口输出“0”时，灯亮；输出“1”时，灯灭。

【硬件选择】

电源模块，主机模块，显示模块。

【接线表及原理图】

1. 接线表

实验接线表见表 2-1。

表 2-1　项目一模块电路接线表

P1.0	LED0
电源 5V	主机 5V,显示模块 5V
电源 GND	主机 GND,显示模块 GND

2. 原理图

实验原理图如图 2-1 所示。

【知识链接一】

LED 是发光二极管（Light Emitting Diode）的简称，是一种固态的半导体器件，它可以直接把电转化为光。LED 的心脏是一个半导体的晶片，晶片的一端附在一个支架上，一端是负极，另一端连接电源的正极，使整个晶片被环氧树脂封装起来，如图 2-2 所示。

LED 具有单向导电性，一般通过 5 ~ 10mA 的电流即可发光，电流越大，亮度越强，但是若电流太大，则会烧毁 LED。因此，我们通常会给 LED 串联一个电阻，以控制通过 LED 的电流大小，让 LED 在正常工作范围内工作。LED 的电气符号如图 2-3 所示。

实验板上常用的两种 LED 实物，如图 2-4 和图 2-5 所示。

【软件设计】

1. 编程思路

点亮一个 LED 灯，也就是控制一个 I/O 端口输出低电平。这样，与之相连接的 LED 就会导通、发光。我们可以先用程序定义一个 I/O 端口，比如定义 P1.0 口，如下操作：

```
sbit P1_0 = P1^0;
```

然后给 P1.0 口送低电平“0”，就可以控制 P1.0 口输出低电平。我们就会看到连接在这个引脚上的 LED 灯被点亮了。编程流程如图 2-6 所示。

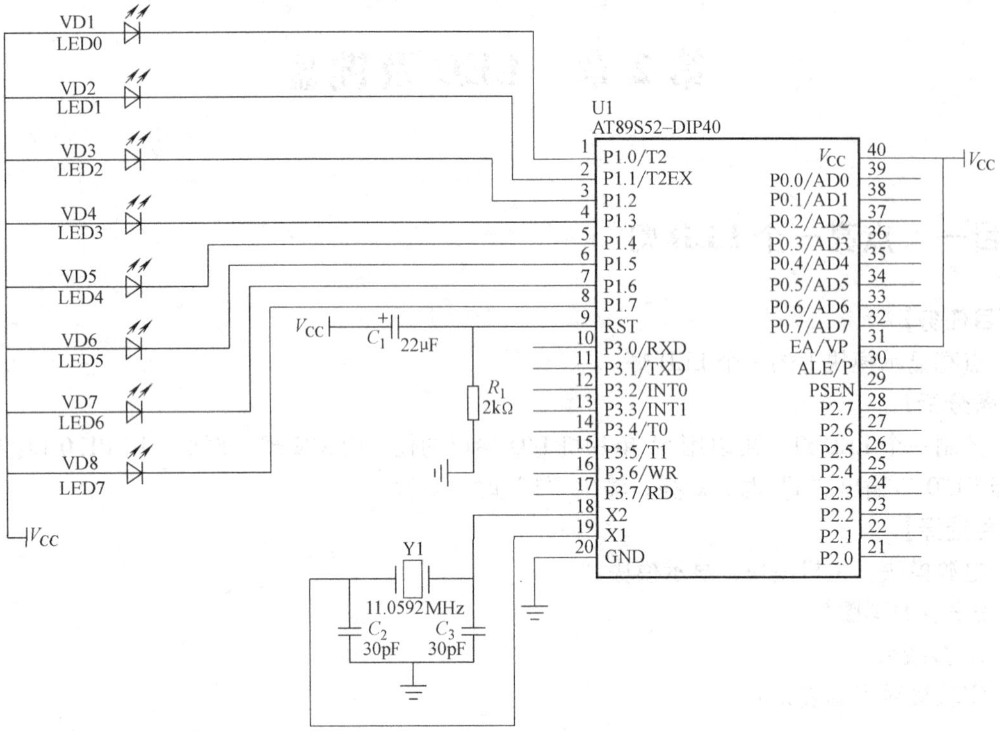

图 2-1　项目一原理图

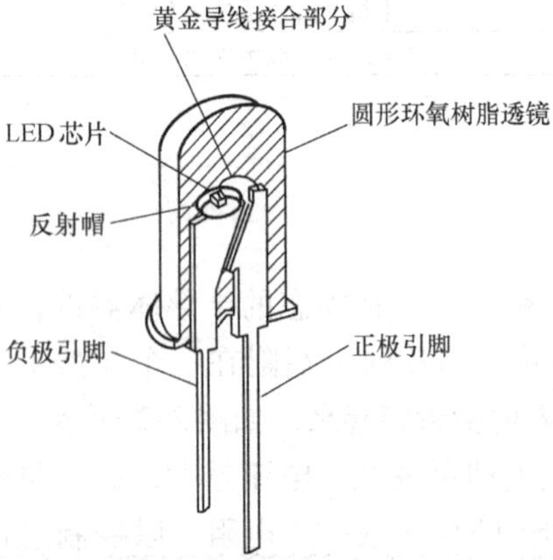

图 2-2　LED 的结构

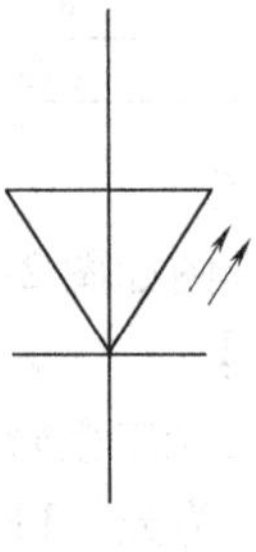

图 2-3　LED 的电气符号

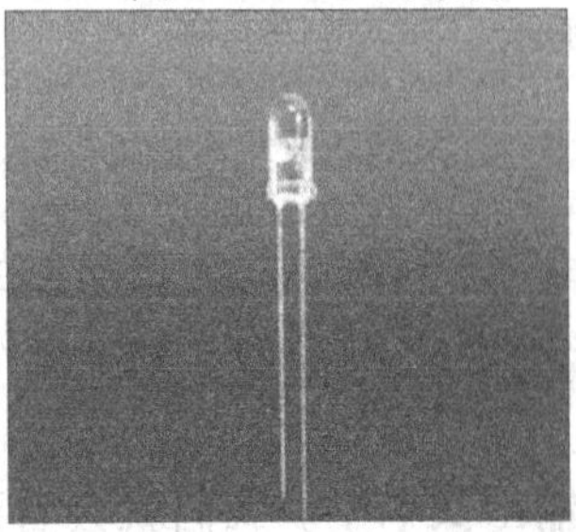

图 2-4　直插式 LED

图 2-5　贴片式 LED

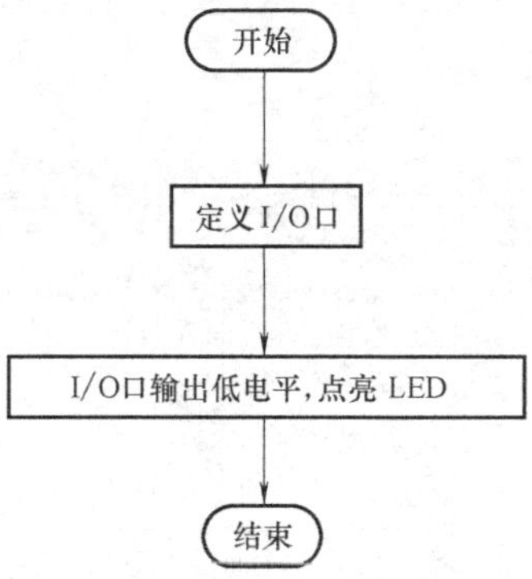

图2-6　程序流程

2. 参考程序

```
#include <reg52. h>          //包含头文件<reg52. h>
sbit P1_0 = P1^0;            //将P1口的最低位P1^0定义为符号P1_0
void main( )                 //主函数声明，C语言中规定一个完整的程序中只能有一个主
                               函数
{
    P1_0 =0;                 //C语言规定，一条命令后要加分号
}
```

【知识链接二】

1. 文件包含处理

在程序中引用头文件，意思是将这个头文件中已经定义好的内容引入所编写的代码中。将头文件加入所编写的代码中有两种方法：#include <reg52. h>和#include "reg52. h"。通常习惯使用#include <reg52. h>这种方法来包含头文件。

C51语言中常用的头文件有以下几种，reg51. h、reg52. h、math. h、ctype. h、stdio. h、absacc. h和intrins. h。可以发现，头文件都有一个共同的特征：扩展名都为". h"。其实我们常用的头文件并不多，较常用的有reg51. h、reg52. h、absacc. h等。

reg51. h和reg52. h里面的大部分内容都是一样的，只不过因为C52单片机比C51单片机多了一个定时器，所以在reg52. h这个头文件里就多了关于定时器2的定义。所以大部分情况下，使用时没有什么区别。

reg52. h文件夹内容如下（已经删减，关于完整内容，读者可以自行打开文件查看）：

```
/*------------------------------------------------------------------
REG52. H
Header file for generic 80C52 and 80C32 microcontroller.
Copyright (c) 1988-2002 Keil Elektronik GmbH and Keil Software, Inc.
All rights reserved.
------------------------------------------------------------------*/
#define __REG52_H__
```

```
#define __REG52_H__
/*   BYTE Registers    */
sfr P0      = 0x80;
sfr P1      = 0x90;
sfr P2      = 0xA0;
sfr P3      = 0xB0;
sfr PSW     = 0xD0;
sfr PCON    = 0x87;
sfr TCON    = 0x88;
sfr TMOD    = 0x89;
sfr TL0     = 0x8A;
sfr TL1     = 0x8B;
sfr TH0     = 0x8C;
sfr TH1     = 0x8D;
sfr SCON    = 0x98;
sfr SBUF    = 0x99;
/*   8052 Extensions    */
sfr T2CON   = 0xC8;
sfr RCAP2L  = 0xCA;
sfr RCAP2H  = 0xCB;
/*   T2CON    */
sbit C_T2   = T2CON^1;
sbit CP_RL2 = T2CON^0;
#endif
```

2. C51 数据类型扩充定义

- sfr——特殊功能寄存器的数据声明，声明一个 8 位的寄存器。
- sfr16——16 位特殊功能寄存器的数据声明。
- sbit——特殊功能位声明，也就是声明某个特殊寄存器的中的某一位。
- bit——位变量声明，当定义一个位变量时可以使用此符号。

例如，定义特殊功能寄存器 TMOD 如下：

sfr TMOD = 0x89;

TMOD 是单片机的定时器/计数器工作方式寄存器，这个寄存器在单片机的内存地址是 0x89，这样使用 sfr 声明后，就会将 0x89 这个地址定义为 TMOD 这个符号，以后我们要对 0x89 这个内存地址进行操作时，就可以使用 TMOD 这个符号了。也就是说，TMOD 就是对 0x89 这个内存地址起的一个名字，当然也可以取其他名字。

sfr16 T2 = 0xcc;

T2 也是我们给 0xcc 这个地址起的一个名字，0xcc 是单片机定时器/计数器 2 所在内存的地址，它是一个 16 位的特殊功能寄存器。所以要用 sfr16 来定义。

sbit TI = SCON^1;

SCON是一个8位的特殊功能寄存器，在串口通信时我们要对它进行设置，这里的sbit将这个8位的特殊功能寄存器的第二位，也就是次低位定义成TI这个符号，SCON^0是最低位，SCON^7是最高位。以后要对SCON^1进行操作，直接使用TI就行了。

3. 主函数

格式：

void main( )

主函数就是主程序，是C语言程序执行的开始，不可缺少，并且C语言规定，一个程序里面只能有一个名为main的函数。也就是说，一个C语言程序里面只能有一个主函数，程序运行时都是从main( )开始，主函数可以调用其他子函数，子函数执行完之后，就会又回到主函数。主函数的内容由大括号{}括起来，括号内书写程序，并且每句程序结束都要加分号“;”。

要注意main( )后面的括号是没有分号的，在C语言程序书写时，语句与语句之间用空格或回车隔开。

例如：

```
void main( )
{
    在这里书写其他语句，并且主程序从这里开始执行；
        ……
}
```

4. C语言注释的写法

在C语言中，有时我们需要对某一行程序进行解释的时候，可以在这一行的后面打个双斜杠“//”，在双斜杠后面写注释。写注释的好处是以后在调试、检查程序的时候能够一目了然，知道这句话的含义，而不用再费神去想这句程序是什么意思。不过这种注释方法只适合单行程序，如果要对多行程序进行注释，则要用另一种注释的方法，就是在斜杠后面加个星号，然后以星号斜杠为结束，即“/*”为开始，以“*/”为结束，如“/*……*/”。这两个符号之间的所有内容都会被当做注释，这种方法可以是任意一行的。养成良好的写注释习惯为以后的编程可以提供极大的方便。

【调试与结果演示】

调试与结果演示如图2-7所示。

图2-7　LED灯被点亮演示

【项目总结】

(1) P1_0这个符号可以是任意的，但是不要与C51语言的关键字相同，比如AA、BB、CC。P1_0这个符号相当于P1^0，但是由于在程序中是不允许使用P1^0这个符号，所以才将P1^0定义成P1_0这个符号，给P1_0这个符号送低电平的时候，也就相当于给P1^0

引脚送低电平，而与之相连的LED阴极也会成低电平，从而LED导通发光。

（2）P1^0的字母P必须为大写，否则将出现编译错误。

【参考评分标准】

参考评分标准见表2-2。

表2-2 参考评分标准

评分项目	配分	配分细则
主要参数评分	60	一个LED灯被点亮，60分
连线及工艺评分	20	1. 主机模块5V、GND连接正确，5分 2. 显示模块5V、GND，连接正确，5分 3. LED0～LED7连接到单片机的任意I/O端口，10分
模块接线图评分	10	1. 显示模块的LED0～LED7正确连接到单片机的I/O端口，5分 2. 画面整洁，5分；基本整洁，2分；看不清，0分
职业安全意识评分	10	1. 工具摆放：不用工具不放在模块上，1分；赛后及时清理工具，没有遗留赛场，1分 2. 工位整洁：赛后将私人用品、垃圾等及时清理、带走，不遗留赛场，1分；赛后整理好计算机、设备，1分 3. 带电拔插：开电源时，不拔插电路连线，2分 4. 赛场纪律：有问题举手示意，轻声反应，不大声喧哗，不影响他人比赛，1分；服从裁判，1分 5. 随时存盘：随时存盘，1分；不因为断电，丢失大部分已写程序，1分

项目二　点亮一个闪烁的LED灯

【项目任务】

在P1.0引脚上接一个LED0，使LED0灯循环闪烁。

【任务分析】

控制P1.0引脚上的LED0不停地闪烁，我们可以让P1.0引脚反复输出高低电平，即先让P1.0引脚输出低电平，让LED0亮，隔一段时间后，再输出高电平，让LED0灭，再隔一段时间后，输出低电平，让LED0亮……，如此往复循环，便可以使LED0灯闪烁了。

【硬件选择】

电源模块，主机模块，显示模块。

【接线表及原理图】

1. 接线表

实验接线见表2-3。

表2-3 项目二模块电路接线表

P1.0	LED0
电源5V	主机5V，显示模块5V
电源GND	主机GND，显示模块GND

2. 原理图

实验原理图如图2-8所示。

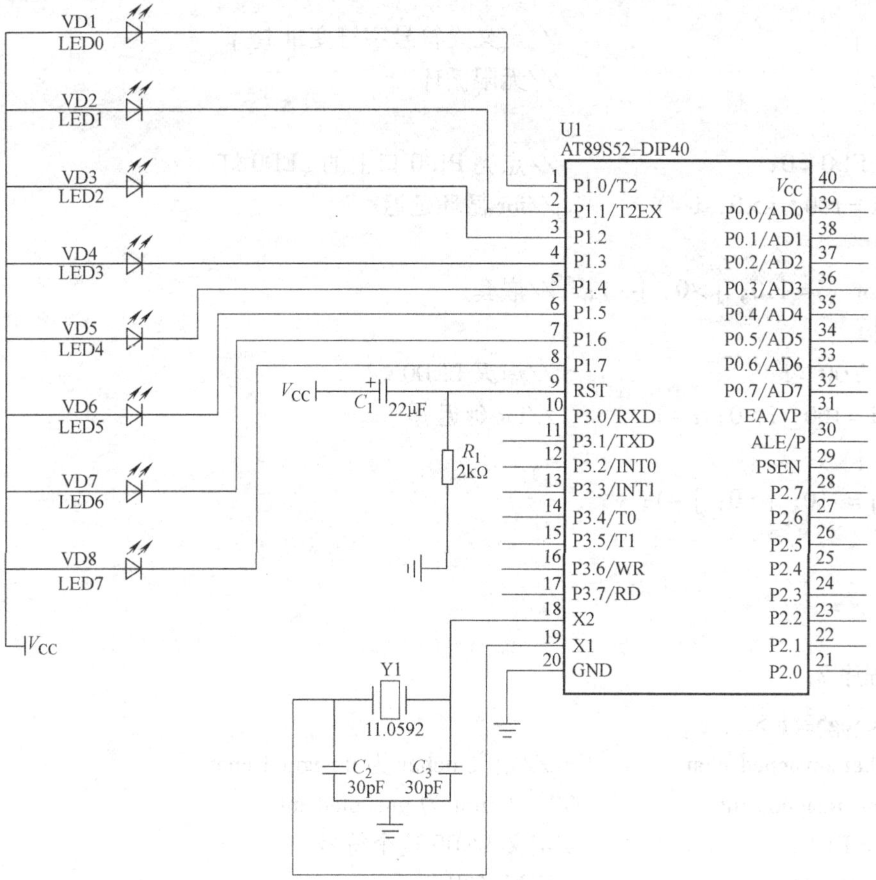

图2-8　项目二原理图

【软件设计】

1. 编程思路

要使一个LED灯不停地闪亮，就得让P1.0口不停地输出高低电平。可以让P1.0口先输出低电平，点亮LED灯，然后延时一段时间再让它熄灭。这里我们可以使用一个延迟程序，让LED灯保持点亮的状态，等延迟程序执行完毕，就再让P1.0口输出高电平；熄灭它，同时再使用一次延迟程序，让LED灯熄灭一段时间，如此循环，就可以达到我们想要的效果。程序流程图如图2-9所示。

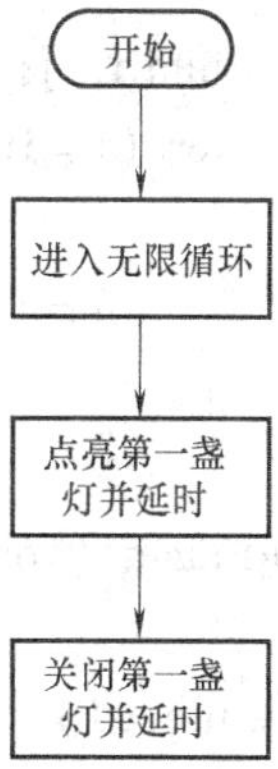

图2-9　程序流程

2. 参考程序

（1）程序1：

```
#include <reg52. h>
#define uchar unsigned char          //定义 uchar 为 unsigned char
#define uint unsigned int            //定义 uint 为 unsigned int
sbit LED0 = P1^0;                    //定义 LED0 这个符号
void main (void)                     //主程序开始
```

```
{
  uchar i, j;                          //定义无符号字符变量 i、j
  while (1)                            //无限循环
    {
      LED0 = 0;                        //点亮 P1.0 口上的 LED0 灯
   for (i = 100; i > 0; i--)           //for 循环延迟
      {
      for (j = 110; j > 0; j--);       //嵌套
      }
      LED0 = 1;                        //熄灭 LED0 灯
   for (i = 100; i > 0; i--)           //for 延迟
      {
   for (j = 110; j > 0; j--);
      }
    }
}
```

（2）程序2：

```
#include <reg52.h>
#define uchar unsigned char            //定义 uchar 为 unsigned char
#define uint unsigned int              //定义 uint 为 unsigned int
sbit LED0 = P1^0;                      //定义 LED0 这个符号
void delay (void)                      //延迟子程序
{
   uint i, j;                          //定义无符号整型变量
   for (i = 100; i > 0; i--)
   {
     for (j = 110; j > 0; j--);        //for 嵌套
   }
}
void main (void)                       //主程序
{
  while (1)                            //无限循环
   {
     LED0 = 0;                         //点亮 LED0 灯
     delay ();                         //调用延迟程序
     LED0 = 1;                         //熄灭 LED0 灯
     delay ();                         //调用延迟程序
   }
}
```

【知识链接】

1. 常量

在程序运行过程中，其值不能被改变的是常量，常量的数据类型有整型、字符型和字符串型。使用常量的时候，可以直接给出常量的值，如2、3、4、0xaa等，也可以用一些符号来代替常量的值，这称之为“符号常量”。

整型常量就是整型常数，通常采用十进制表示，如0、123等，如果要用十六进制表示，就需要在开头写上0x作为前缀，如0xa等，就表示十进制的10。

字符型常量的表示方法，是将字符使用单引号括起来，例如，‘a’、‘b’。

字符串型常量是由双引号“”内的字符组成的，如“ABCD”、“$1234”等，都是字符串常量，这里要注意的是字符常量和字符串常量是不一样的。

符号常量是我们自己用符号定义的，用下例程序解释：

```
#include <reg52.h>
#define LED0 0xfe
void main()
{
P1 = LED0;
}
```

编程技巧

这是一个点亮P1.0引脚上LED0灯的程序，程序第二行使用宏定义将0xfe这个十六进制常量定义成LED0这个符号常量，以后程序中凡是出现LED0的地方就相当于0xfe了，这样写看似麻烦，其实好处是很多的。其一是含义清楚，在书写程序的时候，我们用一些更容易识别的符号去代替一些不易识别的符号；其二，在修改常量时，能够做到一改全改的效果，节约了时间。

2. 变量

在程序运行过程中，其值是可以不断变化的量，称之为变量。在C51语言中，所有的变量都存储在RAM中，因为RAM是随机存储器，在RAM区的值才能被不断修改。C语言规定，在每次使用一个变量之前，都要对变量进行定义才能够使用。而每次定义一个变量之前都要对这个变量进行说明，说明这个变量是什么数据类型的，长度是多长，占的内存是多少，好让编译器根据数据类型来分配储存空间，例如：

```
unsigned char i;
```

这句程序定义了i是个无符号的字符变量，它的范围是0～255，所占内存是2字节，长度是8位。这样编译器就会根据程序的定义，在RAM中开辟一个2字节长的空间来储存数据，这个空间的名字是i，i里面的值默认是0，但这个空间可以根据赋值随时改变。

编程技巧

变量与常量相比最大的优点是可以随时修改，比如我们做LED灯的闪烁实验时，闪烁的速度是根据延迟的时间长短来实现的，而延迟时间的长短则是根据for循环语句中数据的大小来实现的。这个数据可以是常量，但是常量的值是不可改变的，程序一旦下载到单片机里面，那么闪烁的速度就固定了。但是如果我们把这个值用一个变量来代替，数值就可以改变了，可以通过键盘等外围设备修改这个变量的值来改变灯光闪烁的速度。这里要提醒大家的是，变量在内存中是一个空间，它里面存储的数据是可以被不断覆盖修改的。

3. 赋值运算

C51 语言的赋值运算有两大类：简单的赋值运算和复合赋值运算。

简单的赋值运算符：=

简单的赋值运算，就是把等号右侧的操作数赋值给左侧的操作数，例如：

```
P1 =0xfe;
```

这条程序的意思是将数据 0xfe 传送给 P1，也就是将"0xfe"这个十六进制数送给单片机的 P1 口输出。复合赋值运算符，见表 2-4。

表 2-4　复合赋值运算符

符号	解　释	等同算式	符号	解　释	等同算式
+=	加法赋值	a=(a+b)	>>=	右移位赋值	a=(a>>b)
-=	减法赋值	a=(a-b)	&=	逻辑与赋值	a=(a&b)
*=	乘法赋值	a=(a*b)	|=	逻辑或赋值	a=(a|b)
/=	除法赋值	a=(a/b)	^=	逻辑异或赋值	a=(a^b)
%=	取模赋值	a=(a%b)	~=	逻辑非赋值	—
<<=	左移位赋值	a=(a<<b)			

4. 增量和减量运算

增量运算符：++

减量运算符：--

增量和减量运算的作用是对运算对象做加 1 运算，或者减 1 运算。这种运算符是对于变量而言的，"++"或者"-"可以放在变量的左侧也可以放在右侧，例如：

```
i++;
++i;
```

要注意这两种方式的运算顺序是不一样的，如 ++i（或是 --i）是先执行 i+1（或者 i-1）的操作，再使用 i 的值；而 i++ 则是先使用 i 的值，再执行 i+1 的操作。

5. C51 的基本数据类型和运算符

在数学中，我们写一个变量 i，给 i 赋一个值，这个值可以是正数、负数，还可以是小数等。那么在单片机里面储存数据时，储存的位置是 RAM，数据存进去以后，就要根据不同的数据大小来合理分配存储空间，这样就需要给数据分配类型了。表 2-5 给出了 C51 的基本数据类型。

表 2-5　C51 的基本数据类型

数据类型	位　数	所占的内存字节	数值的范围
char	8	2	0~255
signed char	8	2	-128~+127
unsigned char	8	2	0~255
int	16	2	-32768~+32768
signed int	16	2	-32768~+32768
unsigned int	16	2	0~65535
short int	16	2	-32768~+32768
signed short int	16	2	-32768~+32768

（续）

数据类型	位数	所占的内存字节	数值的范围
Unsigned short int	16	2	0 ~ 65535
long int	32	4	-214748364 ~ +2147483647
signed long int	32	4	-214748364 ~ +2147483647
unsigned long int	32	4	0 ~ 4294967296
float	32	4	±1.18E-38 ~ ±3.39E+38

C51 语言常用的基本数据类型主要有 char 和 int 类型，这两种数据的类型对数据的表示范围不同，处理速度也不相同，char 型可以表示 0 ~ 255 或 -128 ~ +127 之内的数，而 int 型数据可以表示 0 ~ 65535 或者 -32768 ~ +32768 之间的数，因为 51 单片机的 CPU 是 8 位的，所以处理 char 型数据最快，而处理 16 位的 int 的数据则稍慢些。

在表 2-5 中可以看出，在 char 和 int 型变量的前面加了些修饰符，这些修饰符可以改变其数据类型的表示范围，这个被称为基本类型修饰符，分别为 signed、unsigned、short、long。我们观察表格可以看出，short 的修饰符比较特殊，其实 short 前加不加装饰符都没有影响，signed 意思是带符号的数，例如，signed char i，就是定义一个有符号字符变量 i，表示的范围是 -128 ~ +127，而 unsigned 则表示不带符号的数。例如，unsigned char i，则是定义一个无符号的字符变量 i，表示的范围是 0 ~ 255。

另外，还有实型变量，也就是浮点数，因为 Keil 的编译器只支持 float 型实型变量，也就是只支持单精度的浮点数，而双精度的浮点数 double 型目前不支持，所以不做介绍。

6. #define 宏定义

格式：#define 新内容 原内容

#define 宏定义就是把#define 后面的变量重新定义成一个新的名称，例如：

```
unsigned char i;
```

上面的程序是将 i 定义成无符号字符变量，但每定义一次就要重复把上面的这句程序写一遍，非常麻烦。于是我们可以用下列方式来处理：

```
#define uchar unsigned char
```

这句程序的作用是给“unsigned char”重新起个名字，而这个新名字就是“uchar”，这样“unsigned char i;”就可以用“uchar i;”代替了。需要注意的是，“#define uchar unsigned char”这一句后面是没有分号的，且对于同一内容，宏定义只能定义一次，否则编译器会报错。

7. for 循环语句

格式：

```
for(表达式1;表达式2;表达式3)
{
……(语句);
}
```

“表达式 1”是用来给变量赋初始值的，所以也称这一句为初始化语句。有时也可在语句外给变量赋值，“表达式 1”就可以空着不写。“表达式 2”是循环条件，一般书写逻辑关系或者一般关系的表达式。“表达式 3” 可以用来修改变量的值。例如下面的 for 语句：

```
for(i = 100;i > 0;i--);
```

它的执行过程如下：

（1）计算“表达式 1”，进行初始化，执行 i = 100，i 的值就等于 100。

（2）计算“表达式 2”，如果条件成立，即满足 i > 0，就是进入循环体，循环体在本例中为空循环，即什么也不做。执行循环体一遍之后，接着去执行“表达式 3”，执行完“表达式 3”后再次判断“表达式 2”。这个例子中，进入循环体一遍之后程序就会执行 i--，将 i 的值减 1，然后再次去执行 i > 0。很显然，100 - 1 = 99 > 0，所以程序就会再次进入循环体，什么也不做，这样重复 100 次之后，i 就等于 0 了，i > 0 的条件不能被满足。程序将会执行这个 for 语句的下条程序。

根据 for 语句的这个特点，我们可以用 for 语句编写延迟程序。因为单片机执行程序是需要时间的，我们可以进行多次循环，就像本例。

在 for 循环过程中，“表达式 1” 只计算一次，“表达式 2” 和 “表达式 3” 可被执行多次，循环体可被执行多次，也可一次也不执行。

for 语句中表达式可以省略不写，但分号一个也不能少。例如，执行时跳过计算“表达式 1”可以如下书写：

```
for(;i > 0;i--);
```

for 语句还可以写成如下特殊形式：

```
for(;;);
```

或者

```
for(;;)
{
……(语句);
}
```

由于 for 语句的 3 个表达式都被省略，因而形成了无限循环，这个语句可以无限循环执行大括号内的语句。

在写程序的时候我们有时需要更长时间的延迟，这时候我们就可以使用到 for 语句的嵌套循环，如下面例子：

```
uint i,j;
for(i = 100;i > 0;i--)
{
    for(j = 110;j > 0;j--);
}
```

程序开始定义了 i、j 两个变量，接着进入了第一个 for 循环，再判断 i > 0，也就是条件满足之后，进入了循环体，这里需要注意的是大括号是可以省略的，上面的程序可以简化成如下形式：

```
uint i,j;
for(i=100;i>0;i--)
  for(j=110;j>0;j--);
```

当第一个for语句后没有分号时，就认为第二个for是第一个for语句的内部语句。第一个for语句中i满足条件后，就会去执行它所包含的语句，也就是第二个for语句，在这里程序会循环100次。可是当j不满足j>0的条件时，就会再次进入第一个for循环，显然此时i依然是满足条件的，可以看出第二个for就被执行了100次。所以通过修改变量i和j的值就可以更改这段程序执行的时间，达到延迟的目的。当然，我们也可以加入第三个for嵌套，第四个，第五个……。

编程技巧

这个延迟的时间怎么计算呢？怎么知道我们写的这个嵌套程序延迟多长时间呢？在C语言中，这种延迟语句是不好计算具体的执行时间的，一般这种延时程序是用在对时间精确度要求不高的项目里。如果需要非常精确的时间，我们就需要通过51单片机内部自带的定时器功能来达到精确的延迟。这个在后面介绍。

8. while（）循环语句

格式：

```
while(表达式)
{
……(语句);
}
```

while（）语句为“当型”循环语句。其功能是先计算表达式里面的值，当值为真或条件满足时，就会执行循环体里的语句；如果表达式的值为假或条件不满足时，就终止循环，执行后面的语句。

使用while（）当型循环有个特点，就是先判断表达式，再执行语句。如果表达式的值一开始就为假或者一开始就不成立，那么循环体一遍都不执行，直接执行循环体下面的语句。while（）语句括号中的表达式一般是条件表达式或者逻辑表达式。

循环体应用一对花括号括起来，for语句亦是如此。但是如不加花括号，while（）语句的有效范围只到while（）语句后的第一个分号处。

下面我们来探究while（）语句的一种特殊形式，例如：

```
while(1)
{
……(语句);
}
```

上面这个while（）语句表达式为1，在C语言中不为0则值为真，为0则为假，由于表达式被写成了1，那么表达式的值永远为真，这就构成了一个无限循环。计算机将会无限循环执行花括号内的语句。

与 while（）语句执行顺序相反的“do-while”语句是“直到型”循环语句，其功能是先执行循环体再判断表达式的值是否成立或是否为真，“do-while”语句格式如下：

```
do
{
……(语句);
}
while(表达式);
```

其中，“语句”是循环体，特点是先执行语句后判断表达式，要注意的是直到型循环语句“do-while”的表达式后面必须要加分号，而 for、while 语句则根据情况选择加或者不加。

9. 不带参数的函数写法及调用

```
void 函数名称(void)
{
……(语句);
}
```

以上函数中的标识符“void”的中文意思是“无类型”，表明这是一个没有参数送入，也不带返回值的函数。在实际项目中，有时同样的程序需要被用到多次，例如我们在程序 1 中看到以下延时程序不止一次地出现：

```
for(i=100;i>0;i--)
{
for(j=110;j>0;j--);
}
```

这是一个消耗机器周期的延迟程序，我们在程序中要使用两次延迟才能达到预期效果，如果需要使用两次以上呢？我们是否也要重复地写这个程序段？这时候就不得不提到“不带参数的函数”。我们可以把这个要反复用到的程序段写到主函数之外，定义成一个独立的子函数，这样主函数就可以方便地随时调用这个子函数来完成延时了，就如“程序 2”中延时程序被写到了主函数的前面，并定义为如下这个函数：

```
void delay(void)
{
uint i,j;
for(i=100;i>0;i--)
{
for(j=110;j>0;j--);
}
}
```

而在主程序里我们需要延时就可以直接调用了，例如：

```
LED0 =0;
delay( );
LED0 =1;
delay( );
```

注意：void delay（void）这个子函数的函数名是可以任意取的，比如我们写成 void yanshi（void）也是可以的，只要不和C语言的关键字重复就行了，如果写成这样“void for (void)”是肯定要出错的，因为for是C语言的关键字。另外，括号里面的void可以省略，编译器是不会报错的。

【调试与结果演示】

调试与结果演示如图2-10和图2-11所示。

【项目总结】

图2-10 LED0灯亮

图2-11 LED0灯灭

（1）#define 宏定义后面不可以有分号。

（2）子函数 delay（void）书写的位置是有要求的，当把子函数 delay（void）写在 main（void）主函数的后面时，必须在主函数前面对这个子函数进行声明后才能够调用这个子函数，如果子函数写在主函数的前面（如本书中的写法），就不需要对子函数进行声明，所以用起来也就方便了许多。读者可以在实际编程中慢慢体会。

（3）主函数可以任意多次调用子函数，但是子函数是不能调用主函数的。

【参考评分标准】

参考评分标准见表2-6。

表2-6 参考评分标准

评分项目	配分	配分细则
主要参数评分	60	1. LED灯闪亮,60分 2. LED灯被点亮但是不闪,10分 3. LED没有任何反应,0分
连线及工艺评分	20	1. 主机模块5V、GND连接正确,5分 2. 显示模块5V、GND,连接正确,5分 3. LED0～LED7连接到单片机的任意I/O端口,10分
模块接线图评分	10	1. 显示模块的LED0～LED7正确连接到单片机的I/O端口,5分 2. 画面整洁,5分;基本整洁,2分;看不清,0分
职业安全意识评分	10	同项目一

项目三 点亮流水灯

【项目任务】

使P1口上连接的8个LED灯中的其中一个左移或右移，不断循环。

【任务分析】

要控制8个灯中的一个灯循环左移或右移（也就是流水灯），先得让第1个灯亮，其他7个灯灭，延时一段时间后，再让第2个灯亮，其他7个灯灭，接着第3个、第4个……一直到第8个，然后如此循环。

【硬件选择】

电源模块，主机模块，显示模块。

【接线及原理图】

1. 接线表

接线表见表2-7。

表2-7 项目三模块电路接线表

P1.0～P1.7	LED0～LED7
电源5V	主机5V，显示模块5V
电源GND	主机GND，显示模块GND

2. 原理图

原理图如图2-12所示。

【软件设计】

1. 编程思路

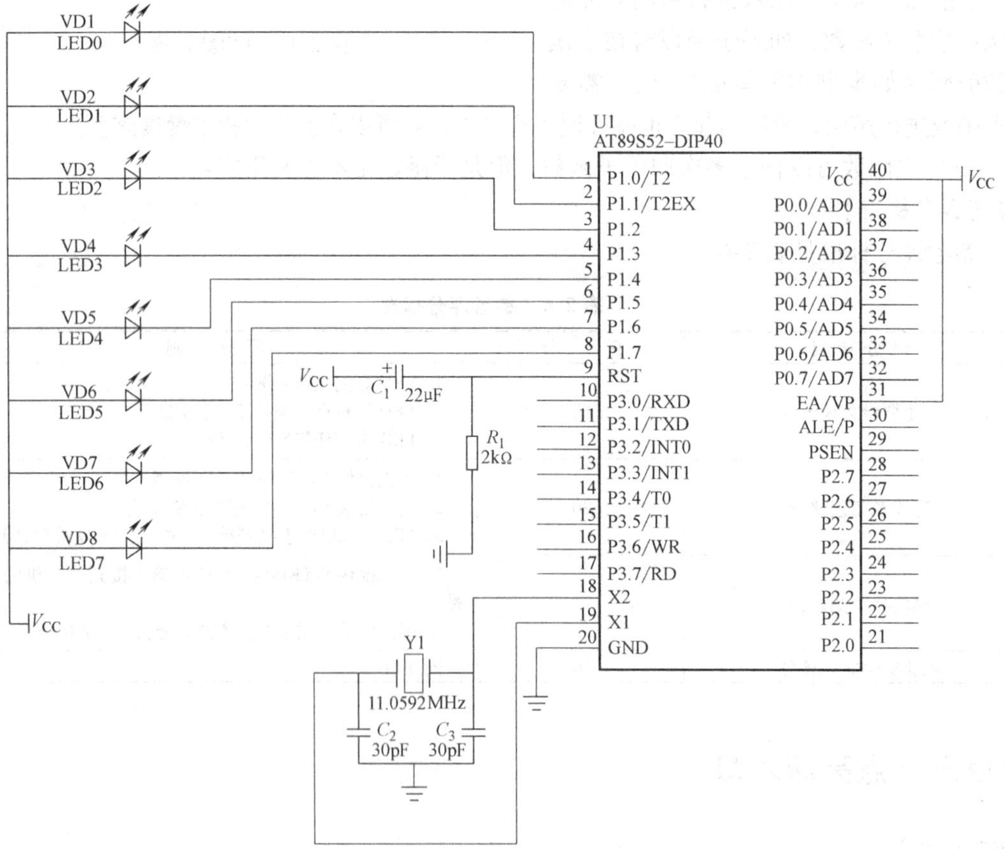

图2-12 项目三原理图

要实现一个灯的循环左移或右移，只需依次轮流点亮每一个灯即可，前面两个项目都只是对单片机的一个I/O端口的某一位进行操作，用的是sbit关键字来定义P1口的某一位。但这个项目中要控制8个灯，我们需要定义8次吗（即把P1口的8个引脚都定义一遍）？这样当然可以，不过一定要注意在点亮下一个灯的同时，要记得关闭上另一个被点亮的灯。具体的程序可以参考“参考程序1”。

看完“参考程序1”后，我们就会觉得程序稍显繁琐。难道就没有简单点的方法吗？其实P1是个特殊功能寄存器，这个寄存器在“reg52.h”这个头文件中已经定义好了，我们可以直接拿来用。要弄清楚的是，P1.0只是P1这个特殊寄存器中的一位，前面两节用到的sbit是位操作，位操作在控制某一位的时候是很方便的，但是在控制多位，比如一个字节的情况下，就不太适用了。P1这个寄存器是一个字节，C51语言中是允许对特殊寄存器直接进行字节操作的，这给编程提供了便利。例如：

```
sbit LED0 = P1^0;
LED0 = 0;
```

我们可以直接写成：

```
P1 = 0xfe;
```

这样就省去了逐位定义的过程，非常方便，我们可以看看“参考程序2”。

可能有人还是觉得太麻烦了，这里再介绍一种用数组和循环程序来完成任务的方法。程序一开始我们把要用到的循环数据写到一个数组里面，然后用一个变量的自加，将这个变量带入数组，最后通过数组再送给P1口显示就可以达到目的了，如“参考程序3”。流程图如2-13所示。

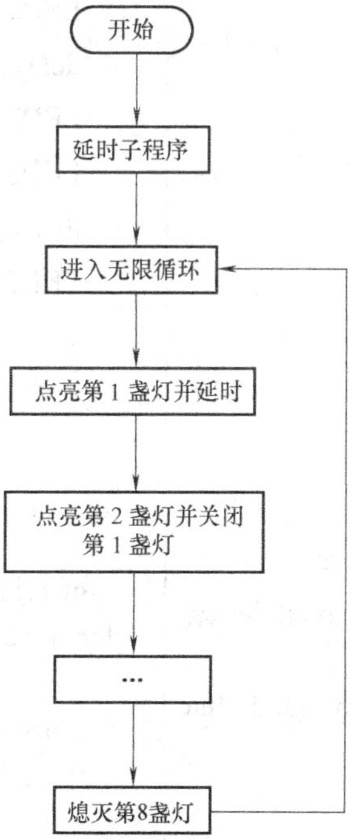

图2-13 流程

2. 参考程序

（1）参考程序1。

```
#include <reg52.h> //包含头文件
#define uint unsigned int//将 unsigned int 宏定义成 uint
#define uchar unsigned char//将 unsigned char 宏定义成 uchar
sbit LED0 = P1^0;
sbit LED1 = P1^1;
sbit LED2 = P1^2;
sbit LED3 = P1^3;
sbit LED4 = P1^4;
sbit LED5 = P1^5;
sbit LED6 = P1^6;
sbit LED7 = P1^7; //此段为定义 P1.1 ~ P1.7 的引脚
void delay()//定义延时子函数
{
  uint i,j;//定义 i,j 两个变量
  for(i = 50;i > 0;i--)//for 循环
    {
      for(j = 100;j > 0;j--);
    }
}
void main()//主函数
{
while(1)//无限循环
    {
    LED0 = 0;//点亮第 1 盏灯
    delay();//延时
    LED1 = 0;//点亮第 2 盏灯
    LED0 = 1;//熄灭第 1 盏灯
    delay();//延时
    LED2 = 0;
    LED1 = 1;
    delay();
    LED3 = 0;
    LED2 = 1;
    delay();
    LED4 = 0;
    LED3 = 1;
    delay();
    LED5 = 0;
    LED4 = 1;
    delay();
    LED6 = 0;
    LED5 = 1;
    delay();
    LED7 = 0; //点亮第 8 盏灯
    LED6 = 1; //熄灭第 7 盏灯
    delay();//延时
    LED7 = 1; //熄灭第 8 盏灯
    }
}
```

（2）参考程序2。

```
#include <reg52.h> //包含头文件
#define uint unsigned int//将 unsigned int 宏定义成 uint
#define uchar unsigned char//将 unsigned char 宏定义成 uchar

void delay()//延时子程序
{
  uint i,j;//定义变量
  for(i = 50;i > 0;i--)//for 循环
    {
      for(j = 100;j > 0;j--);for 循环
    }
}
```

```
void main()//主函数
{
  while(1)//无限循环
    {
      P1 =0x7f;//点亮第1盏灯
      delay();//延时
      P1 =0xbf;
      delay();
      P1 =0xdf;
      delay();
      P1 =0xef;
      delay();
      P1 =0xf7;
      delay();
      P1 =0xfb;
      delay();
      P1 =0xfd;
      delay();
      P1 =0xfe; //点亮第8盏灯
      delay();//延时
    }
}
```

(3) 参考程序3。

```
#include <reg52.h>//包含头文件
#define uint unsigned int
#define uchar unsigned char//宏定义
uchar LED_table[] = {0x7f,0xbf,0xdf,0xef,0xf7,0xfb,0xfd,0xfe};
//定义数组
void delay()//延迟子函数
{
  uint i,j;
  for(i =50;i >0;i--)
    {
     for(j =100;j >0;j--);
    }
}
void main()//主函数
{
uchar i;//定义局部变量
while(1)//无限循环
    {
      P1 =LED_table[i];      //引用数组,P1口输出
      i + +;                 //变量自加一
      if(i >7)               //判断i是否大于7,如果大于7,则清"0"
                             //如果不大于7,则跳过
      {
      i =0;
      }
      delay();//调用延迟子程序
    }
}
```

【知识链接】

1. 局部变量和全局变量

在“参考程序1”中，我们可以看到“uint i, j;”是在延时子函数里面定义的，没有写在外面。那么写在里面和外面有什么区别呢？在函数体外定义的变量叫全局变量，在函数体内定义的变量叫局部变量，所以“参考程序1”中定义的就是局部变量。什么是全局变量和局部变量呢？下面我们就来看看它们的区别。

全局变量在单片机内有固定的RAM，它对整个程序都是有效的，程序中的任何地方都可以使用这个变量。

局部变量在单片机内则没有固定的RAM，即在使用前会随机分配一个空间，在这个程序执行完毕后就立即失效。局部变量只能在定义它的函数中使用，其他函数是不能使用的。如果要想使用这个值，就必须使用有返回值的函数，后面会有所介绍。

编程技巧

单片机内部RAM是很有限的，就拿256字节的RAM来说，如果我们定义了一个无符号整型变量，在256字节的空间里最多可以定义128个整型变量。所以在很多情况下，经常会遇到RAM空间不够用的情况。因此我们在练习编程的初期就要养成节约RAM的习惯，要遵守以下原则：能使用char型就不要使用int型，能使用局部变量，就不要使用全局变量。

2. 关系运算

关系运算是一种判断两组值大小关系的运算符号，它能比较两组值能否满足条件：大于、等于、小于，或者不等于等。具体表示方法见表2-8。

表2-8　关系运算符

关系运算符号	举例	说　明	关系运算符号	举例	说　明
>	a > b	a大于b	< =	a < = b	a小于或等于b
> =	a > = b	a大于或等于b	= =	a = = b	a等于b
<	a < b	a小于b	! =	a! = b	a不等于b

例如，a < b，如果a的值是2，b的值是3，则满足条件，表达式为“真”，但如果a的值是4，b的值是3，则条件不满足，表达式为“假”。

3. if语句的用法

if语句是用来判定所给条件是否满足，根据判定的结果是真是假，执行既定选择中的一种操作。有3种基本用法：

用法一：

```
if(表达式)
{
……(语句);
}
```

当程序执行到if语句的时候，会判断if括号里面的表达式，如果为“真”，则会执行括号里面的语句，如果为“假”，就会跳过if语句，向下继续执行。

用法二：

```
if(表达式)
{
……(语句1);
}
else
{
……(语句2);
}
```

当程序执行到if语句时，会判断if括号里面的表达式，如果为“真”，就会执行括号里面的“语句1”；如果为“假”，则会转而执行else里面的“语句2”。

用法三：

```
if(表达式1)
{
……(语句1);
}
else if(表达式2)
{
……(语句2);
}
else if(表达式n)
{
……(语句n);
}
else
{
……(语句x);
}
```

如果“表达式1”为“真”，就执行“语句1”，如果“表达式1”为“假”，就去判断“表达式2”是否为“真”，为“真”则执行“语句2”，为“假”就去判断“表达式3”……最后，如果“表达式n”不成立，就执行最后一个else，也就是执行“语句x”。但要注意的是，最后面的那个else是可以省略的。

4. 数组的定义和使用

编程技巧

当需要使用多个变量时，我们就需要先依次定义每个变量，如果变量名太多，当每看到一个变量时我们都要一一回忆这个变量代表什么，这给我们编程和修改带来诸多不便。所以遇到这种情况时，可以考虑用数组来定义多个变量。数组一般分为一维数组二维数组和多维数组（不常用）。我们先介绍一维数组，格式如下：

```
类型说明符　数组名[ 数组的长度]
int       a     [5];
```

具体的使用情况可参照“参考程序 3”。

【调试与结果演示】

实验现象如图 2-14 和图 2-15 所示。

【项目总结】

图 2-14　LED 灯轮流被点亮（一）

图 2-15　LED 灯轮流被点亮（二）

（1）延时子程序里面的变量最好为 int 型变量，如果使用无符号 char 型变量，则变量的值不能超过 256，很容易会造成溢出，使程序出错。

（2）定义数组的语句后面必须加分号。

（3）定义的数组不能过长，过长会造成单片机 RAM 的空间不够用，所以在定义数组的时候，最好加 code 关键字，作用是将数组定义到单片机的 ROM 区，这样就不会占用过多的 RAM 了。例如：

```
uchar code LED_table[ ] = {0x7f,0xbf,0xdf,0xef,0xf7,0xfb,0xfd,0xfe};
```

【参考评分标准】

参考评分标准见表 2-9。

表 2-9　参考评分标准

评 分 项 目	配　　分	配 分 细 则
主要参数评分	60	1. LED 灯闪亮,60 分 2. LED 灯被点亮但是不闪,10 分 3. LED 没有任何反应,0 分
连线及工艺评分	20	1. 主机模块 5V、GND 连接正确,5 分 2. 显示模块 5V、GND,连接正确,5 分 3. LED0 ~ LED7 连接到单片机的任意 I/O 端口,10 分
模块接线图评分	10	1. 显示模块的 LED0 ~ LED7 正确连接到单片机的 I/O 端口,5 分 2. 画面整洁,5 分;基本整洁,2 分;看不清,0 分
职业安全意识评分	10	同项目一

项目四　用数码管实现静态显示

【项目任务】

使用单片机控制 8 个八段数码管静态显示。

【任务分析】

数码管显示的原理，是靠点亮数码管内部特定位置的 LED，被点亮的二极管组成想要显示的数字或代码。比如想要显示 6，就得知道 6 在数码管上是怎样排列的，对应哪几个引脚，然后用单片机控制引脚输出与 6 所对应的编码，就可以在数码管上显示 6 了。

【硬件选择】

电源模块，主机模块，显示模块。

【接线表及原理图】

1. 接线表

接线表见表2-10。

表2-10　项目四模块电路接线表

P1.0～P1.7	D0～D7	P3.2	CSWR
P3.0	CS1	电源5V	主机5V，显示模块5V
P3.1	CS2	电源GND	主机GND，显示模块GND

2. 原理图

原理图如图2-16所示。

【知识链接一】

1. 锁存器

锁存器是一种对脉冲电平敏感的存储单元电路，它们可以在特定输入脉冲作用下改变状态。所谓锁存，就是输出端的状态不会随输入端的状态变化而变化，仅在有锁存信号时输入的状态被保存到输出，直到下一个锁存信号到来时才改变。锁存器的最主要作用是缓存，其次是完成高速的控制与慢速外设的不同步问题，再次是解决驱动的问题，最后是解决一个I/O端口既能输出也能输入的问题。常见的几种锁存器实物如图2-17和图2-18所示。

在某些应用中，单片机的I/O端口上需要外接锁存器。例如，当单片机连接片外存储器时，为了实现地址的复用要接上锁存器。假设，MCU端口其中的8路的I/O引脚既要用于地址信号又要用于数据信号，这时就可以用锁存器先将地址锁存起来。

实验板上用的是74LS377贴片式锁存器，下面是74LS377锁存器的引脚图（见图2-19）和真值表（见表2-11）。

表2-11　74LS377真值表

操作模式	输　入	输　出
	CP　$\overline{CE}$　D_n	Q_n
下载'1'	↑　L　H	H
下载'0'	↑　L　L	L
保持	↑　H　X X　H　X	— —

由真值表可以看出，当$\overline{CE}$引脚为高电平时，Q_n输出端是不改变状态的，也就是保留上次的状态；当$\overline{CE}$引脚为低电平的时候，要想让输出端随着输入端改变而改变的话，我们还要使CP引脚发生上跳变，才能使输出端的状态跟随输入端的状态变化。因此我们将CP端和$\overline{CE}$端与单片机的某个I/O端口相连，便可以控制锁存器的锁存端。

这里使用锁存器的目的是扩展I/O端口，通过控制锁存器的锁存端，将两片锁存器输入端与单片机的I/O端口相连，锁存器的输入端并联在一起，通过分时复用的方法，轮流选中锁存器的锁存端，就可以控制数据的输出。

2. 数码管

下面是3种不同的数码管，分别是：八段数码管（见图2-20）、七段数码管（见图2-21）、米字形数码管（见图2-22）。

下面我们来了解一下数码管是如何亮起来的，又是如何显示数码的。图2-23是数码管内部LED的排列顺序图，一般数码管分为共阴极（见图2-24）和共阳极（见图2-25）两种结构。

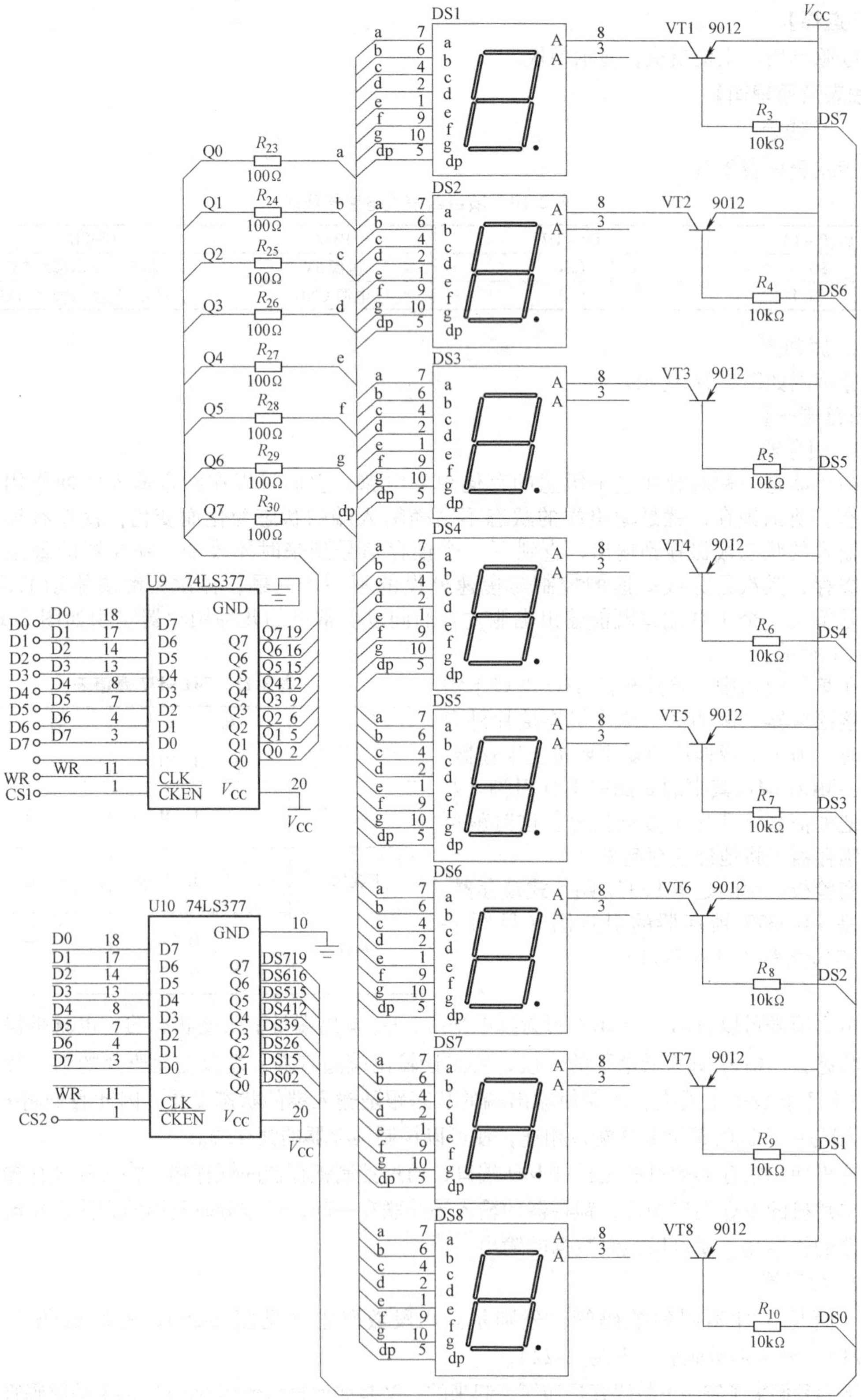
DS1
DS2
DS3
DS4
DS5
DS6
DS7
DS8
VT1 9012
VT2 9012
VT3 9012
VT4 9012
VT5 9012
VT6 9012
VT7 9012
VT8 9012
V_{CC}
U9 74LS377
U10 74LS377
DS7
DS6
DS5
DS4
DS3
DS2
DS1
DS0
10kΩ
100Ω
WR
CS1
CS2
CLK
CKEN
GND

图 2-16　项目四原理图

图 2-17 直插式 74LS377 锁存器

图 2-18 贴片式 74LS373 锁存器

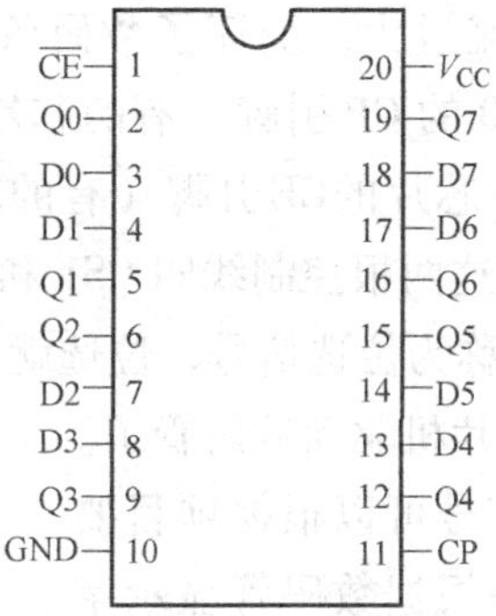

图 2-19 引脚图

图 2-20 八段数码管

图 2-21 七段数码管

图 2-22 米字形数码管

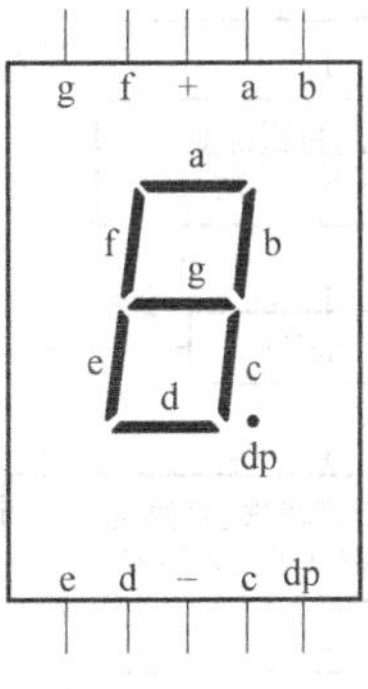

图 2-23 LED 内部排列顺序

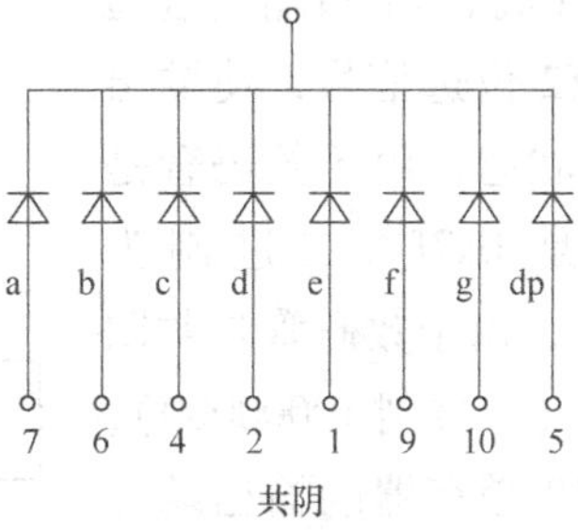

图 2-24 共阴极

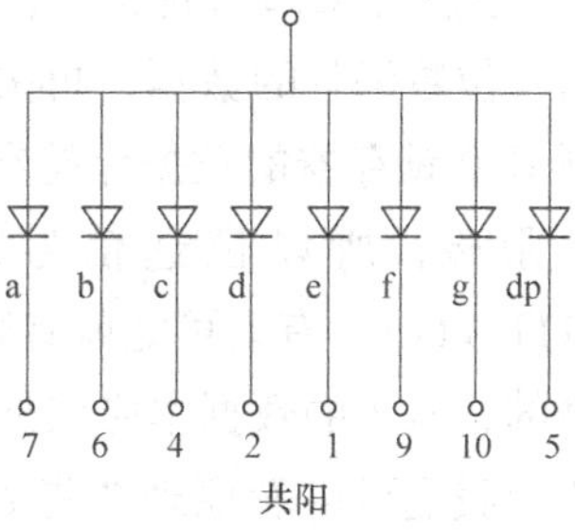

图 2-25 共阳极

以共阳极八段数码管为例，其 8 个 LED 的正极在数码管内部全部连接在一起，称为“共阳”。它们的阴极是独立的。通常在设计的时候阳极接 5V，当其中一个阴极接低电平时，对应的二极管就会发光，比如要显示“1”，那么我们就给 f 和 e 低电平，其他的 LED 给高电平，就显示“1”了。如果想要显示一个“0”，只需给 g 和 dp 这两位送高电平，其他的引脚全部给低电平，就显示出 0 了。

在使用数码管时，想要它显示什么字符，就应该点亮对应的 LED 灯。因此在使用数码管前，应先自行编制一个编码表，以方便编程时查找。数码管只是显示屏的一种，能够显示时间、日期、温度等所有可用数码表示的参数。由于它的价格便宜，使用简单，在家用电器领域应用极为广泛，比如空调、热水器、电冰箱等都可以见到它的身影。

【软件设计】

1. 编程思路

由图 2-16 可以看出，8 个数码管是并联在一起的，然后与名为 U9 的锁存器输出端相连，而所有数码管的阳极通过一个晶体管连接到名为 U10 的锁存器输出端。两个锁存器的输出端均接有限流电阻以防止电流过大，烧坏了数码管。U9、U10 两片锁存器的输入端 D0 ~ D7 是并联在一起的，U9、U10 的 CP 引脚（有的芯片也叫 CLK 引脚）接在一起，我们把这根控制线叫 WR。而 U9、U10 芯片的$\overline{CE}$引脚（有的芯片也叫 CKEN 引脚）分别引出，用这两个引脚来选中芯片，我们把这两根控制线叫 CS1 和 CS2。CS1 称为段选信号，段选就是控制数码管显示什么字符；CS2 称为位选信号，位选就是选择哪位数码管亮起来。

接下来我们就该学习怎样用单片机驱动数码管了。

在需要使用数码管时，位选信号可以根据项目要求来进行分配；而段选信号，则是根据数码管显示字符来进行分配的。因为位选信号是同时打开的，没有改变过，而 8 个数码管的段选信号线又都是连接在一起的，所以在 8 个数码管上显示的数字都是一样的，数码管的这种显示方式称为静态显示。

如果只想一个数码管显示应该如何操作呢？例如，想让第一个数码管显示“6”，就必须让其他 7 个数码管的位选信号关闭，只选中第一个数码管。具体的操作如下：

先选中 CS2 位选信号，让单片机的 P1 口输出选通第一位数码管的数据，再关闭 CS2 位选信号，使输出到 U10 锁存器的数据保持在当前状态，由于数码管是共阳极，所以位选信号应该是 0x7f（二进制为 01111111）。有人可能就有疑问了，由于数码管是共阳极的，输出的数据本应该是 0x80（二进制 10000000），原因我们可以看原理图得到，U10 锁存器的输出端并没有直接接到数码管的阳极，而是接到晶体管上，而这几个晶体管的作用是反相，什么叫做反相呢？反相就是将输入高电平变成了低电平，将输入的低电平变成高电平，这就是为什么单片机的输出信号应该是 0x7f 了。打开了位选，接下来就应该打开段选，打开段选与打开位选的方式相同，只不过换成用 U9 锁存器控制。具体的操作程序可以参考“程序 1”与“参考程序 2”。编程流程如图

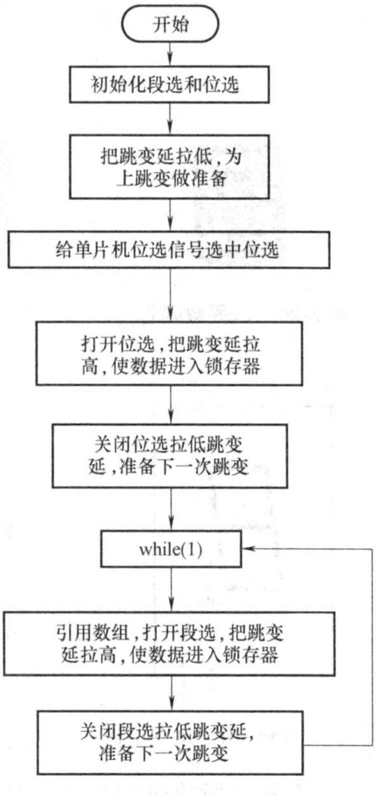

图 2-26 程序流程

2-26 所示。

2. 参考程序

（1）程序1。

```
#include <reg51.h>//头文件
#define uint unsigned int//宏定义
#define uchar unsigned char//宏定义
/*端口定义*/
sbit duan = P3^0;//段选信号
sbit wei = P3^1;//位选信号
sbit up = P3^2;//使能端上跳变有效
uchar code led_table[] = {0xc0,0xf9,0xa4,0xb0,0x99,0x92,0x82,0xf8,0x80,0x90};//码表
数组
/*主程序*/
void main(void)
{
    duan = 1;//关闭段选
    wei = 1;//关闭位选
    up = 0;//为上跳变做准备
    P1 = 0x7f;//位选信号,选中第一位
    wei = 0;//打开位选
    up = 1;//上跳,使数据进入锁存器
    wei = 1;//关闭位选
    up = 0;//准备下一次跳变
while(1)//进入无限循环
    {
    P1 = led_table[5];//引用数组,显示数字5
    duan = 0;//打开段选
    up = 1;//跳变锁存数据
    duan = 1;//关闭段选
    up = 0;//为下次一锁存做准备
    }
}
```

（2）程序2。

```
#include <reg51.h>//头文件
#define uint unsigned int//宏定义
#define uchar unsigned char//宏定义
```

```
sbit duan = P3^0;//位定义段选
sbit wei = P3^1;//位定义位选
sbit up = P3^2;//位定义,使能信号
uchar code led_table[ ] = {0xc0,0xf9,0xa4,0xb0,0x99,0x92,0x82,0xf8,0x80,0x90};//数组
/ * 主程序 * /
void main(void)
{
    duan = 1;//关闭段选
    wei = 1;//关闭位选
    up = 0;//做准备
    P1 = 0xaa;//位选数据,与参考程序 1 不同
    wei = 0;//打开位选信号
    up = 1;//跳变,是数据锁存
    wei = 1;//关闭
    up = 0;//准备下一次跳变
while(1)//进入无限循环
    {
    P1 = led_table[5];//引用数组
    duan = 0;//打开段选
    up = 1;//跳变锁存数据
    duan = 1;//关闭段选
    up = 0;//做准备
    }
}
```

【知识链接二】

一个有符号的字符型数可以表达的范围的最大值为127，无符号字符型数据可以表达的最大值为255。一个有符号的整型数可以表达的最大数是32767，无符号的整型数据可以表达最大值是65535。假设定义了一个无符号的字符型变量，它里面的值是255，但是如果这时候再给这个变量加1呢，会出现什么结果呢？

先举个现实生活中的例子：录音机上有磁带计数器共有3位，当转了999圈后，再转一圈就应该是1000，可是实际上我们只有3个有效位，看到的应该是000，而不是1000，除非借助其他的方法，否则我们无从得知磁带究竟是转了1000圈，还是根本没有动过。

同样的道理，255在内存中的存放的形式是1111 1111，当其加一以后，就会变成1 0000 0000，但是字符型变量的内存只有一个字节，只能储存8个二进制数，所以最高位丢失，于是该数字就变成了0000 0000，自然就成了十进制的0了。同样，对于char、int都是一样的道理。

在实际应用中，这一点要注意，使用什么型的数据，就定义成什么类型的，实在不知道的，就一定要留有余地，因为数的溢出，编译器是不会报错的，但到使用起来的时候，程序

就会出错。这给我们会造成很大的麻烦，因为我们要花大量的时间去阅读程序寻找错误。

【调试与结果演示】

调试与结果演示如图2-27和图2-28所示。

图2-27 单个数码管静态显示数字“6”

图2-28 多个数码管同时静态显示数字“5”

【项目总结】

（1）数码管段选和位选要分清楚，不然结果就是乱码。

（2）数码管内部的二极管是顺时针排列的，在不清楚编码的情况下，可以按照这个规律进行编码。

（3）因为试验台上的数码管阳极接了晶体管，所以数码管的段选和位选都是低电平有效，由于不同设备硬件的连接方式不同，编程前应先弄清硬件连接方式的情况后，再进行编程，这点要注意。

【参考评分标准】

参考评分标准见表2-12。

表2-12 参考评分标准

评分项目	配分	配分细则
主要参数评分	60	1. 数码管显示正确，并且没有闪动，显示稳定，60分 2. 数码管显示正确，但是显示不稳定，画面晃动，10分 3. 数码管不亮，0分
连线及工艺评分	20	1. 主机模块5V、GND连接正确，5分 2. 显示模块5V、GND，连接正确，5分 3. D0～D7连接到单片机的任意I/O端口，5分 4. CS1连接到单片机的I/O端口，1分 5. CS2连接到单片机的I/O端口，1分 6. WR连接到单片机的I/O端口，3分
模块接线图评分	10	1. 显示模块的D0～D7正确连接到单片机的I/O端口，2分 2. 显示模块的片选端子正确连接到单片机的I/O端口，2分 3. 显示模块的跳变端子连接正确到单片机的I/O端口，1分 4. 画面整洁，5分；基本整洁，2分；看不清，0分
职业安全意识评分	10	同项目一

项目五　用数码管实现动态显示

【项目任务】

使用单片机驱动数码管动态显示，显示内容是：开机后显示 1234，然后每隔 1s，自动加 1，到 9999 后，从新返回 1234 自动加 1，不断循环。

【任务分析】

可以把上述拆分成 3 个任务：第一，在数码管上显示 1234，由于数字不一样，就必须得使用动态显示。动态显示的方法将在下面的内容讲述。第二，数码管开始自加 1，这一步就会涉及定时器的使用和数据的分离，然后显示出来。

【硬件选择】

电源模块，主机模块，显示模块。

【接线表及原理图】

1. 接线表

接线方式见表 2-13。

表 2-13　项目五模块电路接线表

P1.0 ~ P1.7	D0 ~ D7	P3.2	CSWR
P3.0	CS1	电源 5V	主机 5V，显示模块 5V
P3.1	CS2	电源 GND	主机 GND，显示模块 GND

2. 原理图

实验原理如图 2-16 所示。

【软件设计】

1. 编程思路

程序流程如图 2-29 所示。

数码管的动态显示，就是轮流向数码管送出字形码和相应的位选信号，利用 LED 的余晖和人眼的视觉暂留作用，使人眼感觉所有数码都在显示，实际上数码管是一位一位轮流显示的，只是扫描的速度很快，人眼无法分辨。

程序我们可以先送入段选信号，然后再选中第一位，然后延迟 1 ~ 2ms 的时间，给硬件一点反映时间。然后，可以参照第一位的方法，写出剩余几位，这样来回循环，不断扫描，不断地送入片选信号和位选信号，具体程序可以参考"程序 1"。

接下来，就要使用定时器/计数器，来实现数字的自加一，具体程序可以参考"程序 2"来分析一下程序，程序的数码管显示程序与"程序 1"相同，只不过数组里面改成了变量，接下来是定时器/计数器初始

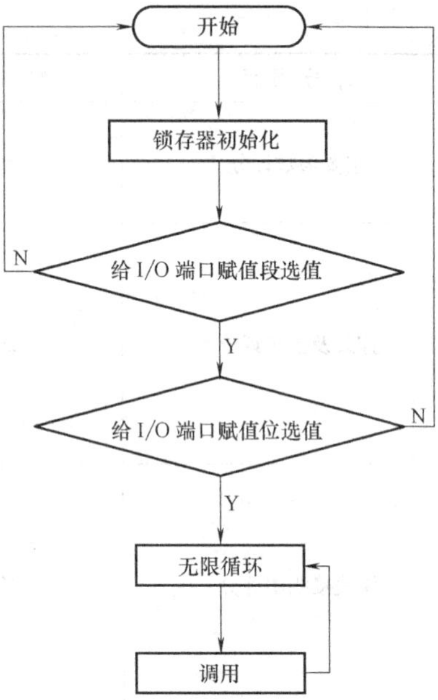

图 2-29　程序流程

过数组里面改成了变量，接下来是定时器/计数器初始化程序，先设置了TMOD，也就是定时器/计数器工作方式控制寄存器，这里设置的是0x01，也就是让定时器/计数器工作在定时模式，并且是工作方式1，接下来就设定了定时器的初始值，程序中是让定时器的初始值为15536，转换成十六进制就是0x3caf，分为高8位和低8位，0x3c装入TH0，0xaf装入TL0，这样就可以设置定时器的初始值，装入定时器的初始值以后，接着一般就要设置中断控制特殊寄存器IE，这个寄存器可以位操作，一般打开EA总中断，接着打开定时器中断允许控制位，这个中断控制设置好了之后，就可以启动定时器了。

定时器启动以后，程序便进入到了主程序，不断执行数码管显示和分离数据的程序，直到中断的来临。中断来临之后，程序便会进入中断服务程序，在这个程序中，中断服务程序有两个作用：第一，重装初始值；第二，软件定时器。因为一次定时器的溢出时间太短，不能够满足要求，所以才使用软件定时器，原理是：当每次定时器溢出以后，不对变量coint进行操作，而是对这次溢出进行计数，当记满20次以后，再对变量coint操作，时间便是1s了。需要注意的是，在对变量coint进行操作的时候，切记要把软件计数器清“0”，否则当再次到达1s的时候，程序就会出错。

当中断服务程序执行完了之后，程序就会回到主程序，不断执行数码管显示和分离数据的程序。

2. 参考程序

（1）程序1。程序流程如图2-30所示。

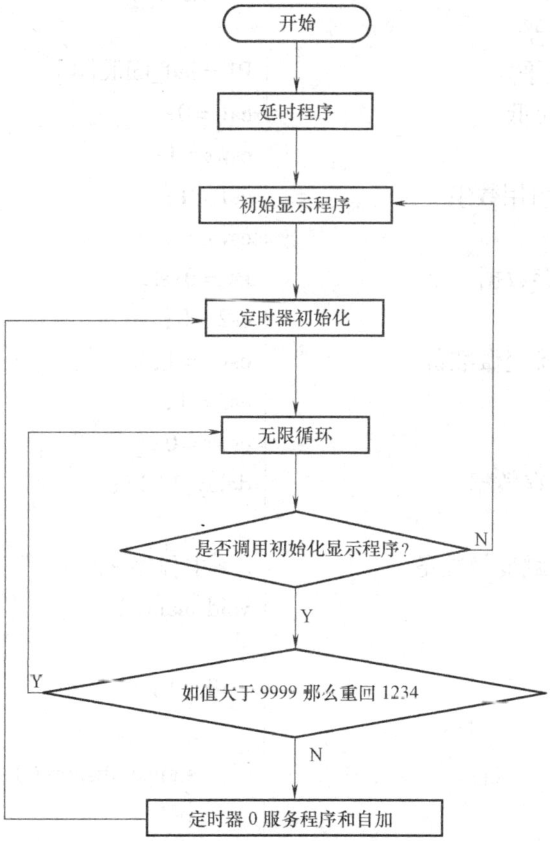

图2-30 程序流程

```
#include <reg51.h>//包含头文件
#define uint unsigned int
#define uchar unsigned char//宏定义
/*端口定义*/
Uchar code led_table[] = {0xc0,0xf9,0xa4,
0xb0,0x99,0x92,0x82,0xf8,0x80,0x90};
sbit cs1 = P3^0;//位定义
sbit cs2 = P3^1;
sbit cswr = P3^2;
void delay_1(uint x)//延迟程序
{
   uint i,j;
   for(i = x;i > 0;i--)//for 嵌套
      for(j = 110;j > 0;j--);
}
/*数码管显示*/
void shuma_display()
{
cs1 = 1;//段选置高电平
cs2 = 1;//位选置高电平
cswr = 0;//使能信号拉低

P1 = led_table[1];//引用数组
cs1 = 0;//打开段选
cswr = 1;//上跳变锁存数据
cs1 = 1;//关闭段选
cswr = 0;//为下一次跳变做准备
P1 = 0x7f;//位选信号
cs2 = 0;//打开位选
cswr = 1; //上跳变锁存数据
cs2 = 1;//关闭位选
cswr = 0;// 为下一次跳变做准备
delay_1(2);//延迟

P1 = led_table[2];
cs1 = 0;
cswr = 1;
cs1 = 1;
cswr = 0;
P1 = 0xbf;
cs2 = 0;
cswr = 1;
cs2 = 1;
cswr = 0;
delay_1(2);

P1 = led_table[3];
cs1 = 0;
cswr = 1;
cs1 = 1;
cswr = 0;
P1 = 0xdf;
cs2 = 0;
cswr = 1;
cs2 = 1;
cswr = 0;
delay_1(2);

P1 = led_table[4];
cs1 = 0;
cswr = 1;
cs1 = 1;
cswr = 0;
P1 = 0xef;
cs2 = 0;
cswr = 1;
cs2 = 1;
cswr = 0;
delay_1(2);
}
/*主程序*/
void main()
{
while(1)
   {
   shuma_display();//调用数码管显示程序
   }
}
```

（2）程序2。

```
#include <reg51.h>//包含头文件
#define uint unsigned int//宏定义
#define uchar unsigned char//宏定义
/*端口定义*/
uchar code led_table[] = {0xc0,0xf9,0xa4,
0xb0,0x99,0x92,0x82,0xf8,0x80,0x90};
sbit cs1 = P3^0;//位定义
sbit cs2 = P3^1;//位定义
sbit cswr = P3^2;//位定义
uchar d1,d2,d3,d4;
uint coint = 1234;//定义变量,并赋值
/*延迟程序*/
void delay_1(uint x)
{
 uint i,j;
 for(i = x;i >0;i--)
     for(j = 110;j >0;j--);
}
void shuma_display()//数码管显示子程序
{
cs1 = 1;//初始化
cs2 = 1;//拉低位选
cswr = 0;//跳变准备

P1 = led_table[d1];//引用数组
cs1 =0;//打开段选
cswr = 1;//跳变锁存数据
cs1 = 1;//关闭段选
cswr = 0;//为下一次跳变做准备
P1 =0x7f;//位选信号
cs2 =0;//打开位选
cswr = 1;//跳变,锁存数据
cs2 = 1;//关闭位选
cswr = 0;//跳变准备
delay_1(2);//延迟

P1 = led_table[d2];
cs1 =0;
cswr = 1;
cs1 = 1;
cswr =0;
P1 =0xbf;
cs2 =0;
cswr = 1;
cs2 = 1;
cswr =0;
delay_1(2);
P1 = led_table[d3];
cs1 =0;
cswr = 1;
cs1 = 1;
cswr =0;
P1 =0xdf;
cs2 =0;
cswr = 1;
cs2 = 1;
cswr =0;
delay_1(2);

P1 = led_table[d4];
cs1 -0;
cswr = 1;
cs1 = 1;
cswr =0;
P1 =0xef;
cs2 =0;
cswr = 1;
cs2 = 1;
cswr =0;
delay_1(2);
}
/*定时器初始化程序*/
void init_time_0()
{
```

```
  TMOD = 0x01; //M1 = 0,M0 = 1,工作方式1.
  TH0 = 0x3c;//0x3caf = 15535
  TL0 = 0xaf;
  EA = 1;//开总中断
  ET0 = 1;//开定时器0中断
  TR0 = 1;//定时器开始运行
}
/*主函数*/
void main()
{
init_time_0();//调用定时器初始化程序
 while(1)
    {
    shuma_display();//调用数码管显示程序
    if(coint > 9999) coint = 1234;//如果大于9999,就等于1234
    d1 = coint/1000;//分离
    d2 = coint%1000/100;
    d3 = coint%1000%100/10;
    d4 = coint%1000%100%10;
    }
}
/*定时器0中断服务程序*/
void time_0() interrupt 1
{
  uchar i;//定义变量
  TH0 = 0x3c;//重装初始值
  TL0 = 0xaf;//重装初始值
  i++;//变量自加
  if(i >= 20)//到达1s,
    {
    i = 0;//清零
    coint++;//变量自加,到主程序后分离显示
    }
}
```

【知识链接】

1. 中断的概念

什么是中断？我们从一个生活中的事件引入。比如你正在家中看书，突然电话铃响了，你放下书本，去接电话，接电话完毕后，回来继续看书。这就是生活中的“中断”现象，就是正常的工作过程被外部的事件打断了。

什么可引起中断，生活中很多事件能引起中断：有人按门铃了，电话铃响了，闹钟响了，烧的水开了，诸如此类的事。我们把能引起中断的事件称之为中断源。当然单片机中也有一些能引起中断的事件，8051中就有五个中断源：两个外部中断，两个定时器/计数器中断，一个串行口中断，具体见表2-14。

表2-14　MCS-51单片机中断源

INT0:外部中断0	由P3.2端口线引入,低电平或下跳沿引起
INT1:外部中断1	由P3.3端口线引入,低电平或下跳沿引起
T0:定时器/计数器0中断	由T0计满回零引起
T1:定时器/计数器1中断	由T1计满回零引起
TI/RI:串行I/O中断	串行口完成一帧字符发送/接收后引起

中断的嵌套与优先级处理：设想一下，我们正在看书，电话铃响了，同时门铃又响了，你该先做哪件事呢？这里存在一个优先级的问题。单片机中也是如此，也有优先级的问题。优先级的问题不仅仅发生在两个中断同时产生的情况，也发生在一个中断已产生，又有一个

中断产生的情况。那么MCS-51单片机的中断又是按照怎样的秩序去响应的呢，中断源的优先级见表2-15。

表2-15 MCS-51单片机的中断级别

中断源	中断级别(默认)	序号(C语言用)	入口地址(汇编语言用)
INT0:外部中断0	最高	0	0003H
T0:定时器/计数器0中断	第二	1	000BH
INT1:外部中断1	第三	2	0013H
T1:定时器/计数器1中断	第四	3	001BH
TI/RI:串行I/O中断	第五	4	0023H
T2:定时器/计数器2中断	最低	5	002BH

仔细观察可以发现表中多了一个中断源——定时器/计数器T2，这个中断源是C52单片机特有的。

中断的响应过程：当看书时产生中断，进入中断之前我们必须先记住看到第几页了，或拿一个书签放在当前页的位置，然后再去处理别的事（因为处理完了，我们还要回来继续看书）。电话铃响了就要去放电话的地方，门铃响了就要去门口，就是说不一样的中断，我们要到不一样的地点去处理，而这个地点常常还是固定的。单片机中也是采用的这种办法，5个中断源，每个中断产生后都到一个固定的地方去找处理这个中断的程序。当然在去执行中断前首先要保存原本将要执行的指令的地址，以便处理完中断后回到原来的地方继续往下执行程序。具体地说，中断响应分为以下几个步骤：

1）保护断点，即保存下一个将要执行的指令的地址，具体操作是把这个地址送入堆栈。

2）寻找中断入口，根据5个不一样的中断源所产生的中断，查找5个不一样的入口地址。以上工作是由计算机自动完成的，与编程者无关。在这5个入口地址处存放有中断处理程序（在编写程序时要把中断程序放在那里，要不中断程序就不能被执行到）。

3）执行中断。图2-31说明了整个中断响应过程。

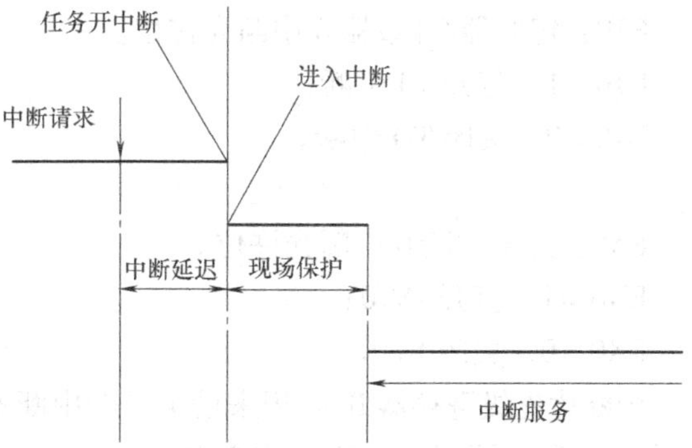

图2-31 中断响应过程

中断响应的条件：MCS-51单片机工作时，在每个机器周期中都会去查询一下各个中断标记，看它们是否为“1”，如果是1，就说明有中断请求了。所以中断其实也是查询，不过是每个周期都查一下而已。

2. 中断相关的特殊寄存器

中断系统有两个控制寄存器IE和IP，它们分别用来设定各个中断源的打开/关闭和中断优先级的。此外，在TCON中另有4位用于选择引起外部中断的条件并作为标志位。下面我们就分别介绍这些特殊的寄存器。

中断允许寄存器 IE，见表 2-16。

表 2-16 中断允许寄存器 IE

位序号	D7	D6	D5	D4	D3	D2	D1	D0
位符号	EA	—	ET2	ES	ET1	EX1	ET0	EX0
位地址	0AFH	—	0ADH	0ACH	0ABH	0AAH	0A9H	0A8H

从表中可以看出 IE 寄存器是一个 8 位寄存器，下面对每位都作个详细说明，帮助读者深入了解 IE：

EA：全局中断允许位。

EA = 0，关闭全部中断；

EA = 1，打开全局中断控制，在此条件下，由各个中断控制位确定相应中断的打开或关闭。

—：无效位。

ES：串行 I/O 中断允许位。

ES = 1，打开串行 I/O 中断；

ES = 0，关闭串行 I/O 中断。

ET1：定时器/计数器 1 中断允许位。

ET1 = 1，打开 T1 中断；

ET1 = 0，关闭 T1 中断。

EX1：外部中断 1 中断允许位。

EX1 = 1，打开 INT1；

EX1 = 0，关闭 INT1。

ET0：定时器/计数器 0 中断允许位。

ET0 = 1，打开 T0 中断；

ET0 = 0，关闭 T0 中断。

EX0：外部中断 0 中断允许位。

EX0 = 1，打开 INT0；

EX0 = 0，关闭 INT0。

中断优先级寄存器 IP 是用来设定各个中断源属于两级中断中的哪一级。单片机复位的时候 IP 全部被清“0”。IP 见表 2-17。

表 2-17 中断优先级寄存器 IP

位序号	D7	D6	D5	D4	D3	D2	D1	D0
位符号	—	—	—	PS	PT1	PX1	PT0	PX0
位地址	—	—	—	0BCH	0BBH	0BAH	0B9H	0B8H

一：无效位。

PS：串行I/O中断优先级控制位。

PS=1，高优先级；

PS=0，低优先级。

PT1：定时器/计数器1中断优先级控制位。

PT1=1，高优先级；

PT1=0，低优先级。

PX1：外部中断1中断优先级控制位。

PX1=1，高优先级；

PX1=0，低优先级。

PT0：定时器/计数器0中断优先级控制位。

PT0=1，高优先级；

PT0=0，低优先级。

PX0：外部中断0中断优先级控制位。

PX0=1，高优先级；

PX0=0，低优先级。

在MCS-51系列单片机中，高级中断能够打断低级中断以形成中断嵌套；同级中断之间，或低级对高级中断则不能形成中断嵌套。若几个同级中断同时向CPU请求中断响应，在没有设置中断优先级的情况下，按照默认中断级别响应中断。在设置中断优先级后，则按照设置的顺序确定相应先后顺序。

3. 定时器/计数器（T/C）

51单片机内部有两个16位可编程的T/C，也就是T0和T1。52单片机内部则多了一个定时器T2。它们既有定时功能也有计数功能，我们可以通过设置与定时器相关的特殊寄存器来控制定时器的运行和停止。

T/C的优势在于定时器系统是单片机内部独立的一个硬件部分，它与CPU和晶振通过内部某些控制线相连，并且相互作用。CPU开启定时器功能之后，定时器便可以在晶振的作用下自动计时，定时器的计时过程是独立运行的，当定时器所定的时间达到之后，就会产生中断，即通知CPU，定时器所定的时间已到，CPU就会处理相应的中断服务程序。

MCS-51内部有两个可编程的16位定时器T0和T1。通过编程，可以设定为定时器和外部计数方式。T1还可以作MCS-51串行口的波特率发生器。定时器T0由特殊功能寄存器TL0和TH0构成，定时器T1由特殊功能寄存器TL1和TH1构成。

单片机在使用T/C功能的时候，通常要设置两个与T/C有关的特殊寄存器：工作方式寄存器TMOD和控制寄存器TCON。T/C的工作方式是由特殊功能寄存器TMOD控制的，TCON还包含了定时器T0和T1的溢出标志。工作方式寄存器TMOD见表2-18。

表 2-18　T/C 工作方式寄存器 TMOD

位序号	D7	D6	D5	D4	D3	D2	D1	D0
位符号	GATE	$C/\overline{T}$	M1	M0	GATE	$C/\overline{T}$	M1	M0
—	高 4 位设置定时器 1				低 4 位设置定时器 0			

GATE：门控制位。

GATE =0，T/C 启动和停止仅受 TCON 寄存器中 TR1 和 TR0 控制。

GATE =1，T/C 启动和停止受 TCON 寄存器中 TR1 和 TR0 并且还和外部中断引脚（INT0 和 INT1）上的电平状态控制。

$C/\overline{T}$：定时器模式和计数器模式选择位。

$C/\overline{T}$ =1，选择计数器模式。

$C/\overline{T}$ =0，选择定时器模式。

M1M0：工作方式选择位。

每个 T/C 都有 4 种工作方式，它们由 M1M0 设定，具体设定和功能见表 2-19。

表 2-19　M1M0 的设定

M1	M0	功 能 说 明
0	0	方式 0,13 位 T/C
0	1	方式 1,16 位 T/C
1	0	方式 2,常数自动装入的 8 位 T/C
1	1	方式 3,仅用于 T_0,分为两个 8 位 T/C

T/C 控制寄存器 TCON 是特殊功能寄存器中的一个，其高 4 位为 T/C 的运行控制位和溢出标志位，低 4 位与外部中断有关。其中高 4 位的含义见表 2-20。

表 2-20　定时器/计数器控制寄存器 TCON

位	D7	D6	D5	D4	D3	D2	D1	D0
功能	TF1	TR1	TF0	TR0	—	—	—	—

TF1/TF0：T0（定时器 0）和 T1（定时器 1）的溢出标志位。由硬件自动置位中断触发器 TF(1/0)，并且向 CPU 申请中断，如果使用中断方式，则 CPU 在响应中断并进入中断服务程序以后，TF(1/0) 会被硬件自动清“0”。如果是用查询方式对 TF(1/0) 进行查询则在 T/C 回 0 之后，应用软件清“0”。

TR1/TR0：T1/T0 运行控制位，可用指令对 TR1 或 TR0 置位或清“0”，即可启动或者关闭 T1 或 T0 的运行。

读者可以认真研究图 2-32，可以更加清楚地了解 T/C 的控制方式。

4. 定时器/计数器的 4 种工作方式

（1）工作方式 0

定时器/计数器 0 的工作方式 0 电路逻辑结构如图 2-33 所示（定时器/计数器 1 与其完全一致），工作方式 0 是 13 位计数结构的工作方式，其计数器由 TH 的全部 8 位和 TL 的低 5

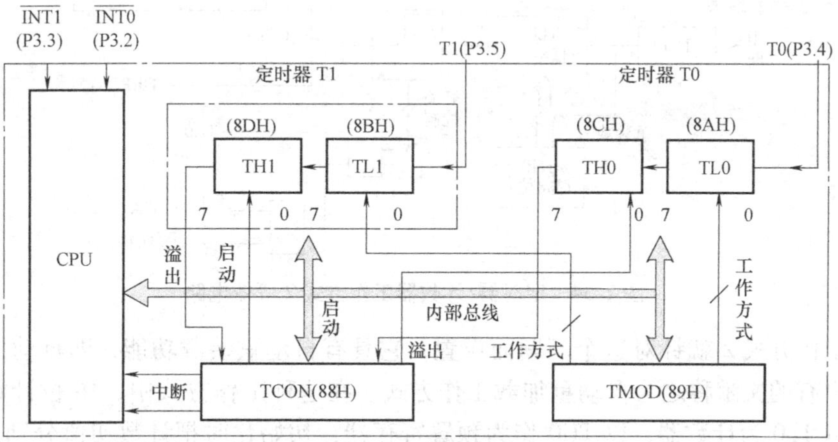

图 2-32 单片机定时器/计数器结构图

位构成，TL的高3位没有使用。当 $C/\overline{T}=0$ 时，多路开关接通振荡脉冲的12分频输出，13位计数器以次进行计数。这就是定时工作方式。当 $C/\overline{T}=1$ 时，多路开关接通计数引脚（T_0），外部计数脉冲由P3.4引脚T0输入。当计数脉冲发生负跳变时，计数器加1，这就是我们常称的计数工作方式。

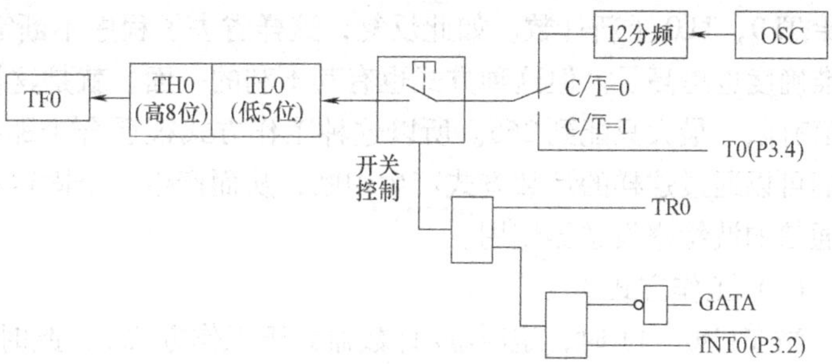

图 2-33 定时器/计数器工作方式0/1等效电路

不管是哪种工作方式，当TL的低5位溢出时，都会向TH进位，而全部13位计数器溢出时，则会向计数器溢出标志位TF0进位。

门控位GATF的状态决定定时器运行控制取决于TR0的一个条件还是TR0和INT0引脚这两个条件。当GATF=1时，由于GATF信号封锁了与门，使引脚INT0信号无效。而这时候如果TR0=1，则接通模拟开关，使计数器进行加法计数，即定时器/计数器工作。而TR0=0，则断开模拟开关，停止计数，定时器/计数器不能工作。

当GATF=0时，与门的输出端由TR0和INT0电平的状态确定，此时如果TR0=1，INT0=1与门输出为1，允许定时器/计数器计数，在这种情况下，运行控制由TR0和INT0两个条件共同控制，TR0是确定定时器/计数器的运行控制位，由软件置位或清“0”。

如上所述，TF0是定时器/计数器的溢出状态标志，溢出时由硬件置位，TF0溢出中断被CPU响应时，转入中断时硬件清“0”，TF0也可由程序查询和清“0”。

（2）工作方式2

当M1M0=10时，定时器/计数器处于工作方式2。此时定时器的等效电阻如图2-34所示。我们还是以定时器/计数器0为例，定时器/计数器1与之完全一致。

工作方式0和工作方式1的最大特点就是计数溢出后，计数器为全0，因而循环定时或循环计数应用时就存在反复设置初值的问题，这给程序设计带来许多不便，同时也会影响计

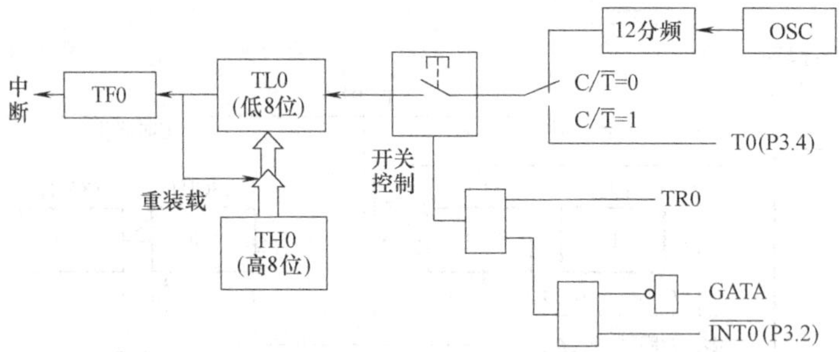

图 2-34　定时器/计数器工作方式 2 等效电路

时精度，工作方式 2 就针对这个问题而设置，它具有自动重装载功能，即自动加载计数初值，所以也有的文献称之为自动重加载工作方式。在这种工作方式中，16 位计数器分为两部分，即以 TL0 为计数器，以 TH0 作为预置寄存器，初始化时把计数初值分别加载至 TL0 和 TH0 中，当计数溢出时，不再像方式 0 和方式 1 那样需要“人工干预”，由软件重新赋值，而是由预置寄存器 TH 以硬件方法自动给计数器 TL0 重新加载。程序初始化时，给 TL0 和 TH0 同时赋以初值，当 TL0 计数溢出时，置位 TF0 的同时把预置寄存器 TH0 中的初值加载给 TL0，TL0 重新计数。如此反复，这样省去了程序不断需给计数器赋值的麻烦，而且计数准确度也提高了。但这种方式也有其不利的一面，就是这样一来的计数结构只有 8 位，计数值有限，最大只能到 255。所以这种工作方式很适合于那些重复计数的应用场合。例如，我们可以通过这样的计数方式产生中断，从而产生一个固定频率的脉冲。也可以当做串行数据通信的波特率发送器使用。

（3）工作方式 3

当 M1M0 = 11 时，定时器/计数器处于工作方式 3，此时，定时器/计数器的等效电路如图 2-35 所示。仍以定时器 0 为例，值得注意的是在工作方式 3 模式下，定时器/计数器 1 的工作方式与之不同，下面我们分别讨论。

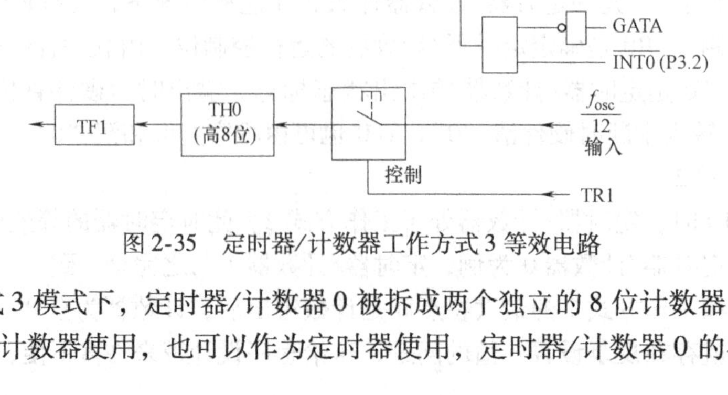

图 2-35　定时器/计数器工作方式 3 等效电路

在工作方式 3 模式下，定时器/计数器 0 被拆成两个独立的 8 位计数器 TL0 和 TH0。其中 TL0 既可以作计数器使用，也可以作为定时器使用，定时器/计数器 0 的各控制位和引脚信号全归它使用。其功能和操作与方式0或方式1完全相同。TH0就没有那么多“资源”可利用，只能作为简单的定时器使用，而且由于定时器/计数器0的控制位已被TL0占用，因此只能借用定时器/计数器1的控制位TR1和TF1，也就是以计数溢出去置位TF1，TR1则负责控制TH0定时的启动和停止。等效电路参见图2-34。由于TL0既能作定时器也能作计数器使用，而TH0只能作定时器使用而不能作计数器使用，因此在方式3模式下，定时器/计数器0可以构成两个定时器或者一个定时器和一个计数器。工作方式3仅适用于T0，分成两个8位计数器T1停止计数。

如果定时器/计数器0工作于工作方式3，那么定时器/计数器1的工作方式就不可避免受到一定的限制，因为自己的一些控制位已被定时器/计数器借用，只能工作在方式0、方式1或方式2下，等效电路如图2-36所示。

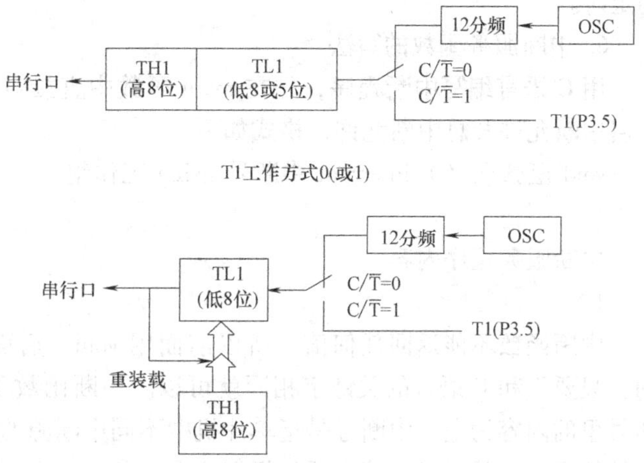

图2-36 T1 工作方式2

在这种情况下，T/C1通常作为串行口的波特率发生器使用，以确定串行通信的速率，因为已没有TF1被定时器/计数器0借用了，只能把计数溢出直接送给串行口。当做波特率发生器使用时，只需设置好工作方式，即可自动运行。如要停止它的工作，需送入一个把它设置为方式3的方式控制字即可，这是因为定时器/计数器本身就不能工作在方式3，如强行把它设置为方式3，自然会停止工作。

5. 如何计算定时器的初始值

80C51中T1和T0都是增量计数器，所以不能直接将实际要计数的值作为初始值放入计数寄存器中，而是要将其补数放入计数寄存器中。

工作方式0：13位定时器/计数工作方式，其计数的最大值是$2^{13}=8192$，因此装入的初始值是“8192－待计数”的值，因为这种工作方式只是用了定时器/计数器的高8位和低5位，因此，计算出来的值要转化为十六进制分别送入高8位和低5位。

工作方式1：16位定时器/计数器工作方式，其计数最大值是$2^{16}=65536$，因此装入的初始值是“65536－待计数”的值。

工作方式2：8位定时器/计数器工作方式，其计数最大值是$2^{8}=256$，因此，装入的初始值是“256－待计数”的值。

工作方式3：8位定时器/计数器工作方式，其计数最大值是$2^{8}=256$，因此，装入的初始值是“256－待计数”的值。

定时模式的计数脉冲是由单片机的晶体振荡器产生的频率信号经过12分频得到的，因此定时器的定时时间和晶振的震动频率有关，要考虑定时器的时间，就先考虑晶振的频率，现以12MHz的晶振为例，其计数信号周期是：

$$计数信号周期=12/(12\text{MHz})=1\mu s$$

也就是每来一个脉冲就过去1μs的时间，因此，计数的次数是：

$$计数次数=定时时间/(1\mu s)$$

算式中，定时时间的单位为 μs，假设要定时时间是 10ms，则

$$计数次数 = 10 \times 1000\mu s/(1\mu s) = 10000$$

如果选用定时器 0，工作方式 1，则计数的初始值就应当是：

$$65536 - 10000 = 55536$$

将 55536 化为十六进制是 0xd8f0，把 0xd8 送入 TH0，0xf0 送入 TL0，即可以完成 10ms 的定时。

6. 中断服务函数的写法

用 C 语言编写中断程序，先在 main 函数中直接对各位进行操作，以确定中断优先级，开启中断允许及总中断允许，格式如下：

```
void 函数名 ( ) interrupt 中断号 using 工作组
{
中断服务程序内容
}
```

中断函数不能返回任何值，所以前面用 void，后面紧跟函数名，函数名是可以随意取的，只要不和 C 语言的关键字相同就可以。中断函数不带任何函数，所以函数名后面的小括号里的内容为空，中断号是指单片机中不同中断源的序号，这个序号是编译器识别不同中断的符号，也就是说，编译器是根据这个中断号来辨别这个中断服务程序是哪个中断源，因此这个中断号务必正确，最后面的“using 工作组”是指这个函数使用单片机内存中 4 组工作寄存器中的哪一组，C51 编译器在编译程序的时候会自动分配，因此，可以忽略不写。

```
void time_0( ) interrupt 1//定时器 0 中断服务程序
{
uchar i;
TH0 = 0x3c;
TL0 = 0xaf;
i + + ;
if(i > =20)
  {
   i =0;
   coint + + ;
  }
}
```

上面的这段代码是参考程序中的一段，定时器 0 的中断序号是 1，因此我们写成了 interrupt 1。

【调试与结果演示】

调试与结果演示如图 2-37 所示。

图 2-37　数码管动态显示 1234

【项目总结】

（1）中断服务函数不能过长，能在主函数里面写的代码，就不要在中断服务函数里面写，以免产生中断嵌套。

（2）中断优先级一般不进行设置，采用默认值即可。

（3）定时器的时间不能过短，因为响应中断和进入中断都需要一定时间，定时时间太短（如 1 ~ 2μs）中断就会来不及响应，从而造成程序混乱。

（4）通常对定时器的初始化过程如下：

1）对 TMOD 赋值，以确定 T0 和 T1 的工作方式。

2）计算初值，并将初值写入TH0、TL0或者TH1、TL1。

3）对IE赋值，开放中断。

4）使TR0或者TR1置位，启动T1或者T0。

【参考评分标准】

参考评分标准见表2-21。

表2-21　参考评分标准

评分项目	配　分	配分细则
主要参数评分	60	1. 数码管显示正确，并且没有闪动，显示稳定，正确1s加1，60分 2. 数码管显示正确，正确1s加1，但是画面很暗，40分 3. 数码管显示正确，但是画面抖动，不能1s加1，30分 4. 数码管显示正确，不能加1，20分 5. 数码管不能够正确显示，不能够加1，10分 6. 数码管不亮，0分
连线及工艺评分	20	1. 主机模块5V、GND连接正确，5分 2. 显示模块5V、GND，连接正确，5分 3. D0～D7连接到单片机的任意I/O端口，5分 4. CS1连接到单片机的I/O端口，1分 5. CS2连接到单片机的I/O端口，1分 6. WR连接到单片机的I/O端口，3分
模块接线图评分	10	1. 显示模块的D0～D7正确连接到单片机的I/O端口，2分 2. 显示模块的片选端子正确连接到单片机的I/O端口，2分 3. 显示模块的跳变端子连接正确到单片机的I/O端口，1分 4. 画面整洁，5分；基本整洁，2分；看不清，0分
职业安全意识评分	10	同项目一

项目六　用独立按键控制

【项目任务】

使用单片机驱动数码管显示，并且每按下一次独立按键，数码管上的数值就加1。

【任务分析】

数码管的显示原理及程序前面已经学过，现在主要是学习独立按键的识别，也就是如何才能让单片机知道键是否按下。我们可以通过单片机I/O端口的状态来辨别，单片机的I/O端口不仅有输出功能，而且还有输入功能，我们可以通过键按下和未按下的电平特性来辨别它是否被按下。

【硬件选择】

电源模块，主机模块，显示模块，指令模块。

【接线表及原理图】

1. 接线表

模块电路接线见表2-22。

表 2-22　项目六模块电路接线表

P1.0 ~ P1.7	D0 ~ D7	P3.3	SB1
P3.0	CS1	电源 5V	主机 5V，显示模块 5V
P3.1	CS2	电源 GND	主机 GND，显示模块 GND
P3.2	CSWR		

2. 电路图

实验电路如图 2-38 和图 2-16 所示。

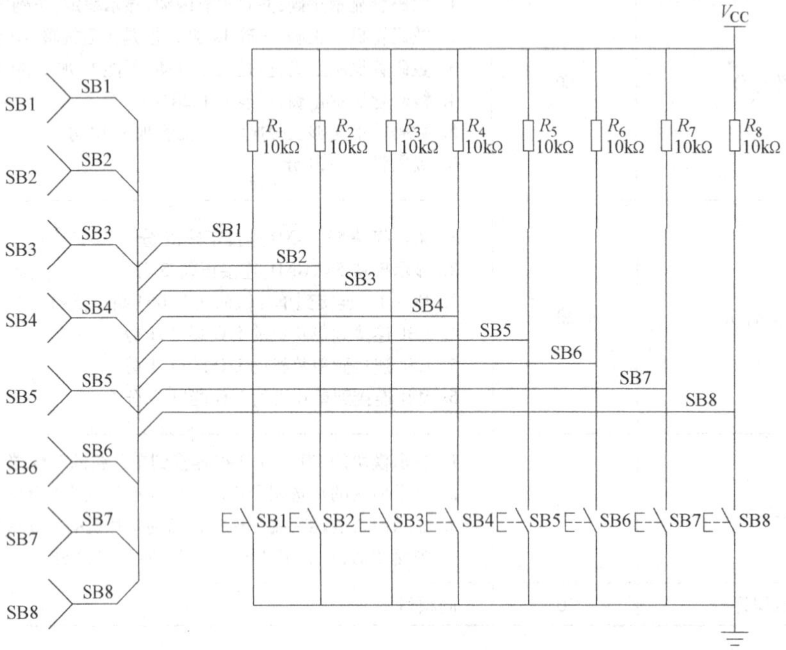

图 2-38　独立按键电路

【知识链接一】

单片机应用系统通常需要人机对话，如对系统运行进行控制等，这时候就需要键盘。计算机所用的键盘有全编码键盘和非编码键盘两种，全编码键盘能够由硬件逻辑自动提供被按键的编码，通常还有去抖动、多键识别等功能。而靠软件编程来识别的键盘称为非编码键盘，在单片机组成的各种系统中，用得较多的就是这种。非编码键盘又分为独立按键和矩阵式键盘。

独立按键实际上就是一组按键，在电路中，通常用到的按键都是机械弹性开关，当开关闭合时，电路导通；开关断开时，电路断开。如图 2-39、图 2-40 和图 2-41 是 3 种不同的按键。

弹性按键按下时闭合，松手后自动断开，自锁式按键按下时闭合并且自动锁住，只有再次按下时才被弹起断开。自锁式按键一般当做开关使用。控制按键一般用弹性按键比较好。按键连接的方式很简单，如图 2-42 所示。按键的一端接地，一端接单片机的 I/O 端口，当按键被按下的时候，单片机的 I/O 端口相当于接地，这时候我们就可以检测到低电平。

图2-39　弹性小按键（一）

图2-40　弹性小按键（二）

图2-41　自锁式按键

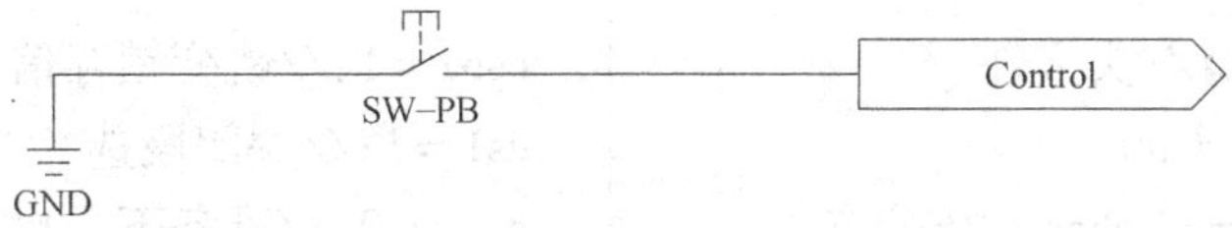

图2-42　单片机上按键的电路图

理想波形与实际波形是有差别的，实际波形在按下和释放的瞬间都有抖动现象（见图2-43），抖动的波形、时间的长短和按键的机械特性有关，一般为10ms。通常我们按下去到松开的时间大约为20ms，因此单片机在检测按键的时候，都要加上去抖操作，如不去抖，则有可能会被单片机认为按键多次被按下，造成输入错误。关于去抖动，有专门的去抖动电路及芯片。但是我们通常使用软件去抖的方法就可以轻松地解决按键抖动的问题了。

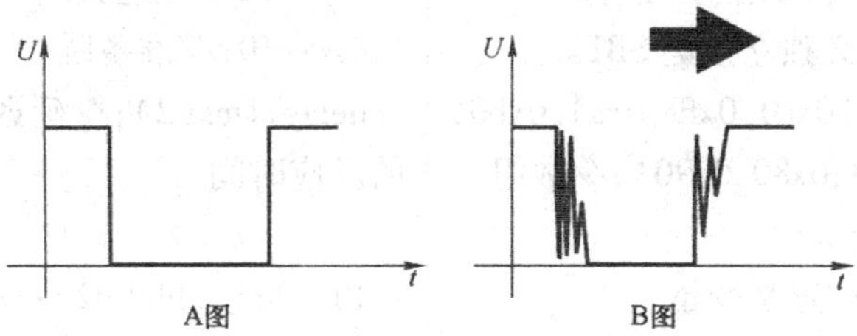

图2-43　按键按下的时候电压波形图

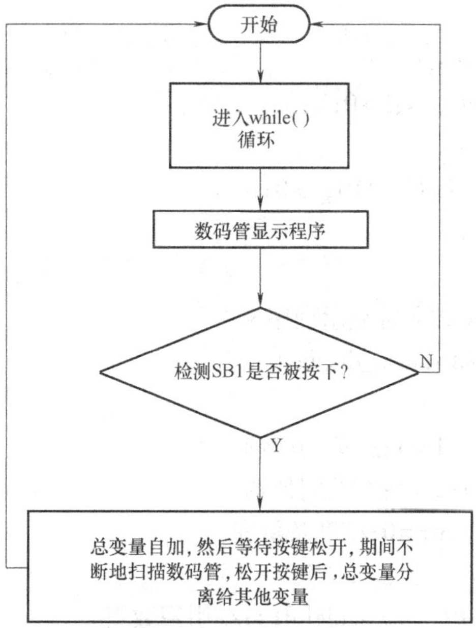

图2-44　程序流程

【软件设计】

1. 编程思路

数码管的显示前面都已经介绍过了，主要问题是怎样让单片机检测到按键是否按下。如图2-44所示，按键的一端接地，如果按下按键，单片机与按键连接的那个引脚就会变成低电平，根据这个条件就可以检测到按键按下了。于是我们便有了如下的思路，先定义一个引脚，如将P3.3引脚接到独立按键SB1上，并在程序中定义如下：

```
sbit SB1 = P3^3;
```

接着就可以让单片机不停地检测 P3.3 引脚上的信号是否为低电平，程序如下：

```
if(SB1 = =0)
    {
    ……
    }
```

如果 SB1 等于 0，就意味着这个引脚变成了低电平，也就意味着按键被按下了，然后就可以在 if 语句中写如果按键按下后我们要执行的程序。

2. 参考程序

```
#include <reg52.h>//头文件
#define uint unsigned int
#define uchar unsigned char //宏定义
/*端口定义*/
sbit cs1 = P3^0;//定义段选
sbit cs2 = P3^1;//定义位选
sbit cswr = P3^2;//锁存端,上跳变有效
sbit SB1 = P3^3;//定义独立按键 SB1
uchar led_table[] = {0xc0,0xf9,0xa4,0xb0,
0x99,0x92,0x82,0xf8,0x80,0x90};//数组
uchar coint;//定义变量
uchar d1,d2,d3,d4;//定义变量
/*延迟程序*/
void delay_1ms(uint x)
{
uint i,j;
for(i = x;i >0;i--)
  {
   for(j = 110;j >0;j--);
  }
}
/*数码管显示程序*/
void shuma_display()
{
  cs1 = 1;//关闭段选
  cs2 = 1;//关闭位选
  cswr = 0;//准备跳变

  P1 = led_table[d1];//引用数组
  cs1 = 0;//打开段选
  cswr = 1;//跳变锁存信号
  cs1 = 1;//关闭段选
  cswr = 0;//准备下一次跳变
  P1 = 0x7f;//位选信号,选择第一位
  cs2 = 0;//打开位选
  cswr = 1;//跳变锁存数据
  cs2 = 1;//位选关闭
  cswr = 0;//准备跳变
  delay_1ms(2);//延迟一会,让硬件有足够
的反应时间

  P1 = led_table[d2];//同上
  cs1 = 0;
  cswr = 1;
  cs1 = 1;
  cswr = 0;
  P1 = 0xbf;
  cs2 = 0;
  cswr = 1;
  cs2 = 1;
  cswr = 0;
  delay_1ms(2);

  P1 = led_table[d3]; //同上
  cs1 = 0;
  cswr = 1;
  cs1 = 1;
  cswr = 0;
  P1 = 0xdf;
  cs2 = 0;
```

```
    cswr =1;
    cs2 =1;
    cswr =0;
    delay_1ms(2);

    P1 =led_table[d4]; //同上
    cs1 =0;
    cswr =1;
    cs1 =1;
    cswr =0;
    P1 =0xef;
    cs2 =0;
    cswr =1;
    cs2 =1;
    cswr =0;
    delay_1ms(2);
}
/*独立按键判断程序,以及数据分离子程序*/
void getdata()
{
    if(SB1 = =0)//判断按键是否按下
        {
        delay(10);//软件消抖
    if(SB1 = =0)//判断按键是否按下
        {
        coint + +;//如果按下,则变量自加
        while(SB1 = =0)//等待松开
        shuma_display();//在松开期间不断扫描
        }
    }
d1 =coint/1000;//分离数据
d2 =coint%1000/100;
d3 =coint%1000%100/10;
d4 =coint%1000%100%10;
}
void main()//主函数
{
    while(1)//无限循环
    {
        shuma_display();//调用数码管显示程序
        getdata();//调用子程序
    }
}
```

【知识链接二】

延时的子函数我们经常用，一个项目程序中有时会多次出现延时，但不是每次延时的时间都不变。我们并不需要每次都写一次延时程序，而是使用带参数函数就可以解决这样的问题了。先看如下程序：

```
void delay_1ms(uint x)
{
    uint i,j;
    for(i =x;i >0;i--)
        {
        for(j =110;j >0;j--);
        }
}
```

上面代码中 delay_1ms 后面的括号中多了个“uint x”，这就是这个函数所带的一个参数，x 是一个 unsigned int 型变量，也叫做这个函数的形参。在调用这个函数的时候，我们可以用一个真实的数据代替此形参，这个真实的数据叫做实参。形参被实参代替后，在子函数的内部所有和形参相同的变量就都被实参代替了，有了这种带参数函数，我们要使用延迟时间为 200ms 的延迟函数时，就可以写成 delay_1ms（200）；要延迟 2ms，就要写成 delay_1ms(2)，这样就会方便许多。

【调试与结果演示】

调试与结果演示如图 2-45 ~ 图 2-48 所示。

图 2-45　实验板上的独立按键

图 2-46　按下独立按键 SB1 加 1

图 2-47　第二次按下 SB1 加到 2

图 2-48　第三次按下 SB1 加到 3

【项目总结】

（1）下面这两句程序的作用是等待松开，后面调用了一句数码管显示程序，这个作用是为了让数码管显示更加稳定，因为在等待松开的时候程序就会停在这里，数码管如果没有扫描就不会显示，这样是不允许的，所以才在后面调用了一次数码管显示程序。

```
while(SB1 = =0)          shuma_display();
```

（2）“ = ”跟“ = = ”是有区别的，前者赋值是把右边的代码值传给左边，而后者则表示测试等于，就是测试左右两个值是否相等。

【参考评分标准】

参考评分标准见表 2-23。

表 2-23　参考评分标准

评分项目	配　分	配分细则
主要参数评分	60	1. 数码管显示正确,并且没有闪动,显示稳定,独立按键按下去以后,数码管也没有任何闪动,直到按键松开数码管上显示的数值加 1,60 分 2. 数码管显示正确,在没有按按键的情况下显示稳定,但是按键按下以后,数码管不显示,按键松开数码管显示加 1,50 分

（续）

评分项目	配分	配分细则
主要参数评分	60	3. 数码管显示正确，但是画面抖动，按键按下以后数码管还是能后显示，按键松开后数码管显示加1，45分 4. 数码管显示正确，但是画面闪动，并且独立按键按下去无效果，20分 5. 数码管不能够正确显示，按键不能够响应，10分 6. 数码管不亮，0分
连线及工艺评分	20	1. 主机模块5V、GND连接正确，5分 2. 显示模块5V、GND，连接正确，5分 3. D0～D7连接到单片机的任意I/O端口，5分 4. CS1连接到单片机的I/O端口，1分 5. CS2连接到单片机的I/O端口，1分 6. WR连接到单片机的I/O端口，1分 7. SB1接到单片机的I/O端口，2分
模块接线图评分	10	1. 显示模块的D0～D7正确连接到单片机的I/O端口，1分 2. 显示模块的片选端子正确连接到单片机的I/O端口，1分 3. 显示模块的跳变端子连接正确到单片机的I/O端口，1分 4. 显示模块的位选段子正确连接到单片机I/O端口，1分 5. 指令模块的SB1正确连接到单片机的I/O端口，1分 6. 画面整洁，5分；基本整洁，2分；看不清0分
职业安全意识评分	10	同项目一

项目七 用4×4矩阵键盘控制

【项目任务】

识别矩阵键盘上输入的数据，并在数码管上显示所输入的数据，显示的数据为0～9。

【任务分析】

通过前面的学习，数码管显示应该没问题了，主要是矩阵键盘的读入。我们知道独立按键识别很方便，只需要检查与之相连I/O端口状态，便可以知道按键是否按下。如果只需要一两个按键，独立按键足矣，但是如果超过4个以上，而且外部设备比较多的情况下，就必需用到矩阵键盘了，这样可以节约大量I/O端口，这个任务要显示的数据有9个，可用最多输入16个数据的4×4键盘。

【硬件选择】

电源模块，主机模块，显示模块，指令模块。

【接线表及原理图】

1. 接线表

接线表见表2-24。

表2-24 项目七模块接线表

P1.0～P1.7	D_0～D_7	P0.0～P0.7	指令模块D_0～D_7
P3.0	CS1	电源5V	主机5V，显示模块5V
P3.1	CS2	电源GND	主机GND，显示模块GND
P3.2	CSWR		

2. 原理图

原理如图 2-49 和图 2-16 所示。

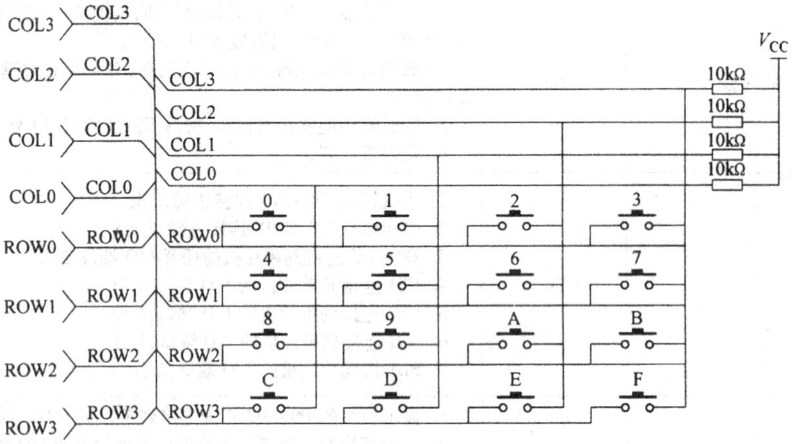

图 2-49　矩阵键盘原理图

【软件设计】

1. 编程思路

矩阵键盘上的输入值要在数码管上显示出来，首先要把数码管显示程序编写出来，接着开始写键盘的扫描程序。

图 2-50 是指令模块的矩阵键盘的简化图。无论是独立按键还是矩阵键盘，单片机检测其是否按下的依据都是一样的，也就是与该键对应的 I/O 端口是否检测到低电平。独立按键只有一端与单片机连接，编写程序就比较方便。但矩阵键盘两端都与单片机 I/O 端口相连。因此在检测的时候，需要人为通过单片机的 I/O 端口送出低电平。检测时，先送 4 列高电平和 4 行低电平，紧接着读入此时的 I/O 端口状态，如果这时某个按键被按下，那么这个按键所在的这一列就会变成低电平，紧接着，再送 4 列低电平，4 行高电平，因为扫描的速度很快，所以被按下的这个按键所在的这一行也会变成低电平。这时候，就会得到行列两个数据，将这两个数据合并，就识别出了被按下按键所在的位置编码，根据这个编码就可以找出对应的键值，并送到数码管显示了，这就是矩阵键盘的扫描原理。

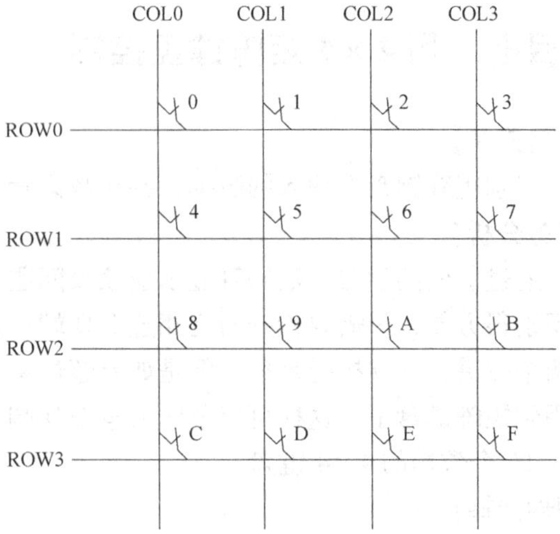

图 2-50　矩阵键盘

矩阵键盘每个按键都会对应一个编码值，见表 2-25。

编码的码是固定的，但是所对应的按键名称是可以自行定义的。

2. 参考程序

程序流程如图 2-51 所示。

表2-25 编码表

按键名称	编 码
1	0xde
2	0xbe
3	0x7e
4	0xde
5	0xdd
6	0xbd
7	0x7d
8	0xeb
9	0xdb
0	0xee
A	0xbb
B	0x7b
C	0xe7
D	0xd7
E	0xb7
F	0x77

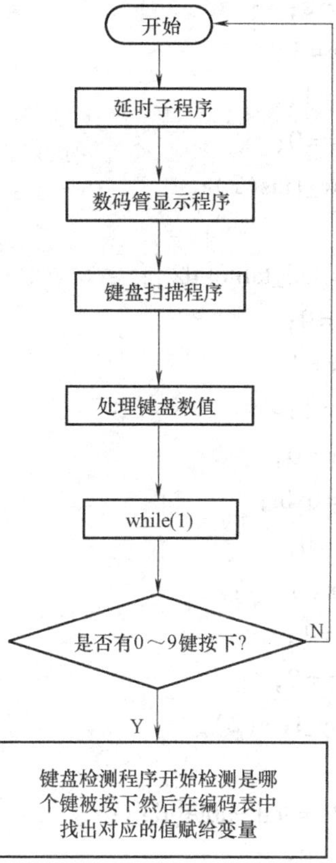

图2-51 程序流程

```
#include <reg51.h>
#define uint unsigned int
#define uchar unsigned char
uchar code led_table[ ] = {0xc0,0xf9,0xa4,
0xb0,0x99,0x92,0x82,0xf8,0x80,0x90};
/*端口定义*/
sbit cs1 = P3^0;
sbit cs2 = P3^1;
sbit cswr = P3^2;
uchar d1,d2,d3,d4;
uint keyinput;
uchar dsp_data[4] = {0x00,0x00,0x00,
0x00};
/*延迟程序*/
void delay_1ms(uint x)
{
uint i,j;
for(i = x;i >0;i--)
    for(j = 110;j >0;j--);
}
void shuma_display(void)//数码管显示程序
{
  cs1 =1;
  cs2 =1;
  cswr =0;

  P1 =led_table[d1];
  cs1 =0;
  cswr =1;
  cs1 =1;
  cswr =0;
  P1 =0x7f;
```

```
  cs2 =0;
  cswr =1;
  cs2 =1;
  cswr =0;
  delay_1ms(2);

  P1 =led_table[d2];
  cs1 =0;
  cswr =1;
  cs1 =1;
  cswr =0;
  P1 =0xbf;
  cs2 =0;
  cswr =1;
  cs2 =1;
  cswr =0;
  delay_1ms(2);

    P1 =led_table[d3];
  cs1 =0;
  cswr =1;
  cs1 =1;
  cswr =0;
  P1 =0xdf;
  cs2 =0;
  cswr =1;
  cs2 =1;
  cswr =0;
delay_1ms(2);

    P1 =led_table[d4];
  cs1 =0;
  cswr =1;
  cs1 =1;
  cswr =0;
  P1 =0xef;
  cs2 =0;
  cswr =1;
  cs2 =1;
  cswr =0;
delay_1ms(2);
}
/*键盘扫描程序*/
uint keykan()
{
  uchar key1,key2,key3;//定义
  P0 =0x0f;//扫描横列
  key1 =P0;//取值
  key1 = key1&0x0f;//与 0x0f 相与,将低 4 位清 0
  P0 =0xf0;//扫描竖列
  key2 =P0;//取值
  key2 = key2&0xf0;//与 0xf0 相与,将高 4 位清 0
  key3 = key1|key2;//将高 4 位和低 4 位合并
  return key3;//返回已经确定的值
}
void key_table(uint k)//编码表
 {
  switch(k)
    {
      case 0xee:keyinput =0;break;
      case 0xde:keyinput =1;break;
      case 0xbe:keyinput =2;break;
      case 0x7e:keyinput =3;break;

      case 0xed:keyinput =4;break;
      case 0xdd:keyinput =5;break;
      case 0xbd:keyinput =6;break;
      case 0x7d:keyinput =7;break;

      case 0xeb:keyinput =8;break;
      case 0xdb:keyinput =9;break;
      case 0xbb:keyinput =10;break;
      case 0x7b:keyinput =11;break;
```

```
        case 0xe7:keyinput = 12;break;
        case 0xd7:keyinput = 13;break;
        case 0xb7:keyinput = 14;break;
        case 0x77:keyinput = 15;break;

        default:break;
        }
}
/*处理键盘数值*/
void keyget()
{
  uchar i;//定义变量
  keyinput = keykan();//变量的值等于key3
  if(keyinput! = 0xff)//判断是否按下,如果按下则进入循环程序
      {
      key_table(keyinput);//根据对应的编码,找到对应的值
      delay_1ms(200);//延迟,否则将扫描过快,显示出问题
      if((keyinput >= 0)&&(keyinput < = 9))//只有0~9能够按下,其他的屏蔽
          {
          dsp_data[i] =keyinput;//送入缓冲区
          i + +;//变量自加,改变缓冲区,
          if(i > =4)i = 0;//限制,因为只有4位缓冲区
          d1 = dsp_data[0];//第一个变量显示第一位数码管
          d2 = dsp_data[1];//第二个变量显示第二位数码管
          d3 = dsp_data[2];//第三个变量显示第三位数码管
          d4 = dsp_data[3];//第四个变量显示第四位数码管
          }
      }
}

void main()//主程序
{
  while(1)//大循环
  {
  shuma_display();//调用数码管显示程序
  keyget();//调用键盘扫描程序
  }
}
```

【知识链接】

1. switch-case多分支选择

switch-case为多分支选择语句，功能是提供直接处理多分支选择。一般格式如下：

```
switch(条件表达式)
    {
    case 常量表达式1:语句1;break;
    case 常量表达式2:语句2;break;
    case 常量表达式3:语句3;break;
    ……
    case 常量表达式n:语句n;break;
    default:语句n+1;  break;
    }
```

switch语句的执行过程是先计算条件表达式的值，然后与每个case后面的常量表达式的值比较，如果与某个case后面的表达式相同，则执行此case后面的语句，然后执行break语句退出switch，继续执行后面的程序；若表达式的值不与任何常量表达式的值相等，就执行default后面的语句，最后退出switch，继续执行后面的程序。

编程技巧

1）条件表达式可以是任意类型的，但常量表达式的类型要与条件表达式类型相同。

2）各个case的出现次序可以是任意的，但常量表达式的值必须互不相同。

3）若没有break语句，则当与条件表达式相同的常量表达式执行之后，会继续执行后面case中的语句，以及default后面的语句。这里的break是中断语句，目的是中断switch语

句的执行。

2. break 中断

break 为中断语句，只能用在 switch 和循环语句中，如果在 switch 语句中，break 语句终止 switch 语句的执行，转去执行 switch 语句下面的一条语句：在循环语句中，break 可以中断本层循环，执行该循环语句下面的语句。

格式如下：

```
break;
```

可以这样认为，break 不但可以终止 switch 语句的执行，即跳出 switch 语句，还可以跳出任何循环语句，如 for、if-else、while、do-while 等。

3. 函数的参数和函数的值

C 语言采用函数之间的参数传递方式，使一个函数能对不同的变量进行功能相同的处理，从而大大提高了函数的通用性与灵活性。

函数之间的参数传递，由函数调用时，主调用函数的实际参数与被调用函数的形式参数之间进行数据交换，意思就是如果一个函数调用另一个函数，那么前者就是主调用函数，里面的数据被称为实际参数，而后者则成为被调用函数，里面的数据被称为形式参数。

定义函数时，函数名后面括号中的变量名称为"形式参数"，简称形参。例如：

```
void delay_1ms(uint x)//延迟程序
{
  uint i,j;
  for(i=x;i>0;i--)
    for(j=110;j>0;j--);
}
```

这个函数括号里面"uint x"就是形参。

实际参数：函数调用时，函数名后面括号中的表达式称为"实际参数"简称实参。例如：

```
delay_1ms(300);
```

延迟函数在调用的时候，后面括号里面的 300 就是实参。如果被调用函数有返回值，那么这个值可以通过 return 语句返回给主调用函数。通常，希望通过函数调用使主调用函数能够得到一个确定的值，这就是函数的返回值。

函数的返回值通常是通过函数的 return 语句获得的。return 语句将被调用函数中的一个确定值带回主调用函数中。如果需要从被调用函数中带回一个函数值以供主调用函数使用，则被调用函数必须包含 return 语句，如果不需要，则不用写 return 语句。

```
uint keykan()
{
  uchar key1,key2,key3;//定义
  P0=0x0f;//扫描横列
  key1=P0;//取值
  key1 = key1&0x0f;//与 0x0f 相与,将低 4 位清 0
  P0=0xf0;//扫描竖列
  key2=P0;//取值
  key2 = key2&0xf0;//与 0xf0 相与,将高 4 位清 0
  key3 = key1 | key2;//将高 4 位和低 4 位合并
  return key3;//返回已经确定的值
}
```

例如，“参考程序”中的键盘扫描子函数就使用到了返回值，任何主调用函数在调用这个程序的时候，这个函数就会将 key3 里的值传给主调用函数，以供使用。

【调试与结果演示】

调试与结果演示如图 2-52 ~ 图 2-54 所示。

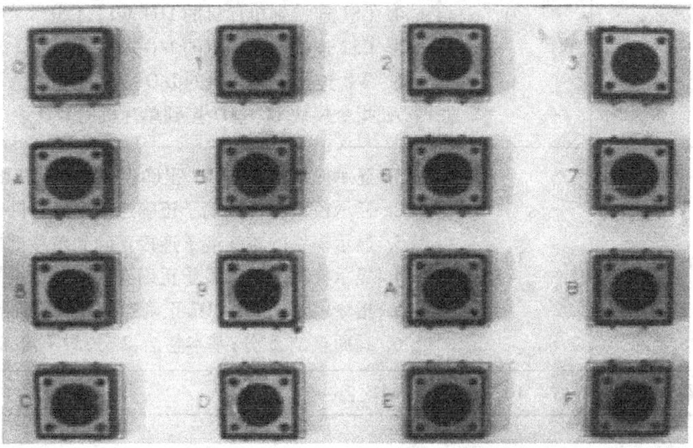

图 2-52　指令模块上的矩阵键盘

图 2-53　上电之后的效果

图 2-54　键盘输入 2122 的效果

【项目总结】

（1）键盘扫描子程序中返回值一定要有，否则就会出错。

（2）在处理键盘数值的子程序中，有一个 200ms 的延迟程序，这是为了防止一次按下，由于扫描过快，而出现 4 位数码管全部变成同一个数，加一个延迟，可以避免此类情况，但是在按下的时候，数码管是不会显示的，可以通过再写另一个延迟子程序，然后调用，在延迟子程序中，调用数码管显示程序。

【参考评分标准】

参考评分标准见表 2-26。

表 2-26　参考评分标准

评分项目	配　分	配分细则
主要参数评分	60	1. 数码管显示正确，并且没有闪动，显示稳定，矩阵按键按下去以后，数码管能够正确显示对应的数值，60 分 2. 数码管显示正确，在没有按按键的情况下显示稳定，矩阵按下去之后，能够正确显示数值，但是有时候会出现乱码，30 分 3. 数码管显示正确，但是画面抖动，矩阵键盘按下之后，不能够正确显示对应的数值，20 分 4. 数码管显示正确，但是画面闪动，并且矩阵键盘无响应，10 分 5. 数码管不亮，0 分

（续）

评分项目	配　分	配分细则
连线及工艺评分	20	1. 主机模块 5V、GND 连接正确,5 分 2. 显示模块 5V、GND,连接正确,5 分 3. D0 ~ D7 连接到单片机的任意 I/O 端口,4 分 4. CS1 连接到单片机的 I/O 端口,1 分 5. CS2 连接到单片机的 I/O 端口,1 分 6. WR 连接到单片机的 I/O 端口,1 分 7. 指令模块 D0 ~ D7 接到单片机的 I/O 端口,3 分
模块接线图评分	10	1. 显示模块的 D0 ~ D7 正确连接到单片机的 I/O 端口,1 分 2. 显示模块的片选端子正确连接到单片机的 I/O 端口,1 分 3. 显示模块的跳变端子连接正确到单片机的 I/O 端口,1 分 4. 显示模块的位选段子正确连接到单片机的 I/O 端口,1 分 5. 指令模块的 D0 ~ D7 正确连接到单片机的 I/O 端口,1 分 6. 画面整洁,5 分;基本整洁,2 分;看不清,0 分
职业安全意识评分	10	同项目一

实战训练　数字时钟

【项目任务】

使用单片机驱动数码管显示时间，格式如下：

* *-* *-* *

(小时)-(分)-(秒)，

具体要求如下：

（1）开机后显示 00-00-00，并开始计时。

（2）使用单片机的矩阵键盘对时分、秒进行设置。设置的要求为：“0”号键为切换键，可以切换到时、分、秒进行设置；“1”号键为增加，“2”号键为减小。例如，开机后显示 00-00-00，这时候如果按下“1”号键，则秒增加 1，如果按下“2”号键，则秒减小 1，设置好秒钟以后，按下“0”号键切换到分钟位置，这时候如果按下“1”号键，则分钟位置可以增加，按下“2”号键，分钟可以减小。小时的设置依此类推。

（3）矩阵键盘上的按键，只有“0”、“1”、“2”这 3 个键能够响应，其他按键按下后无响应。

（4）3 个设置键在任何时候按下，单片机都能够快速响应。

【任务分析】

这个任务可以分为三个步骤：第一，先让数码管显示 00-00-00，这一步较简单。第二，要求在开机后开始计时，这时候需要用到定时器。第三，要用到矩阵键盘，那么就先把矩阵键盘的驱动程序打出来，然后再屏蔽 3 ~ 15 号键，接着就开始设置“0”、“1”、“2”这 3 个键的功能。

【硬件选择】

电源模块，主机模块，显示模块，指令模块。

【接线表及原理图】

1. 接线表

接线表见表2-27。

表2-27　接线表

P1.0～P1.7	D_0～D_7	P0.0～P0.7	指令模块D_0～D_7
P3.0	CS1	电源5V	主机5V,显示模块5V
P3.1	CS2	电源GND	主机GND,显示模块GND
P3.2	CSWR		

2. 原理图

原理图如图2-46和图2-16所示。

【软件设计】

1. 编程思路

先让数码管显示“00-00-00”，中间两个横杠是不会变化的，可以放在初始化程序里，然后将时、分、秒分别设3个变量，当秒到达59时，就产生进位，并将秒清“0”，当分到达59时，就向小时进位，并将分清“0”，如果小时超过23则清“0”，不产生进位。

下面是矩阵键盘的程序，0作为调节之用，可以通过标志位来进行切换，然后和按键按下的键值相对应，就可以调节了。

```
void mske_qie()
{
    uchar i;
    make_key();
    if(keyinput ==0)
    {
        i ++;
        if(i> =3)i =0;
    }
    if((keyinput ==1)&&(i ==0))
    {
    miao ++;
    }
    if((keyinput ==1)&&(i ==1))
    {
    fen ++;
    }
    if((keyinput ==1)&&(i ==2))
    {
    shi ++;
    }


    if((keyinput ==2)&&(i ==0))
    {
    miao--;
    }
    if((keyinput ==2)&&(i ==1))
    {
    fen--;
    }
    if((keyinput ==2)&&(i ==2))
    {
    shi--;
    }
}
```

上述程序如果按下“0”键，变量i里面的值就会从0～2变化，分别对应时、分、秒，当i =0并且按下“1”键的时候，秒就会增加。当i =1且按下“1”键的时候，分钟就会增加，而小时则是同样的道理。

至此，一个完整的程序就编写完了，在编程的时候，一定要注意逻辑清楚，书写代码要有层次感，不能像下面程序：

```
void make_key()
{
uchar i;
keyinput = keykan();
if(keyinput! =0xff)
{
key_table(keyinput);
i = keyinput;
while(keyinput! =0xf0)
{
keyinput = P0;
keyinput = keyinput&0xf0;
display_shuma();
}
keyinput = i;
}
}
```

上面的代码就完全没有层次感，在检查程序时候，就会给自己带来很大的麻烦。

2. 参考程序

程序流程如图 2-55 所示。

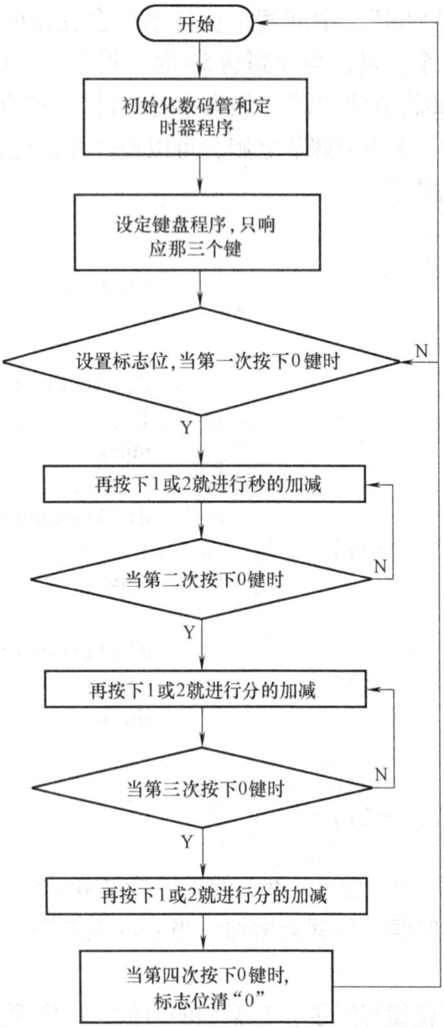

图 2-55　程序流程

```
#include <reg52.h>//头文件
#define uint unsigned int//宏定义
#define uchar unsigned char//宏定义
uchar code led_table[] = {0xc0,0xf9,0xa4,
0xb0, 0x99, 0x92, 0x82, 0xf8, 0x80, 0x90,
0xbf};//数组
/*端口定义*/
sbit CS1 = P3^0;//定义片选
sbit CS2 = P3^1;//定义位选
sbit CSWR = P3^2;//定义使能端
uchar data1,data2,data3,data4;//定义变量
uchar data5,data6,data7,data8;//定义变量
uchar coint,tian,keyinput;
char shi,fen,miao;//时分秒
/*延迟程序*/
void delay_1ms(void)
{
    unsigned char a,b,c;
    for(c = 1;c > 0;c--)
        for(b = 142;b > 0;b--)
            for(a = 2;a > 0;a--);
}
/*数码管显示程序*/
void display_shuma(void)
{
    CS1 = 1;
    CS2 = 1;
    CSWR = 0;

    P1 = led_table[data1];
    CS1 = 0;
    CSWR = 1;
    CS1 = 1;
    CSWR = 0;
    P1 = 0x7f;
    CS2 = 0;
    CSWR = 1;
    CS2 = 1;
    CSWR = 0;
    delay_1ms();

    P1 = led_table[data2];
    CS1 = 0;
    CSWR = 1;
    CS1 = 1;
    CSWR = 0;
    P1 = 0xbf;
    CS2 = 0;
    CSWR = 1;
    CS2 = 1;
    CSWR = 0;
    delay_1ms();

    P1 = led_table[data3];
    CS1 = 0;
    CSWR = 1;
    CS1 = 1;
    CSWR = 0;
    P1 = 0xdf;
    CS2 = 0;
    CSWR = 1;
    CS2 = 1;
    CSWR = 0;
    delay_1ms();

    P1 = led_table[data4];
    CS1 = 0;
    CSWR = 1;
    CS1 = 1;
    CSWR = 0;
    P1 = 0xef;
    CS2 = 0;
    CSWR = 1;
    CS2 = 1;
    CSWR = 0;
    delay_1ms();
```

```
    P1 = led_table[data5];
    CS1 = 0;
    CSWR = 1;
    CS1 = 1;
    CSWR = 0;
    P1 = 0xf7;
    CS2 = 0;
    CSWR = 1;
    CS2 = 1;
    CSWR = 0;
    delay_1ms();

    P1 = led_table[data6];
    CS1 = 0;
    CSWR = 1;
    CS1 = 1;
    CSWR = 0;
    P1 = 0xfb;
    CS2 = 0;
    CSWR = 1;
    CS2 = 1;
    CSWR = 0;
    delay_1ms();

    P1 = led_table[data7];
    CS1 = 0;
    CSWR = 1;
    CS1 = 1;
    CSWR = 0;
    P1 = 0xfd;
    CS2 = 0;
    CSWR = 1;
    CS2 = 1;
    CSWR = 0;
    delay_1ms();

    P1 = led_table[data8];
    CS1 = 0;
    CSWR = 1;
    CS1 = 1;
    CSWR = 0;
    P1 = 0xfe;
    CS2 = 0;
    CSWR = 1;
    CS2 = 1;
    CSWR = 0;
    delay_1ms();
}
/*定时器初始化程序*/
void init_time()
{
    TMOD = 0x01;//定时器0,工作方式1
    TH0 = (65536-10000)/256;//装入初始值10000
    TL0 = (65536-10000)%256;
    EA = 1;//开总中断
    ET0 = 1;//开定时器0中断
    TR0 = 1;//定时器开始运行
}
/*定时器0中断服务程序*/
void time_0() interrupt 1
{
    TH0 = (65536-10000)/256;//重装初始值
    TL0 = (65536-10000)%256;//重装初始值
    coint++;//变量自加
}
/*处理进位子程序*/
void make_time()
{
if(coint >= 100)//到达一秒
    {
    coint = 0;//变量清零
    miao++;//秒钟加一
    }
```

```
if(miao> =60)//一分钟到达
    {
    miao =0;//秒钟清零
    fen ++ ;//分钟加 1
    }
if(fen> =60)//一个小时
    {
    fen =0;//分钟清零
    shi ++ ;//小时加 1
    }
if(shi>23)shi =0;//如果超过了 23 则,小时清零

if(miao<0)miao =59;//如果秒钟小于 0,则等于 59
if(fen<0)fen =59;//如果分钟小于 0,则等于 59
if(shi<0)shi =23;//如果小时小于 0,则等于 23

data7 =miao/10; //分离秒钟十位
data8 =miao%10; //分离秒钟个位
data4 =fen/10; //分离分钟十位
data5 =fen%10; //分离分钟个位
data1 =shi/10; //分离小时十位
data2 =shi%10; //分离小时个位
}
/*键盘扫描程序*/
    uchar keykan()
    {
    uchar key1,key2,key3;
    P0 =0x0f;
    key1 =P0;
   key1 =key1&0x0f;
    P0 =0xf0;
    key2 =P0;
    key2 =key2&0xf0;
    key3 =key1|key2;
    return key3;
}
/*键盘的键值查询程序*/
void key_table(uint k)
{
  switch(k)
    {
        case 0xee:keyinput =0;break;
        case 0xde:keyinput =1;break;
        case 0xbe:keyinput =2;break;
        case 0x7e:keyinput =3;break;

        case 0xed:keyinput =4;break;
        case 0xdd:keyinput =5;break;
        case 0xbd:keyinput =6;break;
        case 0x7d:keyinput =7;break;

        case 0xeb:keyinput =8;break;
        case 0xdb:keyinput =9;break;
        case 0xbb:keyinput =10;break;
        case 0x7b:keyinput =11;break;

        case 0xe7:keyinput =12;break;
        case 0xd7:keyinput =13;break;
        case 0xb7:keyinput =14;break;
        case 0x77:keyinput =15;break;

        default:break;
    }
}
/*键盘键值处理程序*/
void make_key()
{
    uchar i;
    keyinput =keykan();
    if(keyinput! =0xff)
    {
    key_table(keyinput);
```

```
    i = keyinput;//避免改变键值
    while(keyinput! = 0xf0)//等待松开,如果 keyinput 不等于 0xf0 则,没有松开
        {
          keyinput = P0;//不断扫描看是否松开
            keyinput = keyinput&0xf0;//相与,去掉低 4 位
          display_shuma();//在不松开期间,不断扫描数码管
        }
    keyinput = i;//从新传回
    }
}
/ * * * * * * * * * * * * * * * * * * * * * * * * * *
按键切换函数//data8,data5,tian
* * * * * * * * * * * * * * * * * * * * * * * * * * */
void mske_qie()//处理切换程序
{
    uchar i;
    make_key();//调用键盘扫描程序
    if(keyinput ==0)//如果等于 0,则变量 +1
    {
      i ++;
      if(i > =3)i =0;
    }
    if((keyinput ==1)&&(i ==0))//如果按键是 1,并且变量等于 0,秒钟 +1
    {
    miao ++;
    }
    if((keyinput ==1)&&(i ==1)) //如果按键是 1,并且变量等于 1,分钟 +1
    {
    fen ++;
    }
    if((keyinput = =1)&&(i = =2)) //如果按键是 1,并且变量等于 2,小时 +1
    {
    shi ++;
    }

    if((keyinput ==2)&&(i ==0)) //如果按键是 2,并且变量等于 0,秒钟-1
    {
    miao--;
    }
    if((keyinput ==2)&&(i ==1)) //如果按键是 2,并且变量等于 1,分钟-1
    {
    fen--;
    }
    if((keyinput ==2)&&(i ==2)) //如果按键是 2,并且变量等于 2,小时-1
    {
    shi--;
    }
}
/ * 主程序 * /
void main()
{
while(1)                //while(1)是死循环
{
        data3 =10;   //显示横杠
        data6 =10;   //显示横杠
        init_time();  //调用初始化程序
        while(1)
        {
          display_shuma();//调用数码管显示程序
          make_time();  //调用子程序
          mske_qie();  //调用切换子程序
        }
    }
}
```

【知识链接】

continue 语句是结束本次循环，即跳过循环体中下面的语句，接着进行下次是否执行循环的判定。

continue 语句和 break 的区别是：continue 语句只是结束本次循环，而不是终止整个循环体的判定，而 break 则是结束整个循环过程。

举个例子：

```
……
sum =0
for(i =0;i  < 10;  ++i)
{
    if(i ==4)
          break;
    if(i ==2)
          continue;
    sum  + =i;
}
……
```

结果为：sum 为 0 +1 +3 =4；循环计算累加和，放在 sum 中。

过程如下：i 从 0 开始循环，每次 ++i。当 i =2 的时候，执行 continue，跳过 sum + =i 这句，继续循环，也就是说，2 并没有加到 sum 中去。循环继续，i 变成 3，执行 sum + =i。然后发现 i =4 了，于是执行 break，跳出 for 循环，也就是说，break 之后，i 的值固定在 4 了，循环语句不再被执行了，sum + =i 这句也就不再被执行了。

break 是直接跳出循环体，而 continue 是跳过循环体中余下的语句（此程序中跳过了"sum + =i;"）继续执行循环。

此外，break 还可以用在 switch/case 中，用来结束条件匹配，作用和在循环中一样。

【调试与结果演示】

调试与结果演示如图 2-56 所示。

图 2-56　数字时钟显示 17-57-04

【项目总结】

（1）时钟的进制一定要弄清楚，是多少才会往前进位，否则显示就会出问题。

（2）在进位的时候一定要把产生进位的变量清 0，否则就会不停地进位，显示就会混乱。

（3）分离数据的时候，个位与十位要分清。

【参考评分标准】

参考评分标准见表 2-28。

表 2-28　参考评分标准

评分项目	配　分	配分细则
主要参数评分	60	1. 数码管显示正确，并且没有闪动，显示稳定，矩阵按键按下去以后，数码管能够正确显示对应的数值，60 分

（续）

评分项目	配分	配分细则
主要参数评分	60	2. 数码管显示正确，在没有按下按键的情况下显示稳定，按键按下去之后，能够正确显示数值，但是有时候会出现乱码，30分 3. 数码管显示正确，但是画面抖动，矩阵键盘按下之后，不能够正确显示对应的数值，20分 4. 数码管显示正确，但是画面闪动，并且矩阵键盘无响应，10分 5. 数码管不亮，0分
连线及工艺评分	20	1. 主机模块5V、GND连接正确，5分 2. 显示模块5V、GND，连接正确，5分 3. $D_0 \sim D_7$ 连接到单片机的任意I/O端口，4分 4. CS1连接到单片机的I/O端口，1分 5. CS2连接到单片机的I/O端口，1分 6. WR连接到单片机的I/O端口，1分 7. 指令模块 $D_0 \sim D_7$ 接到单片机I/O端口，3分
模块接线图评分	10	1. 显示模块的 $D_0 \sim D_7$ 正确连接到单片机的I/O端口，1分 2. 显示模块的片选端子正确连接到单片机的I/O端口，1分 3. 显示模块的跳变端子连接正确到单片机的I/O端口，1分 4. 显示模块的位选段子正确连接到单片机I/O端口，1分 5. 指令模块的 $D_0 \sim D_7$ 正确连接到单片机I/O端口，1分 6. 画面整洁，5分；基本整洁，2分；看不清，0分
职业安全意识评分	10	同项目一

第 3 章　电 机 控 制

项目一　制作 24V 和 220V 交、直流减速电动机测速控制器

【项目任务】

制作一个电动机测速控制器，要求如下：

（1）开机后数码管不显示，220V 交流减速电动机和 24V 直流减速电动机不转动。自锁开关 SA1 关闭。

（2）自锁开关 SA1 打开，数码管显示 000××000（×为不显示），并且两个电动机开始顺时针转动，220V 电动机每转一圈，左边 3 位数码管加 1，24V 电动机每转过一个小孔，右边 3 位数码管就加 1。

（3）当按下独立按键 SB1 时，电动机停止转动，再按下 SB2 时，顺时针转动。

（4）当 KA1 关闭时，数码管则关闭显示，电动机不转，SB1、SB2 无响应。

【任务分析】

任务中用到数码管显示、独立按键、自锁按键、两个减速电动机、继电器、光耦合器。用继电器控制电动机的正反转，用光耦合器滤除光电传感器的干扰信号。

【硬件选择】

电源模块、主机模块、显示模块、指令模块、传感器配接模块、电动机模块。

【接线表及原理图】

1. 接线表

接线表见表 3-1。

表 3-1　接线表

数码管 D0～D7	P1.0～P1.7
数码管 CS1	P3.0
数码管 CS2	P3.1
数码管 WR	P3.4
24V 电机 OUT	传感器 IN1
指令模块 KA1	P3.5
传感器 OUT1	P3.3
220V 电动机 OUT	传感器 IN0
传感器 OUT0	P3.2
指令模块 SB1	P3.6
指令模块 SB2	P3.7
24V/220V 电机 PRI	P0.0
电源 5V，GND	主机模块，显示模块、指令模块、电动机模块
电源 12V	传感器配接模块 COM，COM +
电源 GND	传感器配接模块 COM –
传感器配接模块 COM-	主机模块 GND

2. 原理图

实验原理图如图 3-1、图 3-2 和图 3-3 所示。

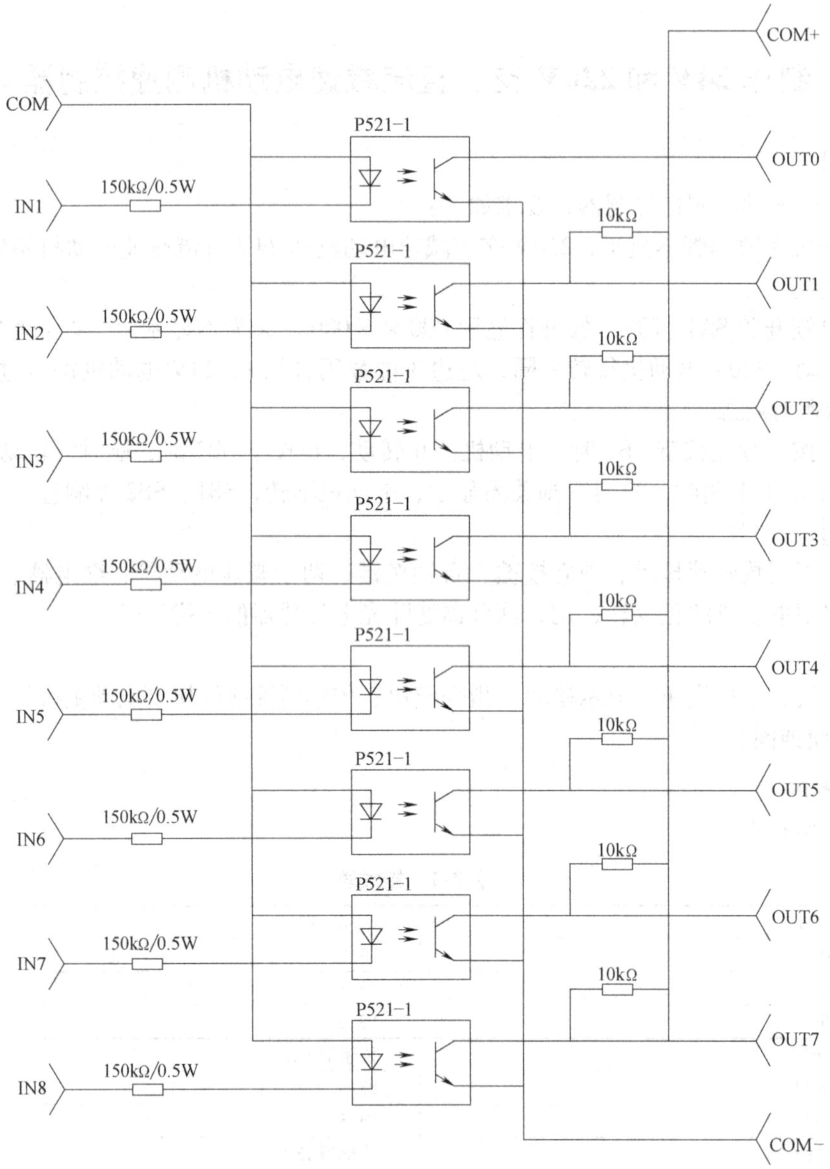

图 3-1　光耦合器隔离电路

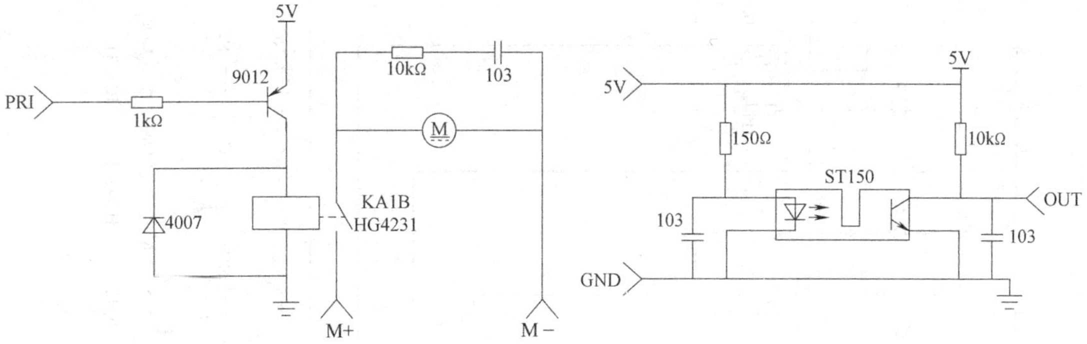

a) 直流减速电动机保护电路

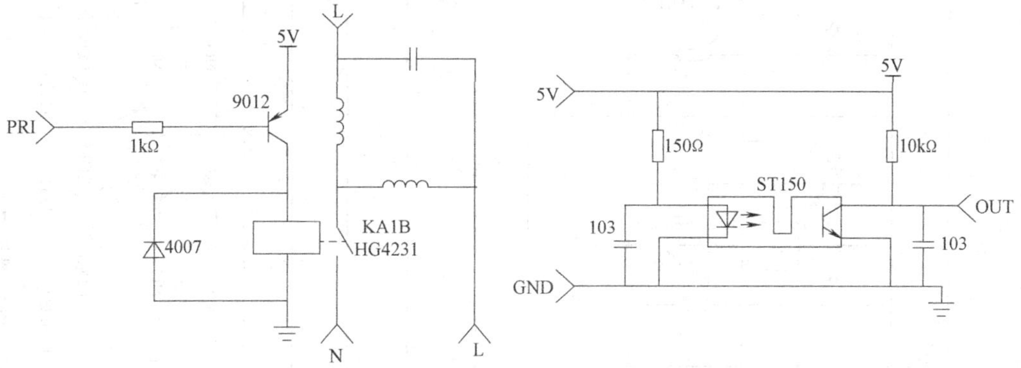

b) 交流减速电动机保护电路

图 3-2 交直流电动机模块电路

【知识链接一】

1. 电动机

电动机是指依据电磁感应定律实现电能转换或传递的一种电磁装置。电动机在电路中用字母“M”（旧标准用“D”）表示。它的主要作用是产生驱动转矩，作为用电器或各种机械的动力源。发电机在电路中用字母“G”表示。它的主要作用是利用机械能转化为电能。常见的电机如图 3-4 和图 3-5 所示。

2. 继电器

继电器是一种电子控制器件，它具有控制回路（又称输入回路）和被控回路（又称输出回路），通常应用于自动控制电路中。它实际上是用较小的电流去控制较大电流的一种“自动开关”，故在电路中起着自动调节、安全保护、转换电路等作用。常见继电器如图 3-6 所示。

3. 光耦合器

光耦合器（Optical Coupler，OC）亦称光隔离器，是开关电源电路中常用的器件，如图 3-7所示。它在长线传输信息中作为终端隔离元件可以大大提高信噪比。

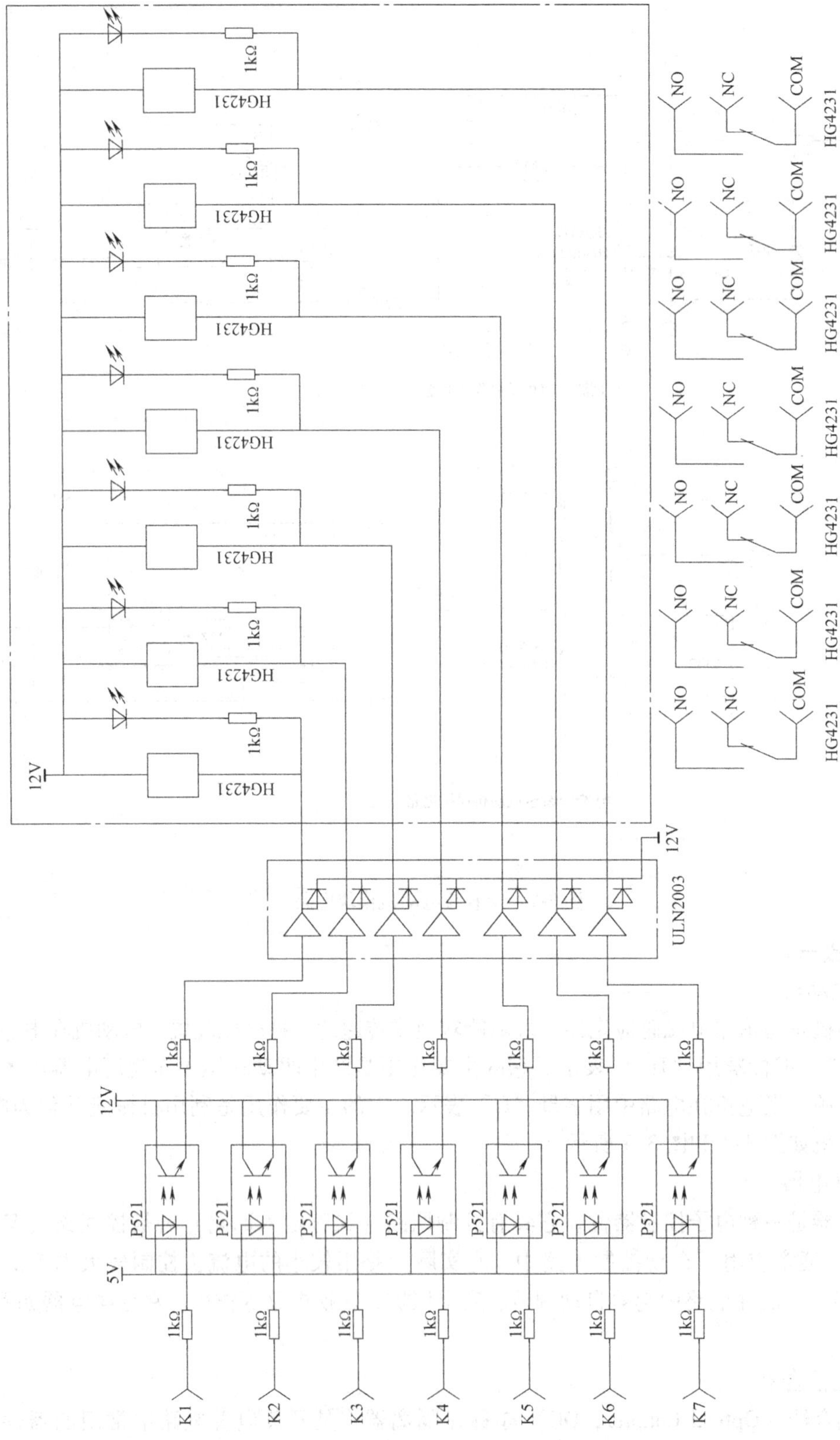

图 3-3　继电器模块

图3-4 异步电动机

图3-5 减速电动机

图3-6 各种继电器

4. 光电传感器

光电传感器是采用光电元件作为检测元件的传感器。它首先把被测量的变化转换成光信号的变化，然后借助光电元件进一步将光信号转换成电信号。光电传感器一般由光源、光学通路和光电元器件三部分组成。光电检测方法具有精度高、反应快、非接触等优点，而且可测参数多，传感器的结构简单，形式灵活多样。因此，光电传感器在检测和控制中应用非常广泛，其外形如图3-8和图3-9所示。

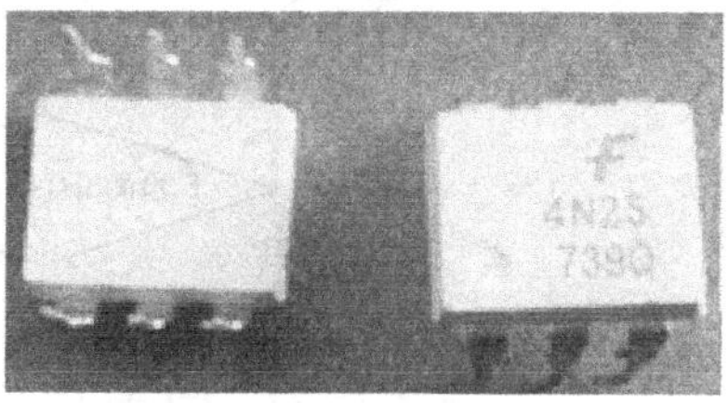

图3-7 光耦合器

光电传感器是各种光电检测系统中实现光电转换的关键元件，它是把光信号（红外、可见及紫外光辐射）转变成为电信号的器件。

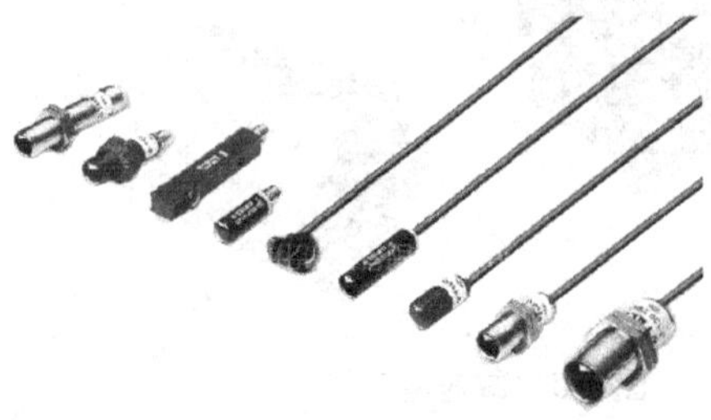

图 3-8　各种光电传感器

图 3-9　本项目中使用的光电传感器

【软件设计】

1. 编程思路

电动机的转盘均匀地分布着 8 个小孔，当这些小孔经过光电传感器的时候，由于光电传感器的特性（光电传感器上有两个端口，一个发射端和一个接收端，当发射端发射的光正好通过漏孔时会产生一个高电平，反之为一个低电平）只需检测高低电平的变化，再通过外部中断来记录高低变化的次数，从而知道电机转过了几个孔，转了多少圈。流程图如图 3-10所示。

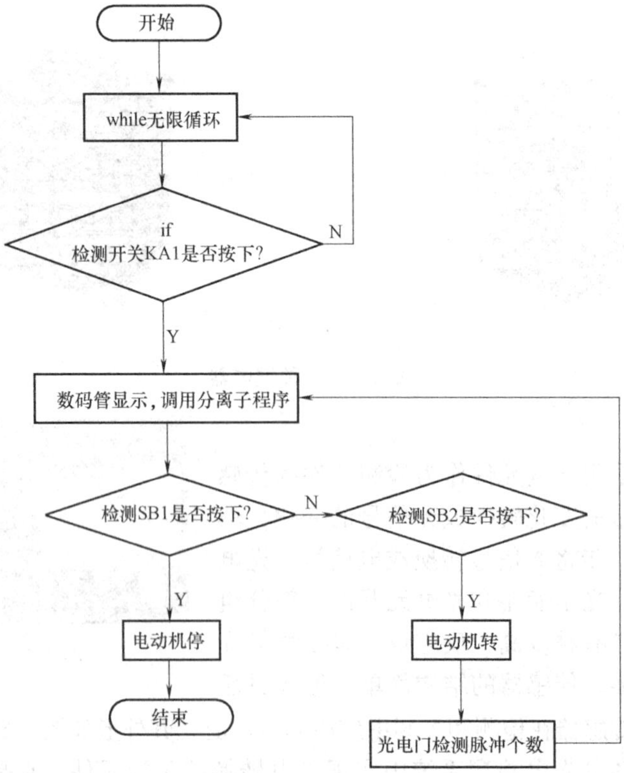

图 3-10　程序流程

2. 参考程序

```
#include <reg52.h>//头文件
#define uint unsigned int
#define uchar unsigned char//宏定义
uchar code led_table[] = {0xc0,0xf9,0xa4,
0xb0, 0x99, 0x92, 0x82, 0xf8, 0x80, 0x90,
0xff};//数组
/*端口定义*/
uchar d1,d2,d3,d4,d5,d6;//定义变量
uint coint1,coint2;//软件定时器变量
sbit cs1 = P3^0;//数码管段选定义
sbit cs2 = P3^1;//数码管位选定义
sbit cswr = P3^4;//定义使能端
sbit KA1 = P3^5;//总开关
sbit SB1 = P3^6;//电动机停止键
sbit SB2 = P3^7;//电动机起动键
sbit PRI = P0^0;//控制电动机的继电器
/*延迟程序*/
void delay_1ms(uint x)
{
  uint i,j;
  for(i = x;i > 0;i--)
    {
      for(j = 110;j > 0;j--);
    }
}
/*数码管显示*/
void shuma_display()
{
  cs1 = 1;
  cs2 = 1;
  cswr = 0;

  P1 = led_table[d1];
  cs1 = 0;
  cswr = 1;
  cs1 = 1;
  cswr = 0;
  P1 = 0x7f;
  cs2 = 0;
  cswr = 1;
  cs2 = 1;
  cswr = 0;
  delay_1ms(2);

  P1 = led_table[d2];
  cs1 = 0;
  cswr = 1;
  cs1 = 1;
  cswr = 0;
  P1 = 0xbf;
  cs2 = 0;
  cswr = 1;
  cs2 = 1;
  cswr = 0;
  delay_1ms(2);

  P1 = led_table[d3];
  cs1 = 0;
  cswr = 1;
  cs1 = 1;
  cswr = 0;
  P1 = 0xdf;
  cs2 = 0;
  cswr = 1;
  cs2 = 1;
  cswr = 0;
  delay_1ms(2);

  P1 = led_table[d4];
  cs1 = 0;
  cswr = 1;
  cs1 = 1;
  cswr = 0;
  P1 = 0xfb;
  cs2 = 0;
  cswr = 1;
```

```
  cs2 =1;
  cswr =0;
  delay_1ms(2);

  P1 =led_table[d5];
  cs1 =0;
  cswr =1;
  cs1 =1;
  cswr =0;
  P1 =0xfd;
  cs2 =0;
  cswr =1;
  cs2 =1;
  cswr =0;
  delay_1ms(2);

  P1 =led_table[d6];
  cs1 =0;
  cswr =1;
  cs1 =1;
  cswr =0;
  P1 =0xfe;
  cs2 =0;
  cswr =1;
  cs2 =1;
  cswr =0;
  delay_1ms(2);
}

/*外部中断初始化程序*/
void init_int01()
{
  IT0 =1;
  IT1 =1;
  EA =1;
  EX0 =1;
  EX1 =1;
}
/*分离数据*/
void fenli()
{
  d1 =coint1/100;
  d2 =coint1%100/10;
  d3 =coint1%100%10;

  d4 =coint2/100;
  d5 =coint2%100/10;
  d6 =coint2%100%10;
  if(coint1 >999)//如果大于999,则等于0
    {
  coint1 =0;
    }
  if(coint2 >999) //如果大于999,则等于0
    {
      coint2 =0;
    }
}
/*主程序*/
void main()
{
init_int01();//调用初始化程序
loop:while(1)//无线循环
   {
  if(KA1 = =0)//检测总开关是否打开
    {
    shuma_display();//调用数码管显示程序
    fenli();//调用数据分离
    if(SB1 = =0)//如果按下 SB1,则电动机停止
      {
      while(SB1 = =0)//等待松开
      shuma_display();//不断的调用数码管显示程序
      PRI =0;//电动机停止
      }
```

```
    if(SB2 = =0) //如果按下 SB2,则电动机起动
      {
      while(SB2 = =0) //等待松开
      shuma_display();//不断调用数码管显示程序
      PRI =1;//电动机起动
      }
    if(KA1 = =1)//如果 KA1 关闭,则跳回loop 标号处
      {
      goto loop; //则跳回 loop 标号处
      }
    }
  else
    {
    d1 =10;
    d2 =10;
    d3 =10;
    d4 =10;
    d5 =10;
    d6 =10; //数码管几位关显示
    coint1 =0;//变量清 0
    coint2 =0;//变量清 0
    PRI =0;//电动机停止
    shuma_display();//调用显示程序
    }
  }
}
/*外部中断 0 中断服务程序*/
void int0()interrupt 0
{
uchar c;//变量
c++;//变量自加
if(c>=9)//如果接收到 8 个脉冲,则说明一圈到
  {
  c =0;//清"0"
  coint1++;//加一圈
  }
}
void int1()interrupt 2
{
coint2++;//每接收到一个脉冲,则说明,过了一个孔
}
```

【知识链接二】

1. goto 无条件转向

goto 语句为无条件转向语句，功能是无条件的转到语句标号后面的语句处执行。

格式如下：

goto 语句标号;

其中，语句标号是一个标识符，标识符标识语句的地址。当执行 goto 转向语句时，将跳转到标识符的地址，从标识符处的语句执行程序。goto 可以和 if 语句配合使用，形成循环语句，跳出循环体等功能。例如：

```
#include <reg52.h>
void delay_1ms(unsigned int x)
{
unsigned int i,j;
for(i =x;i >0;i--)
  {
  for(j =110;j >0;j--);
  }
}
void main()
{
  loop:P2 =0xfe;
       delay_1ms(100);
       P2 =0xff;
       delay_1ms(100);
       goto loop;
}
```

上面一个程序就是让一个灯不停地闪烁，不过无限循环是由 goto 和 if 语句构成的。

2. 外部中断 IN0 和 IN1 的使用

外部中断的控制寄存器就是 TCON 的低 4 位，见表 3-2。

表　3-2

定时器/计数器控制寄存器 TCON								
位序号	D7	D6	D5	D4	D3	D2	D1	D0
位符号	×	×	×	×	IE1	IT1	IE0	IT0
位地址	×	×	×	×	8BH	8AH	89H	88H

IE1：外部中断 1 请求标志位。

IT1：触发方式选择位。当 IT1 =1 时，INT0 为跳变沿触发方式，单片机在上一个机器周期检测到中断源口线为高电平，下一个机器周期检测到低电平，即置位中断标志 IE1 为 1，请求中断。当 IT1 =0 时，单片机在每个机器周期检查中断源口线，检测到低电平，即置位中断请求标志 IE1 为 1，向 CPU 请求中断。IE0、IT0 是外部中断 0 的中断标志位和触发方式选择位。

编程技巧

应用 IT1 时注意以下几点：

(1) 电平触发方式时，中断标志寄存器不锁存中断请求信号。也就是说，单片机把每个机器周期的 S5P2 采样到的外部中断源口线的电平逻辑直接赋值到中断标志寄存器。标志寄存器对于请求信号来说是透明的。这样当中断请求被阻塞而没有得到及时响应时，将被丢失。换句话说，要使电平触发的中断被 CPU 响应并执行，必须保证外部中断源口线的低电平维持到中断被执行为止。因此当 CPU 正在执行同级中断或更高级中断期间，产生的外部中断源（产生低电平）如果在该中断执行完毕之前撤销（变为高电平）了，那么将得不到响应，就如同没发生一样。同样，当 CPU 在执行不可被中断的指令（如 RETI）时，产生的电平触发中断如果时间太短，也得不到执行。

(2) 边沿触发方式时，中断标志寄存器锁存了中断请求。中断口线上一个从高到低的跳变将记录在标志寄存器中，直到 CPU 响应并转向该中断服务程序时，由硬件自动清除。因此当 CPU 正在执行同级中断（甚至是外部中断本身）或高级中断时，产生的外部中断（负跳变）同样将被记录在中断标志寄存器中。在该中断退出后，将被响应执行。如果不希望这样，必须在中断退出之前，手工清除外部中断标志。

(3) 中断标志可以手工清除。一个中断如果在没有得到响应之前就已经被手工清除，则该中断将被 CPU 忽略，就如同没有发生一样。

【调试与结果演示】

调试与结果演示如图 3-11 所示。

图 3-11　数码管显示电动机转的圈数

【项目总结】

（1）goto 语句尽量少用，因为使用这个语句会破坏 C 语言模块化结构。

（2）两个外部中断的输入 I/O 端口是 P3.2 和 P3.3，在使用外部中断的时候一般中断只需要设置外部的触发方式和中断允许寄存器就行了。

【参考评分标准】

参考评分标准见表 3-3。

表 3-3 参考评分标准

评分项目	配分	配分细则
主要参数评分	60	1. 开机数码管不显示，没有任何乱码，打开 KA1，数码管显示正确，电动机起动，数码管正确记录电动机的圈数，暂停和开始按钮有效，60 分 2. 开机数码管不显示，有乱码，打开 KA1，数码管显示正确，电动机起动。但是电动机起动后，数码管显示不稳定，但是能够正确记录电动机转的圈数，暂停和开始按钮有效，50 分 3. 开机数码管不显示，有乱码，打开 KA1，数码管显示正确，电机起动，能够正确记录电动机转的圈数，暂停和开始按钮有效，40 分 4. 开机数码管显示，打开 KA1，数码管显示正确，电动机起动，不能够正确记录电动机转的圈数，暂停和开始按钮有效，30 分 5. 开机数码管显示乱码，打开 KA1，数码管显示正确，但是显示抖动，电动机起动，不能够正确记录电动机转的圈数，暂停和开始按钮有效，20 分 6. 开机数码管显示，打开 KA1，数码管显示正确，电动机起动，不能够正确记录电动机转的圈数，暂停和开始按钮无效，10 分 7. 数码管不亮，电动机不转动，0 分
连线及工艺评分	20	1. 所有模块电源连接正确，4 分 2. 数码管正确连接到单片机，4 分 3. 独立按键正确连接到单片机，4 分 4. 电动机控制端正确连接到单片机，4 分 5. 光耦合电源，输入输出端连接正确，4 分
模块接线图评分	10	1. 所有模块电源连接正确，1 分 2. 数码管正确连接到单片机，1 分 3. 独立按键正确连接到单片机，1 分 4. 电动机控制端正确连接到单片机，1 分 5. 光耦合器电源，输入输出端连接正确，1 分 6. 图面整洁，5 分；基本整洁，2 分；看不清，0 分
职业安全意识评分	10	同项目一

项目二 制作步进电机的开环控制器

【项目任务】

步进电机控制器的制作，具体要求如下，

（1）按下独立按键 SB1，则步进电机向左移动 1cm。

（2）按下独立按键 SB2，则步进电机向右移动 1cm。

【任务分析】

项目中使用独立按键控制步进电机，当按下 SB1 以后，步进电机向左移动 1cm，这里需要知道的是步进电机的步进角，然后算出步进电机行进 1cm 需要的脉冲个数及步进电机运转方向，就可以了。

【硬件选择】

电源模块、主机模块、指令模块、步进电机模块。

【接线表及原理图】

1. 接线表

线路接线表见表 3-4。

表 3-4　接线表

指令模块 SB1	P3. 3
指令模块 SB2	P3. 4
电源 24V,GND	步进电机 24V,GND
电源 5V,GND	步进电机 5V,GND
步进电机 CP	P3. 5
步进电机 DIR	P3. 6

2. 原理图

开环控制步进电机电路原理图如图 3-12 所示。

【知识链接一】

1. 步进电机

步进电机（见图 3-13、图 3-14）是将电脉冲信号转变为角位移或线位移的执行机构，一般用于开环控制元件。在非超载的情况下，电机的转速、停止的位置只取决于脉冲信号的频率和脉冲数，而不受负载变化的影响，即给电机加一个脉冲信号，电机则转过一个步距角。这个线性关系的存在，加上步进电机只有周期性的误差而无累积误差等特点，使得在速度、位置等控制领域用步进电机来控制变得非常简单。

2. 脉冲发生器

脉冲发生器（见图 3-14）是用来产生信号的系统，产生所需参数的电测试信号仪器。

按其信号波形分为四大类：

（1）正弦信号发生器，主要用于测量电路和系统的频率特性、非线性失真、增益及灵敏度等。按其不同性能和用途还可细分为低频（20Hz ~ 10MHz）信号发生器、高频（100kHz ~ 300MHz）信号发生器、微波信号发生器、扫频和程控信号发生器、频率合成式信号发生器等。

（2）函数（波形）信号发生器，能产生某些特定的周期性时间函数波形（正弦波、方波、三角波、锯齿波和脉冲波等）信号，频率范围可从几个微赫兹到几十兆赫兹。除供通信、仪表和自动控制系统测试用外，还广泛用于其他非电测量领域。

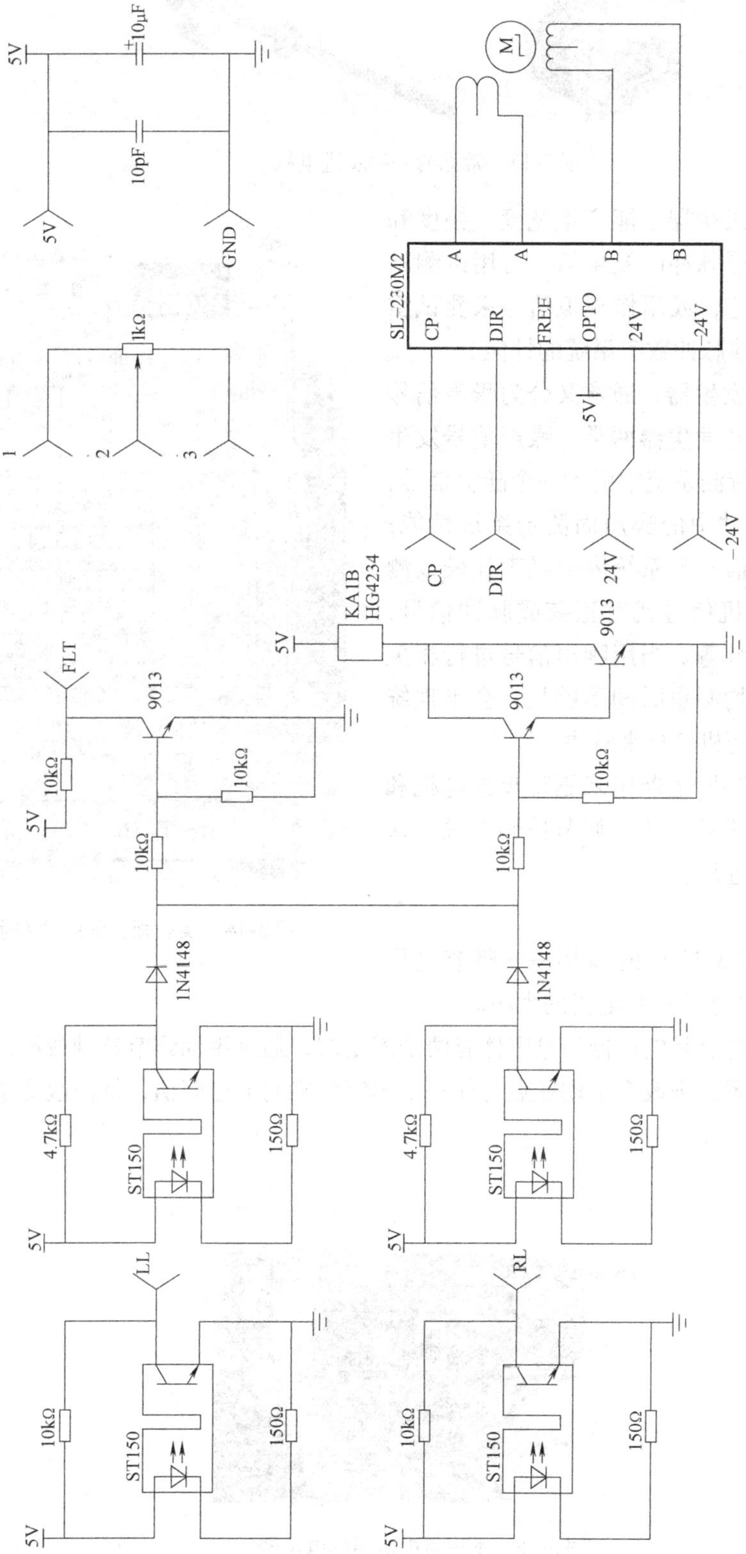

图 3-12 开环控制步进电机电路原理图

图 3-13　常见的一种步进电机

（3）脉冲信号发生器，能产生宽度、幅度和重复频率可调的矩形脉冲的发生器，可用以测试线性系统的瞬态响应，或用作模拟信号来测试雷达、多路通信和其他脉冲数字系统的性能。

（4）随机信号发生器，通常又分为噪声信号发生器和伪随机信号发生器两类。噪声信号发生器主要用途为：在待测系统中引入一个随机信号，以模拟实际工作条件中的噪声而测定系统性能；外加一个已知噪声信号与系统内部噪声比较以测定噪声系数；用随机信号代替正弦或脉冲信号，以测定系统动态特性等。当用噪声信号进行相关函数测量时，若平均测量时间不够长，会出现统计性误差，可用伪随机信号来解决。

本项目所用脉冲发生器用来驱动步进电机和调节步进电机的步进角，通过调节拨码开关，来改变步进电机的步进角。

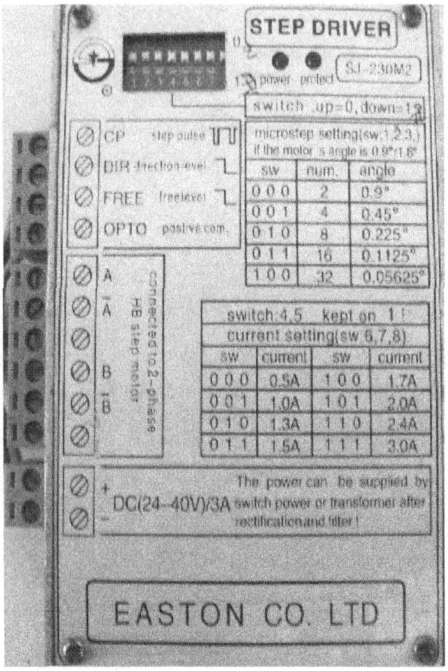

图 3-14　实验板上的脉冲发生器

3. 电位器

电位器（见图 3-15）的作用——调节电压（含直流电压与信号电压）和电流的大小。

电位器的结构特点是电位器的电阻体有两个固定端，通过手动调节转轴或滑柄改变动触点在电阻体上的位置，则改变了动触点与任一个固定端之间的电阻值，从而改变了电压与电流的大小。

图 3-15　本项目中所用的电位器

【软件设计】

1. 编程思路

驱动步进电机的时候，每来一个脉冲，步进电机就会转动一个步进角。设置脉冲发生器上拨码开关的位置，使其对应步进电机的步进角为0.9°。根据测量，实验板上的步进电机转一圈是47mm，也就是，步进电机每转动0.9°，就会带动移动0.1175mm，要移动1cm，也就是10mm，就需要约85个脉冲。可以编一个移动1cm子程序，每次按下之后就调用这个子程序，从而让步进电机移动1cm，步进电机模块上的DIR是控制方向的，通过控制DIR就可以控制步进电机的移动方向。流程图如图3-16所示。

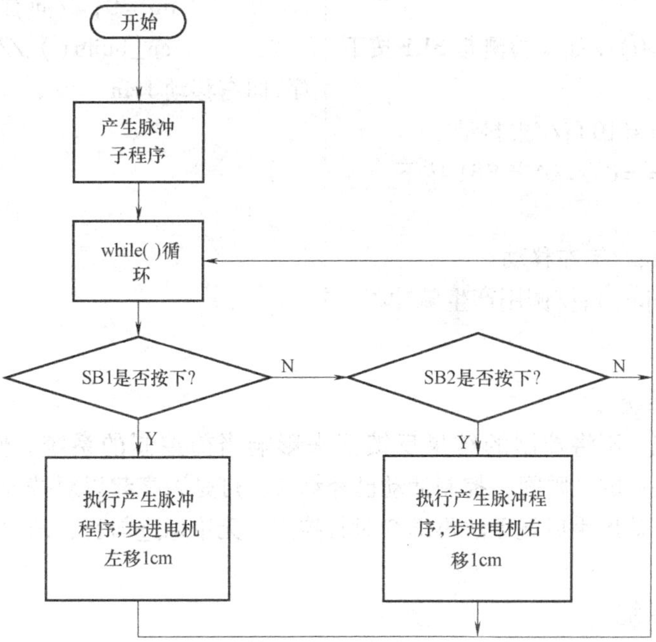

图3-16　程序流程

2. 参考程序

```
#include <reg52.h>
#define uint unsigned int
#define uchar unsigned char//宏定义
/*端口定义*/
sbit SB1 = P3^3;
sbit SB2 = P3^4;//定义按键
sbit cp = P3^5;//脉冲输出端
sbit dir = P3^6;//步进电机方向控制端
/*延迟程序,约为1ms*/
void delay_1ms(uint x)
{
  uint i,j;
    for(i = x;i > 0;i--)
    {
    for(j = 110;j > 0;j--);
    }
}
void cp_bujin()//脉冲产生程序,产生85个脉冲
{
uchar i;
for(i = 0;i < 86;i++)//循环85次
  {
    cp = 0;//拉低电平
```

```
        delay_1ms(2);//延迟
      cp=1;//再拉高电平
      delay_1ms(2);//延迟
    }
}
void main()//主程序
{
while(1)//无限循环
    {
      if(SB1==0)//如果检测带SB1按下
        {
          delay_1ms(10);//去抖动
          if(SB1==0)//确定SB1按下
            {
              dir=1;//向左移动
              cp_bujin();//调用产生脉冲程序,向左移动1cm
            }
        }
      if(SB2==0)
        {
          delay_1ms(10);
          if(SB2==0)
            {
              dir=0; //向右移动
              cp_bujin();//调用产生脉冲程序,向右移动1cm
            }
        }
    }
}
```

【知识链接二】

1. 开环控制系统

开环控制系统：不将控制的结果反馈回来影响当前控制的系统。例如，打开灯的开例关——按下开关后的一瞬间，控制活动已经结束，灯是否亮起以对按开关的这个活动没有影响；投篮——篮球出手后就无法再继续对其控制，无论球进与否，球出手的一瞬间控制活动即结束。

2. 闭环控制系统

闭环控制系统可以将控制的结果反馈回来与希望值比较，并根据它们的误差调整控制作用的系统。例如，调节水龙头——首先在头脑中对水流有一个期望的流量，水龙头打开后由眼睛观察现有的流量大小与期望值进行比较，并不断地用手进行调节形成一个反馈闭环控制；骑自行车——同理不断地修正行进的方向与速度形成闭环控制。

开环控制和闭环控制区别就是开环无反馈，闭环有反馈。

就拿本项目中的步进电机来说，“参考程序”使用的是开环控制，因为单片机并没有收到什么反馈信号，只是输出脉冲而已，而脉冲的个数是提前计算好的。

如果使用闭环控制的话，就需要加上A/D转换器，将电位器的电压信号转换成数字信号，再传给单片机，通过单片机的运算，来算出指针此时所在的位置，然后再输出脉冲，让步进电机带动传动带移动到指定位置，这就是步进电机的闭环控制。

【调试与结果演示】

调试与结果演示如图3-17所示。

【项目总结】

（1）在使用开环控制的时候，步进角一定要弄清楚，转过一个角度，能够带动传动带移动多少，这就要涉及计算步进电机转轴的周长。

图3-17 步进电机的移动

(2) 当DIR等于1的时候，步进电机会向左移动，反之向右移动。

(3) 脉冲的宽度对步进电机的步进角没有任何影响，当步进角确定后，能够改变的只有脉冲的频率，通过改变频率就可以改变步进电机的移动速度。

【参考评分标准】

参考评分标准见表3-5。

表3-5 参考评分标准

评分项目	配分	配分细则
主要参数评分	60	1. 当按下SB1后，步进电机准确向左移1cm，当按下SB2，后步进电机准确向右移1cm，60分 2. 当按下SB1后，步进电机不能够准确向左移动1cm，当按下SB2，后步进电机不能够准确向右移动1cm，40分 3. 当按下SB1后，步进电机向右移动，当按下SB2后，步进电机向左移动，30分 4. 当按下SB1，SB2后，步进电机不能够判别方向，并且没有准确移动1cm，20分 5. 按下按键后，步进电机没有任何响应，0分
连线及工艺评分	20	1. 所有模块电源连接正确，5分 2. 步进电机CP连接正确，5分 3. 步进电机DIR连接正确，5分 4. 独立按键正确连接到单片机，5分
模块接线图评分	10	1. 所有模块电源连接正确，2分 2. 步进电机CP连接正确，1分 3. 独立按键正确连接到单片机，1分 4. 步进电机DIR连接正确，1分 5. 画面整洁，5分；基本整洁，2分；看不清，0分
职业安全意识评分	10	同项目一

第 4 章　A/D 转换及 D/A 转换

项目一　将电压值进行 A/D 转换并显示

【项目任务】

将电位器输出的电压值转换成数字量并显示在数码管上。

【任务分析】

使用相应的转换芯片，将电压、电流等模拟量转换成数字量。单片机采集模拟信号时，通常需要在前端加上模拟量/数字量转换器，简称模/数转换器，即通常所说的 A/D 转换芯片。

【硬件选择】

电源模块、主机模块、显示模块、ADC 模块/DAC 模块。

【接线表及原理图】

1. 接线表

实验接线见表 4-1。

表 4-1　实验接线表

P0.0 ~ P0.7	ADC0809 芯片的 D0 ~ D7
P3.3	EOC
P3.6	WR
P3.7	RD
P2.7	CS
时钟源 OUT	CLK
A、B、C	GND
电压源 OUT	IN0
P1.0 ~ P1.7	数码管 D0 ~ D7
P3.0	CS1
P3.1	CS2
P3.2	CSWR
电源 5V, GND	所有模块的 5V, GND

2. 原理图

实验原理如图 4-1 所示。

【知识链接一】

1. 模拟量和数字量

模拟信号是时间连续、数值连续的物理量，它具有无穷多个数值，其数学表达式也很复杂，如正弦函数、指数函数等 。人从自然界感知的物理量绝大多数是属于模拟性质的，如速度、压力、温度、声音以及位置等。在工程技术上，为了便于分析，常用传感器将模拟量转换为电流、电压或者电阻等电学量，如图 4-2 和图 4-3 所示。

数字量就是用一系列 0 和 1 组成的二进制代码表示某个信号大小的量。用数字量表示同

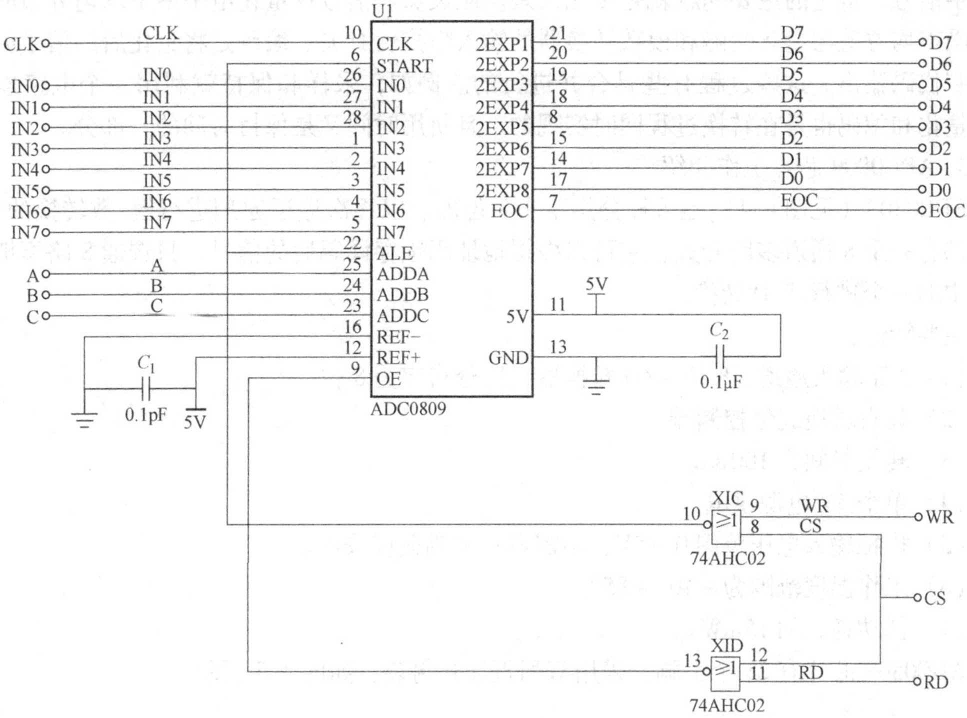

图 4-1　A/D 转换原理图

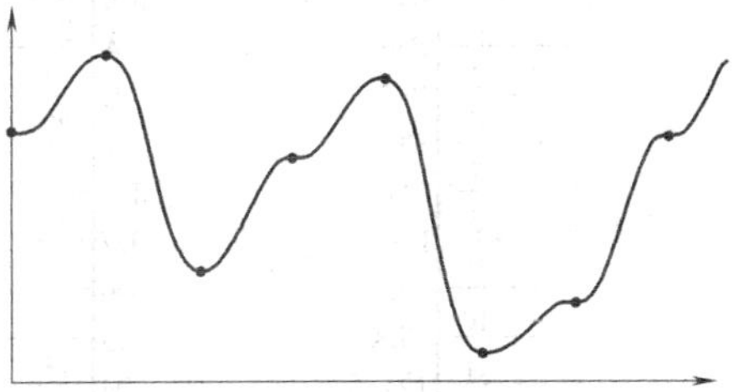

图 4-2　不规则的模拟量

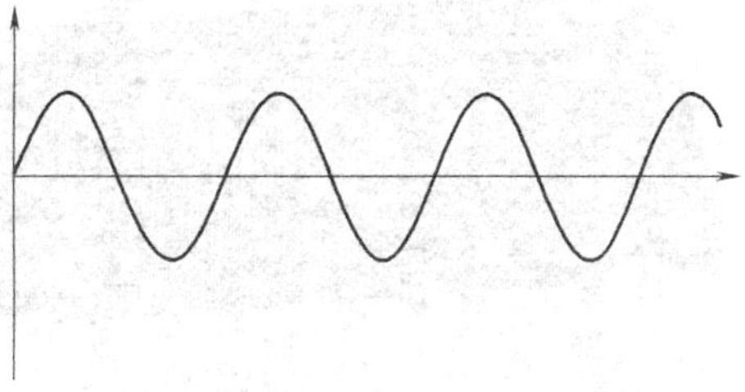

图 4-3　正弦波模拟量

一个模拟量时，数字的位数可多可少，位数越多，则表示精度越高，位数越少则表示精度越低。数字信号在时间上和数值上是离散的，上面所说的 0 和 1 不是十进制数中的数字，而是逻辑 0 和逻辑 1，因而称之为二进制数字逻辑，或者简称数字逻辑。

数字逻辑的产生，是基于客观世界的许多事物可以彼此相关又互相对立的两种状态来描述的，如是与非、真与假、开与关等。而且在电路上，可以用电子元器件的开关特性来实现，由此形成离散信号电压或数字电压。这些数字电压通常用逻辑电平来表示。应当注意，逻辑电平不是物理量，而是物理量的相对表示。

2. 模/数转换原理

模/数转换是将模拟输入信号转换为 N 位二进制数字输出信号的技术。模/数转换包括采样、保持、量化和编程 4 个过程。采样就是将一个连续变化的信号 $x(t)$ 转换成时间上离散的采样信号 $x(n)$。要把一个采样输出信号数字化，需要将采样输出所得的瞬时模拟信号保持一段时间，这就是保持过程。量化是将连续幅度的抽样信号转换成离散时间、离散幅度的数字信号，量化的主要问题就是量化误差。假设噪声信号在量化电平中是均匀分布的，则量化噪声均方值与量化间隔和模数转换器的输入阻抗值有关。编码是将量化后的信号编码成二进制代码输出。这些过程有些是合并进行的。例如，采样和保持就利用一个电路连续完成，量化和编码也是在转换过程同时实现的，且所用时间又是保持时间的一部分。

3. ADC0809 芯片工作介绍

ADC0809（见图 4-4）是采样分辨率为 8 位的、以逐次逼近原理进行模/数转换的器件。其内部有一个 8 通道多路开关，它可以根据地址码锁存译码后的信号，只选通 8 路模拟输入信号中的一个进行 A-D 转换。

主要特性：

（1）8 路输入通道，8 位 A/D 转换器，即分辨率为 8 位。

（2）具有转换起停控制端。

（3）转换时间为 100μs。

（4）单个 5V 电源供电。

（5）模拟输入电压范围 0 ~ 5V，不需零点和满刻度校准。

（6）工作温度范围为 -40° ~ 85°。

（7）低功耗，约 15mW。

ADC0809 芯片有 28 个引脚，采用双列直插式封装，如图 4-5 所示。

图 4-4　ADC0809

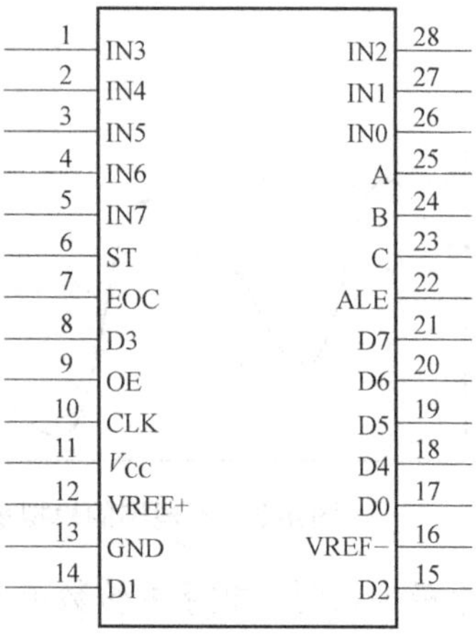

图 4-5　ADC0809 引脚

下面对各引脚功能进行介绍：

- IN0 ~ IN7：8 位模拟量输入端。与 A、B、C 三位地址线对应关系见表 4-2。
- D0 ~ D7：8 位数字量输出端。
- A、B、C：3 位地址输入线，用于选通 8 位模拟输入中的一位。
- ALE：地址锁存允许信号，输入高电平有效。
- ST：A/D 转换启动脉冲输入端，输入一个正脉冲（至少 100ns 宽）使其启动（脉冲上升沿使 ADC 0809 复位，下降沿启动 A-D 转换）。
- EOC：A/D 转换结束信号，当 A/D 转换结束时，输出一个高电平（转换期间一直为低电平）。

表 4-2　引脚介绍

选择模拟量输入端	地址线		
	C	B	A
IN0	L	L	L
IN1	L	L	H
IN2	L	H	L
IN3	L	H	H
IN4	H	L	L
IN5	H	L	H
IN6	H	H	L
IN7	H	H	H

- OE：数据输出允许信号，输入高电平有效。当 A/D 转换结束时，输入一个高电平，才能打开输出三态门，输出数字量。
- CLK：时钟脉冲输入端。要求时钟频率不高于 640kHz。
- VREF +、VREF -：基准电压。
- V_{CC}：电源，单一 5V。
- GND：接地。

ADC0809 的工作过程：

首先输入 3 位地址，并使 ALE = 1，将地址存入地址锁存器中。此地址经译码选通 8 位模拟输入之一到比较器。ST 上升沿将逐次逼近寄存器复位。下降沿启动 A/D 转换，之后 EOC 输出信号变低，指示转换正在进行。直到 A/D 转换完成，EOC 变为高电平，指示 A/D 转换结束，结果数据已存入锁存器，这个信号可用作中断申请。当 OE 输入高电平时，输出三态门打开，转换结果的数字量输出到数据总线上，如图 4-6 所示。

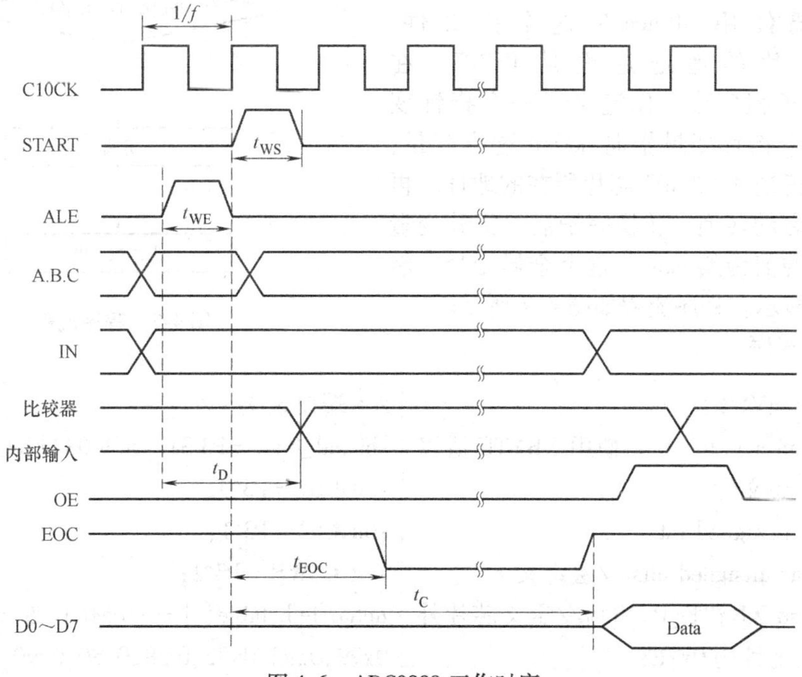

图 4-6　ADC0809 工作时序

【软件设计】

1. 编程思路

硬件连接，ADC0809 的 D0 ~ D7 是转换数据的输出端，所以直接接到单片机的 P0 口，这里需要注意，数据输出端尽可能不要接到其他 I/O 端口，因为 ADC0809 是用 51 单片机总线的方式驱动的，而 51 单片机的数据总线是 P0 口，所以要接到 P0 口。

ADC0809 的 EOC 是读忙标志位，ADC0809 在转换期间，这个引脚是低电平，当转换结束时，会输出一个高电平，此端口接到单片机的 P3. 3 口，就可以通过扫描单片机 P3. 3 口是否有高电平，从而知道数据是否转换完毕。

P3. 6、P3. 7 是单片机读写外部存储器使用的引脚。

P2. 7 接到 CS 端，当单片机要用到 ADC0809 时，会向地址总线写入 ADC0809 的地址，可以看出如果 CS 接到 P2. 7 端口，那么 ADC0809 对应的地址则是 0x7ff8，因为单片机的地址总线是 P0 口和 P2 口，把 CS 接到 P2. 7 对应的编码就是 0111 1111 1111 1000。为什么最后的 3 位是 0，因为 ADC0809 芯片的 A、B、C 通道选择端接在了 P0. 0 ~ P0. 2 端口上，我们只用芯片其中一个端口，为了接线方便就直接全部短接，然后接地。

ADC0809 内部没有晶振，所以要外接晶振，时钟源的输出端 OUT，接到 CLK 就是这个原因。

电位器输出端（OUT）接到 ADC0809 的输入端通道 0，ADC0809 有 8 个转换通道，但是每次只能开启一个输入端，因为只需要转换一个模拟量，所以只需要一位通道即可。

编程开始用 XBYTE 的意思是定义外部地址，因而要使用 absacc. h 这个头文件，ADC0809 芯片的地址这里是 0x7ff8。在 ADC0809 的子程序中，先定义了一个指针变量，然后这个指针变量指向 ad0ad 这个变量，而这个变量正是 ADC0809 芯片所在的地址。再接下来就是启动转换，转换完毕后，指针变量会将转换完的值传给 canser 这个全局变量，然后进行分离显示。程序流程如图 4-7 所示。

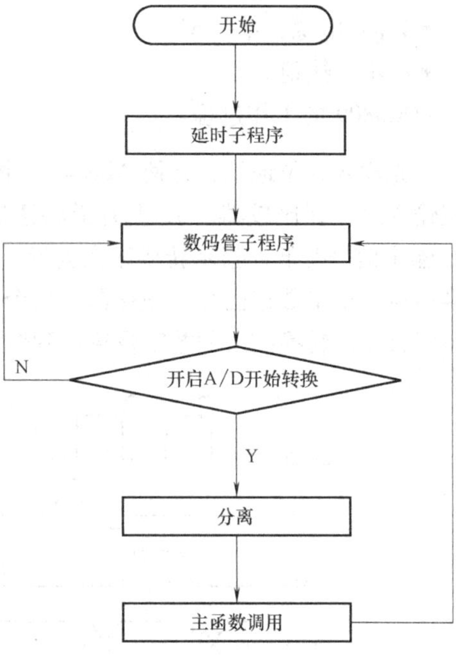

图 4-7　程序流程

2. 参考程序

```
#include <reg52. h>
#include <absacc. h>//要使用 XBYTE 所以才包含这个头文件
#define uint unsigned int
#define uchar unsigned char//宏定义
#define ad0ad XBYTE[0x7ff8]//定义芯片外部存储器的地址为 0x7ff8
```

```
/*端口定义*/
sbit ad_busy = P3^3;//ADC0809 的读忙标志位
sbit CS1 = P3^0;
sbit CS2 = P3^1;
sbit CSWR = P3^2;
uchar led_table[] = {0xc0,0xf9,0xa4,0xb0,0x99,0x92,0x82,0xf8,0x80,0x90};//数组
```

```
uchar d1,d2,d3,d4;
uint canser;
/*延迟子程序*/
void delay_1ms(uint x)
{
  uint i,j;
  for(i=x;i>0;i--)
    {
    for(j=110;j>0;j--);
    }
}
/*数码管显示程序*/
void shuma_display()
{
  CS1=1;
  CS2=1;
  CSWR=0;

P1=led_table[d1];
CS1=0;
CSWR=1;
CS1=1;
CSWR=0;
P1=0x7f;
CS2=0;
CSWR=1;
CS2=1;
CSWR=0;
delay_1ms(2);

P1=led_table[d2];
CS1=0;
CSWR=1;
CS1=1;
CSWR=0;
P1=0xbf;
CS2=0;
CSWR=1;
CS2=1;
CSWR=0;
delay_1ms(2);

P1=led_table[d3];
CS1=0;
CSWR=1;
CS1=1;
CSWR=0;
P1=0xdf;
CS2=0;
CSWR=1;
CS2=1;
CSWR=0;
delay_1ms(2);

P1=led_table[d4];
CS1=0;
CSWR=1;
CS1=1;
CSWR=0;
P1=0xef;
CS2=0;
CSWR=1;
CS2=1;
CSWR=0;
delay_1ms(2);
}
/A/D 转换子程序*/
void ad0809(void)
{
uchar xdata *ad_adr;//定义指针变量
  ad_adr=&ad0ad;//引用指针,使指针指向ADC0809 的存储器
  *ad_adr=0;//启动 ADC0809 转换
  while(ad_busy==0);//等待转换完毕
  canser=*ad_adr;//将转换完毕的数据传给 canser 这个变量
```

```
}
/ * 对数据进行分离 * /
void make_canser( )
{
    d1 = canser/1000;
    d2 = canser%1000/100;
    d3 = canser%1000%100/10;
    d4 = canser%1000%100%10;
}
/ * 主程序 * /
void main( )
{
while(1)//无限循环
    {
    shuma_display( );//调用数码管显示程序
    ad0809( );//调用 ADC0809 驱动程序
    make_canser( );//分离数据子程序
    }
}
```

【知识链接二】

1. 指针的概念及初步应用

指针是 C 语言中的一个重要概念，也是 C 语言的一个重要角色。利用指针变量可以表示各种数据结构，能很方便地使用数组和字符串，并能像汇编语言一样处理内存地址，从而编出精练而高效的程序。指针极大地丰富了 C 语言的功能。学习指针是学习 C 语言中最重要的一环，能否正确理解和使用指针是我们是否掌握 C 语言的一个标志。同时，指针也是 C 语言中最难理解的一部分，在学习中除了要正确理解基本概念，还必须要多编程实践，上机调试。在计算机中，所有的数据都是存放在存储器中的。为了正确地访问这些内存单元，必须为每个内存单元编上号。根据一个内存单元的编号即可准确地找到该内存单元。内存单元的编号也叫做地址。根据内存单元的编号或地址就可以找到所需的内存单元，所以通常也把这个地址称为指针。内存单元的指针和内存单元的内容是两个不同的概念。可以用一个通俗的例子来说明它们之间的关系。我们到银行去存取款时，银行工作人员将根据我们的账号去找存款单，找到之后在存单上写入存款、取款的金额。在这里，账号就是存单的指针，存款数是存单的内容。对于一个内存单元来说，单元的地址即为指针，其中存放的数据才是该单元的内容。在 C 语言中，允许用一个变量来存放指针，这种变量称为指针变量。因此，一个指针变量的值就是某个内存单元的地址或称为某内存单元的指针。严格地说，一个指针是一个地址，是一个常量。而一个指针变量却可以被赋予不同的指针值，是变量。但常把指针变量简称为指针。为了避免混淆，我们约定：“指针”是指地址，是常量，“指针变量”是指取值为地址的变量。定义指针的目的是为了通过指针去访问内存单元。既然指针变量的值是一个地址，那么这个地址不仅可以是变量的地址，也可以是其他数据结构的地址。在一个指针变量中存放一个数组或一个函数的首地址有何意义呢？因为数组或函数都是连续存放的。通过访问指针变量取得了数组或函数的首地址，也就找到了该数组或函数。这样，凡是出现数组。函数的地方都可以用一个指针变量来表示，只要该指针变量中赋予数组或函数的首地址即可。这样做，将会使程序的概念十分清楚，程序本身也精练，高效。在 C 语言中，一种数据类型或数据结构往往都占有一组连续的内存单元。用“地址”这个概念并不能很好地描述一种数据类型或数据结构，而“指针”虽然实际上也是一个地址，但它却是一个数据结构的首地址，它是“指向”一个数据结构的，因而概念更为清楚，表示更为明确。这也是引入“指针”概念的一个重要原因。

2. 指针变量的定义

C 语言规定，所有变量在使用前必须通过定义来指定其类型，并按此分配内存单元。指针变量不同于整型变量和其他类型变量，它是用来存放地址的，必须将其定义为指针类型。

指针变量格式如下：

类型说明符 * 变量名

例如：

```
char * d1;                int * a1;
```

其中，* 表示一个指针变量，变量名即为定义指针的变量名，类型说明符表示本指针变量所指的对象的数据类型。

给指针变量赋值有两种方法，例如：

```
int a, * p = &a;
```

或者

```
int a, * p;                p = &a;
```

用第二种方法，被赋值的指针变量前不能再加 * 说明符，如写为“ * p = &a;”是错误的写法。事实上，若定义了变量以及指向该变量的指针为：

```
int a, * p;
```

若有“p = &a”则称 p 指向变量 a，或者说 p 具有了变量 a 的地址。

以后在处理程序中，凡是可以写 &a 的地方，就可以替换成指针的表示 p，a 也可以替换成 * p。

【调试与结果演示】

调试与结果演示如图 4-8 所示。

图 4-8　显示的电压值，电压约为 2.45V

【项目总结】

（1）ADC0809 可以将 0～5V 模拟电压转换为对应的 0～255 个数值，也就是将 0～5V 等分 255 份，如 0V 电压对应就是显示 0，但是 5V 电压对应就是显示 255，而 2.5V 电压则对应显示 127 左右。

（2）ADC0809 芯片的 A、B、C 引脚在本实验中是全部接地的，但是如果其他实验要用到两个或两个以上的转换通道，则需要接到 P.0～P0.2 的 I/O 端口上，使用软件切换通道。

【参考评分标准】

参考评分标准见表 4-3。

表 4-3　参考评分标准

评 分 项 目	配分	配 分 细 则
主要参数评分	60	1. 数码管为 4 位显示，能够准确显示电位器现在所输出的电压，数码管显示清晰，60 分 2. 数码管为 4 位显示，显示的数值不能够实时更新，数码管显示清晰，40 分 3. 数码管为 4 位显示，显示的数值与实际误差非常大，数码管显示清晰，30 分 4. 数码管不能够显示，0 分
连线及工艺评分	20	1. 电源，地线全部连接正确，5 分 2. ADC0809 控制线连接正确，5 分 3. 数码管控制线连接正确，10 分
模块接线图评分	10	1. 电源，地线全部连接正确，1 分 2. ADC0809 控制线连接正确，3 分 3. 数码管控制线连接正确，1 分 4. 画面整洁，5 分；基本整洁，2 分；看不清，0 分
职业安全意识评分	10	同项目一

项目二　将数字进行 D/A 转换并以电压形式输出

【项目任务】

使用单片机输出 0 ~ 255 个数值，经过 DAC0832 转换芯片以后，使用电平指示灯将对应的输出电压显示出来。

【任务分析】

DAC0832 是一个数/模转换芯片，能够将 0 ~ 255 个数值转换成对应的电压并输出，实际上 D/A 转换就是 A/D 转换的逆过程，将数字量转换成模拟量输出。任务要求是单片机输出数字量，经过 D/A 转换后，用电平指示灯显示出来，就要考虑芯片的驱动问题，DAC0832 芯片驱动很简单，只需要将其中两个引脚清 0，芯片就可以转换了。

【硬件选择】

电源模块、主机模块、ADC 模块、DAC 模块。

【接线表及原理图】

1. 接线表

实验接线见表 4-4。

表 4-4　实验接线表

DAC0832 的 WR，CS	GND
DAC0832 的 OUT	电平指示 IN
P0.0 ~ P0.7	DAC0832 的 D0 ~ D7
电源 12V，－12V	DAC0832 的 12V，－12V
电源 5V，GND	所有模块 5V，GND
12V 直流电源 GND	5V 直流电源 GND

2. 原理图

实验原理如图 4-9 所示。

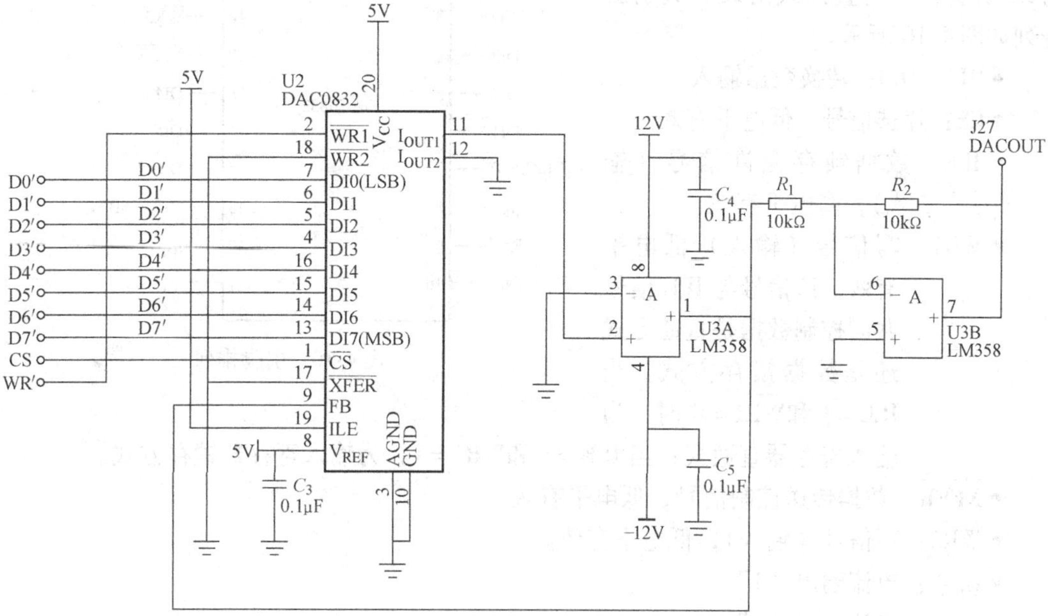

图 4-9 D/A 转换原理图

【知识链接一】

1. D/A 转换形式

D/A（数/模）转换器输入的是数字量，经转换后输出的是模拟量，为单片机在模拟环境中的应用提供了一种数据转换接口。为把数字量转换为模拟量，在 D/A 转换芯片中要有解码网络，常用的主要为二进制全电阻解码网络和 T 型电阻解码网络。转换过程是先将各位数码按其权的大小转换为相应的模拟分量，然后再以叠加方法把各模拟分量相加，其和就是 D/A 转换的结果。

对于 D/A 转换器的使用要注意区分输出形式和锁存器的存在。

（1）电压与电流输出形式。D/A 转换器有两种输出形式：一种是电压输出形式，即输入是二进制数或 BCD 码的数字量，而输出为电压；另一种是电流输出形式，即输出为电流。在实际应用中如需要电压模拟量，对于电流输出的 D/A 转换器，可在其输出端加运算放大器，通过运算放大器构成电流/电压转换电路，将转换器的电流输出变为电压输出。

（2）带与不带锁存器的 D/A 转换器。由于实现模拟量转换时需要一定时间的，在这段时间内 D/A 转换器的输入端的数字量应保持稳定，为此应当在 D/A 转换器数字量输入端的前面设置锁存器，以提供数据锁存功能。根据转换器芯片内是否有锁存器，可以把 D/A 分为内部无锁存器和内部有锁存器两类。

D/A 转换器的技术性能指标很多，如绝对精度、相对精度、线性度、输出电压范围、温度系数等。

2. DAC0832 芯片简介

DAC0832 是一个 8 位 D/A 转换芯片，但电源供电，从 5 ~ 15V 均可以正常工作，基准电

压范围为 ±10V，电流建立时间为 1μs，使用 CMOS 工艺，低功耗 20mW，芯片为 20 引脚，双列直插式封装。其引脚排列如图 4-10 所示。

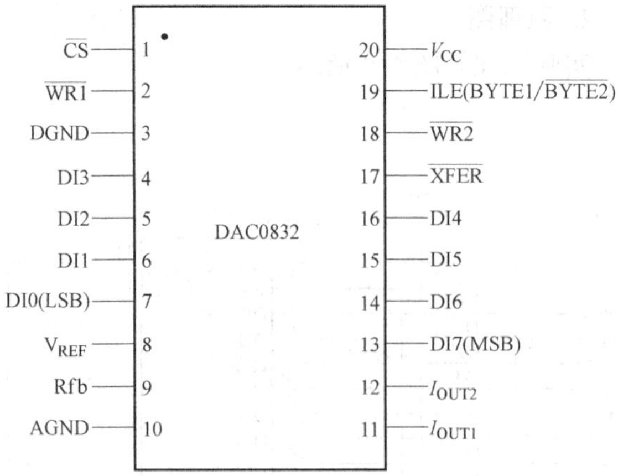

图 4-10　引脚排列

- DI7 ~ DI0：转换数据输入。
- $\overline{CS}$：片选信号，低电平有效。
- ILE：数据锁存允许信号（输入），高电平有效。
- $\overline{WR1}$：写信号（输入）低电平有效，该信号与 ILE 信号共同控制数据是直通方式还是数据锁存方式。当 ILE = 1 和 $\overline{WR1}$ = 0 时，为输入寄存器直通式；当 ILE = 1 和 $\overline{WR1}$ = 1，为输入寄存器锁存方式。
- $\overline{XFER}$：数据传送控制信号，低电平有效。
- $\overline{WR2}$：写信号（输入），低电平有效。
- I_{OUT1}：电流输出“1”。
- I_{OUT2}：电流输出“2”。
- R_{fb}：反馈电阻。
- V_{REF}：基准电压，是外加高精度电压源，与芯片内的电阻网络相连，该电压可正可负，范围为 -10V ~ 10V。
- DGND：数字地。
- AGND：模拟地。

3. LM358 运算放大器介绍

LM358 运算放大器内部包括有两个独立、高增益、内部频率补偿的双运算放大器，适合于电源电压范围很宽的单电源使用，也适用于双电源工作模式。在工作条件下，电源电流与电源电压无关。它的使用范围包括传感放大器、直流增益模块和其他所有可用单电源供电的使用运算放大器的场合，如图 4-11 所示。

LM358 的封装形式有塑封 8 位双列直插式和贴片式两种，如图 4-12 所示，其主要特性如下：

图 4-11　LM358 芯片

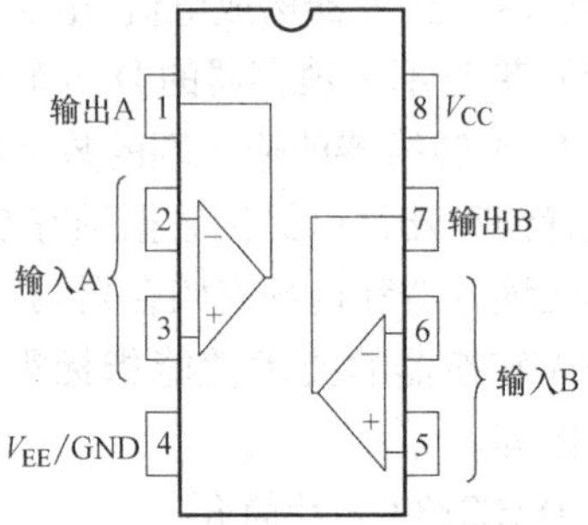

图 4-12　LM358 结构

（1）内部频率补偿。

（2）直流电压增益高（约100DB）。

（3）单位增益频带宽（约1MHz）。

（4）电源电压范围宽：单电源（3～30V）；双电源（±1.5～±15V）。

（5）低功耗电流，适合于电池供电。

（6）低输入偏流。

（7）低输入失调电压和失调电流。

（8）共模输入电压范围宽，包括接地。

（9）差模输入电压范围宽，等于电源电压范围。

（10）输出电压摆幅大（0至 $V_{CC}-1.5V$）。

【软件设计】

1. 编程思路

由于这个程序不需要加其他硬件，只需要使用D/A转换器就行了，所以将DAC0832芯片的$\overline{WR1}$和$\overline{CS}$端直接接地，然后单片机轮流向芯片输出0～255，由于芯片现在控制端直接接地，输出的数据就会被直接转换并且输出，如图4-13所示。

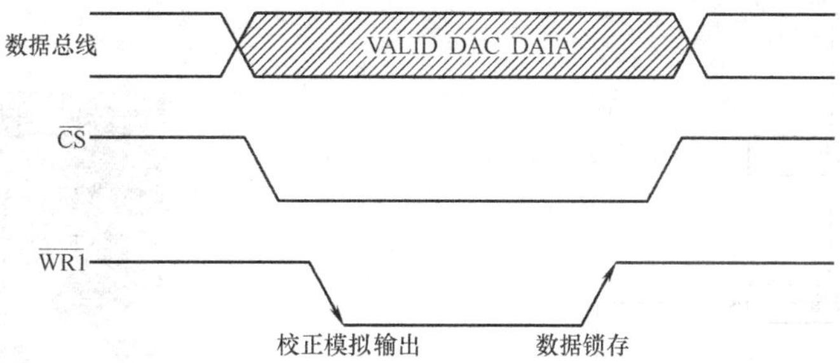

图4-13 转换芯片操作时序图

2. 参考程序

程序流程如图4-14所示。

```
#include <reg52.h>
#define uint unsigned int
#define uchar unsigned char
/*延时子程序*/
void delay_1ms(uint x)
{
uint i,j;
for(i=x;i>0;i--)
  {
    for(j=110;j>0;j--);
  }
}
/*主程序*/
void main()
{
uchar i;
while(1)
  {
    P0=i;
    i++;
    delay_1ms(50);
    if(i>=255)
      {
      i=0;
      }
  }
}
```

【知识链接二】

在写程序的时候，经常要对一些变量赋个初始值。C语言允许在定义变量的同时可以对变量进行初始化。

```
int a =4; //指定 a 为整型变量,初始值为 4
```

也可以对几个变量其中一部分赋值，例如：

```
char d1,d2,d3,d4 =4;//指定 d1,d2,d3,d4 为字符型变量,并对 d4 赋值 4
```

也可以对几个变量同时赋值，例如：

```
char d1 =1,d2 =2,d3 =3;//定义 d1,d2,d3 为 char 型变量,并且对其赋值分别为 1、2、3
```

要注意的是，变量的初始值不是在编译阶段完成的，而是在程序运行到执行本函数的时候赋初始值。

【调试与结果演示】

调试与结果演示，如图4-15所示。

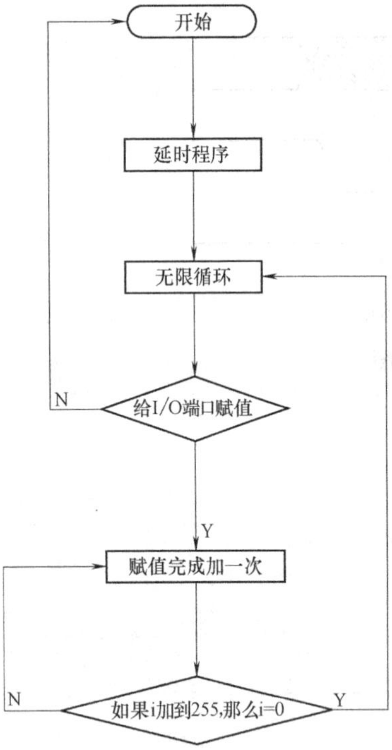

图4-14　程序流程

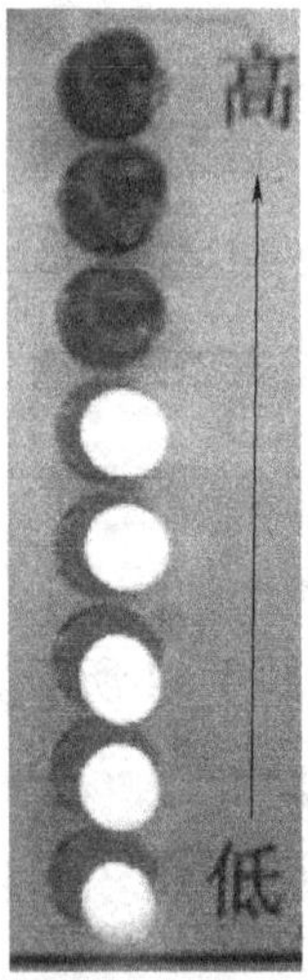

图4-15　电平指示灯正在显示此时电平的高低

【项目总结】

转换芯片的$\overline{WR1}$和$\overline{CS}$端口在本项目中被直接接地，但是如果在其他场合中要用到D/A转换就要考虑这两个端口是控制还是直接转换，这点要注意。

【参考评分标准】

参考评分标准，见表4-5。

表4-5　参考评分标准

评分项目	配分	配分细则
主要参数评分	60	1. 单片机能够将数据输出,电平指示灯显示从0~5V不断变化,60分 2. 单片机输出数据混乱,电平指示灯闪烁混乱,10分 3. 电平指示灯没有任何显示,0分
连线及工艺评分	20	1. 电源连接正确,5分 2. ADC/DAC模块连接正确,10分 3. 电平指示灯连接正确,5分
模块接线图评分	10	1. 电源连接正确,1分 2. ADC/DAC模块连接正确,3分 3. 电平指示灯连接正确,1分 4. 画面整洁,5分;基本整洁,2分;看不清,0分
职业安全意识评分	10	同项目一

项目三　制作模拟测温传感器

【项目任务】

使用LM35温度传感器测量室温，并在数码管上显示出来。

【任务分析】

LM35是模拟式温度传感器，输出的是模拟量，但是单片机处理的是数字信息，为此要在单片机和传感器之间加上模/数转换芯片，通过模/数转换芯片，将LM35输出的模拟量转换为数字信息传给单片机，由单片机处理信息并驱动数码管然后显示出来。

【硬件选择】

电源模块、主机模块、显示模块、ADC模块、DAC模块、温度传感器模块。

【接线表及原理图】

1. 接线表

实验接线见表4-6。

表4-6　实验接线表

P0.0~P0.7	AD0809芯片的D0~D7
P3.3	EOC
P3.6	$\overline{WR1}$
P3.7	RD
P2.7	$\overline{CS}$
时钟源OUT	CLK
A、B、C	GND
温度传感器LM358 OUT	IN0
P1.0~P1.7	数码管D0~D7
P3.0	CS1
P3.1	CS2
P3.2	CSWR
电源5V,GND	所有模块的5V,GND

2. 原理图

实验原理如图 4-16 所示。

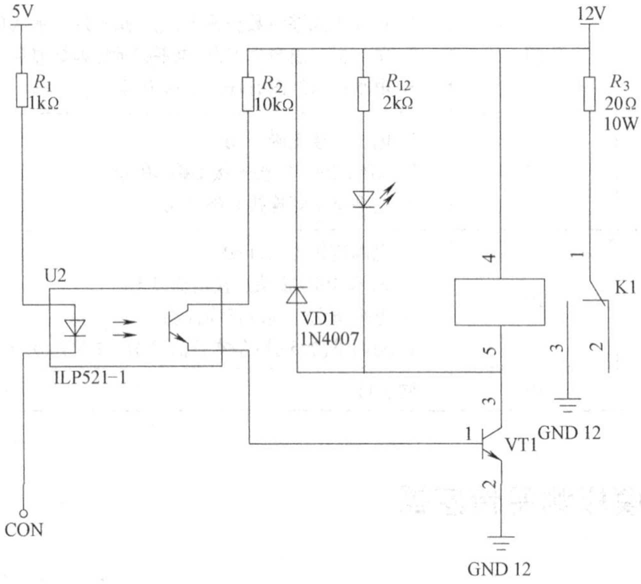

图 4-16　温度传感器原理图

【知识链接一】

温度是一个基本的物理量，自然界中的一切过程无不与温度密切相关。温度传感器是最早开发、应用最广的一类传感器。

LM35 是模拟式温度传感器，其输出电压与摄氏温标呈线性关系，转换公式：0 时输出为 0V，每升高 1℃，输出电压增加 10mV。

LM35 有多种不同封装形式，外观如图 4-17 ~ 图 4-20 所示。在常温下，LM35 不需要额外的校准处理即可达到 ±1/4℃的准确率。其电源供应模式有单电源与正、负双电源两种，正负双电源的供电模式可提供负温度的量测；两种接法的静止电流-温度关系如图 4-19 所示。在静止温度中自热效应低（0.08℃），单电源模式在 25℃下静止电流约 50μA，工作电压较宽，可在 4 ~ 20V 的供电电压范围内正常工作非常省电，如图 4-20 所示。

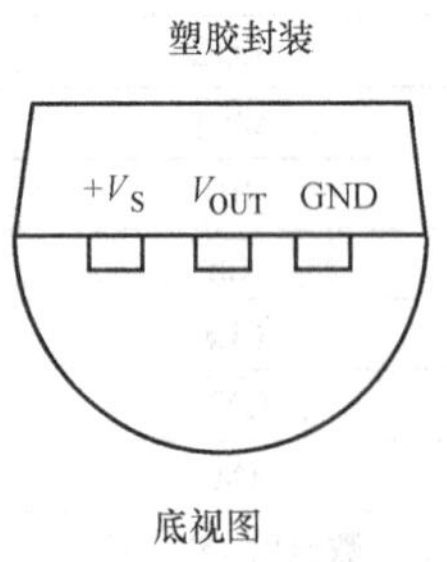

图 4-17　TO-92 封装引脚

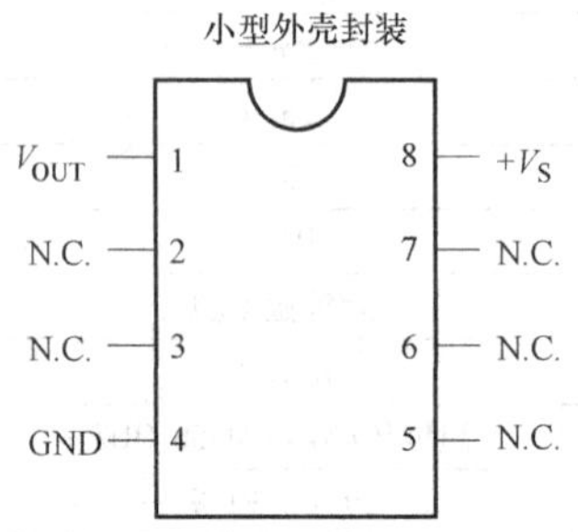

图 4-18　SO-8 IC 式封装引脚

LM35 性能特点：

（1）可以提供 1/4℃的常用的室温精度。

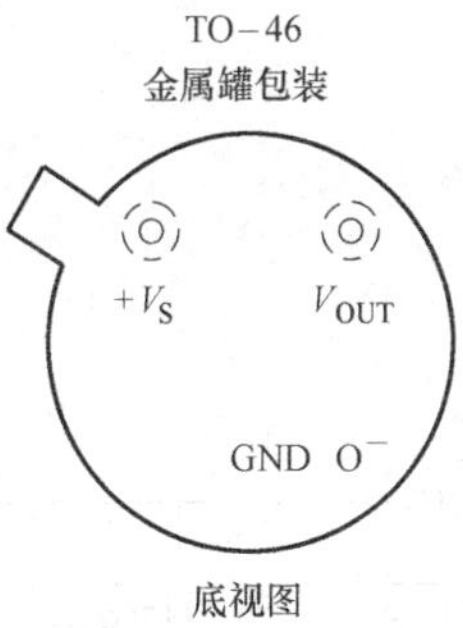

图4-19 TO-46金属罐形封装引脚

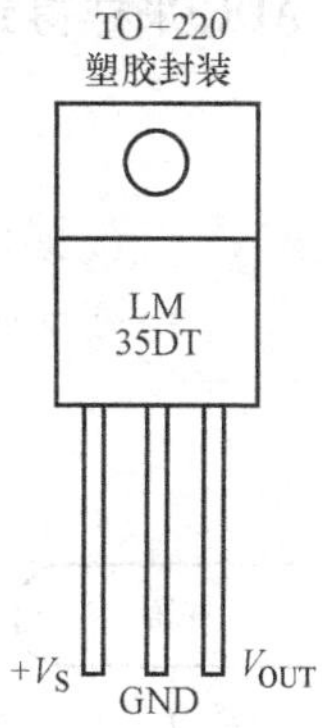

图4-20 TO-220塑料封装引脚

(2) 工作温度：-55～+150℃。

(3) 工作电流：小于60μA。

(4) 输出电压：0～1V。

(5) 输出阻抗：1mA负载时0.1Ω。

(6) 漏泄电流：小于60A。

(7) 比例因数：线性+10.0mV/℃。

典型接线，如图4-21所示。

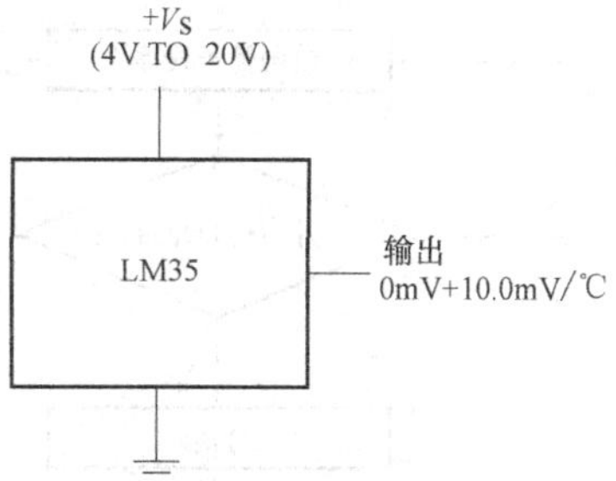

图4-21 典型接线

【软件设计】

1. 编程思路

编程思路如图4-22所示。

由LM35每升高1℃电平提高10mV，0～100℃时输出电平对应为0～1V。得出：

$$U_o = 0.01T$$

式中，T表示当前测试温度；U_o表示LM35输出的电压值。

ADC0809参考电压5V，LM35输出最大电压1V，得出：

$$\frac{U_o}{1} = \frac{X}{255} \times 5$$

式中，X为ADC0809采样得到的二进制值。进而得出：

$$T = \frac{100X}{51}$$

由ADC0809采样得到的二进制值就可以算出当前温度，温度单位为℃。ADC0809量化精度为：100/51 = 1.96078℃。即每变化1.96078℃才能使ADC采样值增减1。反之ADC0809采样值增减1个数代表着测量温度上升或下降了1.96078℃。

为了提高测量精度，我们可以采用5倍放大。放大电路如图4-23所示。

当采集的温度为100℃时，OUT端输出为5V，由运算放大器LM358的数据手册可知：OUT输出最大值为$V_{CC} - 1.5V = 3.5V$，所示实际测量温度最大值为70℃。当温度大于70℃后LM358输出为恒定的3.5V，所以不可做大于70℃的恒温控制实验，而加热用功率电阻在加热时最大温度可达到130℃，实验时请注意安全。

采用5倍放大的计算公式如下：

$$\frac{U_o}{1} = \frac{X}{255}$$

式中，X 为 ADC 采样得到的二进制值。进而得出：

$$\frac{0.01T}{1}=\frac{X}{255}$$

$$T=\frac{20X}{51}$$

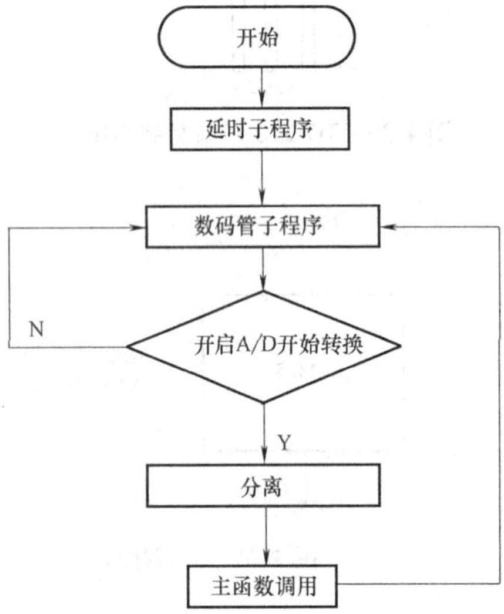

图 4-22　程序流程

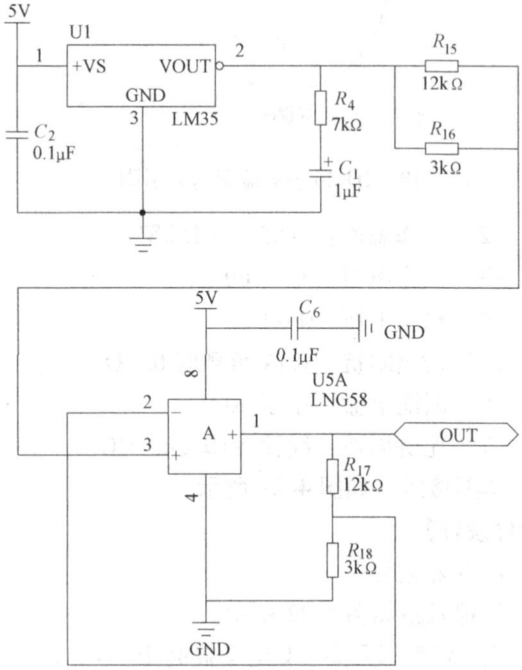

图 4-23　5 倍放大电路

由 ADC0809 采样得到的二进制值就可以算出当前温度，温度单位为℃。ADC 量化精度为：20/51 = 0.39216℃。

程序中可以这样写：

```
canser = canser * 20/51;
```

2. 参考程序

```
#include <reg52.h>
#include <absacc.h>
#define uint unsigned int
#define uchar unsigned char
#define ad0ad XBYTE[0x7ff8]
/* 端口定义 */
sbit ad_busy = P3^3;
sbit CS1 = P3^0;
sbit CS2 = P3^1;
sbit CSWR = P3^2;
uchar led_table[] = {0xc0,0xf9,0xa4,0xb0,
0x99,0x92,0x82,0xf8,0x80,0x90};
uchar d1,d2,d3,d4;
uint canser;
/* 延时子程序 */
void delay_1ms(uint x)
{
   uint i,j;
   for(i = x;i > 0;i--)
   {
```

```
        for(j=110;j>0;j--);
      }
}
/*数码管扫描程序*/
void shuma_display()
{
  CS1=1;
  CS2=1;
  CSWR=0;

P1=led_table[d1];
CS1=0;
CSWR=1;
CS1=1;
CSWR=0;
P1=0x7f;
CS2=0;
CSWR=1;
CS2=1;
CSWR=0;
delay_1ms(2);

P1=led_table[d2];
CS1=0;
CSWR=1;
CS1=1;
CSWR=0;
P1=0xbf;
CS2=0;
CSWR=1;
CS2=1;
CSWR=0;
delay_1ms(2);

P1=led_table[d3];
CS1=0;
CSWR=1;
CS1=1;
CSWR=0;
P1=0xdf;
CS2=0;
CSWR=1;
CS2=1;
CSWR=0;
delay_1ms(2);

P1=led_table[d4];
CS1=0;
CSWR=1;
CS1=1;
CSWR=0;
P1=0xef;
CS2=0;
CSWR=1;
CS2=1;
CSWR=0;
delay_1ms(2);
}
/*A/D子程序*/
void adc0809(void)
{
uchar xdata *ad_adr;
  ad_adr=&ad0ad;
  *ad_adr=0;
  while(ad_busy==0);
  canser=*ad_adr;
}
/*分离程序*/
void make_canser()
{
canser=canser*20/51;
  d1=canser/1000;
  d2=canser%1000/100;
  d3=canser%1000%100/10;
  d4=canser%1000%100%10;
}
```

```
/* 主函数 */
void main()
{
  while(1)
    {
      shuma_display();
      adc0809();
      make_canser();
    }
}
```

【知识链接二】

C 语言中主函数通过函数调用的方法使用函数。

函数的一般形式：

函数名（实参列表）

对于有参数型的函数，若包含多个实际参数，则各参数间应用逗号隔开，实参与形参的个数应相等，类型应一致。实参与形参按顺序对应并一一传递数据。

如果是调用无参数函数，则“实参列表”没有，但括号不能省略。

【调试与结果演示】

调试与结果演示如图 4-24 所示。

图 4-24　显示室内温度为 19℃

【项目总结】

（1）在对转换结果进行处理时，由于传感器的输出端加了一个运算放大器，将传感器的输出电压放大了 5 倍，所以在计算的时候，这一点要注意。

（2）这个程序只适用于转换一路模拟量，但是如果要转换多路模拟量的时候，就需要更改硬件连接和程序。

【参考评分标准】

参考评分标准见表 4-7。

表 4-7　参考评分标准

评 分 项 目	配分	配 分 细 则
主要参数评分	60	1. 数码管显示为 4 位，并且显示稳定，显示的内容能够较准确地测量出当时的室内温度，60 分。 2. 数码管显示为 4 位，显示有点抖动，显示的内容能够较准确地测量出当时的室内温度，50 分。 3. 数码管显示为 4 位，显示不稳定，但是还能够正确显示温度，40。 4. 数码管显示稳定，但是温度明显与室温差别很大，30 分。 5. 数码管显示抖动，并且温度显示不正确，20 分。 6. 数码管不显示，0 分。
连线及工艺评分	20	1. 数码管模块连接正确，5 分。 2. ADC/DAC 模块连接正确，5 分。 3. 电源模块连接正确，5 分。 4. 温度传感器模块连接正确，5 分。
模块接线图评分	10	1. 数码管模块连接正确，1 分。 2. ADC/DAC 模块连接正确，1 分。 3. 电源模块连接正确，1 分。 4. 温度传感器模块连接正确，2 分。 5. 画面整洁，5 分；基本整洁，2 分；看不清，0 分。
职业安全意识评分	10	同项目一

项目四　制作数字测温传感器

【项目任务】

使用DS18B20测量室温，并在数码管上显示出来，要求温度精确到小数点后一位。

【任务分析】

DS18B20为数字式温度传感器，它的接线非常简单，就只有一根线和单片机相连，虽然硬件简单，但是软件是复杂的。要使用DS18B20，首先要看懂的就是它的操作时序图，根据操作时序图来编写程序。

【硬件选择】

电源模块、主机模块、显示模块、温度传感器模块。

【接线表及原理图】

1. 接线表

实验接线见表4-8。

表4-8　实验接线

P1.0 ~ P1.7	数码管 D0 ~ D7
P3.0	CS1
P3.1	CS2
P3.2	CSWR
电源5V,GND	所有模块的5V,GND
P3.3	温度传感器 DS18B20

2. 原理图

实验原理如图4-25所示。

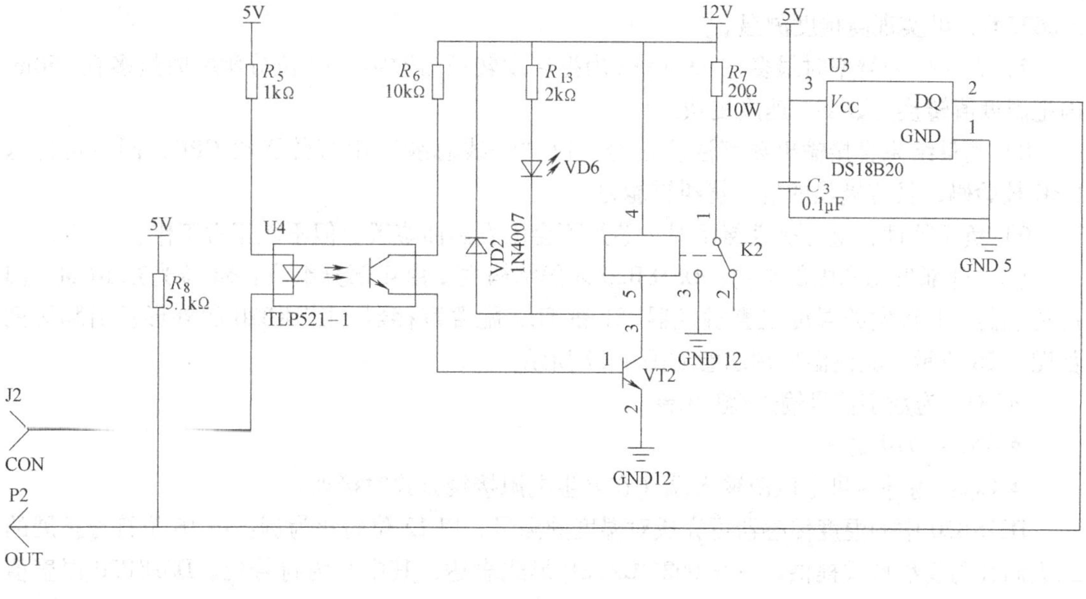

图4-25　DS18B20原理图

【知识链接一】

1. 单总线

目前常用的微型计算机与外设之间进行数据传输的串行总线主要有 I^2C 总线、SPI 总线和 SCI 总线。其中，I^2C 总线以同步串行 2 方式进行通信（一条时钟线，一条数据线）；SPI 总线则以同步串行 3 方式进行通信（一条时钟线，一条数据输入线，一条数据输出线）；SCI 总线以异步方式进行通信（一条数据输入线，一条数据输出线）。这些总线至少需要两条或两条以上的信号线。近年来，美国的达拉斯半导体公司（DALLAS SEMICONDUCTOR）推出了一项特有的单总线（1-Wire Bus）技术。该技术与上述总线不同，它采用单根信号线，既可传输时钟，又能传输数据，而且数据传输是双向的，因而这种单总线技术具有线路简单，硬件开销少，成本低廉，便于总线扩展和维护等优点。

单总线适用于单主机系统，能够控制一个或多个从机设备。主机可以是微控制器，从机可以是单总线器件，它们之间的数据交换只通过一条信号线。当只有一个从机设备时，系统可按单节点系统操作；当有多个从机设备时，系统则按多节点系统操作。

2. DS18B20 温度传感器

（1）主要特性：

1）适应电压范围更宽，电压范围：3.0～5.5V，在寄生电源方式下可由数据线供电。

2）独特的单线接口方式，DS18B20 在与微处理器连接时仅需要一根信号线即可实现微处理器与 DS18B20 的双向通信。

3）DS18B20 支持多点组网功能，多个 DS18B20 可以并联在唯一的三线上，实现组网多点测温。

4）DS18B20 在使用中不需要任何外围元器件，全部传感元器件及转换电路集成在形如一只晶体管的集成电路内。

5）温度为 -55℃～125℃，在 -10～85℃时精度为 ±0.5℃。

6）可编程的分辨率为 9～12 位，对应的可分辨温度分别为 0.5℃、0.25℃、0.125℃和 0.0625℃，可实现高精度测温。

7）在 9 位分辨率时最多在 93.75ms 内把温度转换为数字，12 位分辨率时最多在 750ms 内把温度值转换为数字，速度更快。

8）测量结果直接输出数字温度信号，以“一线总线”串行传送给 CPU，同时可传送 CRC 校验码，具有极强的抗干扰纠错能力。

9）负压特性：电源极性接反时，芯片不会因发热而烧毁，但不能正常工作。

（2）外部形态和内部结构：DS18B20 内部结构主要由 4 部分组成：64 位光刻 ROM、温度传感器、非挥发的温度报警触发器 TH 和 TL、配置寄存器。DS18B20 的外形及引脚排列如图 4-26 所示。其测温原理示意如图 4-27 所示。

- DQ：为数字信号输入/输出端。
- GND：为电源地。
- V_{DD}：为外接供电电源输入端（在寄生电源接线方式时接地）。

DS18B20 中的温度传感器可完成对温度的测量，以 12 位转化为例：用 16 位符号扩展的二进制补码读数形式提供，以 0.0625℃/LSB 形式表达，其中 S 为符号位。DS18B20 温度值格式见表 4-9。

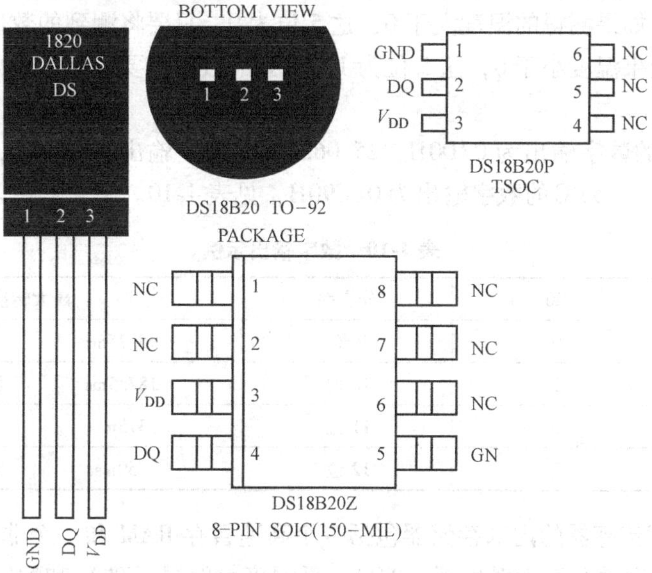

图 4-26　外形及引脚排列

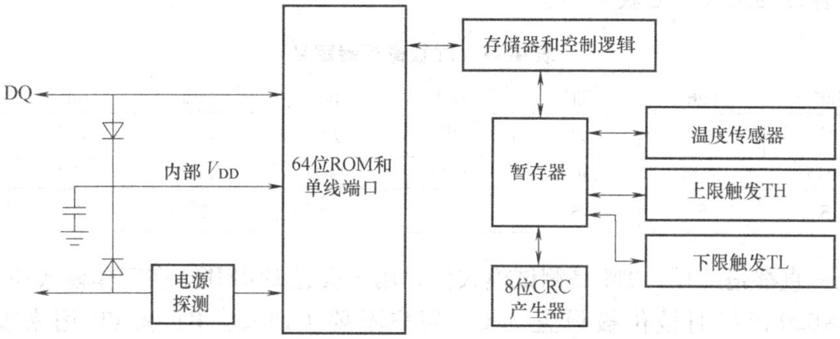

图 4-27　DS18B20 测温原理示意图

表 4-9　温度值格式

温度/℃	二进制表示	十六进制表示
125	0000 0111 1101 0000	07D0
85	0000 0101 0101 0000	0550
25. 0625	0000 0001 1001 0001	0191
10. 125	0000 0000 1010 0010	00A2
0. 5	0000 0000 0000 1000	0008
0	0000 0000 0000 0000	0000
-0. 5	1111 1111 1111 1000	FFF8
-10. 125	1111 1111 0101 1110	FF5E
-25. 0625	1111 1110 0110 1111	FE6F
-55	1111 1100 1001 0000	FC90

经 12 位转化后得到的 12 位数据，存储在 18B20 的两个 8 位的 RAM 中。二进制中的前面 5 位是符号位，如果测得的温度大于 0，这 5 位为 0，只要将测到的数值乘于 0.0625 即可得到实际温度；如果温度小于 0，这 5 位为 1，测到的数值需要取反加 1 再乘于 0.0625 即可得到实际温度。

例如，125℃的数字输出为 07D0H，25.0625℃的数字输出为 0191H，－25.0625℃的数字输出为 0FF6FH，－55℃的数字输出为 0FC90H，见表 4-10。

表 4-10　数字输出示例

R1	R0	分辨率	最大转换时间	
0	0	9 位	93.75ms	$t_{CONV}/8$
0	1	10 位	187.5ms	$t_{CONV}/4$
1	0	11 位	375ms	$t_{CONV}/2$
1	1	12 位	750ms	t_{CONV}

DS18B20 温度传感器的内部存储器包括一个高速暂存 RAM 和一个非易失性的电可擦除的 E^{2}PRAM，后者存放高温度触发器（TH）、低温度触发器（TL）和配置寄存器。

（3）配置寄存器

该字节各位的意义，见表 4-11。

表 4-11　配置寄存器定义

	bit7	bit6	bit5	bit4	bit3	bit2	bit1	bit0
LS Byte	2^3	2^2	2^1	2^0	2^{-1}	2^{-2}	2^{-3}	2^{-4}
	bit15	bit14	bit13	bit12	bit11	bit10	bit9	bit8
MS Byte	S	S	S	S	S	2^6	2^5	2^4

低 5 位一直都是“1”，TM 是测试模式位，用于设置 DS18B20 在工作模式还是在测试模式。在 DS18B20 出厂时该位被设置为 0，用户不要去改动。R1 和 R0 用来设置分辨率（DS18B20 出厂时被设置为 12 位）。

高速暂存存储器由 9 个字节组成，其分配如图 4-27 所示。当温度转换命令发布后，经转换所得的温度值以 2 字节补码形式存放在高速暂存存储器的第 0 个和第 1 个字节。单片机可通过单线接口读到该数据，读取时低位在前，高位在后。对应的温度计算：当符号位 S＝0时，直接将二进制位转换为十进制；当 S＝1 时，先将补码变为原码，再计算十进制值。前 8 个字节是对应的一部分温度值，第 9 个字节是冗余校验字节，如图 4-28 和图 4-29所示。

根据 DS18B20 的通信协议，主机（单片机）控制 DS18B20 完成温度转换必须经过 3 个步骤：第一，每一次读写之前都要对 DS18B20 进行复位操作；第二，复位成功后发送一条 ROM 指令；第三，送 RAM 指令，这样才能对 DS18B20 进行预定的操作。复位要求主 CPU 将数据线置低电平 500μs，然后释放，当 DS18B20 收到信号后等待 16～60μs，后发出 60～240μs 的存在低脉冲，主 CPU 收到此信号表示复位成功。

外部电源供电方式是 DS18B20 最佳的工作方式，工作稳定可靠，抗干扰能力强，而且电路也比较简单，可以开发出稳定可靠的多点温度监控系统。使用外部电源供电方式，比寄生电源方式只多接一根 V_{CC} 引线。在外接电源方式下，可以充分发挥 DS18B20 宽电源电压范围的优点，即使电源电压降到 3V 时，依然能够保证测量精度。

图 4-28　高速暂存存储器

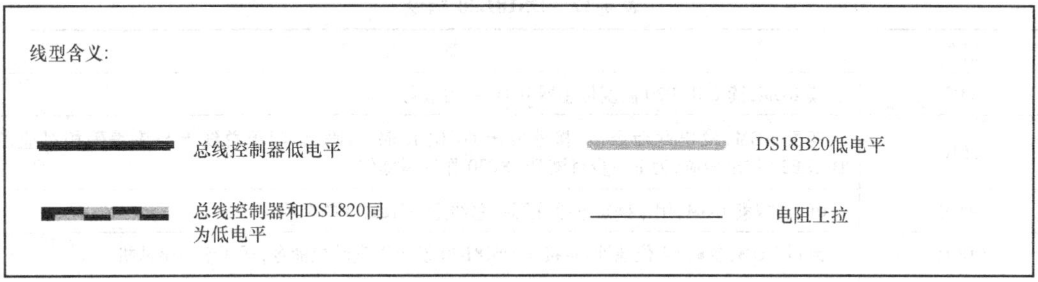

图 4-29　线型含义

DS18B20 操作时序，如图 4-30 和图 4-31 所示。

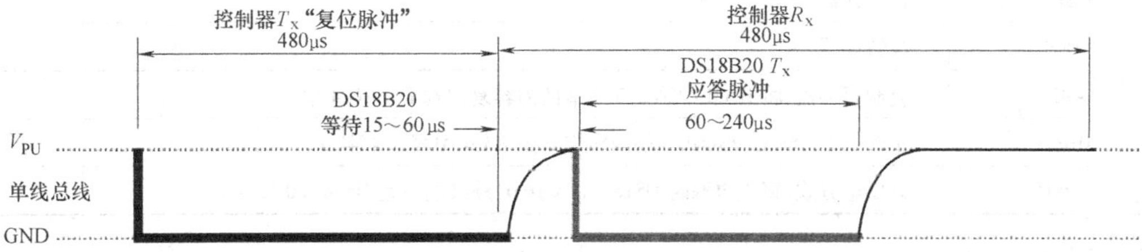

图 4-30　初始化时序图

DS18B20 指令介绍，见表 4-12。

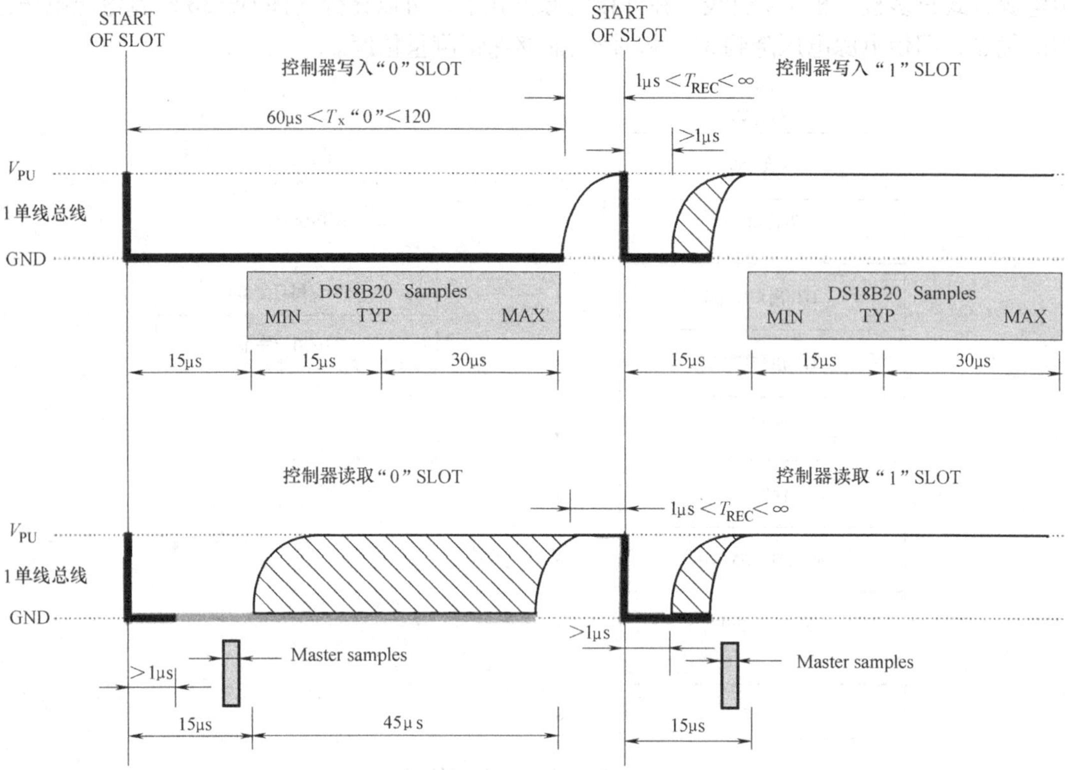

图 4-31　写数据时序和读数据时序

表 4-12　DS18B20 指令

指令	意　义
33H	读 ROM，读 DS18B20 温度传感器 ROM 中的编码
55H	匹配 ROM，发出此命令后，接着发出 64 位 ROM 编码，访问单总线上与该编码相对应的 DS18B20 作出相应，为下一步对该 DS18B20 作读写操作
0F0H	0F0H 搜索 ROM，用于确定挂接在同一总线上 DS18B20 的个数
0CCH	跳过 ROM，忽略 64 位地址，直接向 DS18B20 发出温度转换命令，适用于一个从机工作
0ECH	搜索警告命令
指令	温度转换和读取命令操作
44H	温度转换
0BEH	读暂存器
4EH	写暂存器
48H	复制暂存器，将 RAM 中第 2、3 字节的内容复制到 E^2PROM 中
0B8H	重调 ROM，将 E^2PROM 中的内容恢复到 RAM 中第 3、4 字节
0B4H	读供电方式，寄生电源时 DS18B20 发送 0，外接电源是 DS18B20 发送 1

编程技巧

DS18B20 虽然具有测温系统简单、测温精度高、连接方便、占用口线少等优点，但在实际应用中也应注意以下几方面的问题：

(1) 较小的硬件开销需要相对复杂的软件进行补偿，由于DS18B20与微处理器间采用串行数据传送，因此，在对DS18B20进行读写编程时，必须严格保证读写时序，否则将无法读取测温结果。在使用PL/M、C等高级语言进行系统程序设计时，对DS18B20操作部分最好采用汇编语言实现。

(2) 在DS18B20的有关资料中均未提及单总线上所挂DS18B20数量问题，容易使人误认为可以挂任意多个DS18B20，但在实际应用中并非如此。当单总线上所挂DS18B20超过8个时，就需要解决微处理器的总线驱动问题，这一点在进行多点测温系统设计时要加以注意。

(3) 连接DS18B20的总线电缆是有长度限制的。试验中，当采用普通信号电缆传输长度超过50m时，读取的测温数据将发生错误。当将总线电缆改为双绞线带屏蔽电缆时，正常通信距离可达150m，当采用每米绞合次数更多的双绞线带屏蔽电缆时，正常通信距离进一步加长。这种情况主要是由总线分布电容使信号波形产生畸变造成的。因此，在用DS18B20进行长距离测温系统设计时要充分考虑总线分布电容和阻抗匹配问题。

(4) 在DS18B20测温程序设计中，向DS18B20发出温度转换命令后，程序总要等待DS18B20的返回信号，一旦某个DS18B20接触不好或断线，当程序读该DS18B20时，将没有返回信号，程序进入死循环。这一点在进行DS18B20硬件连接和软件设计时也要给予一定的重视。测温电缆线建议采用屏蔽4芯双绞线，其中一对线接地线与信号线，另一组接V_{CC}和地线，屏蔽层在源端单点接地。

【软件设计】

1. 编程思路

DS18B20硬件连接虽然很方便，在使用外部电源时，只需要加上电源和地线，然后单片机就可以跟DS18B20进行数据交换了，但是硬件连接简单化的同时，带来的是软件的复杂化，由于DS18B20使用单总线技术，数据的输入跟输入都在同一根线上。编程思路如图4-32所示。

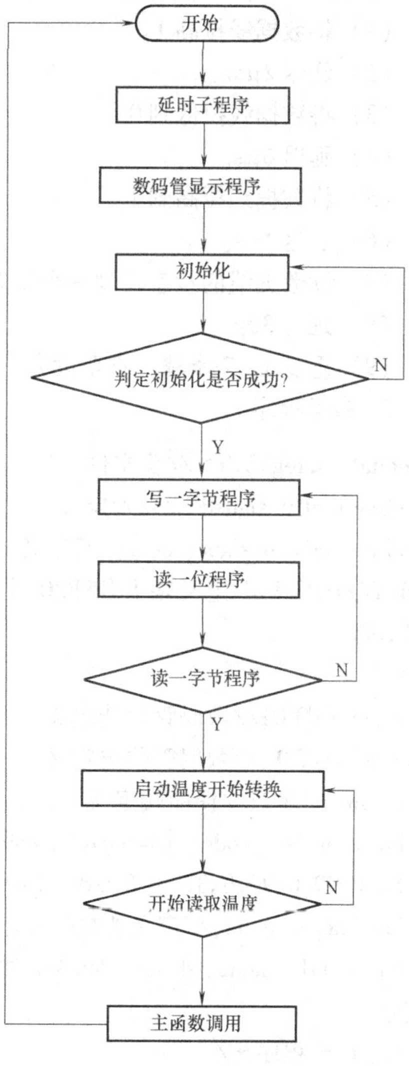

图4-32　程序流程

首先是初始化的时序：

(1) 先将数据线置高电平1。

(2) 延迟（要尽可能短一些）。

(3) 数据线拉到低电平0。

(4) 延迟760μs，（范围在480μs～960μs）。

(5) 数据线拉高到1。

(6) 延迟等待（如果初始化成功，DS18B20会在15～60ms之内产生一个低电平，根据这个可以确定它的存在，但是不能无限地等待，不然就会使程序陷入死循环，所以要进行超时判断)。

（7）若 CPU 读到数据线上被拉低后，还要进行延迟，其延迟时间从发出高电平算起至少 480μs。

其次是 DS18B20 写数据：

（1）数据线先置低电平 0。

（2）延迟确定时间为 15μs。

（3）按从低位到高位的顺序发送数据（一次只能发一位）。

（4）延迟时间为 45μs。

（5）将数据线拉到高电平 1。

（6）重复 1 ~5 步骤，发完整个字节。

（7）最后将数据线拉高到 1。

最后是 DS18B20 读数据：

（1）将数据线拉高 1。

（2）延迟 2μs。

（3）将数据线拉低到 0。

（4）延迟 6μs。

（5）将数据线拉高到 1。

（6）延迟 1μs。

（7）读数据线的状态得到一个状态位，并进行数据处理。

（8）延迟 30μs。

（9）重复 1 ~7 步骤，直至读完一个字节。

2. 参考程序

```
#include <reg52.h>//头文件
#define uint unsigned int//宏定义
#define uchar unsigned char//宏定义
sbit DQ = P3^3;//定义跟 DS18B20 数据交换的引脚
/*定义*/
sbit cs1 = P3^0;//数码管片选定义
sbit cs2 = P3^1;//数码管位选定义
sbit cswr = P3^2;//使能端定义
uchar code led_code[] = {0xc0,0xf9,0xa4,0xb0,0x99,0x92,0x82,0xf8,0x80,0x90};
uchar integer,point;//定义整数位和小数位
uchar data1, data2, data3, data4;//数码管变量
/*延迟子程序*/
void delay(uint x)
{
    uint i,j;
    for (i = x;i > 0;i--)
    {
        for (j = 20;j > 0;j--);
    }
}
/*数码管显示子程序*/
void shuma_display()
{
    cs1 = 1;
    cs2 = 1;
    cswr = 0;
    P1 = led_code[data1];
```

```
    cs1 =0;
    cswr =1;
    cs1 =1;
    cswr =0;
    P1 =0x7f;
    cs2 =0;
    cswr =1;
    cs2 =1;
    cswr =0;
    delay(19);

    P1 =led_code[data2];
    cs1 =0;
    cswr =1;
    cs1 =1;
    cswr =0;
    P1 =0xbf;
    cs2 =0;
    cswr =1;
    cs2 =1;
    cswr =0;
    delay(19);

    P1 = led_code[data3]&0x7f;//显示小
数点
    cs1 =0;
    cswr =1;
    cs1 =1;
    cswr =0;
    P1 =0xdf;
    cs2 =0;
    cswr =1;
    cs2 =1;
    cswr =0;
    delay(19);

    P1 =led_code[data4];
    cs1 =0;
    cswr =1;
    cs1 =1;
    cswr =0;
    P1 =0xef;
    cs2 =0;
    cswr =1;
    cs2 =1;
    cswr =0;
    //delay(1);
}
/*初始化DS18B20*/
void RST18B20(void)
{
    uint i;//定义变量
    DQ =0;//拉低总线
    i =480;//
    while (i >0)i--;//延迟480μs
    DQ =1;//拉高总线
    i =4;
    while (i >0)i--;//延迟4μs
}
/*等待初始化成功*/
void tmpre(void)
{
    uint i;
    while(DQ);//判断是否成功
    while ( ~DQ);//判断是否成功
    i =4;//
    while(i >0)i--;//延迟4μs
}
/*往DS18B20写一个字节*/
void WR18B20(uchar n)
{
    uint i;
    uchar j;
    bit testb;//位变量
     for (j =1;j < =8;j + +)//循环7次
       {      testb = n&0x01;//只传送最低位
```

```
            n = n > >1;//准备移动下一位
            if (testb)//如果等于 1 则执行
              {
                DQ = 0;
                i + + ;
                i + + ;
                DQ = 1;
                i = 8;
                while(i > 0)i--;
              }
            else//如果等于零,则执行
              {
                DQ = 0;
                i = 8;
                while(i > 0)i--;
                DQ = 1;
                i + + ;
                i + + ;
              }
        }
}
/ * 读一位的字程序 * /
bit RDbit(void)
{
    uint i;
    bit n;
    DQ = 0;//拉低
    i + + ;//延迟 1μs
    i + + ;//延迟 1μs
    DQ = 1;//拉高
    i + + ;//延迟 1μs
    i + + ;//延迟 1μs
    n = DQ;//读取一位
    i = 8;
    while(i > 0)i--;
    return n;//返回确定值
}
/ * 读一个字节子程序 * /
uchar RD18B20(void)
{
    uchar i,j,n;
    n = 0;
    for (i = 1;i < = 8;i + + )//循环
    {
        j = RDbit();//调用读一位子程序
        n = (j < <7)|(n > >1);//将读出来的数据传到变量 n,传 8 次
    }
    return n;//返回确定值
}
/ * 启动温度转换子程序 * /
void start(void)
{
    RST18B20();//初始化
    tmpre();//等待成功
    WR18B20(0xcc);//跳过 ROM 命令
    WR18B20(0x44);//发送启动转换命令
}
/ * 读取温度子程序 * /
void Temp(void)
{
    uchar i,j,m,n;
    RST18B20();//初始化
    tmpre();//等待初始化成功
     WR18B20(0xcc);//跳过 ROM
     WR18B20(0xbe);//读取存储器的命令
     i = RD18B20();//读取低字节
     j = RD18B20();//读取数据高字节
     m = i > >4;//整数的低 4 位移动到正确位置
     n = j < <4;//整数的高 4 位移动到正确位置
     integer = m|n;//整数的部分
     point = (i&0x0f);//小数部分
}
/ * 主程序 * /
```

```
void main( )
{
    data1 = 0;data2 = 1;data3 = 2;data4 = 3;
    for ( ; ; )
    {
        start( );//调用启动温度转换程序
        shuma_display( );//调用数码管显
示程序
        Temp( );//调用温度读取程序
        if ( ! (integer&0x80))//分离数据
        {
            data1 = integer/100;//分离数据
            data2 = integer% 100/10;
            data3 = integer% 10;
             data4 = (int)(6.25 * point)/
10;//小数部分的分离
        }
    }
}
```

【知识链接二】

在编写程序的时候经常会遇到延迟的问题，延迟的方法一般为两种：一种为机器周期延迟，一种是定时器延迟。定时器由于与 CPU 是互相独立的，不占用 CPU 资源，而机器周期延迟相对于定时器来说，使用方法很简单，在大多数时间要求不苛刻的情况下，使用这种延迟方法比较方便，但也随之带来了一个问题，用这种延迟方法，延迟时间还怎么计算呢？

其实这种延迟方法的时间很难计算，因为它涉及程序指令的执行时间，根据程序指令的执行时间来算出延迟程序的延迟时间。

例如“参考程序”中：

i + + ; //延迟 1μs

其中，i + +，真的就延迟了 1μs 吗？其实不是，真实的延迟时间肯定比 1μs 长，原因在于晶振。我们所使用的晶振是 11.0592MHz，所以执行时间肯定大于 1μs。

图 4-33　现在温度为 12.3℃

【调试与结果演示】

调试与结果演示如图 4-33 所示。

【项目总结】

（1）在读取温度时，读出的数据分为高 8 位和低 8 位，而高 8 位和低 8 位中每一位的意义分为整数部分和小数部分还有符号位：

低8位　　×××× ××××

高8位　　×××× ××××

加单下画线部分为温度的小数部分，加双下画线分部分为整数部分（其中双下画线加粗部分为整数部分的高 4 位），下画线为虚线的是符号位。

（2）小数的点的显示，程序中将原有的值与上 0x7f，0x7f 为数码管小数点的编码。

【参考评分标准】

参考评分标准见表 4-13。

表 4-13　参考评分标准

评分项目	配分	配分细则
主要参数评分	60	1. 数码管显示4位,并有小数点显示,显示的温度精度精确到小数点后一位,60分 2. 数码管显示4位,有小数点,显示抖动,显示的温度精确到小数点后一位,50分 3. 数码管显示4位,没有小数点,显示稳定,显示温度精确到小数点后一位,40分 4. 数码管显示4位,没有小数点,显示抖动,显示温度精确到小数点后一位,30分 5. 数码管显示非常不稳定,并且显示温度跟实际温度差别太大,20分 6. 数码管不显示,0分
连线及工艺评分	20	1. 数码管连接正确,10分 2. DS18B20连接正确,5分 3. 电源连接正确,5分
模块接线图评分	10	1. 数码管连接正确,1分 2. DS18B20连接正确,3分 3. 电源连接正确,1分 4. 画面整洁,5分;基本整洁,2分;看不清,0分
职业安全意识评分	10	同项目一

实战训练　制作温控装置

【项目任务】

使用单片机控制DS18B20，具体要求如下：

1）开机后数码管显示现在室温，精确到小数点后一位，并使用加热电阻开始加热。

2）到达50℃之后，温度恒定在50℃。

3）要求误差在两度之内。

【任务分析】

数码管显示室温上一个项目已经讲过，温度传感器就在加热电阻的内部，当加热电阻得电开始加热时，温度传感器也就开始升高了。

【硬件选择】

电源模块、主机模块、温度传感器模块。

【接线表及原理图】

1. 接线表

实验接线表见表4-14。

表 4-14　接线表

P1.0 ~ P1.7	数码管 D0 ~ D7
P3.0	CS1
P3.1	CS2
P3.2	CSWR
电源5V,GND	所有模块的5V,GND
电源5V,模块GND	电源12V模块GND
P3.3	温度传感器DS18B20
P3.4	DS18B20的KA1

2. 原理图

实验原理如图4-34所示。

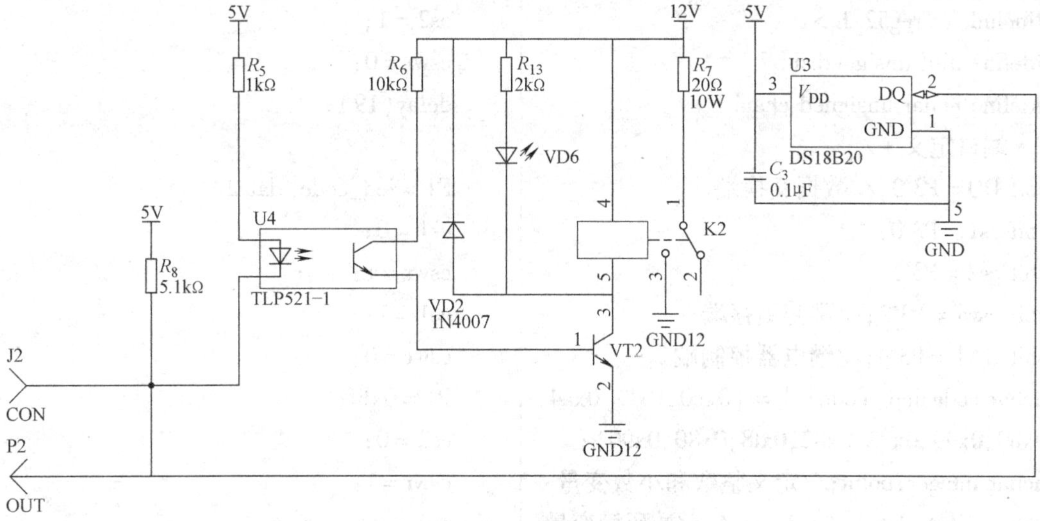

图 4-34　实验原理图

【软件设计】

1. 编程思路

发热电阻的加热时通过一个继电器控制的，我们可以通过单片机判断此时温度与设定温度的高低来控制继电器连通或者断开，从而调节温度的高低。

2. 参考程序

程序流程如图 4-35 所示。

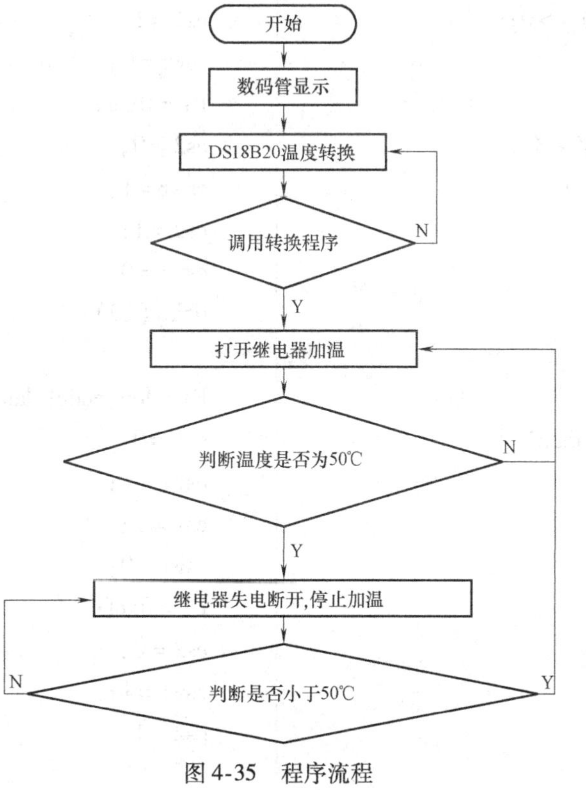

图 4-35　程序流程

```
#include <reg52.h>
#define uint unsigned int
#define uchar unsigned char
/*端口定义*/
sbit DQ = P3^3;//数据交换端
sbit cs1 = P3^0;
sbit cs2 = P3^1;
sbit cswr = P3^2;//跳变锁存端
sbit KA1 = P3^4;//继电器控制端
uchar code led_code[] = {0xc0,0xf9,0xa4,
0xb0,0x99,0x92,0x82,0xf8,0x80,0x90};
uchar integer,point;//定义整数和小数变量
uchar data1,data2,data3,data4;//数码管变量

/*延迟子程序*/
void delay(uint x)
{
    uint i,j;
    for (i=x;i>0;i--)
    {
        for (j=20;j>0;j--);
    }
}
/*数码管显示程序*/
void shuma_display()
{
    cs1 = 1;
    cs2 = 1;
    cswr = 0;

    P1 = led_code[data1];
    cs1 = 0;
    cswr = 1;
    cs1 = 1;
    cswr = 0;
    P1 = 0x7f;
    cs2 = 0;
    cswr = 1;
    cs2 = 1;
    cswr = 0;
    delay(19);

    P1 = led_code[data2];
    cs1 = 0;
    cswr = 1;
    cs1 = 1;
    cswr = 0;
    P1 = 0xbf;
    cs2 = 0;
    cswr = 1;
    cs2 = 1;
    cswr = 0;
    delay(19);

    P1 = led_code[data3]&0x7f;//0x7f,显
示小数点
    cs1 = 0;
    cswr = 1;
    cs1 = 1;
    cswr = 0;
    P1 = 0xdf;
    cs2 = 0;
    cswr = 1;
    cs2 = 1;
    cswr = 0;
    delay(19);

    P1 = led_code[data4];
    cs1 = 0;
    cswr = 1;
    cs1 = 1;
    cswr = 0;
    P1 = 0xef;
    cs2 = 0;
    cswr = 1;
    cs2 = 1;
```

```
    cswr = 0;
    //delay(1);
}
/ * DS18B20 初始化程序 * /
void RST18B20(void)
{
    uint i;
    DQ = 0;
    i = 480;
    while (i > 0)i--;
    DQ = 1;
    i = 4;
    while (i > 0)i--;
}
/ * 等待初始化成功 * /
void tmpre(void)
{
    uint i;
    while(DQ);
    while( ~ DQ);
    i = 4;
    while(i > 0)i--;
}
/ * 向 DS18B20 写一个字节的数据 * /
void WR18B20(uchar n)
{
    uint i;
    uchar j;
    bit testb;
     for (j = 1;j < = 8;j + + )
       {        testb = n&0x01;
                n = n > > 1;
                if (testb)
                  {
                    DQ = 0;
                    i + + ;
                    i + + ;
                    DQ = 1;
                    i = 8;
                    while(i > 0)i--;
                  }
                else
                  {
                    DQ = 0;
                    i = 8;
                    while(i > 0)i--;
                    DQ = 1;
                    i + + ;
                    i + + ;
                  }
       }
}
/ * 从 DS18B20 读取一位子程序 * /
bit RDbit(void)
{
    uint i;
    bit n;
    DQ = 0;
    i + + ;
    i + + ;
    DQ = 1;
    i + + ;
    i + + ;
    n = DQ;
    i = 8;
    while(i > 0)i--;
    return n;
}
/ * 从 DS18B20 读一个字节 * /
uchar RD18B20(void)
{
    uchar i,j,n;
    n = 0;
    for (i = 1;i < = 8;i + + )
    {
        j = RDbit();
```

```
        n = (j < <7) | (n > >1);
    }
    return n;
}
/ * 启动温度转换子程序 * /
void start(void)
{
    RST18B20();//初始化子程序
    tmpre();//等待初始化子程序
    WR18B20(0xcc);//跳过 ROM 指令
    WR18B20(0x44);//开始温度转换指令
}

void Temp(void)
{
    uchar i,j,m,n;
    RST18B20();//初始化子程序
    tmpre();//等待初始化子程序
     WR18B20(0xcc); //跳过 ROM 指令
     WR18B20(0xbe);//从 DS18B20 读取
转换温度的指令
     i = RD18B20();
     j = RD18B20();
     m = i >>4;
     n = j <<4;
     integer = m|n;
     point = (i&0x0f);
    }
/ * 主程序 * /
void main()
{
    data1 = 0;data2 = 1;data3 = 2;data4 = 3;
    for (;;)
    {
        start();
        shuma_display();
        Temp();
        if (! (integer&0x80))
        {
            data1 = integer/100;
            data2 = integer% 100/10;
            data3 = integer% 10;
            data4 = (int)(6. 25 * point)/10;
        }
        if(integer < 50) KA1 = 0;//如果小
于 50℃,则继电器导通,开始加温
        else//否则,继电器断开,停止加温
        {
        KA1 = 1;
        }
    }
}
```

【知识链接】

函数中出现一个表达式中的表达式成为函数表达式。这要求函数带回一个确定的值以参加运算。例如：

c = 2 * max(a,b)

函数 max 是表达式的一部分，它的值乘以 2 再赋给 c。

【调试与结果演示】

调试与结果演示如图 4-36 所示。

图 4-36　此时的温度控制在 50℃左右

【项目总结】

由于加热电阻停止加热后，温度还是要继续上升（上升大约 3℃），才会停止上升，所以在编程的时候要注意这个细节。

【参考评分标准】

参考评分标准见表4-15。

表4-15　参考评分标准

评分项目	配分	配分细则
主要参数评分	60	1. 开机后显示现在室温,并且继电器吸合,开始加热,到50℃后停止加热,误差为2℃,60分 2. 开机显示现在室内温度,但是显示抖动,到50℃后停止加热,误差为2℃,50分 3. 开机显示现在室内温度,显示非常不稳定,到50℃后停止加热,误差为2℃,40分 4. 开机后显示现在室温,并且继电器吸合,开始加热,到50℃后停止加热,误差2℃以上,30分 5. 开机后显示室温,但是显示抖动,继电器吸合,开始加热,到50℃后停止加热,误差2℃以上,20分 6. 开机后显示非常不稳定,继电器失电,不能加热,10分 7. 开机后不能显示,0分
连线及工艺评分	20	1. 数码管连接正确,5分 2. DS18B20连接正确,10分 3. 电源连接正确,5分
模块接线图评分	10	1. 数码管连接正确,1分 2. DS18B20连接正确,2分 3. 电源连接正确,2分 4. 画面整洁,5分;基本整洁,2分;看不清,0分
职业安全意识评分	10	同项目一

第5章　显示系统

项目一　用LED点阵显示汉字

【项目任务】

在LED点阵显示屏上显示“测试”两个汉字。

【任务分析】

想要在LED点阵上显示汉字，需要知道这个汉字的编码以及LED点阵的显示原。汉字的编码很简单，如果在16×16的点阵上显示一个汉字，就需要32字节的编码，把汉字每一个点的位置，对应LED找出来，并编码就可以了。当然我们也可以借助于软件来很方便地实现汉字编码。

【硬件选择】

电源模块、主机模块、显示模块。

【接线表及原理图】

1. 接线表

接线方式见表5-1。

表5-1　接线方式

ROW0	P3.0	COL2	P3.4
ROW1	P3.1	COL3	P3.5
COL0	P3.2	D0～D7	P0.0～P0.7
COL1	P3.3	电源5V,GND	所有模块5V,GND

2. 原理图

实验原理如图5-1所示。

【知识链接一】

1. LED点阵

在PC的文本文件中，汉字是以机器内码的形式存储的，每个汉字占用2字节长度。计算机就是根据机内码的值把对应的汉字从字库中提取出来，而每个汉字在字库中是以点阵字模形式存储的，如一般采用16×16点阵形式，每个点用一个二进制位表示，存高电平“1”的点显示时可以在屏上显示一个亮点，存低电平“0”的点则在屏上不显示，这样就把存某字的16×16点阵信息直接用在显示器上。按上述原则显示则将出现对应的汉字，如一个“亚”字的16×16点阵字模如下，当用存储单元存储该字模信息时将需32字节地址，在图的右边写出了该字模对应的字节值。其规则是：把字分成左右两部分，第一行的左半部8位数据占用1字节，存储右半部分8位数据占用1字节存储，依此类推，16行共使用了16×2=32字节，如图5-2所示。

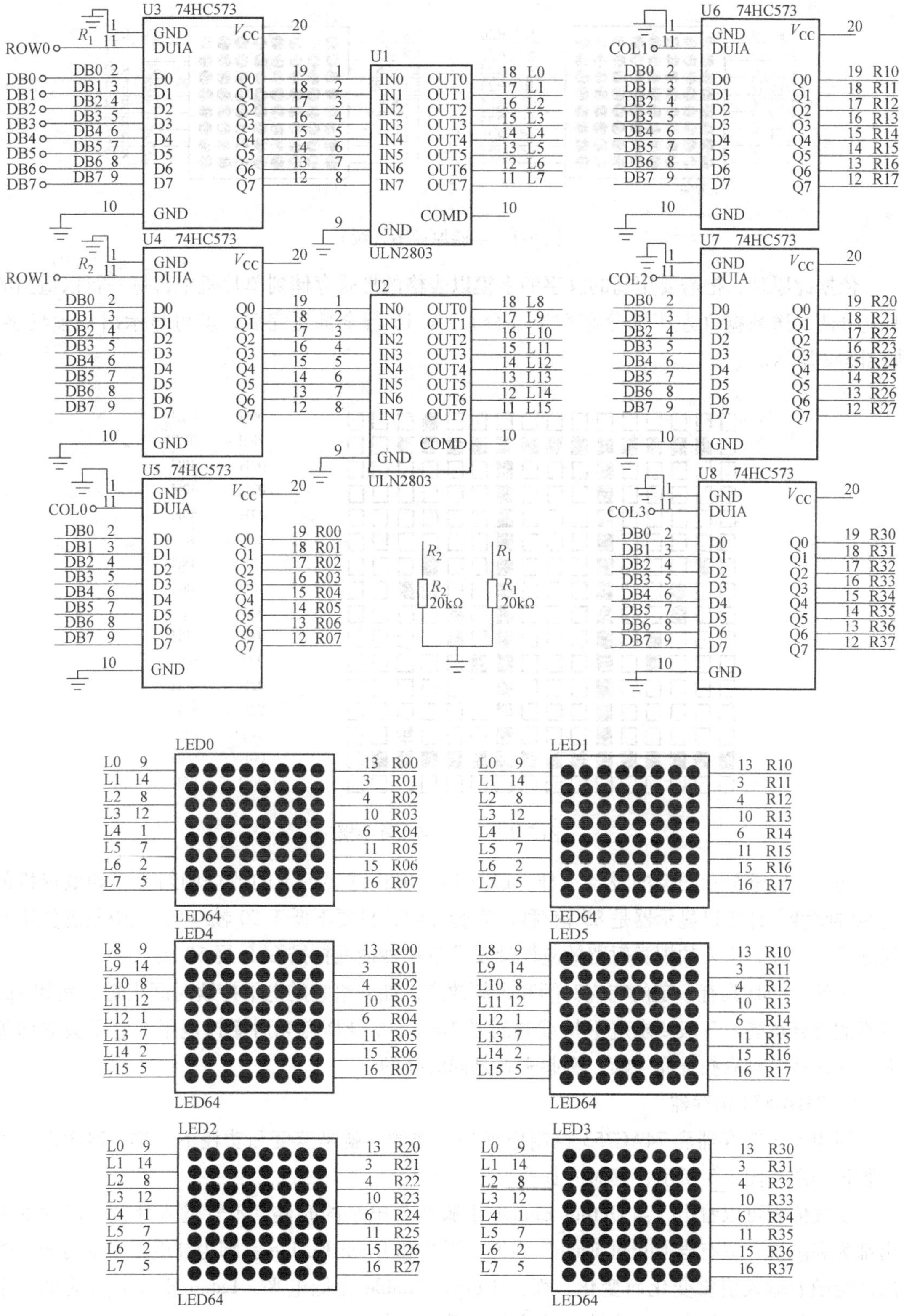
U3 74HC573
ROW0
DB0 DB1 DB2 DB3 DB4 DB5 DB6 DB7
GND DUIA D0 D1 D2 D3 D4 D5 D6 D7 GND
V_{CC} Q0 Q1 Q2 Q3 Q4 Q5 Q6 Q7
R_1
U1
IN0 IN1 IN2 IN3 IN4 IN5 IN6 IN7 GND
OUT0 OUT1 OUT2 OUT3 OUT4 OUT5 OUT6 OUT7 COMD
ULN2803
L0 L1 L2 L3 L4 L5 L6 L7
U4 74HC573
ROW1
R_2
U2
ULN2803
L8 L9 L10 L11 L12 L13 L14 L15
U5 74HC573
COL0
R00 R01 R02 R03 R04 R05 R06 R07
R_2 20kΩ
R_1 20kΩ
U6 74HC573
COL1
R10 R11 R12 R13 R14 R15 R16 R17
U7 74HC573
COL2
R20 R21 R22 R23 R24 R25 R26 R27
U8 74HC573
COL3
R30 R31 R32 R33 R34 R35 R36 R37
LED0 LED64
LED1 LED64
LED4 LED64
LED5 LED64
LED2 LED64
LED3 LED64

图5-1 实验原理图

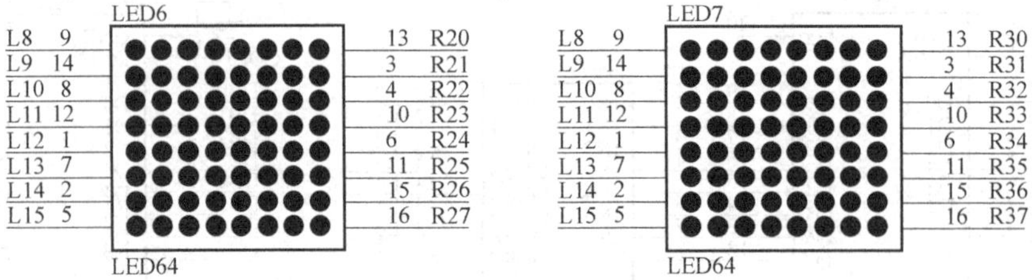

图 5-1　实验原理图（续）

依据此原理，把需要用到的汉字的字模以表格的形式存储到单片机中，每一行以适当的速度分两次送数据（左半部分和右半部分），等 16 行全部送完后，就可显示出一帧汉字，如图 5-2 所示。

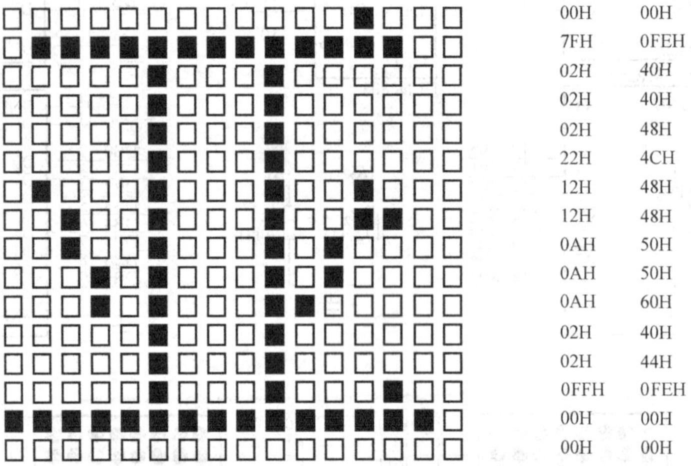

图 5-2　“亚”字点阵字模

同一切能够显示图像的设备一样，LED 显示屏也需要一定的数据刷新率，如电视机的是 50 帧/秒，计算机显示器是 85 帧/秒。实验证明，只要不低于 50 帧/秒，人眼是感觉不到闪烁的。所以，由人的视觉暂留效应设计要求是每秒最低扫描 LED 屏 50 次。

另外，LED 具有一定的响应时间和余辉效应，如果给它的电平持续时间很短，例如 1μs 将不能充分点亮，一般要求电平持续时间是 1ms。当 LED 点亮后撤掉电平，它不会立即熄灭。这样从左到右扫描完一帧，看起来就是同时亮的。

2. 74HC573 锁存器

74HC573 锁存器和 74AC753 控制原理是一样的，就是速度和功耗不一样。74HC753 的引脚排列图如图 5-3 所示，其对应真值表见表 5-2。

从真值表可以看出，当 Output Enable 引脚接高电平的时候，不管输入什么，芯片的输出都为高阻抗，只有当 Output Enable 为低电平 0 和 Latch Enable 引脚为高电平 1 的时候，输出才会随着输入引脚变化而变化，而当 Output Enable 为低电平，Latch Enable 也为低电平时，输出状态就会锁定上一次输入的状态，不再变化。

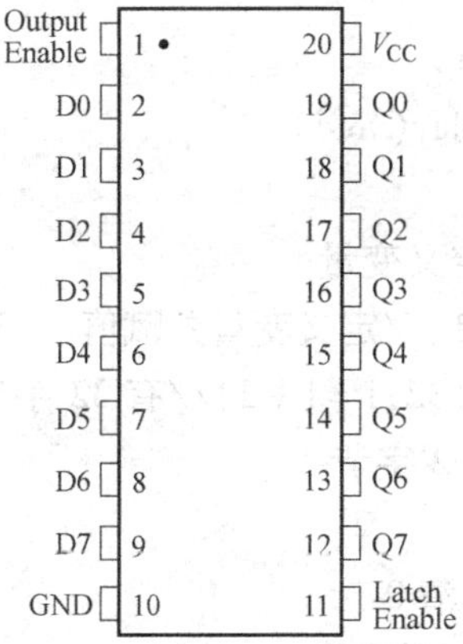

图5-3 74HC573引脚图

表5-2 74HC753真值表

输入			输出
Output Enable	Latch Enable	D	Q
L	H	H	H
L	H	L	L
L	L	—	no change
H	—	—	Z

【软件设计】

1. 编程思路

由硬件电路图可以知道，本项目中的16×32点阵是由6个锁存器控制的，横向由ROW0、ROW1控制，纵向由COL0、COL1、COL2、COL3控制。这几个引脚分别是6个锁存器的片选端，在编程的时候，程序一开始首先要清屏，这里要注意的是锁存器是高电平触发，首先把4字节数据送入4列，然后，扫描第一行。然后，把4字节再次送入锁存器，然后再扫描第二行，依此类推……就可以显示一个汉字了。编程思路如图5-4所示。

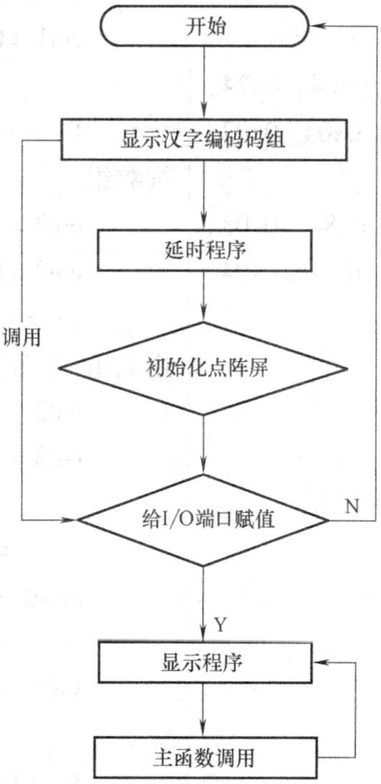

图5-4 编程流程

2. 参考程序

```
#include <reg52.h>
#define uint unsigned int
#define uchar unsigned char
/*端口定义*/
sbit cow0 = P3^0;//第一行
sbit cow1 = P3^1;//第二行
sbit col0 = P3^2;//第一列
sbit col1 = P3^3; //第二列
sbit col2 = P3^4; //第三列
sbit col3 = P3^5; //第四列
uchar j1;//定义变量
uchar code word_table[][32] = {
    {
    0x02, 0x40, 0xE4, 0x43, 0x24, 0x42,
0x21,0x4A,0xA2,0x4A,0xAA,0x4A,0xA8,
0x4A,0xA4,0x4A,0xA4,0x4A,0xA4,0x4A,
0xA3, 0x4A, 0x82, 0x40, 0x42, 0x41, 0x42,
0x42,0x22,0x52,0x12,0x20,
    },//测字编码

    {
    0x00, 0x04, 0x02, 0x14, 0x04, 0x24,
0x0C, 0x24, 0xE4, 0x7F, 0x00, 0x04, 0x07,
0x04,0xE4,0x07,
    0x84, 0x04, 0x84, 0x08, 0x84, 0x08,
0x84, 0x50, 0x94, 0x53, 0x6C, 0x60, 0x04,
0x40,0x00,0x00,
    },//测字编码
};//二维数组

void delay_1ms(uint x)//延迟子程序
{
  uint i,j;
  for(i=0;i<x;i++)
    {
    for(j=110;j>0;j--);
    }
}
/*扫描程序*/
void word_display(void)
{
  uchar i;//定义变量
  uint k=0x01;//定义变量并赋值
  for(i=0;i<32;i=i+2)//有 32 字节,但
是需要一次加 2 字节
    {
      P1=0;//清 0
      cow0=1;//打开
      cow1=1;//打开
      cow0=0;//关闭
      cow1=0;//关闭
        P1=word_table[j1][i];//引用二维
数组
        col0=1;//打开第一列
        col0=0;//数据锁存,
        P1=word_table[j1][i+1];//引用二
维数组,字节加 1
        col1=1;//打开第二列
        col1=0;//数据锁存

        P1=word_table[j1+1][i];//引用二
维数组
        col2=1;//打开第三列
        col2=0;//数据锁存
        P1=word_table[j1+1][i+1];//引
用数组,字节加 1
        col3=1;//打开第四列
        col3=0;//数据锁存

        P1= k&0xff;//扫描第一行
        cow0=1;//打开
        cow0=0;//关闭
        k<<=1;//准备扫描下一行

        P1=k>>8;//扫描行,只有前 8 行扫描
完了之后,才能扫描第 9 行
```

```
        cow1 =1;//打开第二个横向销存器
        cow1 =0;//关闭

      delay_1ms(1);//使 LED 灯有足够的时间点亮
    }
}
void ceshi()//显示汉字的程序
{
uint i;
j1 =0;//显示前两个字,通过 j1 变量来控制二维数组,并因而控制显示第几个字
for(i =45;i >0;i--)//扫描 45 次,在显示超过两个字的时候使用
{
     word_display();//数据处理程序
    }
}
void main(void)//主程序
{
  while(1)//循环
     {
      ceshi();//显示汉字程序
     }
}
```

【知识链接二】

1. 二维数组

二维数组的一般格式为：

类型说明符　数组名［常量表达式］［常量表达式］

例如：

```
char a[2][5];
```

定义 a 为 2 行 5 列的数组。

二维数组的读取顺序是，按行、列读取，先取第 0 行元素的第 0 列，第 1 列，第 2 列……，直到第一行的最后一列，然后到第二行，继续读取。

需要注意的是，C 语言允许使用多维数组，例如：

```
char a[1][2][3];
```

上面的例子就定义了 char 型三维数组。

2. 二维数组的初始化

举个例子：

int a[2][4] = {{1,2,3,4},{5,6,7,8}}；（见表 5-3）。

表 5-3　二维数组初始化

各个数据元素数值如下			
1	2	3	4
5	6	7	8

当然也可以对其中一部分元素赋值，例如：

int a[3][4]{{1},{2},{3}}；（见表 5-4）。

表 5-4　部分元素赋值

各个数据元素数值如下			
1	0	0	0
2	0	0	0
3	0	0	0

如果不对其进行赋值，其值将为 0。

【调试与结果演示】

调试与结果演示如图 5-5 所示。

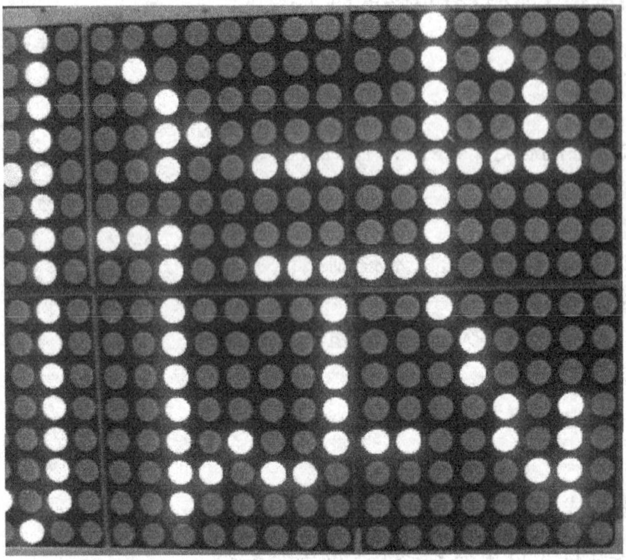

图 5-5　调试结果

【项目总结】

（1）对于汉字的编码，互联网上有很多字模提取软件可以帮助我们解决编码的问题，其中一种的操作界面如图 5-6 所示。

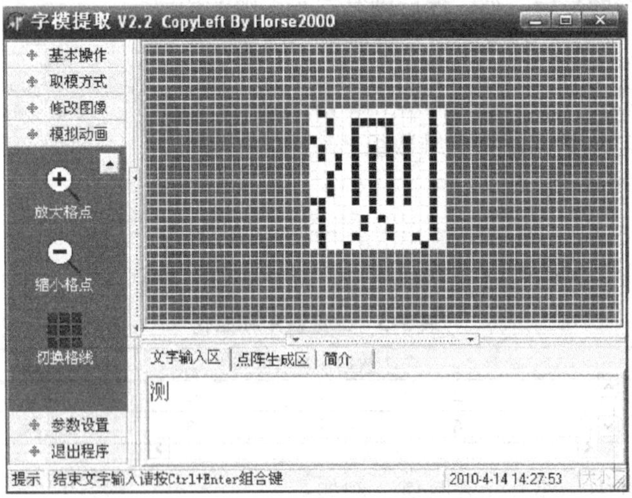

图 5-6　字模提取页面

有了提取字模的软件还要设置一下，单击 ✦ 参数设置 ，选中“字节倒序”复选框，如果不使用字节倒序的话，就不能正常显示，具体的现象大家可以自行实验。

（2）显示出来的字可能不停地闪烁，那是因为在扫描的时候，每一行 LED 亮的时间太长，就会出现这种情况。

【参考评分标准】

参考评分标准见表5-5。

表5-5 参考评分标准

评分项目	配分	配分细则
主要参数评分	60	1. 显示出来汉字亮度高,没有闪烁,笔画没有错误,60分 2. 显示出来的汉字亮度一般,有点儿闪动,笔画没有错误,40分 3. 显示出来的汉字亮度高,但是显示的汉字有误,30分 4. 显示的汉字亮度一般,有闪烁,汉字有误,20分 5. 非常暗,看不清楚字,0分。
连线及工艺评分	20	1. 点阵连接正确,10分 2. 电源连接正确,10分
模块接线图评分	10	1. 点阵连接正确,3分 2. 电源连接正确,2分 3. 画面整洁,5分;基本整洁,2分;看不清,0分
职业安全意识评分	10	同项目一

项目二　在液晶显示器上显示英文及汉字

【项目任务】

（1）在字符型液晶1602上显示：

I LOVE MCU

WELCOME TO CHINA

（2）在点阵式液晶12864上显示一首诗。

【任务分析】

字符型液晶内部有字符发生器，是专门显示字母、数字和符号的液晶，所以它的驱动非常简单。

点阵型液晶的显示就稍微有些麻烦，因为没有字库，所以每显示一个汉字、字符，亦或者图片，都需要编码，将这些编码放入单片机然后发送给液晶显示。

【硬件选择】

电源模块、主机模块、显示模块。

【接线表及原理图】

1. 接线表

1602液晶接线见表5-6。

表5-6 1602液晶接线表

EN	P3.0	D0～D7	P0.0～P0.7
RW	P3.1	电源5V,GND	主机模块、显示模块5V,GND
RS	P3.2		

12864液晶接线见表5-7。

表5-7 12864液晶接线

D0～D7	P0.0～P0.7	RE	P2.1
CS1	P3.0	RS	P2.2
CS2	P3.1	电源5V,GND	主机模块、显示模块5V,GND
EN	P2.0		

2. 原理图

液晶显示电路原理如图5-7所示。

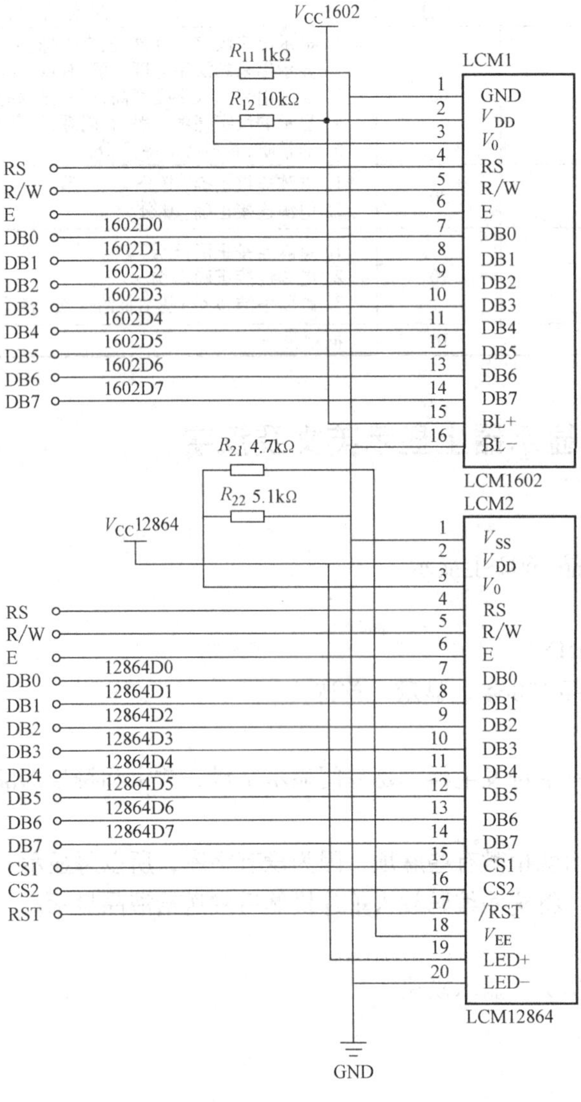

图5-7　1602和12864液晶显示电路原理图

【知识链接一】

1. 1602字符液晶简介

（1）用法选择。字符型液晶（见图5-8）显示模块是专门用于显示字母、数字和符号等的点阵型液晶显示模块。它可用4位和8位数据传输方式，提供5×7点阵+光标和5×10点阵+光标显示模式。该液晶提供显示数据缓冲区DDRAM，字符发生器CGROM和字符发生器CGRAM。本项目中可以使用CGRAM来存储自己定义的最多8个5×8点阵的图形字符的字模数据。

（2）主要参数。1602的主要参数见表5-8。

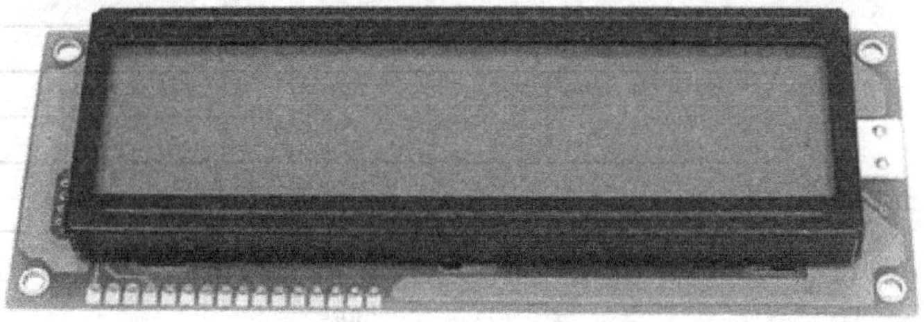

图 5-8 1602 字符液晶

表 5-8 1602 参数

项 目	参 考 值	项 目	参 考 值
逻辑工作电压(V_{DD})	4.5V ~ 5.5V	储存温度(T_{sto})	-10 ~ 60℃
LCD 驱动电压(V_{DD} ~ V_0)	3.0V ~ 5.0V	工作电流(背光除外)	2.5mA
工作温度(T_a)	0 ~ 50℃		

(3) 引脚说明。1602 液晶引脚功能说明见表 5-9。

表 5-9 1602 引脚说明

引 脚	名 称	方 向	说 明
1	V_{SS}	—	电源负端
2	V_{DD}	—	电源正端
3	V_0	—	LCD 驱动电压
4	RS	I	RS = 0(数据), RS = 1(指令)
5	R/W	I	R/W = 0 写操作, R/W = 1 读操作
6	E	I	读操作时,下降沿有效 写操作时高电平有效
7 ~ 14	DB0 ~ DB7	I/O	MPU 与模块之间的数据传送通道 4 位总线模块下 D0 ~ D3 脚断开
15	LED +	—	背光电源正端 5V
16	LED -	—	背光电源负端 0V

(4) 时序图。1602 读操作时序如图 5-9 所示。

1602 写操作时序如图 5-10 所示。

1602 液晶基本操作时序见表 5-10。

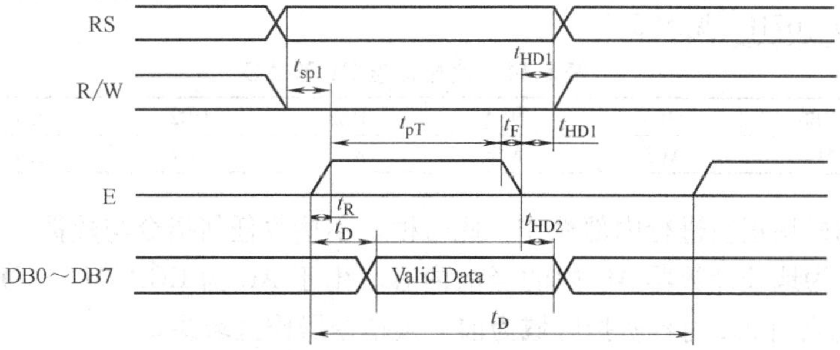

图 5-9 1602 读操作时序

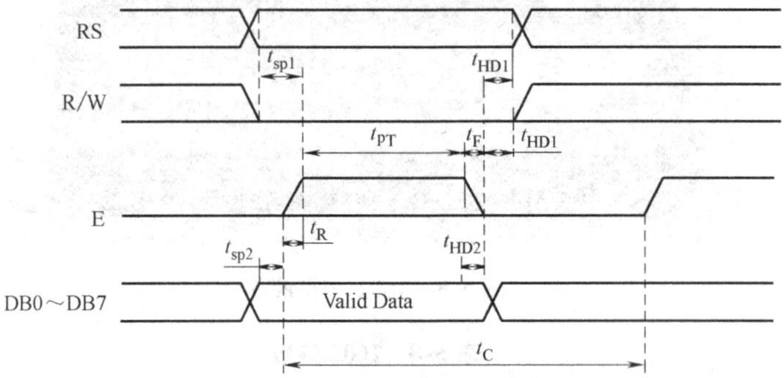

图 5-10　1602 写操作时序

表 5-10　基本时序操作

E	RS	R/W	说　明
1	0	0	将指令代码写入到指令寄存器中
1→0		1	读液晶的状态和地址计数器
1	0	0	将显示数据写入到数据寄存器中
1→0		1	读液晶的数据寄存器

（5）指令说明。1602 液晶指令说明见表 5-10。

表 5-11　显示模式设置

DB7	DB6	DB5	DB4	DB3	DB2	DB1	DB0
0	0	1	DL	N	F	0	0

DL = 1，8 位数据宽度；DL = 0，4 位数据宽度（DB3 ~ DB0 不用）；N = 1，两行字符显示模式；N = 0 单行显示模式；F = 1，5 × 10 点阵；F = 0，5 × 7 点阵。

CGRAM 和 DDRAM 设置见表 5-12 和表 5-13。

表 5-12　CGRAM 设置

DB7	DB6	DB5	DB4	DB3	DB2	DB1	DB0
0	1	ACG5	ACG4	ACG3	ACG2	ACG1	ACG0

表 5-13　DDRAM 设置

DB7	DB6	DB5	DB4	DB3	DB2	DB1	DB0
1	ADD6	ADD5	ADD4	ADD3	ADD2	ADD1	ADD0

DDRAM 为显示存储器，通过此命令将首地址送入 AC 中。注意：在单行显示方式下，DDRAM 的地址范围为：00H ~ 4FH；两行显示方式下，DDRAM 的范围为：第一行 00H ~ 27H，第二行 40 ~ 67H，见表 5-14。

表 5-14　读忙标志 BF 和 AC

DB7	DB6	DB5	DB4	DB3	DB2	DB1	DB0
BF	AC6	AC5	AC4	AC3	AC2	AC1	AC0

BF = 1 表示模块正在进行内部操作，此时模块不接收任何指令与数据。

AC6 ~ AC0 为地址计数器 AC 内的当前内容。由于 AC 为 CGROM、CGRAM、DDRM 的公用指针，因此当前 AC 内容所指区域为前一条指令操作区域决定。

（6）输入模式设置。输入模式设置见表 5-15。

表5-15 输入模式设置

DB7	DB6	DB5	DB4	DB3	DB2	DB1	DB0
0	0	0	0	0	1	I/D	S

I/D =1 完成一个字符码传送后，光标右移，AC 自动加 1；I/D =0 完成一个字符码传送后，光标左移，AC 自动减 1；S =1 全部显示向右（I/D =0）或向左（I/D =1）移位；S =0 显示不发生移位。

1）归位，见表 5-16。

表5-16 归位

DB7	DB6	DB5	DB4	DB3	DB2	DB1	DB0
0	0	0	0	0	0	1	*

置地址计数器 AC =0；DDRAM 中的内容并不改变。

2）清屏，见表 5-17。

表5-17 清屏

DB7	DB6	DB5	DB4	DB3	DB2	DB1	DB0
0	0	0	0	0	0	0	1

DDRAM 中的内部全部清成空字符。AC =0，自动增 1 模式，光标回到原点。

3）显示开/关光标设置，见表 5-18。

表5-18 显示开/关光标设置

DB7	DB6	DB5	DB4	DB3	DB2	DB1	DB0
0	0	0	0	1	D	C	B

D =1 开显示，D =0 关显示；C =1 显示光标，C =0 不显示光标；B =1 光标闪烁，B =0光标不闪烁。

4）光标或者显示移位设置，见表 5-19。

表5-19 光标或者显示移位设置

DB7	DB6	DB5	DB4	DB3	DB2	DB1	DB0
0	0	0	1	S/C	R/L	*	*

R/L =0 光标向左移动，R/L =1 光标向右移动；S/C =0 AC 值自动减 1（左移）加 1（右移），S/C =1AC 值不变。

5）DDRAM 与液显屏幕显示位置对应关系。

• 单行显示见表 5-20。

表5-20 单行显示

字符列地址	1	2	3	…	78	79	80
DDRAM 地址	00H	01H	02H	…	4DH	4EH	4FH

• 双行显示见表 5-21。

表5-21 双行显示

字符列地址		1	2	3	…	39	40
DDRAM 地址	1 行	00H	01H	02H	…	26H	27H
	2 行	40H	41H	42H	…	66H	67H

2. 12864液晶简介

（1）实物图　12864液晶实物如图5-11所示。

图5-11　12864液晶

TG12864液晶模块控制IC采用S6B0108驱动IC采用S6B0107设计，是一款内部没有字库的显示模块。

（2）主要参数。主要电气特性参数见表5-22。

表5-22　主要电气特性参数

参　量	符号	最小值	典型值	最大值
供电电压/V	V_{DD}	4.8	5.0	5.2
供电电流/mA	I_{DD}	—	335	350
输入脉冲电压高电平/V	V_{IH}	$0.7V_{DD}$	—	V_{DD}
输入脉冲电压低电平/V	V_{IL}	0	—	$0.3V_{DD}$

背光特性见表5-23。

表5-23　背光特性

颜色	波长 λ_p/nm	工作电压(±0.15V)	半宽光谱 $\Delta\lambda$/nm	正向电流/mA
黄绿	—	4.1	—	330

（3）接口定义。接口定义见表5-24。

表5-24　接口定义

序　号	符　号	电　平	描　述
1	V_{SS}	0V	电源地
2	V_{DD}	5.0V	模组逻辑供电电压正极
3	V_0	—	液晶显示对比度调节
4	D/I	H/L	寄存器与显示内存操作选择 1:对寄存器指令操作;0:对数据操作
5	R/W	H/L	MCU读写控制器信号
6	E	H/L	读写使能信号
7	DB0	H/L	数据总线
8	DB1	H/L	片选信号,高电平有效

（续）

序号	符号	电平	描述
9	DB2	H/L	片选信号,高电平有效
10	DB3	H/L	复位信号
11	DB4	H/L	由内部提供液晶显示驱动电压
12	DB5	H/L	LED 背光电源输入正(5V)
13	DB6	H/L	LED 背光电源输入负
14	DB7	H/L	电源地
15	CS1	H/L	模组逻辑供电电压正极
16	CS2	H/L	液晶显示对比度调节
17	/RST	H/L	寄存器与显示内存操作选择 1:对寄存器指令操作;0:对数据操作
18	V_{EE}	—	MCU 读/写控制器信号
19	LCD +	5.0V	读/写使能信号
20	LCD -	0V	数据总线

（4）显示控制指令。

1）开关显示。控制显示开或关，内部状态及显示静态数据无效。L：关，H：开见表5-25。

表5-25　开关显示

RS	R/W	DB7	DB6	DB5	DB4	DB3	DB2	DB1	DB0
L	L	L	L	H	H	H	H	H	L/H

2）写入显示数据。写数据到显示数据静态寄存器。在写指令后，Y 地址自动加 1 见表5-26。

表5-26　写入显示数据

RS	R/W	DB7	DB6	DB5	DB4	DB3	DB2	DB1	DB0
H	L	写数据							

3）读取显示数据。从显示数据静态寄存器中读取数据到数据总线，见表5-27。

表5-27　读取显示数据

RS	R/W	DB7	DB6	DB5	DB4	DB3	DB2	DB1	DB0
H	H	读数据							

4）读取状态。忙（L：准备，H：在运行中），开/关（L：显示开，读取状态 H：显示关），复位（L：正常，H：复位）见表5-28。

表5-28　读取状态

RS	R/W	DB7	DB6	DB5	DB4	DB3	DB2	DB1	DB0
L	H	忙	L	开/关	复位	L	L	L	L

（5）时序图。

1）单片机向 12864 写时序，如图 5-12 所示。

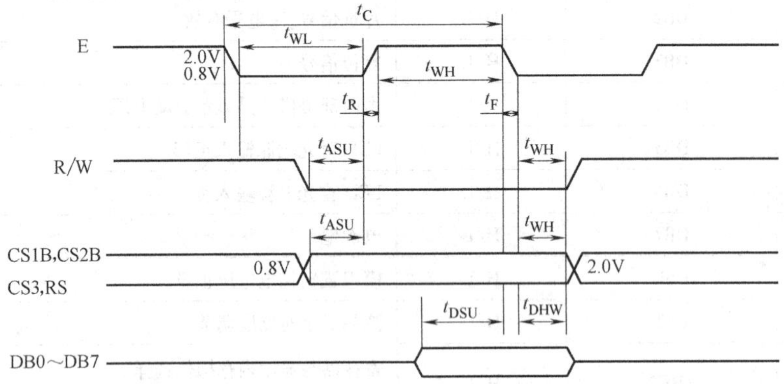

图 5-12　写时序

2）单片机从 12864 读时序，如图 5-13 所示。

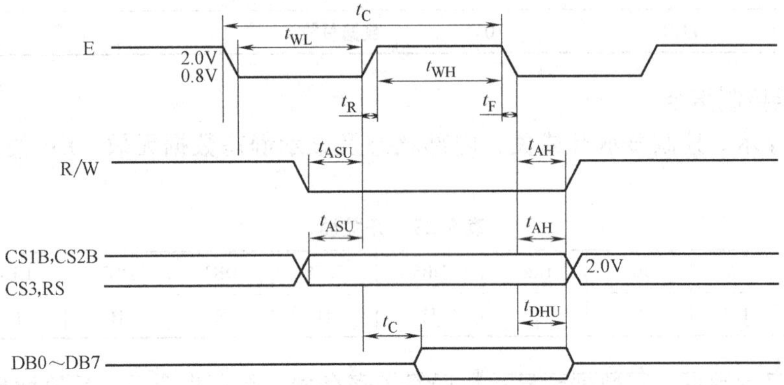

图 5-13　读时序

【软件设计】

1. 编程思路

（1）1602 液晶编程思路。

1602 液晶内部有字符发生器，只需要输入其 ASCII 码就可以显示字母或者符号，在使用液晶的时候，向液晶输入的数据有两种：一种是命令；一种是字符的 ASCⅡ码。命令用来控制液晶的一些常用选项，比如光标闪烁、移屏，而 ASCII 码则是控制液晶显示什么内容。

在使用 1602 液晶的时候，如果只用显示一些字符，那么读取的功能就可以不用。驱动的时候，首先要初始化液晶，然后写出要显示位置的地址，最后送出 ASCⅡ码。具体的程序可以看“参考程序 1”，如图 5-14 所示。

（2）12864 液晶编程思路。

本项目中所用的 12864 液晶没有字库，所以要显示一首诗就必须自己使用软件编码，然后放到单片机的 ROM 中，不断送给液晶，这里要注意液晶使能端的问题。1602 液晶使能端是由高电平到低电平的跳变有效，但是 12864 则相反，是由低电平到高电平的跳变，如图 5-15所示。

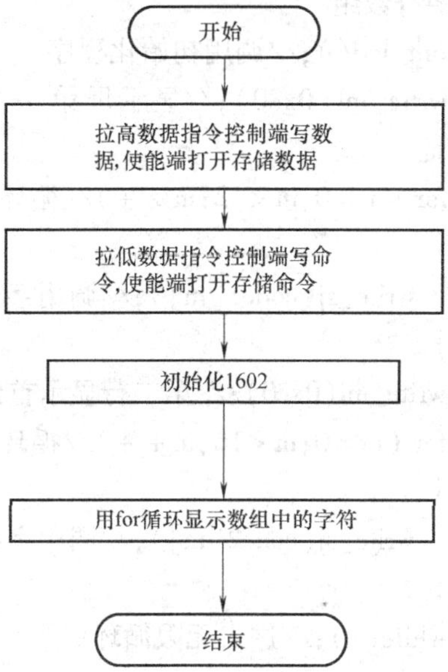

图 5-14 1602 液晶编程流程

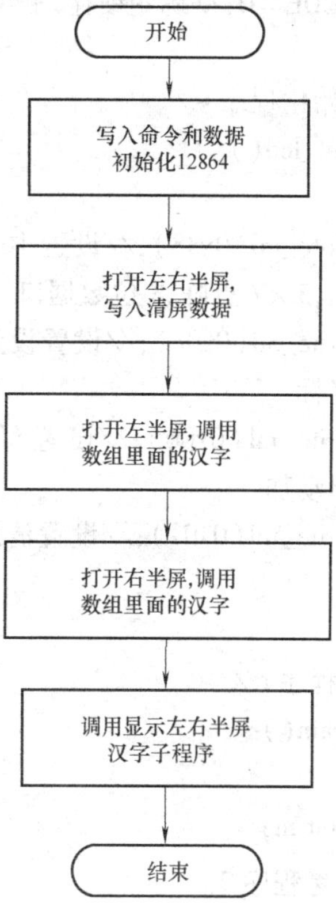

图 5-15 12864 液晶编程流程

2. 参考程序

(1) 参考程序 1。

```
#include <reg52.h>
#define uchar unsigned char
#define uint unsigned int
/*端口定义*/
sbit LCDE = P3^0;//使能段定义
sbit LCDRW = P3^1;//读写控制端
sbit LCDRS = P3^2;//数据,指令控制端
/*延迟程序*/
void delay_1ms(uint x)
{
    uint i,j;
    for (i = x;i > 0;i--)
      for (j = 110;j > 0;j--);
}
void write_sj(uint s)//写数据
{
    LCDRS = 1;//选择数据
    LCDRW = 0;//写数据
    P0 = s;//将数据送入 P0 口
    delay_1ms(1);//延迟
    LCDE = 1;//跳变准备
    delay_1ms(5);//延迟
    LCDE = 0;//跳变锁存
}
void write_ml(uint d)//写命令
{
    LCDRS = 0;//选择命令
    LCDRW = 0;//写命令
    P0 = d;//送入 P0 口输出
    delay_1ms(1);延迟
    LCDE = 1;//跳变准备
    delay_1ms(5);//延迟
```

```
    LCDE = 0;//跳变锁存
}
/ * 初始化程序 * /
void init_lcd( )
{
    write_ml(0x38);//设置 16 × 2 显示,双行显示,5 ×7 点阵,8 位数据口
    write_ml(0x0c);//设置设置开显示,不显示光标
    write_ml(0x06);//设置写后字符指针地址自动加一
    write_ml(0x01);//设置清屏,数据指针清 0
}
/ * 主程序 * /
void main( )
{
    uint m;
    uchar code1[ ] = "I LOVE MCU";//字符数组,空格也算字符
    uchar code2[ ] = "WELCOME TO CHINA";//字符数组
    init_lcd( );//调用初始化程序
    write_ml(0x80);//显示屏第一行第一列地址
    for (m = 0;m < 12;m + + )//循环显示
    {
      write_sj(code1[m]);//调用字符数组
    }
    write_ml(0xc0);//第二行显示首地址
    for (m = 0;m < 16;m + + )//循环显示
    {
      write_sj(code2[m]);//调用字符数组
    }
    while(1);//进入无限循环
}
```

（2）参考程序 2。

```
#include  < reg52. h >//头文件
#define uint unsigned int//宏定义
#define uchar unsigned char//宏定义
/ * 端口定义 * /
sbit LCD_CS1 = P3^0;//左半屏
sbit LCD_CS2 = P3^1;//右半屏
sbit LCD_EN = P2^0;//纵向锁存器
sbit LCD_RW = P2^1;// 纵向锁存器
sbit LCD_RS = P2^2; //纵向锁存器
/ * LCD 扫描程序 * /
code  heng [ ] = {0x00, 0xb8, 0xba, 0xbc, 0xbe,};//横向地址
code  shu [ ] = {0x00, 0x40, 0x50, 0x60, 0x70};//纵向地址
code word_table[ ][32] = {
        {
    0x00, 0x00, 0x00, 0x00, 0x00, 0x00, 0x00, 0x00, 0x00, 0x00, 0x00, 0x00, 0x00, 0x00, 0x00, 0x00,
0x00, 0x00, 0x00, 0x00, 0x00, 0x00, 0x00, 0x00, 0x00, 0x00, 0x00, 0x00, 0x00, 0x00, 0x00, 0x00,
    },//ff
    {
    0x00, 0x84, 0x44, 0x3C, 0x54, 0x5F, 0x54, 0xF4, 0x54, 0x54, 0x7F, 0x54, 0x14, 0xF4,0x04,0x00,
0x00, 0x00, 0x00, 0xFF, 0x15, 0x15, 0x15, 0xFF, 0x15, 0x55, 0x95, 0x7F, 0x80, 0xFF, 0x00,0x00,
    },//葡
    {
    0x82, 0x42, 0x22, 0x1A, 0xF2, 0x5F, 0x52, 0xD2, 0x52, 0x52, 0x5F, 0x12, 0x12, 0xF2,0x02,0x00,
0x00, 0x02, 0x02, 0x3B, 0x22, 0x22, 0x22, 0x3F, 0x22, 0x22, 0x22, 0x7A, 0x80, 0x7F, 0x00,0x00,
```

```
},//萄
{
0x00, 0x84, 0x84, 0x94, 0x95, 0x96,
0x94, 0xFC, 0x94, 0x96, 0x95, 0x94, 0x94,
0x84,0x80,0x00,
0x80, 0x80, 0x44, 0x44, 0x24, 0x14, 0x0C,
0x07, 0x0C, 0x14, 0x24, 0x64, 0xC4, 0x44,
0x00,0x00,
},//美
{
0x10, 0x21, 0x86, 0x70, 0x02, 0xF2,
0x12, 0xFE, 0x12, 0x12, 0xFE, 0x12, 0x12,
0xF2,0x02,0x00,
0x04, 0x7C, 0x03, 0x00, 0x00, 0x7F, 0x2A,
0x29, 0x28, 0x28, 0x2B, 0x2A, 0x2A, 0x7F,
0x00,0x00,
},//酒
{
0x04, 0x04, 0x84, 0xC4, 0x3C, 0x14,
0x85, 0x66, 0xBC, 0x24, 0x24, 0x24, 0xE4,
0x24,0x04,0x00,
0x02, 0x01, 0x00, 0xFF, 0x00, 0x82, 0x41,
0x22, 0x14, 0x09, 0x14, 0x23, 0x40, 0xC0,
0x40,0x00,
},//夜
{
0x00, 0x40, 0x42, 0x44, 0x5C, 0xC8,
0x40, 0x7F, 0x40, 0xC0, 0x50, 0x4E, 0x44,
0x60,0x40,0x00,
0x00, 0x80, 0x40, 0x20, 0x18, 0x07, 0x00,
0x00, 0x00, 0x3F, 0x40, 0x40, 0x40, 0x40,
0x78,0x00,
},//光
{
0x08, 0x88, 0x68, 0xFF, 0x48, 0x8A,
0x02, 0x02, 0xC2, 0xF2, 0x0E, 0x82, 0x02,
0x02,0x02,0x00,
0x02, 0x01, 0x00, 0xFF, 0x00, 0x04, 0x02,
0x01, 0x00, 0xFF, 0x00, 0x00, 0x01, 0x06,
0x0C,0x00,
},//杯
{
0x00, 0x10, 0x8C, 0x43, 0x30, 0x42,
0x8C, 0x20, 0x10, 0x0C, 0xEB, 0x08, 0x28,
0x18,0x08,0x00,
0x02, 0x01, 0x3F, 0x11, 0x11, 0x51, 0x5F,
0x21, 0x10, 0x0C, 0x03, 0x0C, 0x30, 0x60,
0x20,0x00,
},//欲
{
0x40, 0x30, 0x0F, 0xC8, 0x28, 0x58,
0x20, 0x18, 0x0F, 0xE8, 0x08, 0x08, 0x28,
0x18,0x08,0x00,
0x00, 0x00, 0x00, 0x7F, 0x20, 0x50, 0x20,
0x18, 0x06, 0x01, 0x06, 0x08, 0x30, 0x60,
0x20,0x00,
},//饮
{
0x40, 0x4A, 0xCA, 0x7E, 0x4A, 0x4A,
0x4A, 0x00, 0x4A, 0x4A, 0x7E, 0x4A, 0x4A,
0x4A,0x40,0x00,
0x00, 0x00, 0x7F, 0x22, 0x22, 0x12, 0x02,
0x00, 0x3F, 0x44, 0x44, 0x42, 0x43, 0x42,
0x70,0x00,
},//琵
{
0x40, 0x4A, 0x4A, 0x4A, 0x7E, 0x4A,
0x4A, 0x00, 0x4A, 0x4A, 0x7E, 0x4A, 0x4A,
0x4A,0x40,0x00,
0x00, 0x00, 0x3F, 0x49, 0x49, 0x49, 0x49,
0x4F, 0x49, 0x49, 0x49, 0x49, 0x4F, 0x40,
0x70,0x00,
},//琶
{
0x00, 0x00, 0x02, 0x02, 0xFA, 0x82,
0x82, 0x82, 0x82, 0x82, 0xFE, 0x80, 0x80,
0x80,0x00,0x00,
0x00, 0x04, 0x04, 0x04, 0x04, 0x04, 0x04,
0x04, 0x04, 0x04, 0x24, 0x24, 0x40, 0x3F,
0x00,0x00,
```

```
},//马
{
0x00, 0x00, 0x00, 0x00, 0x00, 0x00,
0x00, 0xFE, 0x40, 0x40, 0x40, 0x40, 0x40,
0x00,0x00,0x00,
0x00, 0x40, 0x40, 0x40, 0x40, 0x40, 0x40,
0x7F, 0x40, 0x40, 0x40, 0x40, 0x40, 0x60,
0x40,0x00,
},//上
{
0x40, 0x20, 0xF8, 0x07, 0x82, 0x4E,
0xF8, 0x48, 0x48, 0x5F, 0xE8, 0x48, 0x48,
0x6E,0x40,0x00,
0x00, 0x00, 0xFF, 0x00, 0x00, 0x00, 0xFF,
0x25, 0x25, 0x25, 0x3F, 0x25, 0x25, 0x35,
0x20,0x00,
},//催
{
0xF2, 0x12, 0xFE, 0x12, 0xFE, 0x92,
0xF2, 0xC4, 0x34, 0x44, 0x85, 0x46, 0x34,
0xC4,0x04,0x00,
0x7F, 0x25, 0x24, 0x24, 0x24, 0x24, 0x7F,
0x04, 0x04, 0x04, 0xFF, 0x04, 0x04, 0x04,
0x04,0x00,
},//醉
{
0x00, 0xFE, 0x22, 0x22, 0x3E, 0x22,
0x22, 0xE2, 0x00, 0xFF, 0x20, 0x40, 0x80,
0x80,0x00,0x00,
0x00, 0x3F, 0x21, 0x21, 0x3F, 0x21, 0x21,
0x21, 0x00, 0x7F, 0x00, 0x00, 0x00, 0x01,
0x03,0x00,
},//卧
{
0x00, 0x10, 0x21, 0x86, 0x60, 0x80,
0x60, 0x18, 0x00, 0xFF, 0x00, 0x08, 0x10,
0x20,0x40,0x00,
0x04, 0x04, 0xFE, 0x01, 0x80, 0x80, 0x40,
0x40, 0x20, 0x23, 0x10, 0x08, 0x04, 0x03,
0x00,0x00,
},//沙
{
0x10, 0x10, 0x10, 0xFF, 0x10, 0x10,
0x02, 0x42, 0x62, 0xD2, 0x4A, 0xC6, 0x42,
0xE0,0x40,0x00,
0x08, 0x18, 0x08, 0x07, 0x04, 0x02, 0x4A,
0x24, 0x12, 0x09, 0x06, 0x41, 0x80, 0x7F,
0x00,0x00,
},//场
{
0x10, 0x10, 0x92, 0x92, 0x92, 0xF2,
0x9E, 0x92, 0x92, 0x92, 0x92, 0x92, 0xFE,
0x10,0x10,0x00,
0x40, 0x20, 0x10, 0x0C, 0xFE, 0x45, 0x44,
0x44, 0x44, 0x44, 0x44, 0x44, 0xFD, 0x00,
0x00,0x00,
},//君
{
0x00, 0x04, 0x04, 0xF4, 0x54, 0x5F,
0x54, 0x54, 0x54, 0x54, 0x5F, 0xF4, 0x04,
0x04,0x04,0x00,
0x04, 0x84, 0x84, 0x45, 0x25, 0x15, 0x0D,
0x07, 0x0D, 0x15, 0x25, 0x45, 0xC4, 0x44,
0x04,0x00,
},//莫
{
0x10, 0x0C, 0x43, 0x46, 0x4A, 0x42,
0x52, 0xC8, 0x27, 0x22, 0x26, 0x2A, 0x12,
0x02,0x02,0x00,
0x80, 0x82, 0x42, 0x42, 0x22, 0x12, 0x0E,
0x03, 0x06, 0x0A, 0x12, 0x22, 0x62, 0xC2,
0x40,0x00,
},//笑
{
0x08, 0x08, 0x08, 0x08, 0x08, 0x08,
0x08, 0xFF, 0x08, 0x08, 0x08, 0x08, 0x08,
0x08,0x08,0x00,
0x00, 0x00, 0x00, 0x7F, 0x21, 0x21, 0x21,
0x21, 0x21, 0x21, 0x21, 0x7F, 0x00, 0x00,
0x00,0x00,
```

```
},//古
{
0x00, 0x80, 0x84, 0x84, 0x94, 0xA4, 0xC4, 0xFF, 0x84, 0xC4, 0xB4, 0x94, 0x84, 0x84,0x80,0x00,
0x20, 0x20, 0x10, 0x10, 0x08, 0x04, 0x02, 0xFF, 0x01, 0x02, 0x04, 0x08, 0x18, 0x30, 0x10,0x00,
},//来
{
0x10, 0x88, 0xC4, 0x67, 0x3A, 0x10, 0xC2, 0x02, 0x02, 0x02, 0xFE, 0x82, 0x82, 0x82,0x82,0x00,
0x01, 0x00, 0x7F, 0x00, 0x20, 0x20, 0x3F, 0x20, 0x20, 0x20, 0x3F, 0x20, 0x20, 0x20, 0x20,0x00,
},//征
{
0x00, 0x80, 0x80, 0xFF, 0x88, 0x88, 0x28, 0x20, 0x20, 0xFF, 0x10, 0x12, 0x9C, 0x10,0x10,0x00,
0x00, 0x1F, 0x10, 0x10, 0x10, 0x5F, 0x40, 0x20, 0x20, 0x10, 0x0B, 0x1E, 0x23, 0x41, 0xF0,0x00,
},//战
{
0x00, 0x00, 0x00, 0x00, 0xFE, 0x02, 0x02, 0x02, 0x02, 0x02, 0xFE, 0x00, 0x00, 0x00,0x00,0x00,
0x00, 0x40, 0x20, 0x18, 0x07, 0x00, 0x00, 0x00, 0x00, 0x00, 0x1F, 0x20, 0x20, 0x20, 0x3C,0x00,
},//几
{
0x00, 0x00, 0x00, 0x00, 0x00, 0x00, 0xC0, 0x3F, 0xC2, 0x00, 0x00, 0x00, 0x00, 0x00,0x00,0x00,
0x00, 0x40, 0x20, 0x10, 0x0C, 0x03, 0x00, 0x00, 0x01, 0x06, 0x0C, 0x18, 0x30, 0x60, 0x20,0x00,
},//人
{
0x00, 0xFE, 0x02, 0x02, 0xF2, 0x12, 0x12, 0x12, 0x12, 0x12, 0xF2, 0x02, 0x02, 0xFE,0x00,0x00,
0x00, 0x7F, 0x40, 0x40, 0x47, 0x44, 0x44, 0x44, 0x44, 0x44, 0x47, 0x40, 0x40, 0x7F, 0x00,0x00,
},//回
};
/*延时程序*/
void delay_1ms(uint x)//延迟
{
  uint i,j;
  for(i=x;i>0;i--)
   {
    for(j=110;j>0;j--);
   }
}
/*写命令*/
void write_cmd(uint cmd)
{
  LCD_RW=0;//写选择
  LCD_EN=0;//跳变准备
  LCD_RS=0;//写命令选择
  delay_1ms(5);
  P0=cmd;//输入命令
  LCD_EN=1;//跳变锁存
  delay_1ms(5);
  LCD_EN=0;//准备下一次跳变
}
/*写入数据*/
void write_data(uint date)
{
  LCD_RW=0;//写选择
  LCD_EN=0;//跳变准备
  LCD_RS=1;//选择数据
  delay_1ms(5);//延迟
  P0=date;//送入P0口
  LCD_EN=1;//跳变锁存
```

```
  delay_1ms(5);
  LCD_EN = 0;//跳变准备
}
/*初始化*/
void init_12864()
{
  write_cmd(0x3f);//开显示
  delay_1ms(5);
  write_cmd(0x0c);//显示开,关光标
  delay_1ms(5);
  write_cmd(0x01);//清除显示
}
/*清屏程序*/
void qingping(uchar hang,lie,word)
{
  uint i;
  init_12864();
  LCD_CS1 = 1;//左右半屏全部打开
  LCD_CS2 = 1;
  write_cmd(heng[hang]);
  write_cmd(shu[lie]);
  for(i = 0;i < 16;i + +)
  write_data(word_table[word][i]);

  write_cmd(heng[hang] + 0x01);
  write_cmd(shu[lie]);
  for(i = 0;i < 16;i + +)
  write_data(word_table[word][16 + i]);
}

void qingping_diaoyong()//清屏调用
{
  qingping(1,1,0);
  qingping(1,2,0);
  qingping(1,3,0);
  qingping(1,4,0);

  qingping(2,1,0);
  qingping(2,2,0);
  qingping(2,3,0);
  qingping(2,4,0);

  qingping(3,1,0);
  qingping(3,2,0);
  qingping(3,3,0);
  qingping(3,4,0);

  qingping(4,1,0);
  qingping(4,2,0);
  qingping(4,3,0);
  qingping(4,4,0);
}
/*显示左半屏*/
void word_zi_l(uchar hang,lie,word)
{
  uint i;//定义变量
  init_12864();//初始化 12864
  LCD_CS1 = 1;//选中左半屏
  LCD_CS2 = 0;//关闭右半屏
  write_cmd(heng[hang]);//引用行地址选择
  write_cmd(shu[lie]);//列地址选择
  for(i = 0;i < 16;i + +)//16 位
  write_data(word_table[word][i]);

  write_cmd(heng[hang] + 0x01);//行地址 +1
  write_cmd(shu[lie]);//列地址不变
  for(i = 0;i < 16;i + +)//16 位
  write_data(word_table[word][16 + i]);//从 16 个字节开始
}
/*同上,跟左半屏相反*/
void word_zi_r(uchar hang,lie,word)
{
  uint i;
  init_12864();
  LCD_CS1 = 0;
  LCD_CS2 = 1;
  write_cmd(heng[hang]);
```

```
    write_cmd(shu[lie]);
    for(i=0;i<16;i++)
    write_data(word_table[word][i]);

    write_cmd(heng[hang]+0x01);
    write_cmd(shu[lie]);
    for(i=0;i<16;i++)
    write_data(word_table[word][16+i]);
}
/*主程序*/
void main()
{
    qingping_diaoyong();//调用清屏
    word_zi_l(1,1,1);//第一行,第一列,第一个字//左半屏
    word_zi_l(1,2,2); //第一行,第二列,第一个字//左半屏
    word_zi_l(1,3,3); //第一行,第三列,第一个字//左半屏
    word_zi_l(1,4,4); //第一行,第四列,第一个字//左半屏
    word_zi_r(1,1,5); //第一行,第一列,第一个字//右半屏
    word_zi_r(1,2,6); //第一行,第二列,第一个字//右半屏
    word_zi_r(1,3,7); //第一行,第三列,第一个字//右半屏

    word_zi_l(2,1,8);//同上
    word_zi_l(2,2,9);
    word_zi_l(2,3,10);
    word_zi_l(2,4,11);
    word_zi_r(2,1,12);
    word_zi_r(2,2,13);
    word_zi_r(2,3,14);

    word_zi_l(3,1,15); //同上
    word_zi_l(3,2,16);
    word_zi_l(3,3,17);
    word_zi_l(3,4,18);
    word_zi_r(3,1,19);
    word_zi_r(3,2,20);
    word_zi_r(3,3,21);

    word_zi_l(4,1,22); //同上
    word_zi_l(4,2,23);
    word_zi_l(4,3,24);
    word_zi_l(4,4,25);
    word_zi_r(4,1,26);
    word_zi_r(4,2,27);
    word_zi_r(4,3,28);

    while(1);无限循环
}
```

【知识链接二】

字符数组的定义与前面介绍的数组定义方法类似。例如：

```
char a[10];
```

定义 a 为由 10 个字符组成的一维数组。

将字符数组初始化最直接的方法是将各个字符逐个赋给数组中的各个元素。例如：

```
char a[3] = {'z''h''b'};
```

C 语言还允许用字符串直接给字符数组赋初始值，方法如下：

```
char a[] = {"welcome to china"};
```

或者

```
char a[] = "welcome to china";
```

【调试与结果演示】

调试与结果演示如图 5-16 和图 5-17 所示。

图 5-16　1602 显示 I LOVE MCU，WELCOME TO CHINA

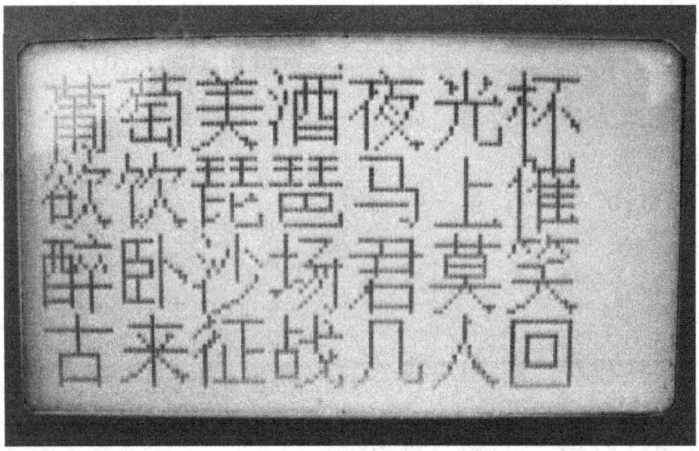

图 5-17　显示一首诗

【项目总结】

（1）在使用 1602 或者 12864 的时候，由于液晶与数码管的特性不一样，数码管动态显示需要不停地扫描，才能够正常显示。但是液晶不同，液晶只需要输入一次就行了，如果需要更新某些内容，就直接输入要更改位置的地址，然后再输入要更改的内容就行了。

（2）在使用 12864 的时候，我们需要借助字模提取软件来对汉字进行编码，在编码的时候需要对软件进行设置，其操作页面如图 5-18 所示。

在提取字模的时候，先单击 参数设置 按钮，然后单击 其他选项 选项，把 纵向取模 和 字节倒序 选中，否则显示出来的字就会出问题。

【参考评分标准】

参考评分标准见表 5-29。

图 5-18 编码设置

表 5-29 参考评分标准

评分项目	配分	配分细则
主要参数评分	60	1. 液晶显示清楚,无乱码,60 分 2. 液晶显示模糊,无乱码,40 分 3. 液晶显示清楚,但是显示有黑点儿,30 分 4. 液晶显示显示模糊,并且有黑点儿,10 分 5. 液晶不显示,0 分
连线及工艺评分	20	1. 液晶模块连接正确,10 分 2. 电源模块连接正确,10 分
模块接线图评分	10	1. 液晶模块连接正确,4 分 2. 电源模块连接正确,1 分 3. 画面整洁,5 分;基本整洁,2 分;看不清,0 分
职业安全意识评分	10	同项目一

实战训练 用字符液晶显示温度

【项目任务】

在 1602 字符液晶上显示现在的室内温度，显示格式如下：

TEMP × ×

第一排显示，第二排空置，不显示。

温度传感器使用 LM35 模拟温度传感器。

【任务分析】

需要对 1602 液晶进行驱动，只需要设置好指令和数据，就可以显示了，LM35 温度传感器需要经过 A/D 转换才能显示的液晶上。

【硬件选择】

电源模块、主机模块、显示模块、温度传感器模块、ADC 模块、DAC 模块。

【接线及原理图】

1. 接线表

实验接线见表 5-30。

表 5-30　实验接线

1602 液晶 DB0 ~ DB7	P0.0 ~ P0.7	WR	P3.6
1602 液晶 RS	P3.0	RD	P3.7
1602 液晶 RW	P3.1	CS	P2.7
1602 液晶 EN	P3.2	时钟源 OUT	CLK
ADC0809 芯片的 D0 ~ D7	P0.0 ~ P0.7	A、B、C	GND
EOC	P3.3	温度传感器 LM35 OUT	IN0

2. 原理图

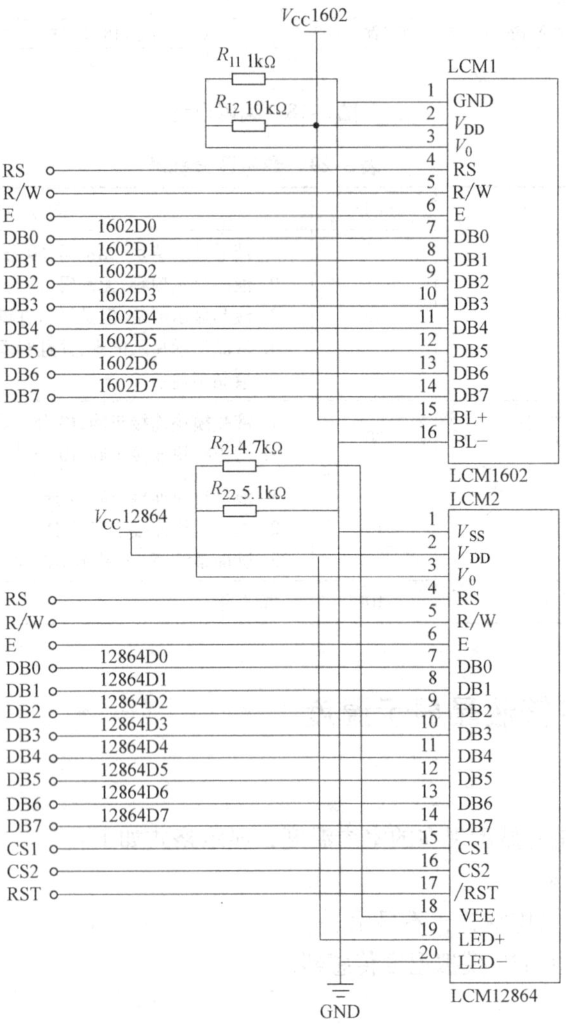

图 5-19　液晶显示电路原理图

【软件设计】

1. 编程思路

液晶的扫描方法是间隔性的，如果像数码管那样不停地扫描，就会因扫描过快，液晶来不及显示，从而造成显示不清楚。

在编程的时候建议每隔 1s 或者 2s 取一次数据，刷新一次液晶。具体实现方法可以使用定时器来实现。把定时器定在 1s，时间到，就置位标志位，主程序中根据这个标志位来返回并重新刷新液晶屏。

编程思路如图 5-20 所示。

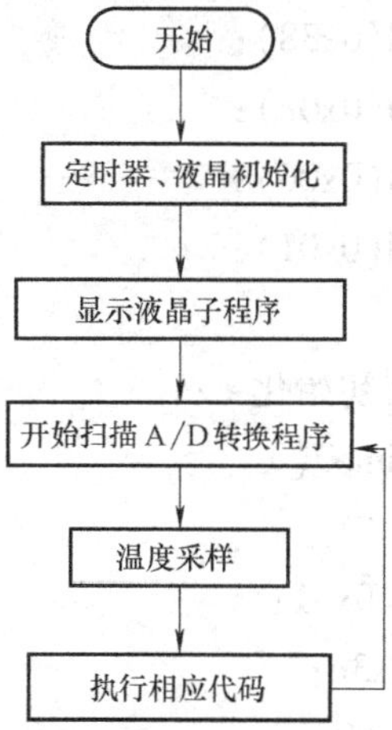

图 5-20 程序流程图

2. 参考程序

```
#include <reg52.h>
#include <absacc.h>
#define uint unsigned int
#define uchar unsigned char
#define ad0ad XBYTE[0x7ff8]//定义芯片地址
/*定义*/
sbit lcd_rs = P3^0;//位定义,液晶数据或命令选择端
sbit lcd_rw = P3^1;//读写控制端
sbit lcd_en = P3^2;//使能端
sbit EOC = P3^3;//读忙信号
uchar lcd_table[] = {"TEMP"};//字符数组
uchar lcd_table2[] = {"0123456789"};//字符数组
uchar d1,d2,j1;//定义变量
uint bian;//用于存储 A/D 输出的数据
/*延迟程序*/
void delay(uint x)
{
    uint i,j;
    for (i = x;i > 0;i--)
    {
    for (j = 110;j > 0;j--);
    }
}
void lcd_cmd(uint c)//写命令
{
    lcd_rs = 0;
    lcd_rw = 0;
    lcd_en = 1;
    P1 = c;
    delay(2);
    lcd_en = 0;
}

void lcd_data(uint d)//写数据
{
    lcd_rs = 1;
    lcd_rw = 0;
    lcd_en = 1;
    P1 = d;
    delay(2);
    lcd_en = 0;
}
/*初始化液晶*/
void init_lcd()
{
```

```
  lcd_cmd(0x38);
  lcd_cmd(0x0c);
  lcd_cmd(0x06);
  lcd_cmd(0x01);
}
/*定时器初始化*/
void init_time0()
{
  TMOD=0x01;
  TH0=0x3c;
  TL0=0xb0;
  EA=1;
  ET0=1;
  TR0=1;
}
/*ADC809 驱动*/
void rr()
{
    uchar xdata *ad_adr;
    ad_adr=&ad0ad;
    *ad_adr=0;
    while(EOC==0);
    bian=*ad_adr;
}
/*分离数据*/
void fenli()
{
    bian=bian*20/51;
    d1=bian/10;
    d2=bian%10;
}
/*主程序*/
void main()
{
    uchar i;
    init_lcd();//调用液晶初始化程序
    init_time0();//调用定时器初始化程序
    lcd_cmd(0x80);//0x80 为液晶第一行首地址
    for(i=0;i<4;i++)//
    {
      lcd_data(lcd_table[i]);
    }
loop:lcd_cmd(0x86);//写入地址命令
    lcd_data(lcd_table2[d1]);//显示分离的数据
    lcd_cmd(0x87);//写入地址
    lcd_data(lcd_table2[d2]);//显示分离的数据
    while (1)//无限循环
    {
        rr();//调用 ADC0809 驱动程序
        fenli();//调用分离程序
        if(j1==1)//如果 j1 为 1 ,则跳回刷新液晶
        {
          j1=0;//清 0
          goto loop;//跳回
        }
    }
}
/*定时器 1 中断服务程序*/
void time0()interrupt 1
{
  uint i;
  TH0=0x3c;//重装初始值
  TL0=0xb0;
  i++;//软件定时器
  if(i>=20)//1s 到
  {
    i=0;//清 0
    j1=1;//置标志位
  }
}
```

【知识链接】

51C 语言中函数的定义，都是独立定义，即在定义函数时一个函数内部不能包含另外一个函数。尽管 51C 语言中函数不能嵌套定义，但是允许嵌套调用函数，即允许在一个函数中，调用另外一个函数。

有些 51C 语言编译器对嵌套的深度有限制，但是并不是很严格，由于片内 RAM 数量少，而每次调用子程序都需要对一定量的 RAM 进行现场保护，51 单片机无法进行多层次的函数嵌套调用，一般 5～10 层嵌套是比较安全的。

【调试与结果演示】

调试与结果演示如图 5-21 所示。

图 5-21　室内温度为 22℃

【项目总结】

液晶输入数据以后，不断电的情况下，液晶会一直显示所输入的数据，直至数据从新更新。

【参考评分标准】

参考评分标准见表 5-31。

表 5-31　参考评分标准

评分项目	配分	配分细则
主要参数评分	60	1. TEMP 位置显示正确，温度为现在室温，60 分 2. TEMP 显示位置不正确，温度为现在室温，40 分 3. TEMP 显示位置正确，温度与室温相差较大，30 分 4. TEMP 显示位置不正确，温度与室温相差较大，10 分 5. 液晶不能显示，0 分
连线及工艺评分	20	1. 液晶连接正确，10 分 2. ADC0809 连接正确，7 分 3. 电源连接正确，3 分
模块接线图评分	10	1. 液晶连接正确，1 分 2. ADC0809 连接正确，3 分 3. 电源连接正确，1 分 4. 画面整洁，5 分；基本整洁，2 分；看不清，0 分
职业安全意识评分	10	同项目一

第6章　单片机通信

项目　单片机与PC进行串口通信

【项目任务】

PC通过串口与单片机通信，当PC发送一个字符给单片机的时候，单片机回复“i love mcu”。

【任务分析】

通过单片机的异步通信接口，可以与PC串口进行通信，只要设置好单片机内部的特殊寄存器以及波特率，就可以与PC进行通信了。

【硬件选择】

电源模块，主机模块。

【接线表及原理图】

1. 接线表

接线方式见表6-1。

表6-1　接线表

电源5V,GND	主机模块的5V,GND	计算机串口	主机模块的串行通信接口

2. 原理图

实验原理图如图6-1所示。

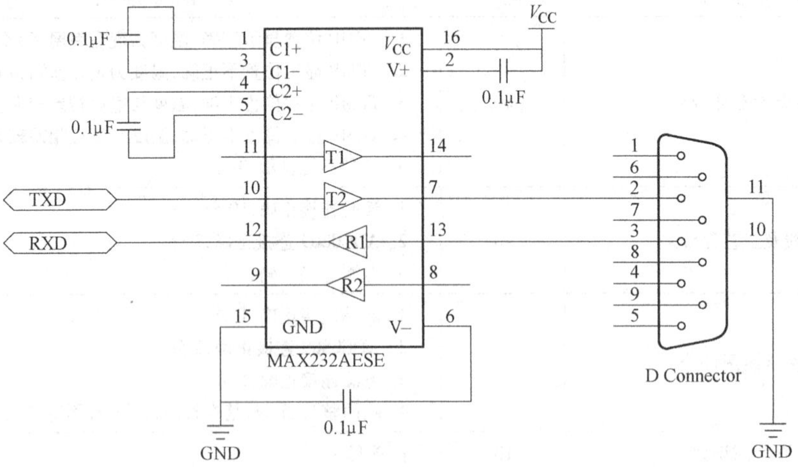

图6-1　实验原理图

【知识链接一】

1. 并行通信

并行接口是最常用的处理器数据接口，因为CPU和外设无法直接相连，在输入/输出接口当中，用得最广泛的是并行接口。并行接口承担 CPU 和外设间并行数据的传送，它的结构相对简单，不包括数据格式或者信号形式之间的转换电路。“并行”在这里的含义就是指把一个字符的各二进制数位用几条线同时进行传输，和后面讲到的“串行”可以区别开。

并行通信的特点：

(1) 通信时，每次由多位二进制数通过多条线路同时传送的通信方式。

(2) 并行接口是指接口和外设之间的数据传输是采用多位数据并行传输方式。

(3) 并行传输一般一次传输一个字节，速度快，但需要传输线多，适合于短距离传输。

(4) 由于一次传输一个字节，不需要复杂的传输规程。

2. 串行通信

数据按时间顺序（分时）先后一位一位地通过单通信通路传送的通信方式。

(1) 从通信距离上看：并行通信适宜于近距离的数据传送，通常小于 30m，而串行通信适宜于远距离传送，可以从几米到数千公里。

(2) 从通信速率上看：一般应用中，在短距离内，并行接口的数据传输速度显然比串行接口的传输速度高得多，但远距离串行数据传送速度比并行数据传送速度易于提高。由于串行通信的通信时钟频率较并行通信容易提高，因此许多高速外部设备如数字摄像机与计算机之间的通信也往往使用串行通信方式。

(3) 从抗干扰性能上看：串行通信由于只有少数几根信号线，信号间的互相干扰比较小。

(4) 从设备和费用上看：随着大规模和超大规模集成电路的发展，逻辑器件价格趋低，而通信线路费用趋高，因此对远距离通信而言，串行通信的费用显然会低得多。

在串行通信中数据的发送和接收要通过通信通路，这个通信通路就是传输线。常用通信通路的方法有 3 种，根据使用通信通路的不同方式，形成了串行通信的几种物理连接方式，我们把它们叫做单工、半双工和全双工连接方式，如图 6-2 所示。

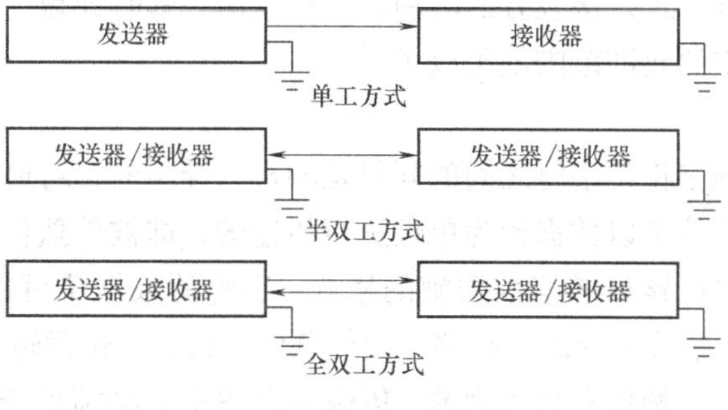

图 6-2　物理连接方式

1）单工：在单工方式下，发送器只通过一根传输线连接到接收器，数据传输是单向的，只允许从发送器传送数据到接收器。

2）半双工：半双工方式下，接收器和发送器之间只有一根传输线连接，数据传输可以双向，但是发送和接收数据分时交替进行。通过软件和接口的协调控制，指示发送器和接收器采取恰当的动作，从而实现数据传输的方向转换，达到数据双向传输的目的。

3）全双工：全双工方式下，接收器和发送器之间有两根传输线连接，分别承担两个不同方向的数据传送，有了这个物理基础，就使得发送数据和接收数据可以同时进行。于是全双工的串行接口可以同时进行输入和输出。

在计算机串行通信中主要使用半双工和全双工方式。一些简单的外部设备，如键盘和打印机等，与主机的通信大都采用半双工方式；双工方式主要应用于实时性较强的交互式应用中，譬如计算机之间的通信等。

并行通信中，传输速度是以每秒多少字节（B/s）来表示。串行通信中，衡量数据传输速度的单位是波特率，即单位时间内传送的二进制数据的位数，以位/秒（bit/s）表示，也称为数据位率。它是衡量串行通信速度的重要指标。有时也用“位周期”来表示传输速度，位周期是波特率的倒数。

3. 同步通信

串行通信分为同步通信和异步通信两种基本类型。

同步通信是由同步时钟信号控制发送以及接收端数据的同步传送。在同步通信方式下，将字符组成一个个信息组，通常称为信息帧。在每一帧的开始是同步字符，之后，信息字符可以一个接一个地传输，但在没有信息要传输时，要填上空白符，在同步传输过程中，字符之间不允许有间隙。

采用异步通信时，每一个字符的前后都要加上一些标志位组成一帧信息。这些标志位用作帧与帧之间的分隔位。因此，异步通信两个字符之间的传输间隔是任意的。

每秒钟传递字符的个数，叫做传输率。两种通信方式比较起来，在传输率相同的情况下，同步通信方式的信息有效率要比异步方式的高，因为同步方式信息字符可以连续，除去开始的同步字符和用来填充间隙的空白字符以外传递的都是有效信息且有效信息长度可以很长，而异步方式每帧都要加入标志位而帧长度短。所以同步方式的信息中非数据比例比较小。但是，同步方式下，要求通信双方必须用同一个时钟进行定时，确定传输过程中每一个数据位的位置。这样，如果采用同步方式，在发送和接收双方传输数据的同时，还必须传递时钟信号。而采用异步方式，接收方的时钟频率和发送方的时钟频率不必完全一样，而只要比较相近，不超过一定的允许范围就可以了。

4. 异步通信

异步是指通信过程字符与字符之间的间隔是随机、异步的，对通信双方的通信时钟没有同步要求。串行异步通信是以数据帧为单位进行传输的，即被单独包装的数据串。

图 6-3 所示的是串行异步通信数据帧的格式。字符的数据位可以是 5 ~ 8 个二进制位，有 4 种选择。作为分隔字符的标志，在字符的信息位之前是一位逻辑“0”，这就是用来标志字符开始的起始位。在一帧信息传送之前，传输线在逻辑上必须处于“1”状态，其状态一旦由 1 跳变为 0，表示一帧信息的开始。5 ~ 8 位的信息位是从低到高顺序排列的，就是说在传输的时候，最先被传输到接收方的是起始位，紧跟着的是字符的最低位，也就是第 0 位。字符的数据位的后面是一位可选择的奇偶校验位，就是说这个校验位可以按照奇校验设置，也可以按照偶校验设置，或者可以不设。校验位之后又是一个作为标志的停止位，标志一个字符传输结束。停止位要求为逻辑“1”，传输中可以是 1 个停止位、1.5 个停止位或 2 个停止位。停止位表示一个信息帧的结束。每一帧字符是用起始位和停止位同步的。虽然，串行

异步通信格式当中一些项（信息位和停止位的数目，校验位的设置方法）的设定是可以选择的，但是，在同一系统发送和接收的双方，设置的数据格式必须绝对相同。比如发送方规定传输一个字符是8位，那么接收方必须也规定为8位，而不能是7位或者别的，否则一定会出错。如果传输完一个字符立即接着传下一个，那么后一个字符的起始位就紧挨着前一个字符的停止位，否则，传输线就又位于逻辑“1”状态。等待下一个字符的到来。

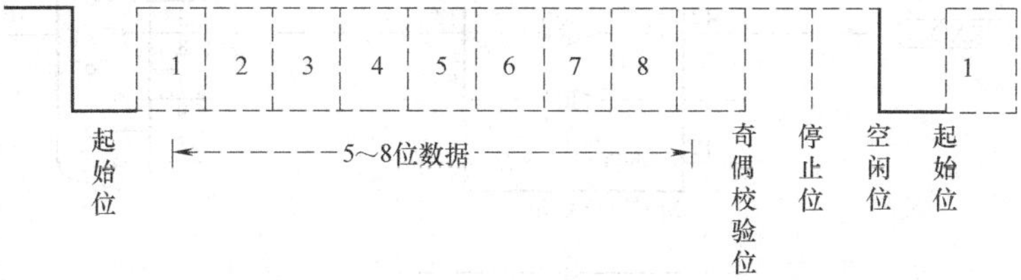

图6-3 串行异步通信数据帧格式

为使接收端在异步情况下能识别到字符的到来，在每帧数据前加上一位起始位——帧头；为保证数据通信的完整性，在数据后加结束位——帧尾，构成一帧数据。

在发送数据时，数据位尾随的1位是奇偶校验位（1或者0）。奇偶校验时，数据中1的个数与校验位1的个数之和应为奇数；偶校验时，数据中1的个数与校验位1的个数之和应为偶数。接收字符时，对1的个数进行校验，若发现不一致，则说明传输的过程中出了差错。

5. RS-232C接口定义

RS-232C采用负逻辑，即：

逻辑“1”：-3～-15V；

逻辑“0”：3～15V。

RS—232C接口定义见表6-2。

表6-2 RS—232C接口定义

引脚号	符号	方向	功能	引脚号	符号	方向	功能
1	DCD	输入	数据载体检测	6	DSR	输入	设备准备好
2	TXD	输出	发送数据	7	RTS	输出	请求发送
3	RXD	输入	接收数据	8	CTS	输入	清除发送
4	DTR	输出	终端准备好	9	RI	输入	振铃指示
5	GND	—	信号地				

6. TTL电平与RS-232C电平转换

单片机使用的是TTL电平，但是计算机使用的却是RS-232C电平。如果要通信，首先就要涉及电平之间转换的问题。

TTL与RS-232C电平的转换可以使用MAX232芯片来实现，如图6-4所示。

【软件设计】

1. 编程思路

当单片机初始化程序开始运行以后，就让单片机一直检测是否收到信息，一旦收到，则进入发送字符程序，发送完毕以后，就再次检测是否收到字符，如图6-5所示。

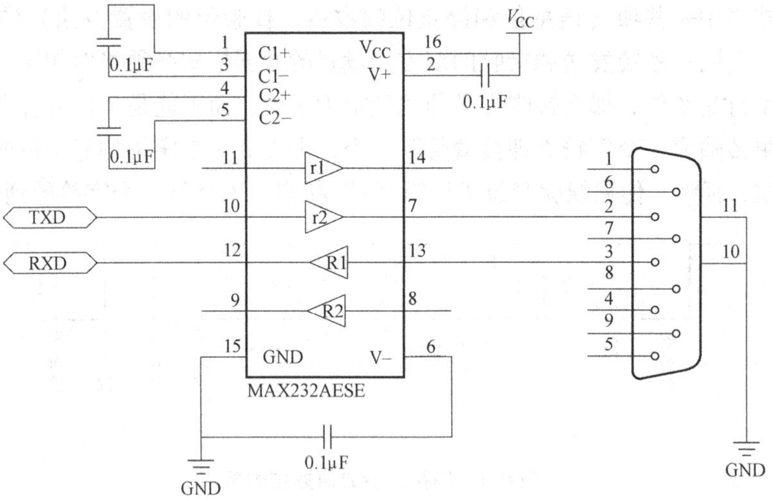

图 6-4　MAX232 芯片外观以及外围接线图

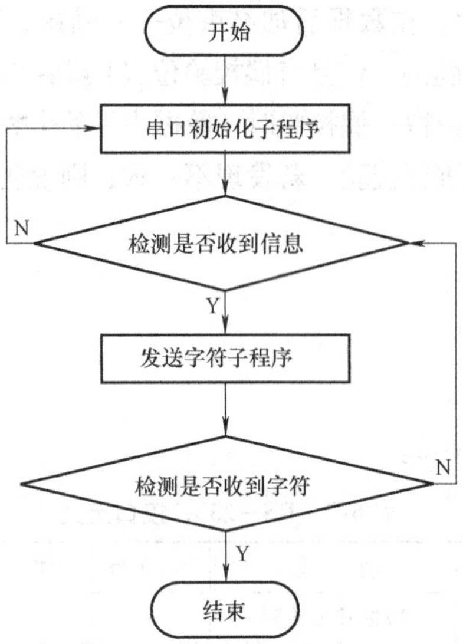

图 6-5　流程

2. 参考程序

```
#include <reg52. h>
#define uint unsigned int
#define uchar unsigned char
uchar flag,a,i;//定义变量
uchar code table[ ] = "i love mcu";//字符数组,要回复的内容
/*初始化串口*/
void init_uart( )
{
  TMOD = 0x20;//设置工作方式 2,定时器 1,8 位动重装方式
  TH1 = 0xfd;//9600 波特率
```

```
  TL1 =0xfd;//9600 波特率
  TR1 =1;//定时器开启
  REN =1;//允许接收开启
  SM0 =0;//
  SM1 =1;//设置工作方式 1
  EA =1;//总中断开启
  ES =1;//串口中断开启
}
void main()//主程序
{
  init_uart();//初始化程序调用
    while(1)
      {
        if(flag = =1)//此标志位为 1,表示接收到字符了
          {
            ES =0;//暂时关闭中断
            for(i =0;i <10;i + +)//循环向上位机发送字符
              {
                SBUF = table[i];
                while(TI = =0);//等待发送完毕
                TI =0;//标志位清 0
              }
          ES =1;//开串口中断
          flag =0;//标志位清 0
          }
      }
}
/ * 串口中断服务程序 * /
void uart()interrupt4
{
  RI =0;//标志位清 0
  a = SBUF;//取出来自上位机的字符
  flag =1;//置位标志位
}
```

【知识链接二】

1. 51 系列单片机串行口介绍

51 系列单片机的串行口是一个可编程的全双工的通信接口，具有通用异步收发器（UART）的全部功能，能够同时进行数据的发送和接收，也可以作为同步移位寄存器使用。

51系列单片机的串行口主要是由两个独立的串行数据缓冲寄存器SBUF（一个发送缓冲器，一个接受缓冲器）和发送控制器、接收控制器、输入移位寄存器及若干控制门电路组成。51系列单片机可以通过特殊寄存器（SBUF）对串行接收或者串行发送寄存器进行访问，两个寄存器共用一个地址99H。但要注意的是，在物理上是两个独立的寄存器，由指令确定究竟是发送还是接收，当执行写指令的时候，访问发送寄存器，执行读指令的时候，访问接收寄存器。接收器是具有双缓冲结构的，即从接收器读出第一个字节之前，便能够接收第二个字节，如果第二个字节接收完毕，第一个字节还没有读出，则将丢失掉第一个字节。当然，对于发送寄存器是CPU控制的，所以是不需要考虑的。

2. 电源管理寄存器

电源管理寄存器（PCON）用来管理单片机的电源部分，包括上电复位检测、掉电模式、空闲模式等。单片机复位时PCON被全部清“0”该寄存器位符号定义见表6-3。

表6-3　PCON位符号定义

位序号	D7	D6	D5	D4	D3	D2	D1	D0
位符号	SMOD	SMOD0	LVDF	P0F	GF1	GF0	PD	IDL

SMOD：该位与串口波特率有关。

SMOD=0：串口方式1，2，3时，波特率正常。

SMOD=1：串口方式1，2，3时，波特率加倍。

其位因为和串口无关，这里不做介绍。

3. 串行口控制寄存器（SCON）

串行口控制寄存器位符号定义见表6-4。

表6-4　SCON位符号定义

位序号	D7	D6	D5	D4	D3	D2	D1	D0
位符号	SM0	SM1	SM2	REN	TB8	RB8	TI	RI

SM0、SM1为串行口工作模式设置位，这样两位可以对应进行4种模式的设置。表6-5是串行口工作模式设置。

表6-5　串行口工作模式

SM0	SM1	模　式	功　能	波　特　率
0	0	0	同步移位寄存器	$f_{osc}/12$
0	1	1	8位UART	可变
1	0	2	9位UART	$f_{osc}/32$或$f_{osc}/64$
1	1	3	9位UART	可变

在这里只介绍最常用的模式1，表中的f_{osc}代表振荡器的频率，也就是晶振的频率。SM2在模式2、模式3中为多处理机通信使能位。在模式0中要求该位为0。

REN为允许接收位，REN置1时串口允许接收，置0时禁止接收。REN是由软件置位或清0。如果在一个电路中接收和发送引脚P3.0、P3.1都和上位机相连，在软件上有串口中断处理程序，当要求在处理某个子程序时不允许串口被上位机来的控制字符产生中断，那么可以在这个子程序的开始处加入 REN = 0 来禁止接收，在子程序结束处加入 REN = 1 再次打开串口接收。大家也可以用上面的实际源码加入 REN = 0 来进行实验。

TB8 发送数据位 8，在模式 2 和模式 3 是要发送的第 9 位。该位可以用软件根据需要置位或清 0，通常这位在通信协议中做奇偶位，在多处理机通信中这一位则用于表示是地址帧还是数据帧。

RB8 接收数据位 8，在模式 2 和模式 3 是已接收数据的第 9 位。该位可能是奇偶位或地址/数据标志位。在模式 0 中，RB8 为保留位没有被使用。在模式 1 中，当 SM2 = 0，RB8 是已接收数据的停止位。

TI 发送中断标志位。在模式 0，发送完第 8 位数据时，由硬件置位。其他模式中则是在发送停止位之初，由硬件置位。TI 置位后，申请中断，CPU 响应中断后，发送下一帧数据。在任何模式下，TI 都必须由软件来清 0。也就是说，在数据写入到 SBUF 后，硬件发送数据，中断响应（如中断打开），这时 TI = 1，表明发送已完成，TI 不会由硬件清 0，所以这时必须用软件对其清 0。

RI 接收中断标志位。在模式 0，接收第 8 位结束时，由硬件置位。其他模式中则是在接收停止位的半中间，由硬件置位。RI = 1，申请中断，要求 CPU 取走数据。但在模式 1 中，SM2 = 1 时，当未收到有效的停止位，则不会对 RI 置位。同样 RI 也必须要靠软件清 0。

常用的串口模式 1 是传输 10bit 的，1 位起始位为 0，8 位数据位，低位在先，1 位停止位为 1。它的波特率是可变的，其速率是取决于定时器 1 或定时器 2 的定时值（溢出速率）。波特率在使用串口做通信时，一个很重要的参数就是波特率，只有上下位机的波特率一样时才可以进行正常通信。波特率是指串行端口每秒内可以传输的波特位数。初学者认为波特率是指每秒传输的字节数，如标准 9600 会被误认为每秒钟可以传送 9600 个字节，而实际上它是指每秒可以传送 9600 个二进位，而一个字节要 8 个二进位，如用串口模式 1 来传输，那么加上起始位和停止位，每个数据字节就要占用 10 个二进位，9600 波特率用模式 1 传输时，每秒传输的字节数是 9600 ÷ 10 = 960 字节。51 芯片的串口工作模式 0 的波特率是固定的，为 $f_{osc}/12$，以一个 12MHz 的晶振来计算，那么它的波特率可以达到 1MHz。模式 2 的波特率是固定在 $f_{osc}/64$ 或 $f_{osc}/32$，具体用哪一种就取决于 PCON 寄存器中的 SMOD 位，如 SMOD 为 0，波特率为 $f_{ocs}/64$，SMOD 为 1，波特率为 $f_{ocs}/32$。模式 1 和模式 3 的波特率是可变的，取决于定时器 1 或定时器 2（52 芯片）的溢出速率。那么我们怎么去计算这两个模式的波特率设置时相关的寄存器的值呢？可以用以下的公式去计算：

$$波特率 = (2SMOD \div 32) \times 定时器1溢出速率$$

式中如设置了 PCON 寄存器中的 SMOD 位为 1 时，就可以把波特率提升 2 倍。通常会使用定时器 1 工作在定时器工作模式 2 下，这时定时值中的 TL1 作为计数，TH1 作为自动重装值，这个定时模式下，定时器溢出后，TH1 的值会自动装载到 TL1，再次开始计数，这样可以不用软件去干预，使得定时更准确。在这个定时模式 2 下定时器 1 溢出速率的计算公式如下：

$$溢出速率 = (计数速率)/(256 - TH1)$$

式中的“计数速率”与所使用的晶体振荡器频率有关，在 51 芯片中定时器启动后会在每一个机器周期使定时寄存器 TH 的值增加一，一个机器周期等于 12 个振荡周期，所以可以得知 51 芯片的计数速率为晶体振荡器频率的 1/12，一个 12MHz 的晶振用在 51 芯片上，那么 51 的计数速率就为 1MHz。通常用 11.0592MHz 晶体是为了得到标准的无误差的波特率，那么为何呢？如我们要得到 9600 的波特率，晶振为 11.0592MHz 和 12MHz，定时器 1 为模式 2，SMOD 设为 1，分别看看那所要求的 TH1 为何值。代入公式：

当晶振为 11.0592MHz 时，

$$9600=(2\div 32)\times((11.0592M/12)/(256-TH1))$$

$$TH1=250$$

当晶振为 12MHz 时，

$$9600=(2\div 32)\times((12M/12)/(256-TH1))$$

$$TH1\approx 249.49$$

上面的计算可以看出使用 12MHz 晶体的时候计算出来的 TH1 不为整数，而 TH1 的值只能取整数，这样它就会有一定的误差存在不能产生精确的 9600 波特率。当然一定的误差是可以在使用中被接受的，就算使用 11.0592MHz 的晶体振荡器也会因晶体本身所存在的误差使波特率产生误差，但晶体本身的误差对波特率的影响是十分之小的，可以忽略不计。

【调试与结果演示】

调试与结果演示如图 6-6 所示。

图 6-6 单片机回发“I love mcu”

【项目总结】

（1）单片机发送的字符是任意的，当单片机收到字符以后，就会回复，当然也可以设定特殊字符再回复，但这需要更改程序。

（2）我们在计算机上可以借助于一些软件来看到单片机回复的字符，在“调试与结果演示”窗口中，可以看到软件的操作界面，

这个是设置 PC 的串口，意思是使用哪个接口与单片机进行通信，现在的计算机一般就只有两个串口了，通常使用的是 COM1，接下来是设置波特率，软件上设置的波特率一定要与单片机设置一样，否则就会传输出错，波特率 9600。后面3个校验位、数据位和停止位一般采取默认值。

（3）我们可以用AD采集电压值，并通过串口传送至上位机显示出来，比如1s采集一次，当我们随意发送一个字符时，单片机回复此时采集到的电压值，但是手动发送太过麻烦，我们可以设置自动发送，把这一项选中。

（4）我们在使用串口的时候，要弄清楚，十六进制数发送，以及文本发送的区别。

【参考评分标准】

参考评分标准见表6-6。

表6-6　参考评分标准

评分项目	配分	配分细则
主要参数评分	60	1. 上位机发送任何字符，单片机能够正确回复，60分 2. 上位机还没有发送字符，就接收到来自单片机的字符，20分 3. 上位机发送字符，单片机没有反应，0分
连线及工艺评分	20	1. 电源5V，GND连接到主机5V，GND，10分 2. 主机串口接口接到上位机串口接口，10分
模块接线图评分	10	画面整洁，5分；基本整洁，2分；看不清，0分
职业安全意识评分	10	同项目一

第 7 章　单片机控制系统安装与调试项目精选

单片机安装与调试项目一

【项目任务】

图 7-1 所示是一个微波炉的示意图，左侧部分有门控开关、温度传感器、物品检测传感器、微波继电器、物品转盘及转盘电动机等安装在微波炉内部；右侧部分为“显示 1”、“显示 2”及 4×4 个按键为微波炉的操作显示面板。其中：

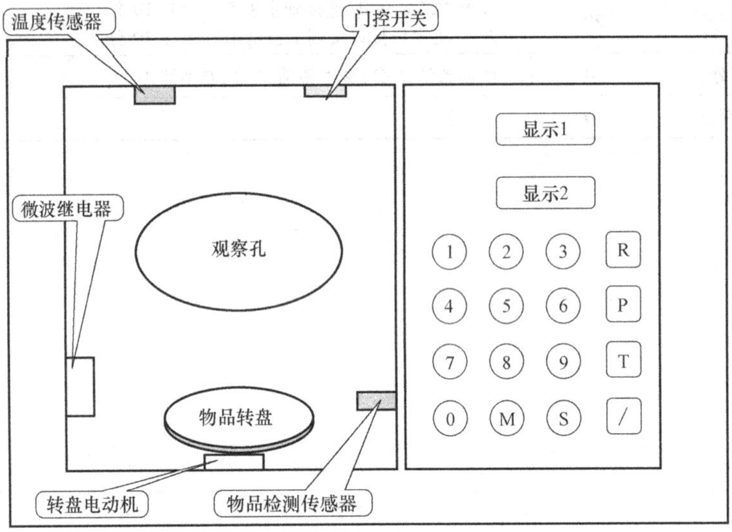

图 7-1　微波炉示意图

（1）显示 1是 8 位数码管显示。

（2）显示 2是 32×16 点阵显示。

（3）⓪～⑨是 10 个数字按键，R、P、T分别是微波炉的运行按键、暂停按键和停止按键。这 4×4 个按键用 YL-236 装置上的 4×4 行列键盘代替。

（4）转盘电动机用亚龙 YL-236 单片机控制功能实训装置上电动机模块的单相交流电机代替，门控开关用指令元件模块的开关 K1、物品检测传感器用指令元件模块的按钮 SB1 代替、温度传感器用指令元件模块的按钮 SB2 代替。

微波炉控制器是通过操作 16 个按键来控制微波炉的工作。

微波炉控制器的控制要求是：

（1）初始状态。控制器接通电源后，显示 1的 DS7、DS6 和 DS5 显示“000”，表示当前微波炉内的起始温度为“000”。

门控开关检测微波炉门是否被打开，“KA1”置“开”的位置时，表示微波炉门被打开。此时对应的LED灯点亮，显示2从左到右显示汉字“门开”；“KA1”置“关”的位置时，表示微波炉门被关闭，对应的LED灯熄灭。

物品检测传感器检测物品转盘上是否有需要加热的物品。当微波炉门关闭，若物品转盘上没有需要加热的物品（按钮SB1触点断开），则显示2从左到右显示汉字“等待”；若物品转盘上有需要加热的物品（按下按钮SB1，触点闭合），则显示2从左到右显示汉字“时间”，显示1的DS4、DS3、DS2和DS1显示数字“00.00”，表示设置时间的“分钟、秒”。微波炉转盘电动机处于停止状态。

（2）微波炉工作。当设定加热时间后，在微波炉门关闭、物品转盘中有需要加热的物品的情况下，按下运行按键R，微波炉转盘电动机开始转动，微波继电器得电，对转盘中的物品加热。显示1上设定的时间开始进行累计减“1”的倒计时，显示2上从左到右显示汉字“加热”。

微波炉开始工作后，温度传感器每检测到一次信号（按一次按钮SB2），表示微波炉内温度增加30℃。当微波炉内温度上升到90℃时，微波继电器失电，停止对物品加热且显示1的DS7、DS6和DS5显示“090”。在停止加热后温度传感器每检测到一次信号，表示微波炉内温度降低，当微波炉内温度降低到30℃时，微波继电器得电，又对转盘上的物品加热，此时显示1的DS7、DS6和DS5显示“030”。

当时间累计减到“00.00”时，微波炉停止工作，显示2上从左到右显示汉字“停止”，并且报警电路的蜂鸣器发出提示声音。

按下按键T，蜂鸣器提示声音停止并回到初始状态。

在设定时间按内打开微波炉门或按下按键P，则微波炉暂停工作。此时转盘电动机停止转动、微波继电器失电、定时时间暂停倒计时，显示2上从左到右显示汉字“暂停”。若关上微波炉门或再次按下按键R，则转盘电动机恢复转动、微波继电器得电继续对物品加热、显示2上从左到右显示汉字“加热”，显示1从暂停时刻继续倒计时，完成加热过程，回到时间累计减到“00.00”的状态。

【任务分析】

在做赛题的时候，最重要的就是逻辑清楚，将题目的要求读清楚，并写成逻辑框图，这样在编程的时候才能得心应手。

先分析一下这个题目需要什么模块，显示部分需要点阵、数码管，指令部分需要自锁开关和矩阵键盘以及独立按键。在执行部分需要继电器以及电动机。微波炉上的传感器只需要使用自锁开关和独立按键来代替。

【硬件选择】

电源模块、主机模块、显示模块、指令模块、电动机模块。

【接线表及原理图】

实验接线见表7-1。

表 7-1　实验接线表

P1.0 ~ P1.7	数码管 D0 ~ D7	COL2	P2.0
P1.0 ~ P1.7	矩阵键盘	COL3	P2.1
P3.0 ~ P3.7	点阵 DB0 ~ DB7	KA1	P3.3
CS1	P3.0	SB1	P2.2
CS2	P3.1	SB2	P2.5
CSWR	P3.2	电机继电器	P2.3
ROW0	P3.4	蜂鸣器	P2.4
ROW1	P3.5	电源 5V,GND	所有模块 5V,GND
COL0	P3.6	电源 24V,GND	电动机 M+,M-
COL1	P3.7		

【软件设计】

初始化要求：上电以后，数码管 DS7、DS6、DS5 显示 000。如果KA1 = 0，则点阵显示门开；如果 KA1 =1，则点阵显示等待。在 KA1 等于 1 的情况下，如果按下 SB1，则点阵显示时间，数码管 DS4、DS3、DS2、DS1 显示 0000，这时候可以进行设置时间，时间设置好之后，如果按下 <R>运行键，则电动机转动，数码管开始倒计时，点阵显示加热。当数码管倒计时到 0000 的时候，电动机显示停止，蜂鸣器报警，如果按下 <T>键，则回到初始化。

需要注意的是，在加热期间如果按下 SB2，则数码管前三位就会显示 030，表示微波炉的温度升高，当上升到 90℃ 的时候就会电动机停转，直至温度降低到 30℃（继续按下 SB2）。

编程思路如图 7-2 所示。

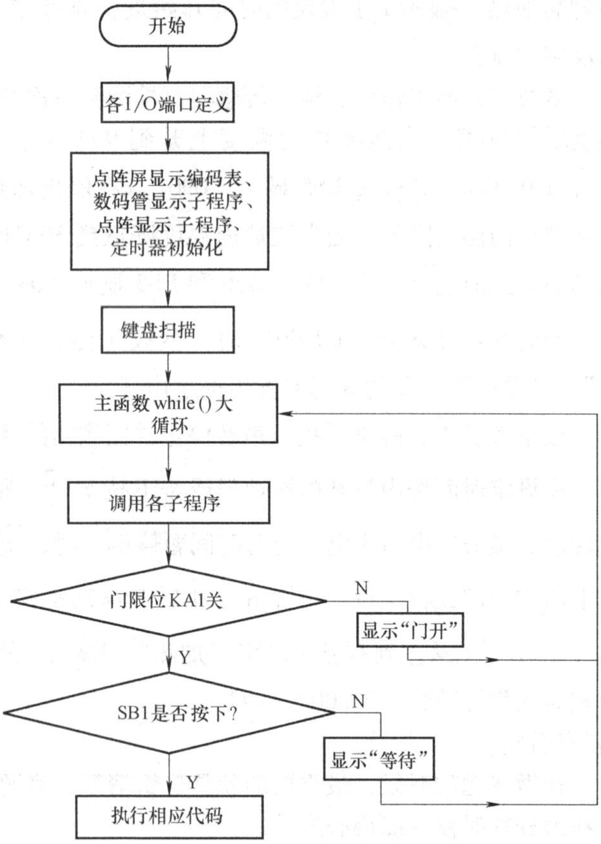

图 7-2　程序流程

编程技巧

1. 选择合适的算法和数据结构

应该熟悉算法语言，知道各种算法的优缺点，具体资料请参见相应的参考资料，有很多计算机书籍上都有介绍。将比较慢的顺序查找法用较快的二分查找或乱序查找法代替，插入排序或冒泡排序法用快速排序、合并排序或根排序代替，都可以大大提高程序执行的效率。选择一种合适的数据结构也很重要，比如在一堆随机存放的数中使用了大量的插入和删除指令，那使用链表要快得多。数组与指针语句具有十分密码的关系，一般来说，指针比较灵活简洁，而数组则比较直观，容易理解。对于大部分的编译器，使用指针比使用数组生成的代码更短，执行效率更高。但是在 Keil 中则相反，使用数组比使用的指针生成的代码更短。

2. 使用尽量小的数据类型

能够使用字符型（char）定义的变量，就不要使用整型（int）变量来定义；能够使用整型变量定义的变量就不要用长整型（long int），能不使用浮点型（float）变量就不要使用浮点型变量。当然，在定义变量后不要超过变量的作用范围，如果超过变量的范围赋值，C 编译器并不报错，但程序运行结果却错了，而且这样的错误很难发现。

在 ICCAVR 中，可以在 Options 中设定使用 printf 参数，尽量使用基本型参数（%c、%d、%x、%X、%u 和%s 格式说明符），少用长整型参数（%ld、%lu、%lx 和%lX 格式说明符），至于浮点型的参数（%f）则尽量不要使用，其他 C 语言编译器也一样。在其他条件不变的情况下，使用%f 参数，会使生成的代码的数量增加很多，执行速度降低。

3. 使用自加、自减指令

通常使用自加、自减指令和复合赋值表达式（如 a-=1 及 a+=1 等）都能够生成高质量的程序代码，编译器通常都能够生成 inc 和 dec 之类的指令，而使用 a=a+1 或 a=a-1 之类的指令，有很多 C 语言编译器都会生成 2~3 字节的指令。在 AVR 单片适用的 ICCAVR、GCCAVR、IAR 等 C 语言编译器以上几种书写方式生成的代码是一样的，也能够生成高质量的 inc 和 dec 之类的代码。

4. 减少运算的强度

可以使用运算量小但功能相同的表达式替换原来复杂的表达式。例如：

```
a=a%8;
```

可以改为：

```
a=a&7;
```

说明：位操作只需一个指令周期即可完成，而大部分的 C 语言编译器的“%”运算均是调用子程序来完成，代码长、执行速度慢。通常，只要求是求 n^2 的余数，均可使用位操作的方法来代替。

平方运算：

```
a=pow(a,2.0);
```

可以改为：

```
a=a*a;
```

说明：在有内置硬件乘法器的单片机中（如 51 系列），乘法运算比求平方运算快得多，因为浮点数的求平方是通过调用子程序来实现的，在自带硬件乘法器的 AVR 单片机中，如 ATMega163 中，乘法运算只需 2 个时钟周期就可以完成。即使是在没有内置硬件乘法器的 AVR 单片机中，乘法运算的子程序比平方运算的子程序代码短，执行速度快。

如果是求 n 的 3 次方，例如：

```
a = pow(a,3.0);
```

可以改为：

```
a = a * a * a;
```

则效率的改善更明显。

用移位实现乘除法运算：

```
a = a * 4;
b = b/4;
```

可以改为：

```
a = a<<2;
b = b>>2;
```

说明：通常如果需要乘以或除以 2n，都可以用移位的方法代替。在 ICCAVR 中，如果乘以 2n，都可以生成左移的代码，而乘以其他的整数或除以任何数，均调用乘除法子程序。用移位的方法得到代码比调用乘除法子程序生成的代码效率高。实际上，只要是乘以或除以一个整数，均可以用移位的方法得到结果，例如：

```
a = a * 9
```

可以改为：

```
a = (a<<3) + a
```

5. 循环

循环语句对于一些不需要循环变量参加运算的任务可以把它们放到循环外面，这里的任务包括表达式、函数的调用、指针运算、数组访问等，应该将没有必要执行多次的操作全部集合在一起，放到一个 init 的初始化程序中进行。

延时函数：通常使用的延时函数均采用自加的形式。

```
void delay (void)
{
unsigned int i;
for(i = 0;i < 1000;i ++);
}
```

将其改为自减延时函数：

```
void delay (void)
{
unsigned int i;
for (i = 1000;i > 0;i--);
}
```

两个函数的延时效果相似，但几乎所有的 C 语言编译对后一种函数生成的代码均比前一种代码少 1～3 个字节，因为几乎所有的 MCU 均有为 0 转移的指令，采用后一种方式能够生成这类指令。在使用 while 循环时也一样，使用自减指令控制循环会比使用自加指令控制循环生成的代码更少 1～3 个字节。

但是在循环中有通过循环变量“i”读写数组的指令时，使用预减循环时有可能使数组超界，要引起注意。

while 循环和 do-while 循环。

用 while 循环时有以下两种循环形式：

```
unsigned int i;
    i =0;
    while (i <1000)
    {
        i ++;
        //用户程序
    }
```

或

```
unsigned int i;
    i =1000;
    do
        i--;
        //用户程序
        while (i >0);
```

在这两种循环中，使用 do-while 循环编译后生成的代码的长度短于 while 循环。

6. 查表

在程序中一般不进行非常复杂的运算，如浮点数的乘除及开方等，以及一些复杂的数学模型的插补运算，对这些既消耗时间又消费资源的运算，应尽量使用查表的方式，并且将数据表置于程序存储区。

7. 其他

使用在线汇编及将字符串和一些常量保存在程序存储器中，均有利于优化。

【项目总结】

(1) 点阵的重复扫描可以取消，因为要扫描数码管，如果在点阵上重复过多遍就会造成数码管不能正常显示。

(2) 如果连线太多，就可以拿扎带将其扎以来，这样看着会清晰许多。

【参考评分标准】

参考评分标准见表 7-2。

表 7-2　参考评分标准

评分项目	配分	配分细则
主要参数评分	60	1. 点阵显示没有闪动，数码管显示正确，电动机能够在准确的时间转动，60 分 2. 点阵显示不清楚，数码管显示闪烁，电动机能够在准确的时间转动，50 分 3. 点阵显示模糊，数码管显示闪烁，电动机能够转动，40 分 4. 点阵不能够显示，数码管显示正确，电动机能够在准确的时间转动，35 分 5. 点阵不能够显示，数码管显示闪烁，电动机能够在准确的时间转动，30 分 6. 点阵不能够显示，数码管显示不正确，电动机能够在准确的时间转动，25 分 7. 数码管，点阵都不能够显示，0 分
连线及工艺评分	20	1. 数码管连接正确，5 分 2. 点阵连接正确，5 分 3. 电动机连接正确，5 分 4. 电源连接正确，5 分
模块接线图评分	10	1. 数码管连接正确，1 分 2. 点阵连接正确，1 分 3. 电动机连接正确，2 分 4. 电源连接正确，1 分 5. 画面整洁，5 分；基本整洁，2 分；看不清，0 分
职业安全意识评分	10	同项目一

单片机安装与调试项目二

【项目任务】

（1）阅读任务书完成功能。

（2）在图纸上画出电气控制接线图，并写工位。

（3）根据所画电气控制接线原理图，连接线路。

（4）编写控制程序。

（5）调试程序。

配液装置说明：

图 7-3 和图 7-4 所示为配液装置示意图，接通配液装置的电源时，固体原料控制门关闭（亚龙 YL-236 单片机控制功能实训上继电器模块 KM1 线圈不通电）液体原料 A、B 和溶液装瓶控制电磁阀关闭（亚龙 YL-236 单片机控制功能实训上继电器模块 KM2、KM3、KM4 线圈不通电）各液体液位检测传感器温度检测传感器的常开触点断开，加热器（亚龙 YL-236 单片机控制功能实训上继电器模块 KM5 线圈不通电）不工作，搅拌电动机不转动。该状态为配液装置正常的初始状态，此时，用亚龙 YL-236 单片机控制功能实训板显示元件模块 LED1 发光指示配液装置正常的初始状态。在配液装置初始状态正常的情况下，按下启动按钮（亚龙 YL-236 单片机控制功能实训独立键盘第一列第一行的 KA1、KB1）配液装置开始工作，亚龙 YL-236 单片机控制功能实训点阵显示元件显示“进料”。

配液装置开始工作，首先将固体原料放入配装罐中，放入过程：固体原料控制电磁门的线圈得电，控制门开启，在漏斗中经过准确计量的固体原料通过控制门进入配量罐的同时，亚龙 YL-236 单片机控制功能实训显示数码管 DS0 显示“1”。控制门开启 10s，固体原料第一次进料完成，控制门关闭 5s，将经过准确计量的固体原料放入固体原料漏斗后，控制门再次开启 10s，第二次将固体原料放入配装罐，此时亚龙 YL-236 单片机控制功能实训显示数码管 DS0 显示“2”第二次放入固体原料完成后，固体原料控制门关闭的同时液体原料 A 电磁阀开启，液体原料 A 进入配置罐的同时，亚龙 YL-236 单片机控制功能实训显示模块最后的一个数码管显示“2”熄灭，当配量罐中液面到达液体原料 A 位置控制传感器的位置时，液体原料 A 电磁阀关闭，液体原料 B 电磁阀开启，液体原料 B 进入配置罐。

配置罐中液面到达“液体原料 B 位置检测传感器”的位置时，液体原料 B 电磁阀关闭，搅拌电动机（直流电动机）正转转动同时，亚龙 YL-236 单片机控制功能实训点阵显示元件显示“进料”转为“搅拌”。亚龙 YL-236 单片机控制功能实训显示数码管 DS7，DS8 倒计时显示搅拌时间，电动机转动 15s 搅拌停止电动机停止转动的同时，加热器开始对溶液加热的同时亚龙 YL-236 单片机控制功能实训点阵显示元件显示“搅拌”转为“加热”。溶液温度到达设定的温度，温度传感器动作（亚龙 YL-236 单片机控制板指令元件模块 K1 闭合）加热停止。加热停止后 3s，溶液装瓶电磁阀开启（亚龙 YL-236 单片机控制板继电器模块 KM4 线圈得电）开启溶液装瓶的同时，亚龙 YL-236 单片机控制功能实训点阵显示元件显示“加热”转为“装瓶”。

设定溶液装瓶控制电磁阀开启 2s 装满 1 瓶，然后停止 2s 溶液装瓶控制电磁阀又开始装下一瓶，配置罐中的液装满 10 瓶，当最后一瓶装满后自动停止回到初始状态。需再次按启动后从新开始工作。

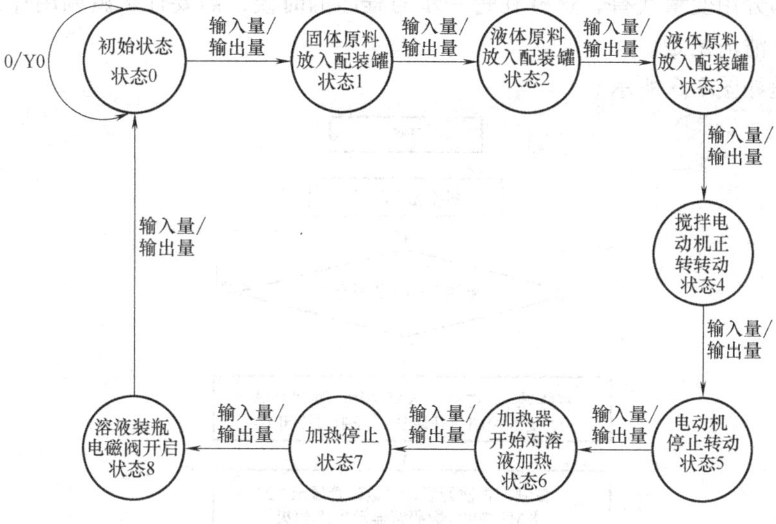

图7-3　主状态转换图

【任务分析】

先分析一下这个任务需要什么模块，这个任务需要继电器、LED灯、独立按键、电动机、点阵、数码管。

可以看到，这一题的题目中，控制部分I/O端口提前已经分配好了，不能够更改，但是51系列单片机只有4组I/O端口，要驱动这个多外围电路，I/O端口肯定不够用，这时候就要涉及分时复用的问题。

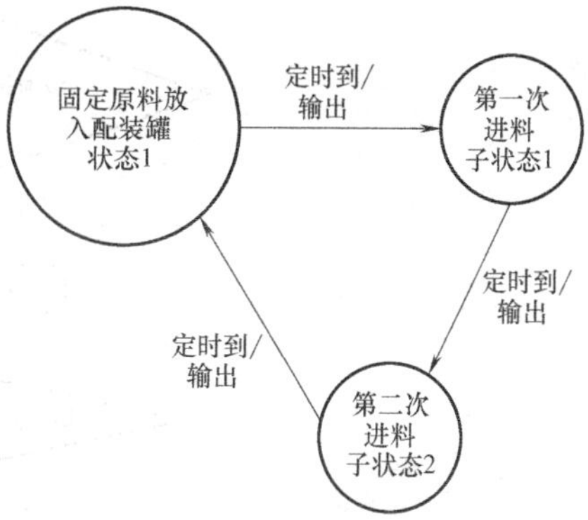

图7-4　子状态转换图

【硬件选择】

电源模块、主机模块、显示模块、电动机模块、继电器模块。

【接线表及原理图】

实验接线表见表7-3。

表7-3　实验接线表

KM1	P2.3	数码管 CSWR	P2.2
KM2	P2.4	点阵 ROW0	P3.0
KM3	P2.5	点阵 ROW1	P3.1
KM4	P2.6	点阵 COL0	P3.2
KM5	P1.3	点阵 COL1	P3.3
KM6	P2.7	点阵 COL2	P3.4
SB1	P1.3	点阵 COL3	P3.5
电动机 PRI	P2.7	数码管 D0～D7	P0.0～P0.7
数码管 CS1	P2.0	点阵 DB0～DB7	P0.0～P0.7
数码管 CS2	P2.1		

【软件设计】

先要分析程序在每一时刻需要干什么，可以把每一个硬件驱动程序编成一个个子程序，其中的一些部分用变量代替，这样在每一步写程序的时候，需要什么就调用什么，并要硬件干什么，都会清清楚楚。

程序流程如图 7-5 所示。

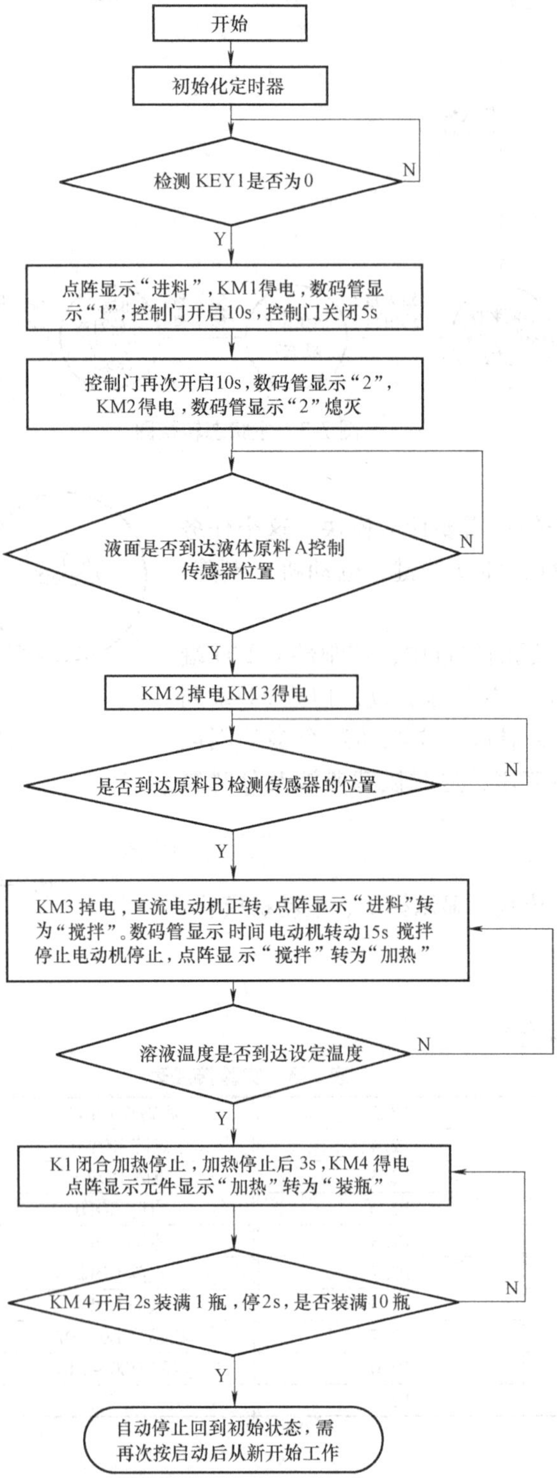

图 7-5　程序流程

【知识链接】

在编程的时候，有时候就会遇到程序调用错误的问题，这时候就要注意到是不是程序位置出错了，例如：

```
#include  <reg52.h>
#define uchar unsigned char
#define uint unsigned int
sbit LED1 = P1^0;
void delay(void)        //延迟子程序
{
 uint i,j;
 for(i =100;i >0;i--)
 {
    for(j =110;j >0;j--);
 }
}
void main(void)
{
while(1)
 {
   LED1 =0;
   delay();
   LED1 =1;
   delay();
 }
}
```

上面一个程序是让一个 LED 灯闪烁的程序，可以看出来，主程序调用了延迟子程序，而且主程序的位置位于延迟子程序的下面，也就是说，如果主调程序必须位于被调程序的下方，如果主调程序位于被调程序的上面，那被调程序就需要在主调程序前面进行声明。例如：

```
#include  <reg52.h>
#define uchar unsigned char
#define uint unsigned int
sbit LED1 = P1^0;
void delay();
void main(void)
{
 while(1)
 {
    LED1 =0;
    delay();
    LED1 =1;
    delay();
  }
}

void delay(void)
{
 uint i,j;
 for(i =100;i >0;i--)
 {
    for(j =110;j >0;j--);
 }
}
```

可以知道，上面的这个程序把主程序调到了上面但是要想使用延迟子程序就必须在主程序的前面进行声明：

```
void delay();                    //声明
```

【项目总结】

如果使用到两个定时器就可能涉及中断优先级的问题，89S52 有两个中断优先级，对每个中断源的中断请求都可以通过 IP 中有关位的状态设置。编程时设置为高优先级中断或者低优先级中断，以实现 CPU 响应中断过程的二级中断嵌套。89S52 的 6 个中断源优先级前面已经叙述。

【参考评分标准】

参考评分标准见表 7-4。

表 7-4　参考评分标准

评分项目	配分	配分细则
主要参数评分	60	1. 点阵显示没有闪动,数码管显示正确,继电器准确打开和闭合,电动机能够在准确的时间转动,60 分 2. 点阵显示不清楚,数码管显示闪烁,继电器准确打开和闭合,电动机能够在准确的时间转动,50 分 3. 点阵显示模糊,数码管显示闪烁,继电器在运行过程中,打开和闭合不够准确,电动机能够转动,40 分 4. 点阵不能够显示,数码管显示正确,继电器准确打开和闭合,电动机能够在准确的时间转动,35 分 5. 点阵不能够显示,数码管显示闪烁,继电器准确打开和闭合,电动机能够在准确的时间转动,30 分 6. 点阵不能够显示,数码管显示不正确,继电器准确打开和闭合,电动机能够在准确的时间转动,25 分 7. 数码管,点阵都不能够显示,0 分
连线及工艺评分	20	1. 数码管连接正确,5 分 2. 点阵连接正确,5 分 3. 继电器,电动机连接正确,5 分 4. 电源连接正确,5 分
模块接线图评分	10	1. 数码管连接正确,1 分 2. 点阵连接正确,1 分 3. 继电器,电动机连接正确,2 分 4. 电源连接正确,1 分 5. 画面整洁,5 分;基本整洁,2 分;看不清,0 分
职业安全意识评分	10	同项目一

单片机安装与调试项目三

【项目任务】

请参赛选手先了解各项评分标准，并认真阅读工作任务书。

1. 评分标准

（1）职业与安全意识评分标准（此项满分为 10 分，最低为 -40 分，见表 7-5）。

表 7-5　职业与安全意识评分标准

评分项目	分值	评分标准
操作是否符合安全操作规程	4	出现不符合安全操作规程的,一次扣 2 分,扣完为止。严重不符造成一定后果的扣 4 分
工具的摆放、工具的正确的使用、调试操作方法等的处理,是否符合职业岗位的要求	3	出现工具运用、装置取舍不符合职业岗位要求的(如工具遗忘在现场)一次扣 1 分,扣完为止
是否遵守赛场纪律、爱惜赛场的设备和器材、保持工位的整洁	3	发现违反赛场纪律(如提前操作、规定时间外继续答题不听劝阻的)、损坏设备仪器的,一次扣 3 分。工位不整洁的扣 1 ~ 3 分。扣完为止

特别:1. 完成工作任务并交卷后,出现电路短路总成绩再加扣 30 分。
2. 完成工作任务过程中,因违反操作规程影响自己及他人比赛的(如造成机房停电),总成绩再加扣 5 ~ 30 分。
3. 严重损坏赛场提供的设备,污染赛场环境,不符合职业规范的行为,视情节总成绩再加扣 3 ~ 10 分。
4. 严重违反纪律的,如出现作弊现象,经主评委确认,可直接取消该选手参赛资格,比赛成绩记为 0 分。

（2）工艺性评分标准（此项满分为30分，最低为0分，见表7-6）。

表7-6　工艺性评分标准

评分项目	分值	评分标准
模块元件导线连接工艺	2	模块选择多于、少于试题要求的，每项扣1分，扣完为止
	6	导线连线不合理、不正确，扣1～6分
	2	导线选择不合理，每项扣1分，扣完为止
	2	导线整理不美观的（如没有绑扎的），扣1～2分
	3	导线连接不牢，同一接线端子上连接多于2条的，每项扣1分，扣完为止
制图标准与规范性	3	徒手绘图，字迹潦草扣1～3分
	3	图形标号不符合标准要求，每项扣0.5分，扣完为止
	3	没有模块名称，每项扣0.5分，扣完为止
	6	漏画模块，每项扣1分，与实际连线不符的每项扣0.5分，连线与功能要求不符的每项扣1分。扣完为止

（3）功能评分标准（此项满分为60分，最低为0分，见表7-7）。

表7-7　功能评分标准

评分项目		分值	评分标准
初始工作状态	开电源	1	开电源正常，得1分。不“开电源”就工作，不得分
	显示10个数字	5	每个0.5分，要求字形正确，时间准确
	等待设定显示	1.5	显示设定水位（闪烁）、设定温度、“---”各，0.5分
	蜂鸣器响0.5s	0.5	响0.5s，时间准确，0.5分
	关电源	0.5	在初始工作状态，可以快速关电源，0.5分
工作过程	设定工作水位	2	能实现“HHH.→LLL.→HHH.”切换并闪烁。2分
	设定烘干温度	4	设定温度十位、个位数字正常并闪烁，2分
	开始工作	2	“开始”键正常，0.5分，不按“开始”键就开始，不得分；“运行灯”亮，0.5分；显示实时水位、温度，0.5分
	进水	5	“进水灯”亮，0.5分；倒计时，0.5分；水位检测、处理正确2分，故障处理2分
	洗涤	7	“进水灯”灭，“洗涤灯”亮，0.5分；倒计时和动作次序正常，0.5分；低速正转，2分；低速反转，2分。故障处理，2分。转速不符合处，扣1分，最多扣2分
	排水	5	“洗涤灯”灭，“排水灯”亮，0.5分；倒计时，0.5分；水位检测、处理正确2分，故障处理2分
	脱水	7	“排水灯”灭，“脱水灯”亮，0.5分；倒计时和动作次序正常，0.5分；低速正转，2分；高速正转，2分。故障处理，2分。转速不符合处，扣1分，最多扣2分
	第二次进水、排水、洗涤、脱水	4	各1分
	烘干	6	“脱水灯”灭，“烘干灯”亮，0.5分；测温2分；控温2分；倒计时，0.5分；蜂鸣器响3次，0.5分；“运行灯”灭，0.5分
	工作中暂停	4.5	处于工作过程以上9步时，能快速暂停，各得0.5分
	工作中关电源	5	处于工作过程以上10步时，能快速关电源，各得0.5分

2. “全自动洗衣机”的工作任务书

（1）总体要求（请在4小时内完成）：

1）根据“全自动洗衣机”的说明及控制要求，使用“WYDX-1单片机技能实训平台”中相关模块及元件，构建一套虚拟“全自动洗衣机”系统。

2）请在试卷后面答题纸上准确、规范地画出你设计的模块接线图。请注意按要求填写工位号。

3）请按照工艺规范用导线连接“全自动洗衣机”所需各模块及元件。

4）请按照“全自动洗衣机”的控制要求，编写并调试单片机程序。在交卷前，请保存单片机程序开发目录所有内容到计算机“E:\单片机+工位号”目录下，“工位号”为选手的实际工位号码；交卷前，请务必将程序下载到赛场提供的单片机中。

（2）全自动洗衣机说明：

1）系统描述。全自动洗衣机是虚拟生活中的“微电脑洗衣机”，模拟完成衣物的自动洗洁、烘干等功能。整个系统由操作面板、洗涤部件、烘干部件等组成。

2）模块及元器件说明。

- 操作面板。使用“WYDX-1单片机技能实训平台”中“键盘模块”的“0-SB1”、“0-SB2”、“0-SB3”、“0-SB4”，分别构成“开始/暂停”键、“↑”键、“→”键、“开电源/关电源”键，注意“0-SB1”和“0-SB4”均有两种功能。

使用“显示模块”中的“8位数码管”显示有关信息。显示格式为“XXX. XX. XXX”，左边3位显示洗衣桶内水位高低信息，中间2位显示烘干温度信息（显示精确到1℃），右边3位显示工作时秒倒计时信息。

使用“显示模块”中的“发光二极管”显示有关信息。“LED0”、“LED1”、“LED2”、“LED3”、“LED4”、“LED5”、“LED6”、“LED7”分别表示：“电源指示灯”、“运行指示灯”、“暂停指示灯”、“进水指示灯”、“洗涤指示灯”、“排水指示灯”、“脱水指示灯”、“烘干指示灯”。

使用“主机模块”中的蜂鸣器Bell，实现系统出错时声响报警。

- 洗衣桶内水位。使用“可调电压输出”模拟洗衣桶内水位变化，当其输出端子“Vx-OUT”的电压小于0.1V，表示无水；当“Vx-OUT”的电压为1V±0.1V，表示到低水位；当“Vx-OUT”的电压为2V±0.1V，表示到高水位。

调试程序时，请手动调整电位器RW2，模拟产生水位变化。

- 洗涤部件。使用“电动机模块”模拟洗涤部件。当电动机上的小转盘顺时针转动时，表示洗涤电动机“正转”；当电动机上的小转盘逆时针转动时，表示洗涤电动机“反转”。通过ST153可以测出电动机转速（单位：转/秒），当电动机转速≤35转/秒时，为低速运行；当电动机转速≥45转/秒时，为高速运行。系统工作时，电动机能够低速正转、低速反转、高速正转。
- 烘干部件。使用“温度模块”模拟烘干部件。电阻用于加热升温，测温传感器指定为LM35。烘干温度默认值为40℃，可以通过键盘修改、设定、保存，烘干温度设定范围为30℃～49℃。烘干过程中要求控温精度为：“设定烘干温度”±2℃。

为实现“全自动洗衣机”控制要求，除了以上指定模块外，参赛选手可以再选择使用“WYDX-1 单片机技能实训平台”中其他模块、元器件。

(3) 全自动洗衣机控制要求

1) 初始工作状态：

- 系统上电后，还没有按下“0-SB4”前，为电源关闭状态，无一切动作、无显示、无声响，不响应除“0-SB4”以外的按键。
- 在电源关闭状态下，按下“0-SB4”，表示“开电源”：“电源指示灯”亮；8 位数码管依次显示“00000000”、“11111111”、“22222222”、“33333333”、“44444444”、“55555555”、“66666666”、“77777777”、“88888888”、“99999999”各 1s。

接着显示“XXX. XX. ---”。其中左边 3 位显示设定的工作水位：高水位显示为“HHH.”、低水位显示为“LLL.”；如果是第一次使用，就显示为“LLL.”，即默认为低水位工作。水位为第一个等待设定的参数，因此左边 3 位闪烁提示（亮 0.3s，灭 0.3s）。中间 2 位显示设定的烘干温度值；如果是第一次使用，就显示为“40.”。右边 3 位显示为“---”。

然后蜂鸣器响 0.5s，提示可以操作。系统处于等待操作状态，响应所有按键。

在“开电源”后的任何时间，再次按下“0-SB4”，表示“关电源”，停止一切动作、显示等，又回到“初始工作状态（1)”；在电源关闭状态下，按下“0-SB4”，又表示“开电源”，如此循环切换。

2) 工作过程：

- 设定参数。在等待操作状态，可以设定有关参数。按下“→”键可以改变设定的对象，按照“3 位水位显示→烘干温度十位→烘干温度个位→3 位水位显示”次序循环切换，当切换到某参数时，相应位闪烁提示（亮 0.3s，灭 0.3s）。

按下“↑”键可以改变设定对象的内容：“3 位水位显示”按照“HHH.→LLL.→HHH.”次序循环切换；“烘干温度十位”按照“3→4→3”次序循环切换；“烘干温度个位”按照“0→1→2→3→4→5→6→7→8→9→0”次序循环切换。

- 开始工作。完成参数设定后，或不设定（直接用保存值、默认值），按下“开始/暂停”键，开始自动洗衣工作，系统不响应“↑”键、“→”键，“运行指示灯”亮，8 位数码管显示当前实时水位信息（无水为“000.”、低水位为“LLL.”、高水位为“HHH.”)、烘干部件的当前温度信息、当前工作秒倒计时值，由于设定参数工作已完成，因此不闪烁提示。

在结束整个洗衣工作周期前，除故障状态外的任何时候，再次按下“开始/暂停”键，“暂停指示灯”亮，“运行指示灯”灭，暂停当前工作，并停止相关倒计时；在暂停状态下，按下“开始/暂停”键，系统继续工作，恢复相关倒计时，“暂停指示灯”灭，“运行指示灯”亮；暂停状态和运行状态可以不断切换，直至整个洗衣工作周期结束。

- 第一次进水。开始自动洗衣工作时，“进水指示灯”亮，表示已打开进水电磁阀，洗衣桶开始进水，同时开始 15s 倒计时。此时手动调整电位器 RW2，模拟产生水位变化（请在开始工作前，先将端子“Vx-OUT”的电压调到小于 0.1V；交卷前也请同样处理），等到其输出端子“Vx-OUT”的电压上升到设定的水位时，“进水指示灯”灭，表示已关闭进水电磁阀，此时请注意正确显示当前水位信息。

进水到设定水位的时间应小于 15s；否则，判定为故障，“进水指示灯”灭，“运行指示灯”灭，8 位数码管显示为“E ┌ ┌ 0 ┌ ---”，蜂鸣器不断报警（响 0.3s，停 0.3s），此时只响应“0-SB4”按键。

- 第一次洗涤。进水到设定水位后，“进水指示灯”灭，“洗涤指示灯”亮，洗涤电动机开始低速正转 15s，停 2s，低速反转 15s，停 2s；再次低速正转 15s，停 2s，低速反转 15s；然后停止转动，“洗涤指示灯”灭，完成第一次洗涤。在电动机开始转动时，同时 15s 倒计时。

在控制电动机转动的所有 15s 内，若发现连续 5s 电动机转速低于 5 转/s，可判定为电动机堵转故障，“运行指示灯”灭，“洗涤指示灯”灭，停止电动机转动，8 位数码管显示为“E ┌ ┌ 0 ┌ ---”，蜂鸣器不断报警（响 0.3s，停 0.3s），此时只响应“0-SB4”按键。

- 第一次排水。完成第一次洗涤后，“洗涤指示灯”灭，“排水指示灯”亮，表示已打开排水电磁阀，洗衣桶开始排水，同时开始 15s 倒计时。此时手动调整电位器 RW2，模拟产生水位变化，等到其输出端子“Vx-OUT”的电压下降到低于 0.1V 时，“排水指示灯”灭，表示排水完成，但排水电磁阀不关闭，此时请注意正确显示当前水位信息。

  排水完成的时间应小于 15s；否则，判定为故障，“排水指示灯”灭，“运行指示灯”灭，8 位数码管显示为“E ┌ ┌ 0 ┌ ---”，蜂鸣器不断报警（响 0.3s，停 0.3s），此时只响应“0-SB4”按键。

- 第一次脱水。排水完成后，“排水指示灯”灭，“脱水指示灯”亮，电动机开始低速正转 15s（同时 15s 倒计时），再高速正转 15s（同时 15s 倒计时），然后停止转动，“脱水指示灯”灭，表示排水电磁阀关闭，完成脱水。

在控制电动机转动的所有 15s 内，若发现连续 5s 电动机转速低于 5 转/s，可判定为电动机堵转故障，“运行指示灯”灭，“脱水指示灯”灭，停止电动机转动，8 位数码管显示为“E ┌ ┌ 0 ┌ ---”，蜂鸣器不断报警（响 0.3s，停 0.3s），此时只响应“0-SB4”按键。

- 第二次进水、洗涤、排水、脱水。请顺序参考工作过程的（3）、（4）、（5）、（6）步。
- 烘干。在完成第二次脱水后，“脱水指示灯”灭，“烘干指示灯”亮，烘干部件开始加温；当温度上升到设定值时（注意正确显示实时温度），开始 15s 倒计时，此时系统要控制其温度在“设定烘干温度” ±2℃；当 15s 倒计时完成后，“烘干指示灯”灭，蜂鸣器响 1s，停 1s，重复 3 次，然后“运行指示灯”灭，完成整个洗衣工作周期。

然后系统又回到工作过程的初始工作状态，处于等待操作状态。

【任务分析】

流程分析如图 7-6 所示。

【软件设计】

先仔细审题，把不懂的地方做上记号，反复阅读。或者在纸上把思路写下来。这题可以分几个部分来完成，具体细节在这里不做强调，记住题目要求的先后顺序。

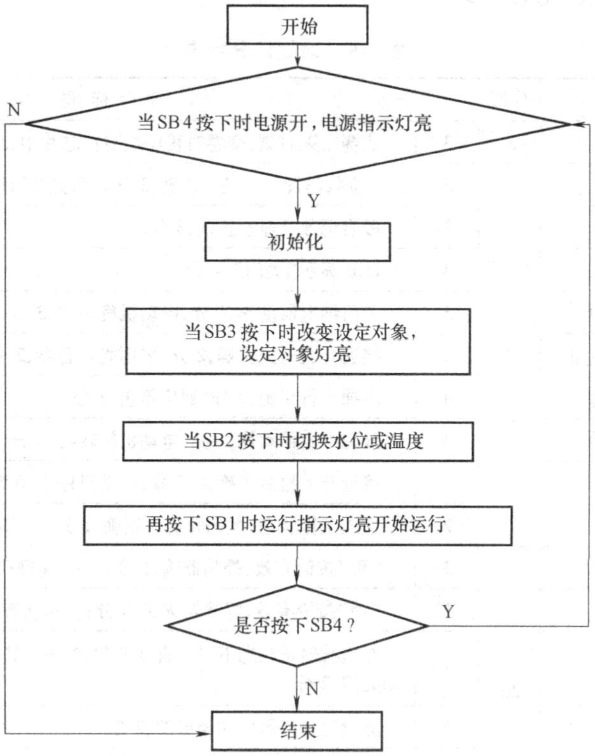

图7-6　流程分析

单片机安装与调试项目四

【项目任务】

★ 参赛选手赛前请了解评分标准，答题前请熟悉控制装置背景，并认真阅读工作任务书要求

1. 职业与安全意识评分标准（此项满分为10分，最低为−40分，见表7-8）。

表7-8　职业与安全意识评分标准

评分项目	分值	评分标准
操作是否符合安全操作规程	4	出现不符合安全操作规程的，一次扣2分，扣完为止。严重不符造成一定后果的，扣4分
工具的摆放，工具的正确使用，调试操作方法等的处理，是否符合职业岗位的要求	3	出现工具运用，装置取舍不符合职业岗位要求的（如工具遗忘在赛场），一次扣1分，扣完为止
是否遵守赛场纪律，爱惜赛场的设备和器材，保持工位的整洁	3	发现违反赛场纪律（如提前操作，规定时间外继续答题不听劝阻的），损坏设备仪器的，一次扣3分；工位不整洁的扣1～3分。扣完为止

特别：1. 完成工作任务并交卷后，出现电路短路总成绩再扣30分；
2. 完成工作任务过程中，因违反操作规程影响自己及他人比赛的（如造成机房停电），总成绩再扣5～30分；
3. 严重损坏赛场提供的设备，污染赛场环境，不符合职业规范的行业，视情节总成绩再扣3～10分；
4. 严重违反纪律的，如出现作弊现象，经主评委确认，可直接取消该选手参赛资格，无比赛成绩。

2. 功能评分标准，见表7-9。

表7-9　功能评分标准

项目	评分项目	分值	评分标准	
提交	芯片烧写	3	3	比赛结束时刻,交卷时程序烧写在芯片中,3分
初始状态	数码管驱动	31	3	8位数码管初始显示正确,2分。无明显闪烁,1分
	定时器使用		3	秒表记数及显示正确,3分
	LCD驱动		4	LCD显示“关门”,4分
	电动机正向驱动		5	关门继电器动作,1分,电动机旋转再,3分,方向正确,1分
	传感光耦合器使用		5	接近开关检测正确,2分,采用光耦合器,2分,电动机停止,1分
	步进电动机驱动		4	电梯下行正确,2分,到位停止,2分
	电动机反向驱动		4	开门继电器动作,1分,电动机旋转再,2分,方向正确再,1分
	电动机停止		1	接近开关检测正确,0.5分,电动机停止,0.5分
	状态显示		2	进入工作状态,数码管显示正确,1分。LCD显示“门开”,1分
工作过程	蜂鸣器、联动	26	3	“警”按键有效,蜂鸣器鸣,1分;显示“报警”正确,2分
	联动控制		1	“消”按键有效,蜂鸣器灭,0.5分;显示状态正确,0.5分
	智能门控制		6	在运行停止状态下可以自动开门,2分。等待时间长度正确,2分。自动关门,2分
	呼梯应用		2	能设定并显示停靠楼层的,2分
	自动运行		7	电梯按要求能运行到指定楼层,4分。LCD显示正确,3分
	智能运行		7	能响应顺向2个停靠命令,能正确停靠1个,2分;2个,5分

3. 工作任务书（4小时内独立依次完成）

1）（需求分析）　根据电梯装置的描述及控制系统具体要求，利用实训考核台中相关模块及元件，构建一套虚拟电梯控制系统。

2）（硬件设计）　选择合适的模块及元件设计该电梯控制系统，并在答题纸上准确规范地绘制以模块为基本单元的控制接线图。

3）（线路连接）　按工艺规范用连线连接电梯控制系统所需各模块及元件。

4）（软件调试）　按电梯初始状态及工作过程要求编写单片机控制程序并进行调试，以达到电梯控制系统要求。

4. 电梯装置说明

1）电梯结构为升降式，6层站，自下而上楼层为“第1层”到“第6层”。

2）电梯轿厢在电梯井内可上下运行，可静止停靠某指定层。电梯的升降电动机由步进电动机代替，轿厢位置由水平放置的不锈钢直尺上的指针表示，轿厢静止在第一层时，底部位置应处于0.0cm刻度处。轿厢位置因考核台中相关模块不同，允许存在固有误差（但不得大于0.5cm）。各层高度相同，用长度1.0cm表示。

3）轿厢厢门由电动机控制，可以打开，关闭及行程到位停止。轿厢厢门由直流电动机控制，电动机正反转可控制厢门的开和关。顺时针方向旋转表示厢门开启；逆时针方向旋转时，表示厢门关闭。开启或关闭厢门动作后，需要检测门到位跳变信号，以便停止该动作

"开到位"和"关到位"均由一只接近开关触发。

4）电梯轿厢内有9个控制按键。可输入楼层号"1～6"，"关"（关门），"开"（开门），"警"（报警），"销"（撤销报警）共10个命令。按下某层号，电梯在关门状态下，运行到指定楼层并开门。

按键位置排列说明见表7-10其中标"—"处的按键始终无效。

表7-10　轿厢内控制键盘的按键位置排列表明

列1	列2	列3	列4
1	2	3	关
行	5	6	开
—	—	—	警
—	—	—	消

5）电梯轿厢内有一只报警扬声器。当用户按下"警"（报警）按钮时，进入报警状态。扬声器持续鸣响，当用户按下"销"（撤销报警）按钮时，恢复正常状态，停止鸣响。扬声器由主机模块的蜂鸣器代替。

6）电梯轿厢内有一块数码显示板。可指示呼叫停靠层数字，显示当前所在楼层位置，及秒计时。显示板由8个数码管组成，见表7-11。左边6位可分别显示"1"，"2"，"3"，"4"，"5"，"6"这6个数字，点亮代表有效的呼梯楼层，即需要停靠的楼层号。停靠后门自动开启，门开启到位后该位自动熄灭，左起第7位表示当前电梯所在楼层，右末位为秒循环十进制计数。

表7-11　轿厢数码显示板说明

DS8	DS7	DS6	DS5	DS4	DS3	DS2	DS1
1	2	3	4	5	6	1～6	0～9
1层	2层	3层	4层	5层	6层	楼层	秒表
①						②	③

注：①需要停靠某楼层时，稳定显示对应指定内容。否则，熄灭。
②稳定显示电梯轿厢底部当前最接近的楼层号。
③持续稳定循环0～9，间隔时间为1s。

7）电梯装置配有电梯运行状态液晶显示屏。电梯运行状态液晶显示屏可以根据实际状态，在任一固定位置分别显示"上行"，"下行"，"开门"，"门开"，"关门"，"门关"和"报警"7种状态信息。报警优先，且报警撤销后能恢复原显示状态，汉字均采用16×16点阵标准中文字体显示。

8）整套电梯系统由单片机作为控制器来完成电梯装置的手动开门，手动关门，自动关门，上行，下行，停止，顺向响应轿内停靠命令以及报警，撤销报警功能，完成轿厢层号显示及各状态显示屏的指示功能。

5. 电梯初始状态要求

（1）电梯开机后，轿厢可以从任意初始位置能自动完成关门，下行，并到达第一层，同时LCD显示器显示电梯运行状态。

要求：

- 数码管显示“1XXXXXX0”（DS1 数码管秒计数开始，X 表示不显示），直流电动机驱动关门，LCD 显示“关门”。
- 一旦检测到门关到位信号，直流电动机停止，步进电动机运行电梯下行，LCD 显示“下行”。
- 一旦检测到限位信号，步进电动机停止，电梯开门，LCD 显示“开门”。
- 一旦检测到门开到位信号，直流电动机停止，LCD 显示屏显示“门开”，DS8 数码管熄灭，DS2 数码管显示 1。

（2）按下“警”键，进入报警状态：扬声器持续鸣响，LCD 显示屏显示“报警”。

（3）按下“销”键，恢复正常状态：扬声器停止鸣响，LCD 显示屏恢复原显示。

（4）按下“开”键，如果当前轿厢门状态为关状态执行开门动作，LCD 显示屏显示“开门”，到位后 LCD 显示屏显示“门开”。

（5）按下“关”键，如果当前轿厢门状态为开状态执行关门动作，LCD 显示屏显示“关门”，到位后轿厢状态 LED 点阵显示屏显示“门关”。

（6）等待接收轿厢键盘停靠楼层命令。

6. 电梯控制系统工作要求

（1）当按下任一单个停靠楼层命令时，电梯自动关门后，自动运行到该楼层停靠并开门，等待 2s 后自动关门。电梯轿厢内数码显示板和电梯运行状态液晶显示屏按电梯装置说明中的要求显示。

（2）能随时记忆有效停靠命令，确定电梯运行方向。能响应顺向厢内 2 个层站以上的停靠命令，并到层后消除对应的停靠命令（第一个有效楼层命令可作为电梯运行方向判别，即电梯在上升运行中，只响应大于等于下一途经楼层的厢内停靠命令。如在初始状态后，按下 3 或 2 楼层，电梯应分别上行到 2 楼，3 楼停靠）。同时，电梯轿厢内数码显示板和电梯运行状态液晶显示屏按电梯装置说明中的要求显示。

注意事项：

1）在答题纸上绘制以模块为基本单元的控制接线图。

2）比赛结束前，请将控制信号线，电源线用尼龙扎带捆扎固定。

3）比赛结束前需保存单片机程序开发目录所有内容到计算机“E:\单片机 + 工位号\ ”目录下“工位号”为选手的实际工位号码。

4）比赛结束前，请将程序烧写到单片机中，安装在实训考核台，并记录烧写文件的大小（单位：字节）。

5）比赛结束前，请清理工位上的相关工具、辅材并关闭电源。

6）任务结束后，确认全部完毕后，可以举手示意提前交卷。

【任务分析】

程序流程如图 7-7 所示。

【软件设计】

此题主要是按键间的切换，我们要明白题目是怎么要求的，读懂细节。

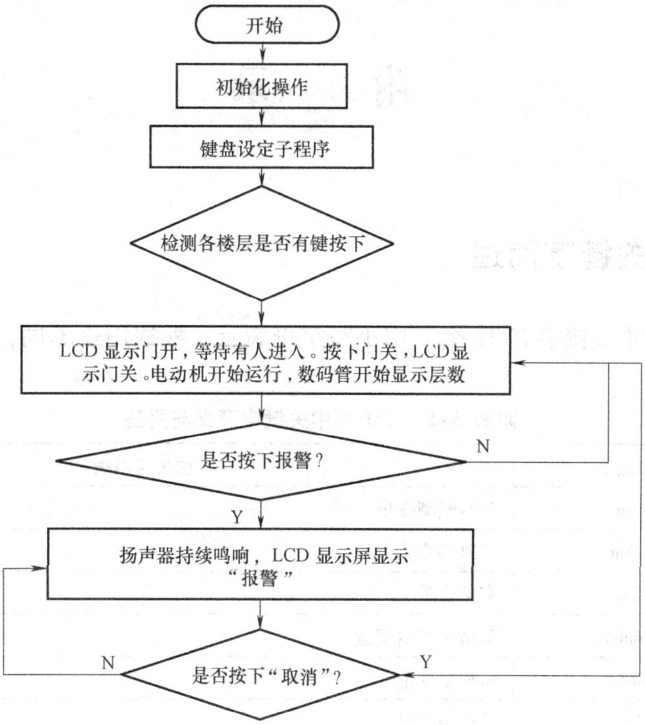
开始
初始化操作
键盘设定子程序
检测各楼层是否有键按下
LCD显示门开，等待有人进入。按下门关，LCD显示门关。电动机开始运行，数码管开始显示层数
是否按下报警？
N
Y
扬声器持续鸣响，LCD显示屏显示“报警”
是否按下“取消”？
N
Y

图7-7　程序流程

附　录

附录 A　C51 关键字简述

标准的 C 语言中关键字有 32 个，用小写字母表示，根据用途不同，关键字可以分为 4 类，见附表 A-1。

附表 A-1　C 语言中关键字意义与用法

类型	关键字	意义与用法
数据类型	int	基本整型变量
	char	字符型变量
	float	实型变量
	double	双精度实型变量
	short	短整型变量
	long	长整型变量
	unsigned	无符号型变量
	struct	结构体
	union	共用体
	enum	枚举类型
	signed	有符号数的各种类型
	void	无值型
	volatile	某变量是可以被改变的
	const	常量类型
存储类型	extern	外部变量
	static	静态变量
	register	存储器变量
	auto	自动变量
	typedef	定义新的数据类型
控制语句	if	if 语句
	else	if-else 语句
	for	for 语句
	while	while 语句
	do	do 语句
	goto	无条件转移语句
	switch	switch 语句

（续）

类型	关键字	意义与用法
控制语句	case	在 switch 语句中用于多分支语句
	default	在 switch 语句中不属于所有给定 case 分支的分支
	return	由函数返回的语句
	break	用于退出 do-while 、for、while、switch 等语句
	continue	在循环语句中推出本次循环，进入下次循环
Keil C 新增关键字	_at_	绝对地址定位
	alien	函数类型（用于 PLM-51）
	bdata	用于指定存储于 RAM 中的位寻址的数据
	bit	定义位变量
	code	用于指定存储于程序存储器中的数据
	compact	用于指定存储器的使用模式为紧凑模式
	data	用于定义变量为 RAM 中前 128 字节区
	far	用于扩展大容量程序存储器时（超过 64KB）
	idata	用于定义变量为 RAM 中全部 256 字节区
	interrupt	用于指定中断程序
	large	用于指定存储器的使用模式为大模式
	pdata	指定外部存储器的一页
	priority	用于 Keil 提供的实时操作系统中，指定任务的优先权
	reentrant	用于指定函数重入
	sbit	用于定义位
	sfr	用于定义特殊寄存器
	sfr16	用于定义 16 位特殊功能寄存器
	small	用于指定存储器的使用模式为小模式
	task	用于 Keil 提供的实时操作系统中
	using	用于函数中指定使用某一组工组寄存器
	xdata	用于指定存储于扩展的外部 RAM 存储器中的数据

附录 B　图解 Keil 软件操作步骤

【Keil 的使用步骤】

本例子将通过从新建一个项目到输出 HEX 文件，并下载到单片机，详细讲解 Keil 的使用方法以及双龙下载器的使用方法。

1）单击桌面上 Keil 图标，打开 Keil 软件，如附图 B-1 所示。

2）然后单击“Project”下拉菜单中的“New Project”选项，新建一个工程，如附图 B-2所示。

3）在弹出的对话框中的“文件名”文本框中输入工程名，然后单击“保存”按钮，如附图 B-3 所示。

附图 B-1　打开 Keil 软件

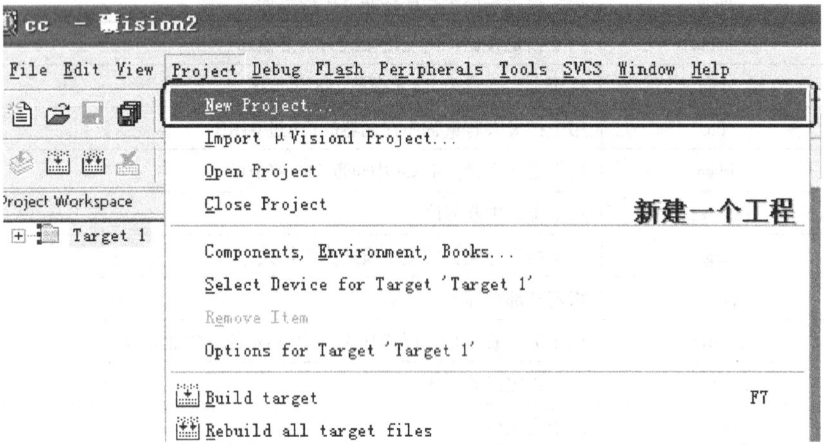

附图 B-2　新建工程

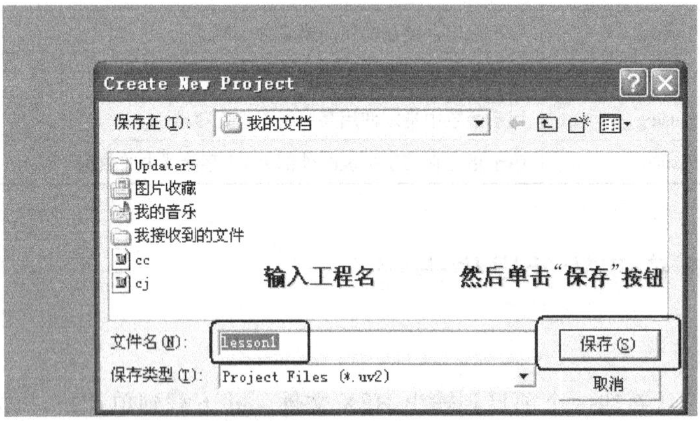

附图 B-3　保存新建工程

4）在“CPU”选项卡的“Data base”列表框中，选择所使用单片机的制造厂家，这里选择“Atmel”公司，如附图 B-4 所示。

5）单机“Atmel”节点，选择“AT89S52”型单片机，此时右侧列表框中会显示

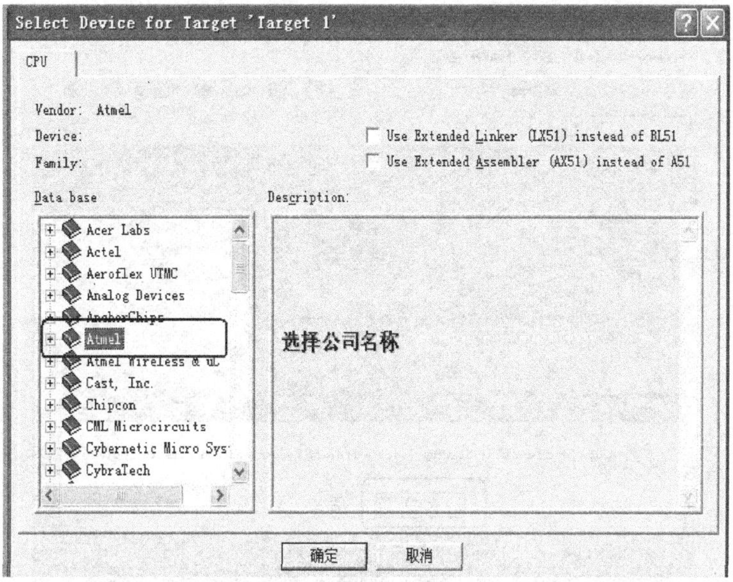

附图 B-4 选择 Atmel 公司

AT89S52 单片机的详细数据，如附图 B-5 所示。

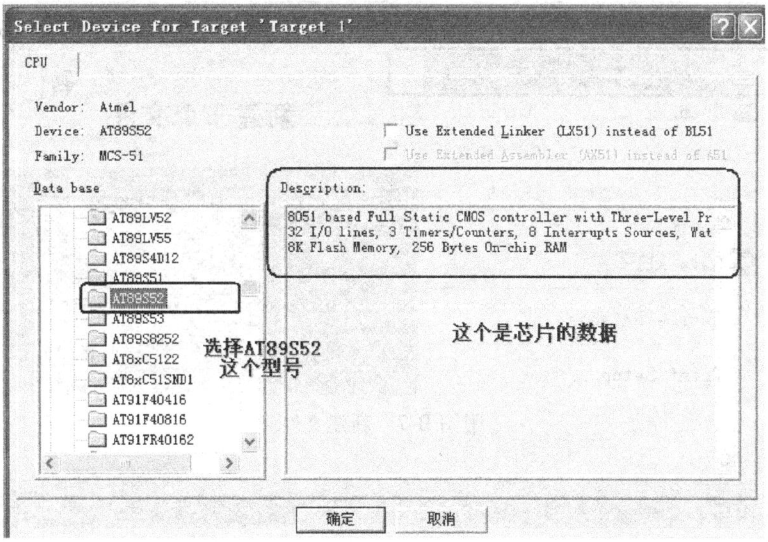

附图 B-5 选择 AT89S52 单片机

6）系统弹出“μVision2”对话框，此时单击“是”按钮则选择的是 C 语言。如果单击“否”按钮，则选择的是汇编语言，如附图 B-6 所示。

7）单击“File”菜单中的“New”选项，新建一个文件，如附图 B-7 所示。

8）系统弹出“Text1”窗口，我们可以在这个窗口中书写程序，如附图 B-8 所示。

9）书写完程序之后，单击工具栏中的“保存”按钮 ，如附图 B-9 所示。

10）系统弹出“Save As”对话框，在“文件名”文本框中输入文件名称，扩展名为 .c，然

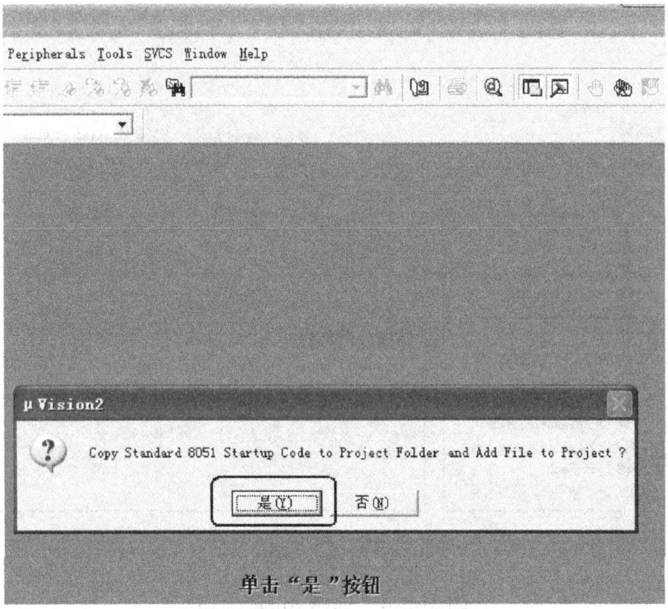

附图 B-6　选择使用 C 语言编程

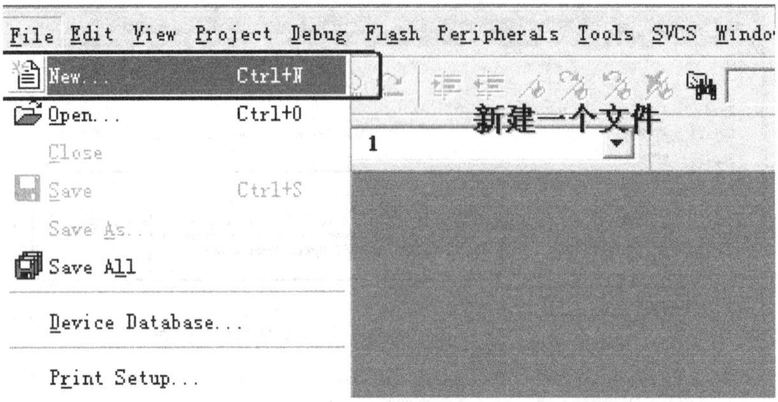

附图 B-7　新建文件

附图 B-8　程序书写窗口

后单击“保存”按钮。最后单击左侧的“Target 1”节点，打开下拉菜单，如附图 B-10 所示。

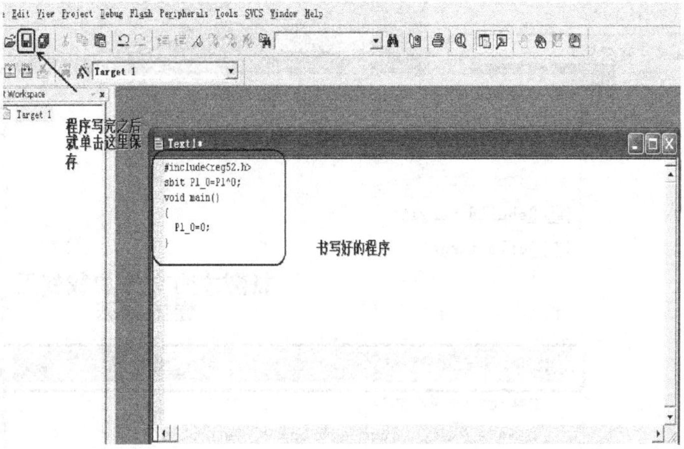

附图 B-9　保存程序

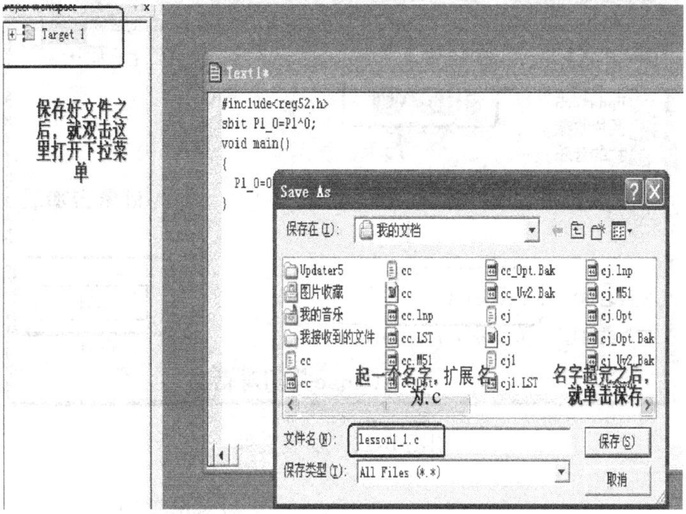

附图 B-10

11）打开下拉菜单以后，单击右键，在下拉菜单中单击“Add Files to Group' Source Group1”选项添加刚才的文件，如附图 B-11 所示。

12）找到新建的文件，并导入，如附图 B-12 所示。

13）导入文件后，双击该文件，如附图 B-13 所示。

14）打开文件以后，单击图标进行设置，将所编写的代码转换成机器码，如附图 B-14所示。

15）单击“Output”选项卡，如附图 B-15 所示。

16）在“Output”选项卡中，选中“Create HEX File”复选框，然后单击“确定”按钮，如附图 B-16 所示。

17）设置完成后，单击图标按钮进行编译，如附图 B-17 所示。

附图 B-11　导入文件

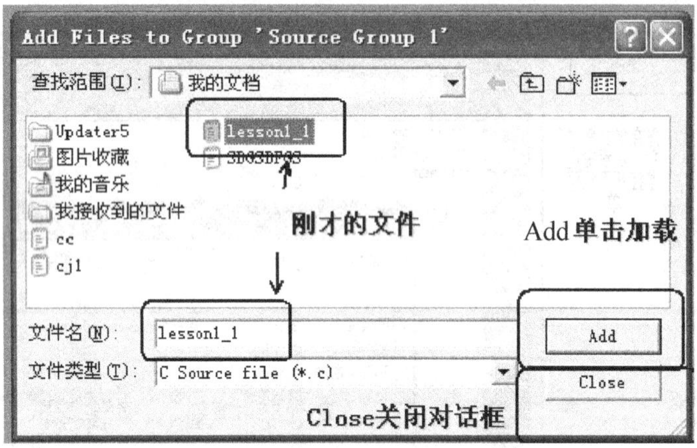

附图 B-12　加载文件

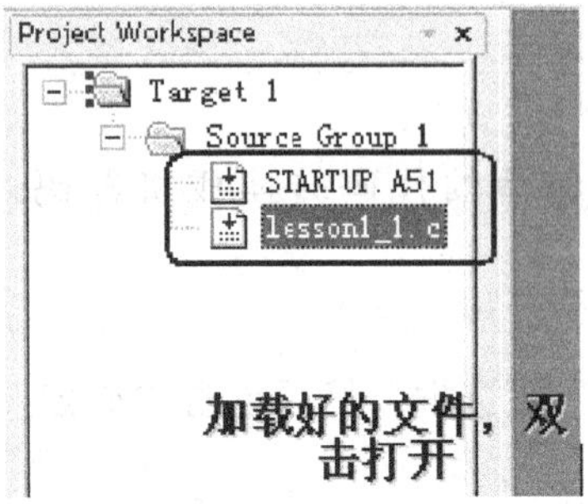

附图 B-13　打开文件

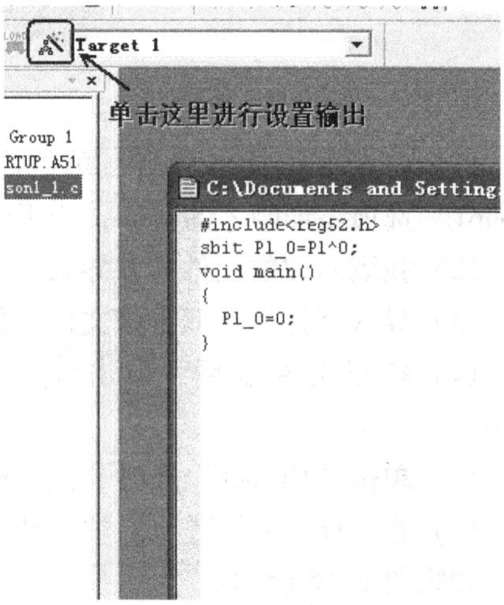

附图 B-14　设置并转换

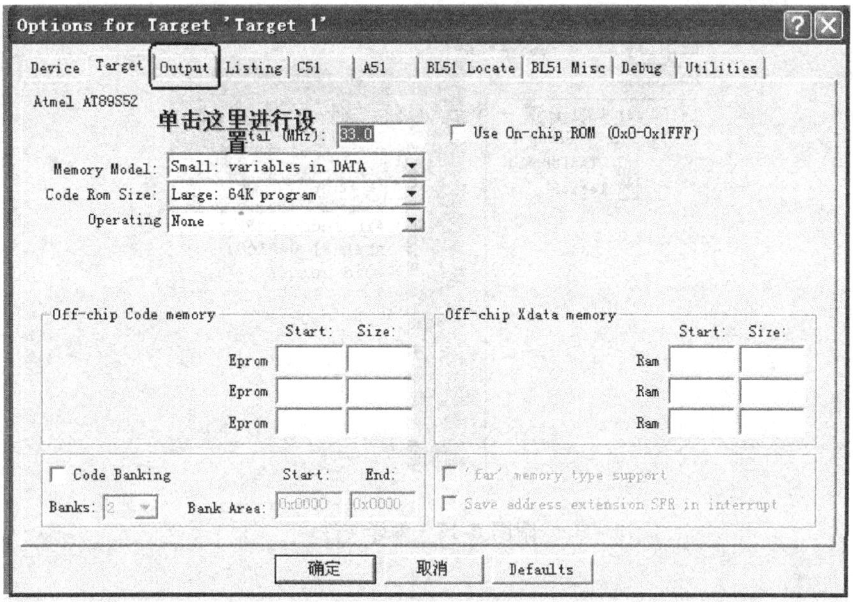

附图 B-15　选择“Output”选项卡

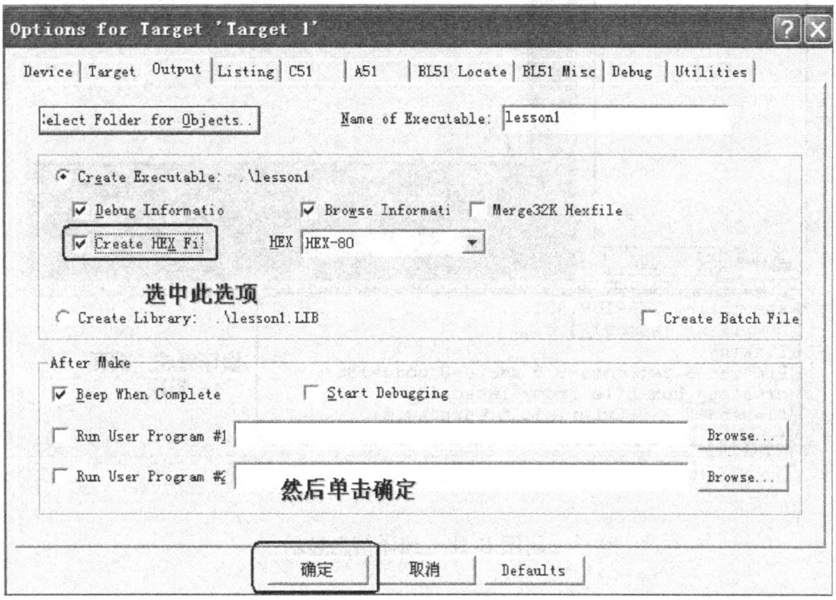

附图 B-16　选中“Create HEX File”复选框

18）编译完成后，窗口下面的对话框会显示编译信息，如果有错则需要改正并从新编译，如附图 B-18 所示。

【双龙下载器使用方法】

双龙下载器的使用操作步骤如下。

1）双龙下载器操作页面，如附图 B-19 所示。

附图 B-17　编译文件

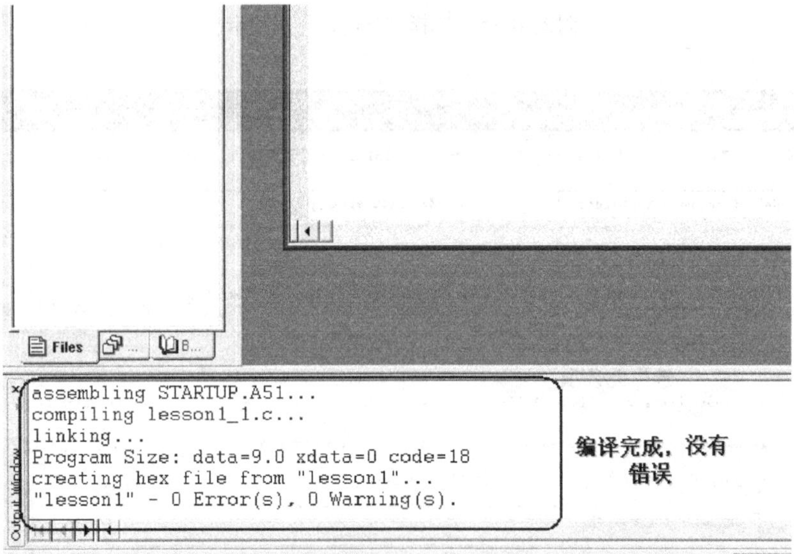

附图 B-18　编译信息显示

2）单击对话框右侧的“Flash”图标按钮，找到 Keil 输出的 HEX 文件，并载入，如附图 B-20 所示。

3）系统弹出“空闲存储器填充”对话框，单击“确定”按钮，如附图 B-21 所示。

4）在对话框中单击“编程”按钮开始下载程序，如附图 B-22 所示。

5）开始下载程序，如附图 B-23 所示。

6）当完成下载时，页面显示下载完成信息，如附图 B-24 所示。

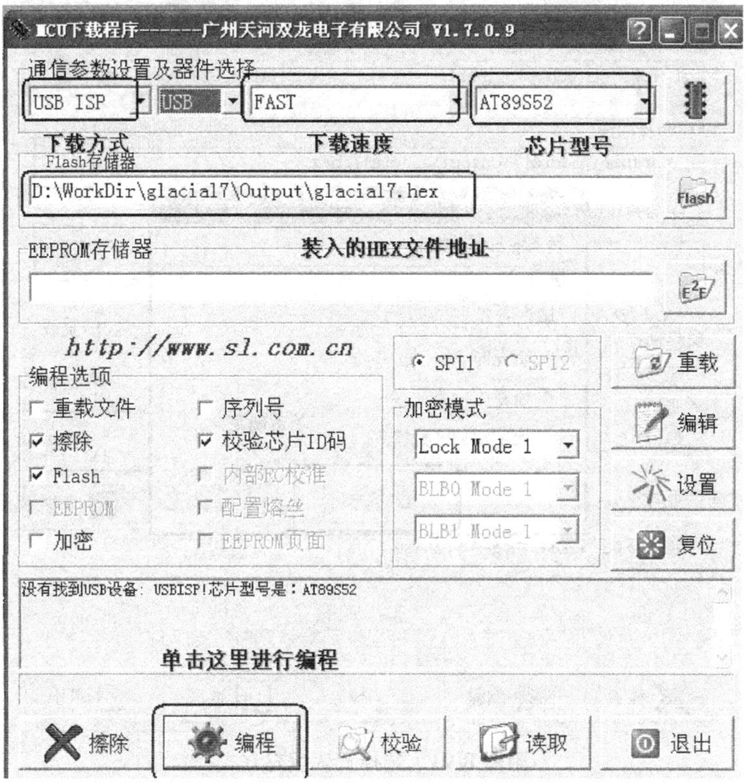

附图 B-19　双龙下载器操作页面

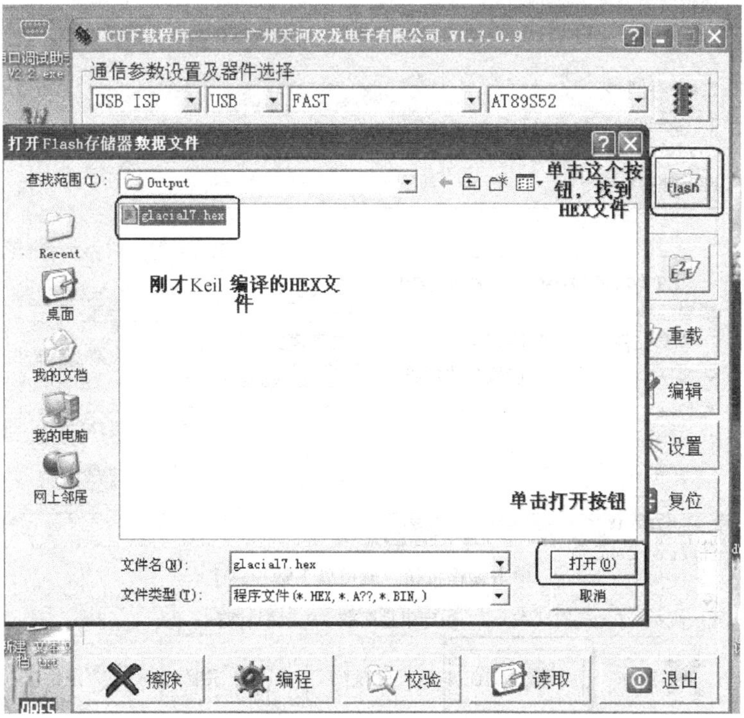

附图 B-20　载入 HEX 文件

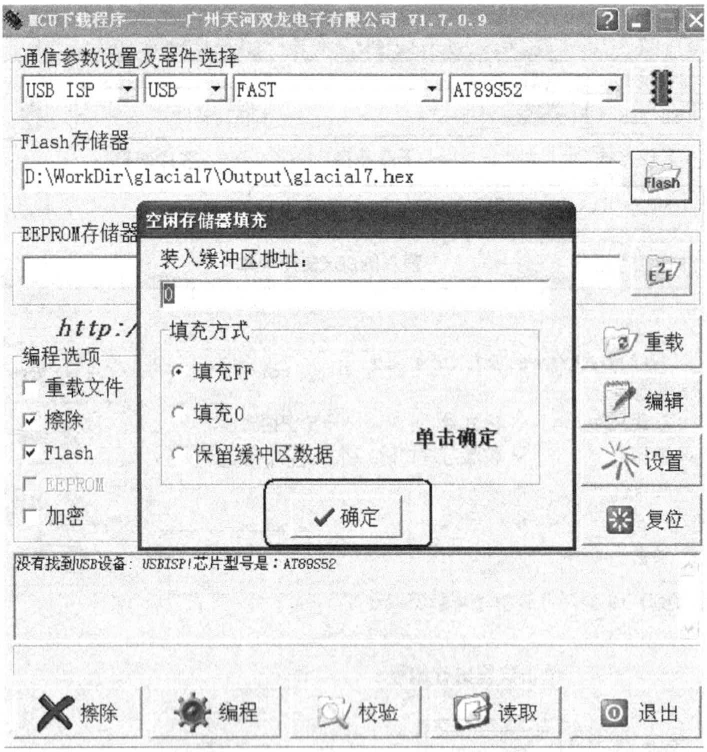

附图 B-21　选择默认填充方式

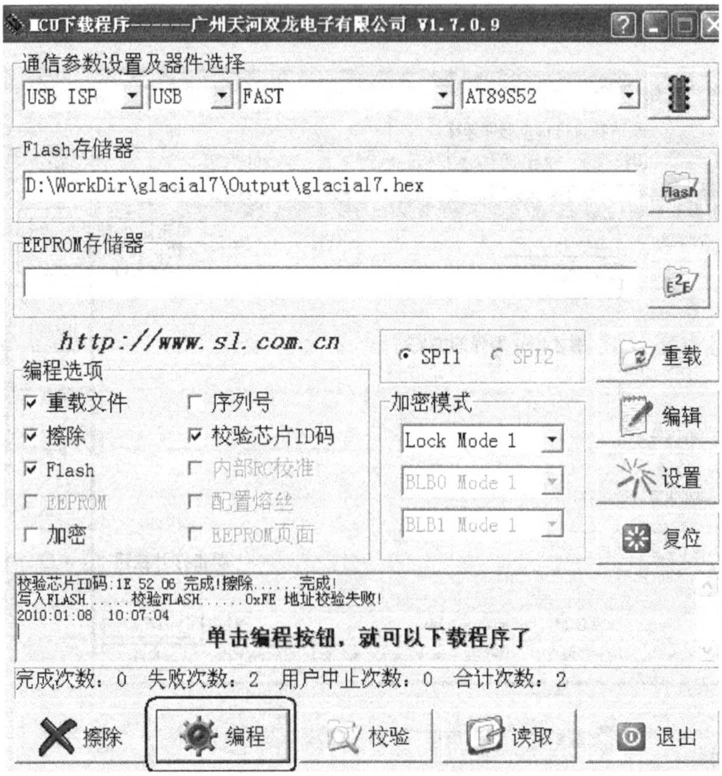

附图 B-22　下载程序

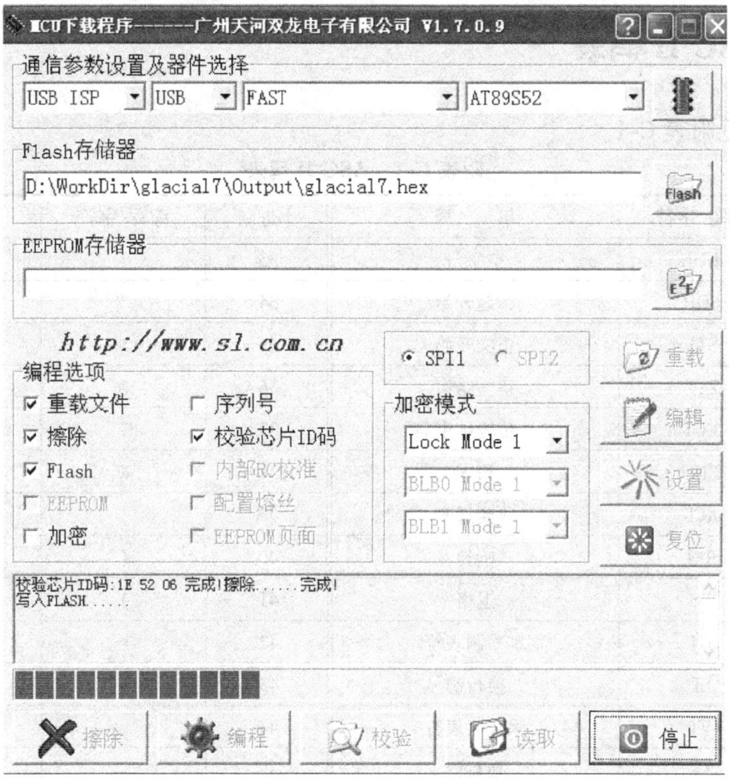

附图 B-23　开始写入程序

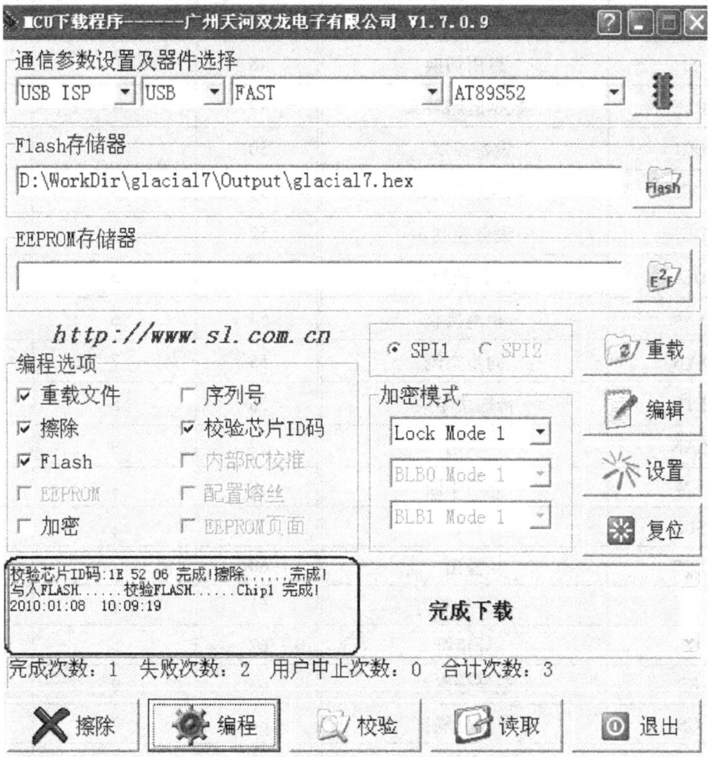

附图 B-24　完成下载

附录 C　ASC II 码表

ASC II 码见附表 C-1。

附表 C-1　ASC II 码表

十进制	缩写/字符	解　释	十进制	缩写/字符	解　释
0	NUL	空字符	33	!	—
1	SOH	标题开始	34	"	—
2	STX	正文开始	35	#	—
3	ETX	正文结束	36	$	—
4	EOT	传输结束	37	%	—
5	ENQ	请求	38	&	—
6	ACK	收到通知	39	'	—
7	BEL	响铃	40	(	—
8	BS	退格	41	)	—
9	HT	水平制表符	42	*	—
10	LF	换行键	43	+	—
11	VT	垂直制表符	44	,	—
12	FF	换页键	45	-	—
13	CR	回车键	46	.	—
14	SO	不用切换	47	/	—
15	SI	启用切换	48	0	—
16	DLE	数据链路转义	49	1	—
17	DC1	设备控制 1	50	2	—
18	DC2	设备控制 2	51	3	—
19	DC3	设备控制 3	52	4	—
20	DC4	设备控制 4	53	5	—
21	NAK	拒绝接收	54	6	—
22	SYN	同步空闲	55	7	—
23	ETB	传输块结束	56	8	—
24	CAN	取消	57	9	—
25	EM	介质中断	58	:	—
26	SUB	替补	59	;	—
27	ESC	溢出	60	<	—
28	FS	文件分割符	61	=	—
29	GS	分组符	62	>	—
30	RS	记录分离符	63	?	—
31	US	单元分隔符	64	@	—
32		空格	65	A	—

（续）

十进制	缩写/字符	解　释	十进制	缩写/字符	解　释
66	B	—	97	a	—
67	C	—	98	b	—
68	D	—	99	c	—
69	E	—	100	d	—
70	F	—	101	e	—
71	G	—	102	f	—
72	H	—	103	g	—
73	I	—	104	h	—
74	J	—	105	i	—
75	K	—	106	j	—
76	L	—	107	k	—
77	M	—	108	l	—
78	N	—	109	m	—
79	O	—	110	n	—
80	P	—	111	o	—
81	Q	—	112	p	—
82	R	—	113	q	—
83	S	—	114	r	—
84	T	—	115	s	—
85	U	—	116	t	—
86	V	—	117	u	—
87	W	—	118	v	—
88	X	—	119	w	—
89	Y	—	120	x	—
90	Z	—	121	y	—
91	【	—	122	z	—
92	\	—	123	{	—
93	】	—	124	|	—
94	^	—	125	}	—
95	_	—	126	~	—
96	`	—	127	DEL（delete）	删除

参 考 文 献

［1］郭天祥．新概念51单片机C语言教程——入门、提高、开发、拓展全攻略［M］．北京：电子工业出版社，2009.

［2］周国运．单片机原理及应用（C语言版）［M］．北京：中国水利水电出版社，2009.

［3］王守中，赵朋朋，索世文．51单片机应用开发速查手册——指令、模块、实例［M］．北京：人民邮电出版社，2009.

［4］张毅刚．单片机原理及应用［M］．北京：高等教育出版社，2011.

［5］李广第，朱月秀，王秀山．单片机基础（修订本）［M］．北京：北京航空航天大学出版社，2005.

［6］谭浩强．C程序设计［M］4版．北京：清华大学出版社，2010.

项目内容

项目一　认识物流设备

任务一　初探物流设备

任务二　识别常用物流设备

项目一　认识物流设备

物流设备是现代化企业中主要的作业工具，是合理组织批量生产和机械化流水作业的基础。对第三方物流企业来说，物流设备是组织物流活动的物质技术基础，体现着企业的物流能力大小。伴随着物流的发展与进步，物流设备不断得到提升与发展。

任务一 初探物流设备

任务目标

知识目标

1. 掌握物流设备的概念、现状及发展趋势。
2. 理解物流设备在物流中的地位、作用及特点。

能力目标

能对物流设备有一个整体上的清晰认识。

任务描述

小刘为物流服务与管理专业的学生，初次接触到“物流设备操作”这门课程，他感到无所适从，你能从整体上为小刘介绍一下物流设备吗？

任务准备

物流设备是组织实施物流活动的重要手段，是物流活动的基础。为了帮助学生更好地掌握物流设备知识，需要首先整体介绍物流设备的情况，然后讨论物流设备的发展趋势。

任务实施

步骤一：掌握物流设施与设备概况

物流设施与设备是指进行各项物流活动和物流作业所需要的设施与设备的总称。它由物流基本设施和物流设备两大部分构成。

物流基本设施包括公路、铁路、航空、港口、机场、货运站场及通信设施等，其建设水平和吞吐（通过）能力直接影响物流活动和物流作业的运行效率。

物流设备是指用于储存、装卸搬运、运输、包装、流通加工、配送、信息采集与处理等物流活动的设备或装备。物流设备按照功能可划分为储存设备、装卸搬运设备、运输装备、包装设备、流通加工设备、信息采集与处理设备、集装单元化装备等。

步骤二：领会物流设备的特点

物流设备是物流技术水平高低的主要标志，现代物流设备体现了现代物流技术的发展。我国近年来的物流设备现代化、自动化程度较高，其特点见表1-1。

表1-1 物流设备的特点

序号	特点
1	物流设备的社会化程度越来越高，设备结构越来越复杂，且从研究、设计到生产直至报废的各环节之间相互依赖，相互制约
2	物流设备出现了“四化”趋势，即连续化、大型化、高速化、电子化，提高了生产率
3	能源密集型的物流设备居多，能源消耗大；现代设备投资和使用费用都十分昂贵，是资金密集型的

步骤三：理解物流设备在物流系统中的地位和作用

物流设备是现代化企业中主要的作业工具，是合理组织批量生产和机械化流水作业的基础。对第三方物流企业来说，物流设备是组织物流活动的物质技术基础，体现着企业的物流能力大小。物流设备在物流系统中的地位和作用，见表1-2。

表1-2　物流设备的地位和作用

序　号	地位和作用
1	物流机械设施与设备是物流系统的物质技术基础，是实现物流现代化、科学化、自动化的重要手段
2	物流机械设施与设备是物流系统的重要资产。随着物流设备技术含量和技术水平的日益提高，现代物流技术装备既是技术密集型的生产工具，也是资金密集型的社会财富
3	物流机械设施与设备涉及物流活动的各个环节。从物流功能来看，物料或商品要经过包装、运输、装卸、储存等作业环节，并且还有许多辅助作业环节，而各个环节的实现都离不开相应的机械设备
4	物流机械设施与设备是物流技术水平的主要标志。在现代化的物流系统中，自动化仓库综合运用了自动控制技术、计算机技术、现代通信技术（包括计算机网络和无线射频技术）等高科技技术，使仓储作业实现了半自动化、自动化

步骤四：了解我国物流设备的现状及发展

自20世纪70年代末以来，我国物流设备有了较快的发展，各种物流运输设备数量迅速增加，技术性能日趋现代化，集装箱运输得到了快速发展等。随着计算机网络技术在物流活动中的应用，先进的物流设备系统不断涌现，我国已具备开发研制大型装卸设备和自动化物流系统的能力。我国物流设备的现状及发展趋势，见表1-3。

表1-3　我国物流设备的现状及发展趋势

项　目	具体内容
我国物流设备的发展现状	（1）物流设备总体数量迅速增加，如运输设备、仓储设备、配送设备、包装设备、搬运装卸设备（包括叉车、起重机等）、物流信息设备等 （2）物流设备的自动化水平和信息化程度得到了一定的提高 （3）物流设备在物流的各个环节都得到了一定的应用，如生产企业的生产、仓储，流通过程中的运输、配送，物流中心的包装加工、搬运装卸等环节 （4）专业化的新型物流设备不断涌现 （5）物流基础设施建设多元化投入太少 （6）我国尚处于物流设备发展的起步阶段，既缺少行业标准，又没有行业组织，致使物流设备标准不统一，相互衔接配套差
我国物流设备的发展趋势	（1）大型化：设备的容量、规模、能力越来越大 （2）高速化：设备的运转速度、运行速度、识别速度、运算速度大大加快 （3）信息化：信息和信息技术在物流领域的作用会更加明显，条码技术、数据库技术、电子订货系统、电子数据交换、快速反应、有效客户反应、企业资源计划等将得到广泛应用 （4）多样化：为满足客户的要求，物流装备形式越来越多，专业化程度日益提高 （5）标准化：标准化既包括硬件设备的标准化，也包括软件接口的标准化 （6）系统化：组成物流系统的设备成套、匹配，达到高效、经济的要求。系统化是物流设备的重要发展方向，将重点发展工厂生产搬运自动化系统、货物配送集散系统、集装箱装卸搬运系统、货物的自动分拣系统与搬运系统等 （7）智能化：物流自动化、信息化的更高层次，物流作业过程中大量的运筹和决策，如库存水平的确定、运输（搬运）路径的选择、自动导向车的运行轨迹和作业控制、自动分拣机的运行、物流配送中心经营管理的决策支持等问题都需要借助于大量的知识才能解决。智能化已成为物流技术与装备发展的新趋势 （8）实用化：以满足需要为原则，不一定非要追求自动、成本低，具有优越的耐久性、无故障性和良好的经济效益，以及较高的安全性、可靠性和环保性的物流设备应是一种发展趋势 （9）绿色化：达到环保要求

应用训练

在教师组织指导下，讨论本地区物流企业的物流设备情况，然后予以考核。

任务评价

任务评价表

评价项目	评价要求	配分/分	评分标准	得分/分			备注
				自评	他评	师评	
学习态度	1. 在本任务实施过程中全勤，没有迟到、早退现象 2. 认真完成任务，学习态度积极 3. 尊重教师和其他组员	10	违反一项扣3分				
团队角色	1. 具有较强的团队精神与合作意识，积极参与各项活动、小组讨论 2. 组织、协调能力强，主动性强，表现突出	10	不能达到一项要求扣5分				
知识技能	根据讨论交流，阐述对物流设备的整体认识	80	少说或错说一项认识扣10分				

拓展提升

一、物流设备寿命周期

物流设备寿命周期是指设备从最初调查研究开始到更新报废为止的整个过程时间，如图1-1所示。

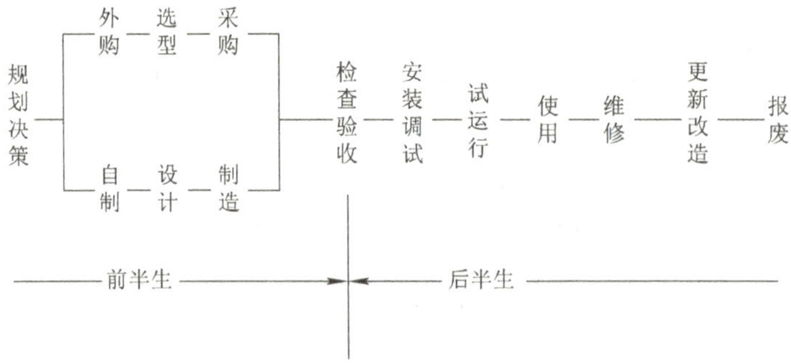

图1-1 物流设备生命周期

二、物流设备的正确使用

物流的高速发展使先进的物流设备得到了应用，物流设备的使用见表1-4。

表1-4 物流设备的使用

注意事项	具体内容
物流机械设备正确使用的衡量指标	高效率——保证物流机械设备的作业能力得到充分发挥
	经济性——设备在完成一定工作量作业时所需的运行成本最低
	故障率——保证设备经常处于完好的技术状态，延长使用寿命

（续）

注意事项	具体内容
保证设备正确使用的措施	严格按照规程操作设备，建立使用方法、注意事项、应急行动及报告制度等
	实行设备使用的各级经济责任制
	严格使用程序管理，定机定人，培训持证上岗
	实行设备维护奖励制度
物流机械设备正确使用注意事项	健全组织保障体系，做好设备安装工作
	合理安排设备的工作量负荷
	加强操作人员的规范管理，做到正确使用设备
	完善设备使用的技术保障工作

小贴士

设备寿命周期费用

设备寿命周期费用（LLC）指设备一生的总费用，包括购置费和维持费两部分。购置费包括调研、设计、制造、安装费（自制）、购置、运输、安装调试费（外购）。维持费包括运行费用和维修费用，如图1-2所示。

设备寿命周期费用=购置费+维持费+拆除费−残值

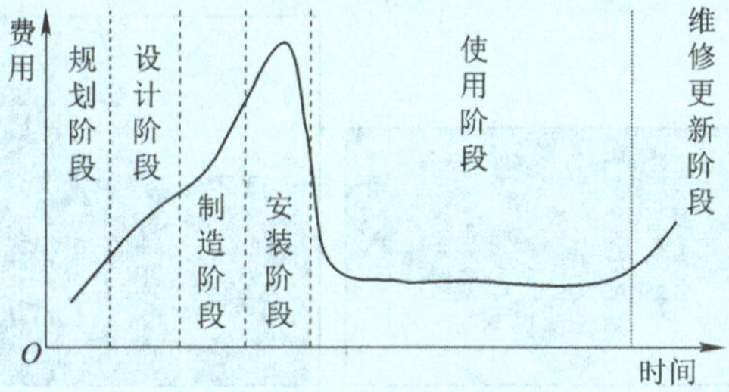

图1-2　设备寿命周期费用

任务二　识别常用物流设备

任务目标

知识目标

了解常见的物流设备。

能力目标

能够识别常见的物流设备。

任务描述

随着课程的深入，小刘来到物流实训中心看见了各种物流设备，可他不知道各种物流设备的专业名称、更不知道它们的功能等，你能详细地介绍一下这些物流设备吗？

1 物流设备操作

任务准备

目前，物流设备领域中许多新的设备不断涌现，如四向托盘、高架叉车、自动分拣机、自动引导搬运车、集装箱等，它们在物流作业中起着重要作用，极大地促进了物流的快速发展。认识并了解这些常见物流设备是提高物流运作效率和服务质量，降低物流成本的前提。

任务实施

步骤一：识别常见仓储设备

仓储设备是指仓库进行生产和辅助生产作业以及保证仓库及作业安全所必需的各种机械设备的总称，是仓库进行保管维护、搬运装卸、计量检验、安全消防和输电用电等各项作业的劳动手段，常见的有货架（见图1-3）、托盘（见图1-4）、集装箱（见图1-5）和周转箱（见图1-6）。

图1-3　货架

图1-4　托盘

图1-5　集装箱

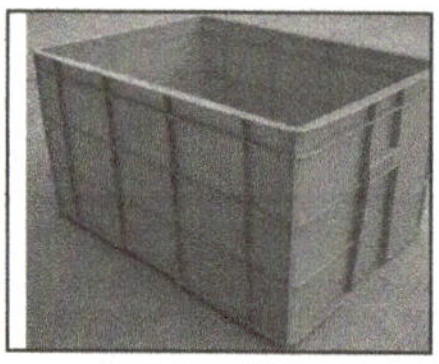

图1-6　周转箱

步骤二：识别常见装卸搬运设备

装卸搬运车辆是依靠本身的运行和装卸机构，实现货物的水平搬运和短距离运输、装卸的车辆。装卸搬运车辆机动性好，适应性强，方便、灵活，广泛应用于各种各样需装卸搬运货物的场所。装卸搬运车辆一般包括自动导引搬运车（见图1-7）、电动搬运车（图1-8）、牵引车（见图1-9）、手推车（见图1-10）、起重设备（见图1-11和图1-12）、手动液压搬运车（见图1-13）、移动式带式输送机（见图1-14）、堆高车（见图1-15）和叉车（见图1-16）等。

图1-7　自动导引搬运车

图1-8　电动搬运车

图1-9　牵引车

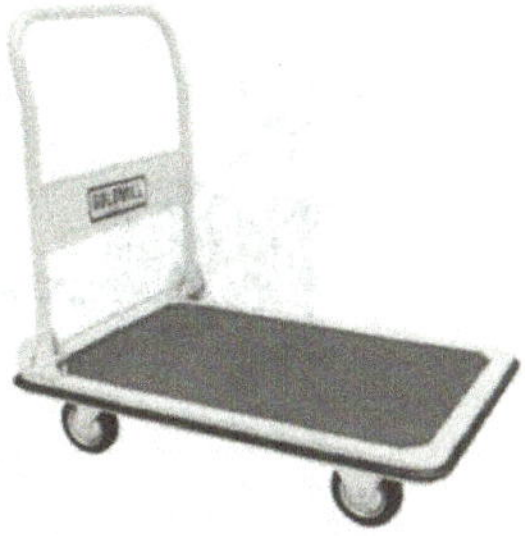

图1-10　手推车

图1-11　轻小型起重设备

图1-12　门式起重机

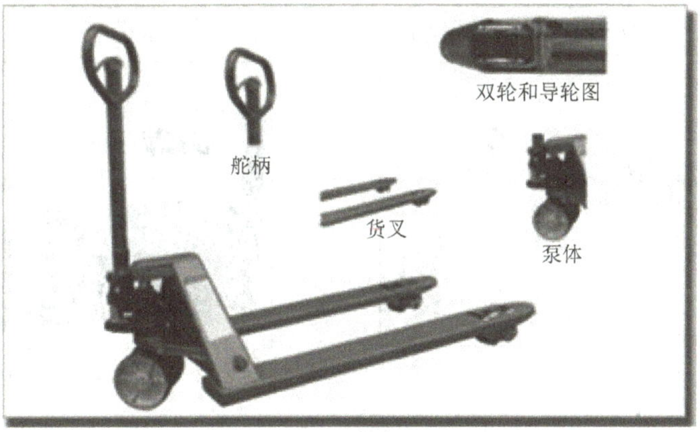

图1-13　手动液压搬运车

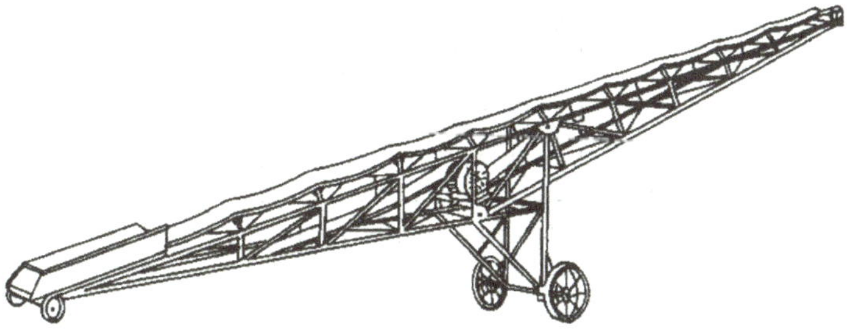

图1-14　移动式带式输送机

图1-15　堆高车

图1-16　叉车

步骤三：识别常见流通加工设备

流通加工设备是完成流通加工任务的专用设备，按加工对象分类，一般可分为金属加工机械、搅拌混合机械、木材加工机械和其他流通加工设备等。常见的流通加工设备有打包机和切割机。

1. 打包机

打包机又称捆包机或捆扎机，是使用捆扎带缠绕产品或包装件，然后收紧并将两端通过热效应熔融或使用包扣等材料连接的机器。打包机的功能是使塑料带紧贴于被捆扎包件表面，保证打包件在运输、贮存中不因捆扎不牢而散落，同时还应捆扎整齐美观。图1-17～图1-19分别为手动打包机、半自动打包机和全自动打包机。

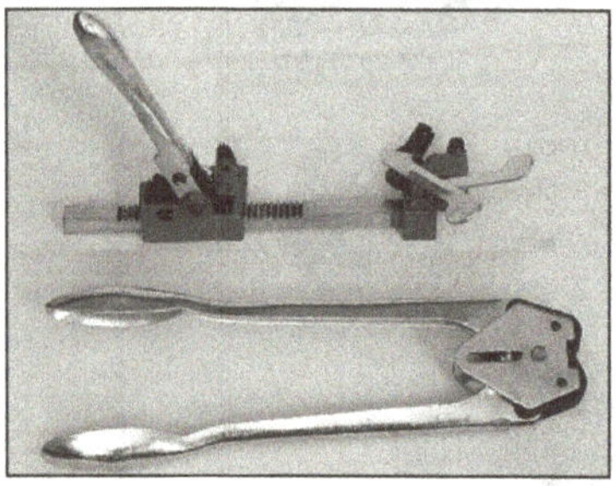

图1-17　手动打包机

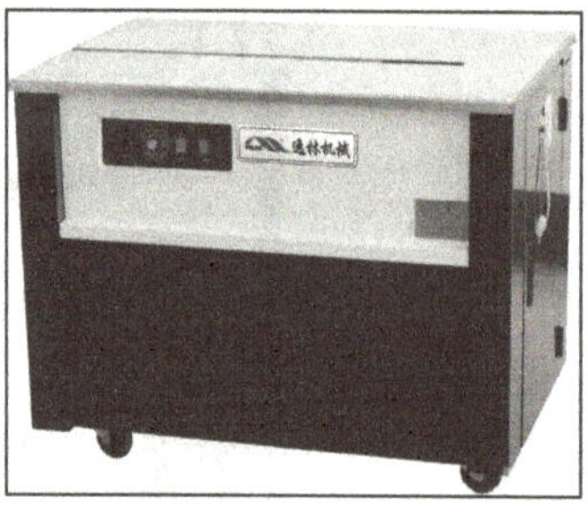

图1-18　半自动打包机

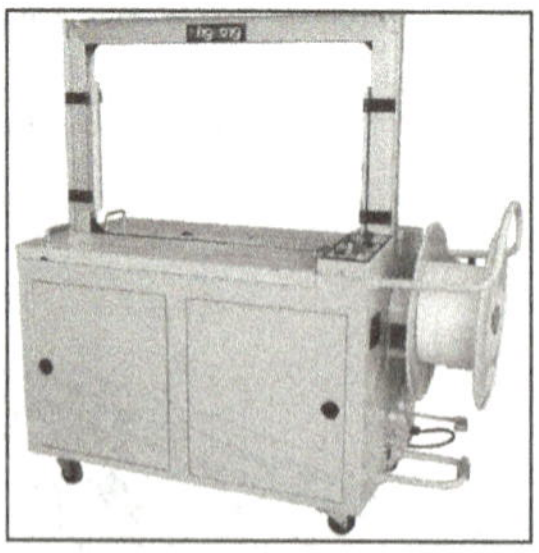

图1-19　全自动打包机

2. 切割机

切割机（见图1-20）分为火焰切割机、等离子切割机、激光切割机、水切割等。激光切割机效率最快，切割精度最高，切割厚度一般较小。等离子切割机切割速度也很快，切割面有一定的斜度。火焰切割机用于切割厚度较大的碳钢材质。

图1-20　切割机

应用训练

在教师组织指导下，识别物流实训室的物流设备，然后予以考核。

任务评价

任务评价表

评价项目	评价要求	配分/分	评分标准	得分/分			备注
				自评	他评	师评	
学习态度	1. 在本任务实施过程中全勤，没有迟到、早退现象 2. 认真完成各项任务，学习态度积极 3. 尊重教师和其他组员	10	违反一项扣3分				
团队角色	1. 具有较强的团队精神与合作意识，积极参与各项活动、小组讨论 2. 组织、协调能力强，主动性强，表现突出	10	不能达到一项要求扣5分				
知识技能	比较识别，说出物流设备的名称	80	少说出或错误说出一种设备名称扣10分				

拓展提升

选择物流设备原则上要满足技术上先进、经济上合理、生产作业上安全适用、无污染或污染小的要求。

1. 适用性原则

这是针对物流设备是否具有运送货物的能力而言的，包括适应性和实用性。物流企业在选择运输设备时，要充分考虑物流作业的实际需要，所选设备要符合货物的特性和货运量的大小，能够在不同的作业条件下灵活方便地操作。实用性涉及恰当选择设备功能的问题。物流设备并不是功能越多越好，因为在实际作业中并不需要太多的功能，如果设备不能被充分利用，则造成资源和资金的浪费。同样，功能太少也会导致物流企业的低效率。

2. 先进性原则

物流设备技术的先进性主要体现在自动化程度、环境保护、操作条件等方面。但是先进性必须服务于适用性，尤其要有实用性，以取得经济效益的最大化。

3. 最小成本原则

物流设备的使用费用低，整个寿命周期的成本低。有时候，先进性和低成本会发生冲突，这就需要物流企业在充分考虑适用性的基础上进行权衡，作出合理选择。

4. 可靠和安全原则

可靠和安全日益成为选择设备、衡量设备好坏的主要因素。可靠性是指设备按要求完成规定功能的能力，是设备功能在时间上的稳定性和保持性。但是可靠性不是越高越好，必须考虑成本问题。安全性要求设备在使用过程中保证人身及货物的安全，并且尽可能不危害到环境，符合环保要求，噪声少、污染小。

项目内容

项目二　使用与维护仓储货架

仓储货架是现代工业仓库、物流中心、配送中心必不可少的组成部分。仓储货架承重力大，每层承载最大可达5 000kg，存取快速方便，有较强的通用性。

任务一　认识和使用货架

任务目标

知识目标

1. 认识常见的货架。
2. 掌握货架的正确使用。

能力目标

能运用货架进行仓储作业。

任务描述

在识别常用物流设备的任务中，小刘认识了货架，也知道了它是仓储设备中一种主要的设备。可当他来到物流实训中心，看见了各种不同的货架时，却不知道它们的专业名称、功能、用途等，也不会运用货架进行仓储保管业务。你能详细地为他介绍一下货架的相关知识吗？

任务准备

仓储货架是一种用优质钢板制造，表面采用静电喷涂处理，防腐、防锈、坚固美观的仓储设备，在物流企业中经常与托盘配合使用。为了帮助学生更好地使用货架，需要首先介绍常见的各种货架，然后再详细介绍其使用方法。

任务实施

步骤一：认识常见仓储货架

货架泛指存放货物的架子。在仓库设备中，货架是指专门用于存放成件物品的保管设备。货架的种类很多，最常用的货架种类见表2-1。

表2-1　最常用的货架种类

分类标准	类　别	描　述
按结构划分	整体式货架	货架是库房的骨架，屋顶支撑在货架上
	分体式货架	货架独立建在库房内，货架与仓库分开
按承载量划分	轻型货架	每层承重在150kg以下，如超市货架
	中型货架	每层承重在150～500kg，如中型工业货架
	重型货架	每层承重在500kg以上，如重型工业货架
按高度划分	低层货架	高度在5m以下，用于普通仓库
	中层货架	高度在5～15m，可用于立体仓库
	高层货架	高度在15m以上，一般用于立体仓库

（续）

分类标准	类　别	描　述
按结构特点划分	层格式货架（见图2-1）	每格只放一种物品，物品不易混淆，层间光线暗，存放数量不大
	悬臂式货架（见图2-2）	悬臂货架采用特种型材立柱，有单面型与双面型两种，配以高强度受力悬臂，是存储各种长型物料和不规则物料的最佳方案
	贯通式货架（见图2-3）	贯通式货架是一种不以通道分割，连续性的整体性货架；贯通式货架采用托盘存取模式，适用于存放品种单一、大批量的货物
	横梁式货架（见图2-4）	横梁式货架是常用的一种货架形式，采用方便的单元化托盘存取方式，有效配合叉车装卸，存取货物方便快捷，有100%的拣选能力，是先进先出的最经济之选
	阁楼式货架（见图2-5）	阁楼式货架是用货架做楼面支撑，可设计成多层楼层（通常2、3层），设置有楼梯和货物提升电梯等
	流利式货架（见图2-6）	流利式货架有立柱片，滑移层组合而成，滑移层有一定倾斜度，货物采用标准的周转箱、纸箱存放

图2-1　层格式货架

图2-2　悬臂式货架

图2-3　贯通式货架

图2-4　横梁式货架

图2-5　阁楼式货架

图2-6　流利式货架

步骤二：正确使用仓储货架

1. 使用货架储放货物的步骤

（1）运用手持终端RF找出货物即将存放的货架位置。

（2）用堆高车将整托盘货物搬运至指定货位前。

（3）用堆高车将所搬运的整托盘货位上升至储位高度（见图2-7），将货物存放在货架储位上（见图2-8和图2-9），并用RF（射频）确认货架位置（见图2-10）。

图2-7　提升货物

图2-8　货品上货架

图2-9　货品放在货架正中间

图2-10　RF确认货架位置

2. 使用货架储放货物时的注意事项

（1）整托货物放在货位的中部，保证货物稳固的同时让货架各部分平均承担重量，如

图2-11所示。

（2）货架上层与天花板保持一定的距离，如图2-12所示。

图2-11　货品放在货架正中间

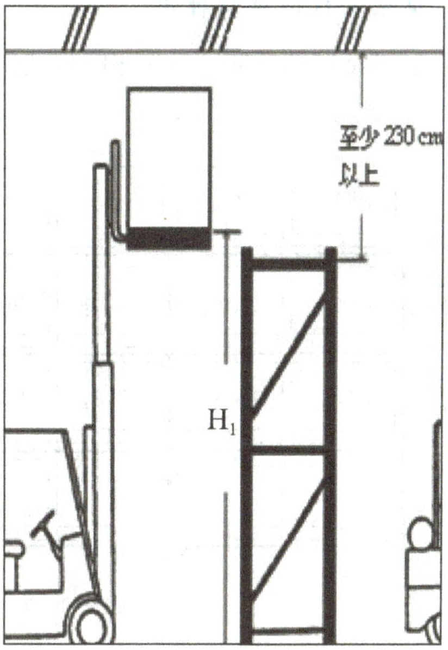

图2-12　注意上层高度

应用训练

在教师指导下，将不同类型的货物正确存放在货架上，然后予以考核。

任务评价

任务评价表

评价项目	评价要求	配分/分	评分标准	得分/分			备注
				自评	他评	师评	
学习态度	1. 在本任务实施过程中全勤，没有迟到、早退现象 2. 认真完成各项任务，学习态度积极 3. 尊重教师和其他组员	10	违反一项扣3分				
团队角色	1. 具有较强的团队精神与合作意识，积极参与各项活动、小组讨论 2. 组织、协调能力强，主动性强，表现突出	10	不能达到一项要求扣5分				
知识技能	1. 严格按照实施步骤进行比赛 2. 货物在货架上存放整齐、正确	80	不能正确操作任一步骤扣20分 超出时间每1秒扣1分				

拓展提升

一、货架支柱的选择标准

按最下层支柱的承重（6t）和最下层横梁高度（1.1m）选取不同重量级的支柱，如图2-13所示。

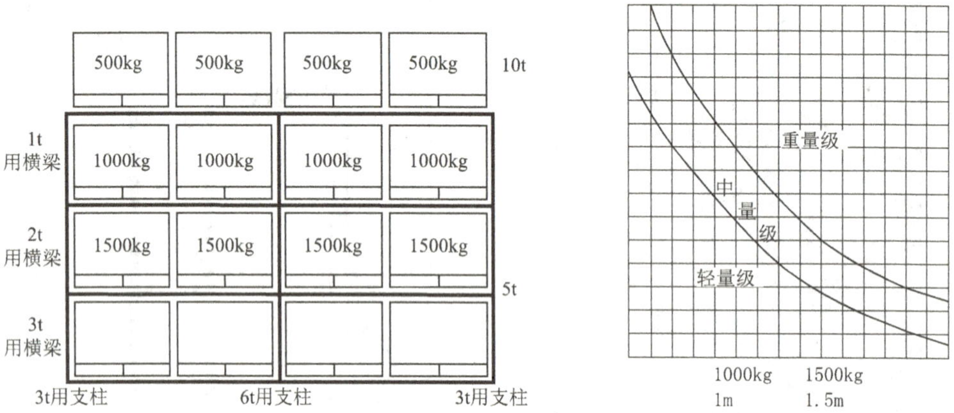

图2-13 货架支柱架的选择标准

二、选购货架

仓库货架的主要功能是存储货物，不需要像其他商品一样注重货架产品的外观。选购货架应注意如下事项：

（1）货架的稳定性问题一直是仓库货架钢结构设计的关键问题之一，货架钢结构体系的广泛应用凸显了稳定性研究的重要性和紧迫性。由于仓库货架钢结构体系设计、建造以及使用当中存在着许多不确定性因素，所以引入可靠度分析是必要的。

（2）选择货架一定要选择适合仓库特点的，所以在购买之前一定要自己先行规划，或者让货架厂专业技术人员进行量身定做，这样对仓库的利用率会大大增加，也会让将来出现问题的可能性下降到最低。

（3）工艺问题。货架成型后应该经过除油、除锈、预处理、磷化、钝化、静电喷涂、高温固化等多个环节。一般每个货架公司都有标准颜色，喷涂标准色一般费用低。若用特殊颜色，换粉会增加工期、浪费粉末，所以费用会相对高。

任务二 维护与保养货架

任务目标

知识目标

掌握货架的维护与保养内容。

能力目标

能够进行货架的日常维护。

任务描述

如何规范货架的维护内容，保证设备的正常运行是日常使用中非常重要的事情，接下来就详细介绍货架的维护保养方法。

任务准备

货架是较常用的物流储存设备，由于存放在货架上的货物互相不接触、不挤压，能有效减少货损，同时存取方便。货架的使用有利于实现仓储系统的自动化管理，因此货架受到各个企业、工厂的青睐，如果维护保养不到位，则会导致货架使用寿命缩短，增加企业费用。

任务实施

步骤一：制定货架使用制度

仓库货架大多数属于一次性投入设备，一般情况下，使用寿命至少在15年以上。但是一般货架都无法达到最终寿命，更有甚者会在突如其来的情况下倒塌造成人员伤亡。虽然货架的倒塌和货架初期材料的选择、货架本身质量问题有关，但更多的是由于货架后期的使用不当。为避免更多的倒塌事件，仓库管理者需要制定货架使用制度，让货架使用人员都遵守使用制度，做到安全第一。

（1）规定在使用货架前，仓库管理员一定要注意货架标识牌上的使用注意事项，货架标识牌一定要标明货架承载。

（2）两并排重型货架间需留用300mm以上间隙，两并排中型货架间需留用50mm以上间隙，以防止两托盘货物发生碰撞。

（3）高轻低重。遵循仓库货架底重上轻的原则，即底层放重物，高层放轻物，以防止头重脚轻，利于平衡。

（4）轻取轻放。叉车在插入货物时应小心使用，物货上横梁时一定要确定稳定后再放下，叉车在通道上转弯时应注意不要撞击货架立柱，以免立柱发生弯曲变形，造成货物脱离货架横梁、摔坏货物及伤到人员等后果。

（5）通道上不能堆取货物，这样会造成货物归类混乱，加大仓库管理难度。

（6）工作人员不能在仓库货架摆放区域打闹，以免碰伤身体。

（7）工作人员不允许在仓库内吸烟，更不能攀爬货架或无聊时坐在货架横梁上休息。

（8）当货架出现异常或发出异声时，工作人员及时判断其原因或找相关部门处理，必要时应向卖方要求技术服务等，不能私自处理等。

（9）保养和维护。货架要保养和维护，不需要高频率保养的应至少一年保养一次。

步骤二：货架的日常保养管理

1. 防撞保护

货架最易损坏的部分是通道和拐弯处的立柱，通常都会被叉车撞击变形。根据不同的货架、通道宽度及运送工具都会配套提供不同的防撞柱。在通道位置都应该安设防撞护栏。安装防撞柱对保护货架立柱有非常重要的作用。

2. 防重压

不同规格的货架都是根据承重设计制作的。因此，货架上摆放的货物重量必须在货架承重以内。仓库货理员最好在货架上做好承重限载标识。要遵循货架底重上轻的原则，即底层放重物、高层放轻物。

3. 防潮防晒防雨

货架立柱和横梁尽管都是金属制品，且表面都有烤漆，但长时间受潮受晒后，金属制品就可能生锈，影响使用寿命。因此，货架在受潮后需要用抹布擦干净，避免货架生锈，特别需要注意货架的接口位置，那里比较容易生锈。

4. 规定专人使用推高车

重型和高层货架仓库都配有动力堆高车，堆高车的使用和操作必须只能由持证的专人操作。绝大部分仓库货架架立柱被撞变形都是因为非指定人员使用推高车所造成。另外，货架横梁最好定制成黄色，以便于推高车操作者识别。

5. 规定标准的尺寸和放货尺寸

常用托盘为1m×1.2m。如重型横梁式货架横梁长度一般为2.5m，是按照放2个托盘的宽度设计的。在货架上放取货时硬塞或硬拉就可能撞到立柱。

步骤三：知晓维护中异常情况处理流程

在货架使用和维护保养过程中发现货架部件有异常时，应由组长或车间主任根据异常情况作出初步判断，并联系维修人员进行维修。维修后，相关维修负责人应及时填写《货架维修保养记录》。若遇到维修不了的情况，及时联系设备管理员，由厂家进行维修或者更换，避免在存放货物期间发生事故。

应用训练

根据学校实训现有的货架，让学生自己针对每种不同货架进行维护，然后予以考核。

任务评价

任务评价表

评价项目	评价要求	配分/分	评分标准	得分/分			备注
				自评	他评	师评	
学习态度	1. 在本任务实施过程中全勤，没有迟到、早退现象 2. 认真完成各项任务，学习态度积极 3. 尊重教师和其他组员	10	违反一项扣3分				
团队角色	1. 具有较强的团队精神与合作意识，积极参与各项活动、小组讨论 2. 组织、协调能力强，主动性强，表现突出	10	不能达到一项要求扣5分				
知识技能	针对实训室现有货架进行维护，找出实训室现有货架存在的问题	80	找出问题最多的人为满分，其他人少一点扣10分				

拓展提升

自动化立体仓库（Automated Storage and Retrieval System，AS/RS），如图2-14所示，由高层货架、巷道堆垛起重机、出入库输送机系统、自动化控制系统、计算机仓库管理系统及其周边设备组成，是可对集装单元货物实现自动化保管和计算机管理的仓库，广泛应用于大型生产性企业的采购件、成品件仓库、流通领域的大型流通中心、配送中心等。

（1）自动化立体仓库的主要优点如下：

1）采用高层货架存储，提高了空间利用率及货物管理质量。

2）自动存取，提高了劳动生产率，降低劳动强度。

3）科学储备，提高了物料调节水平，加速储备资金周转。

4）提高仓库作业水平和储存的可靠性。

5）满足特殊环境下的工作条件。

（2）自动化立体仓库主要由以下几部分组成。

1）高层货架。高层货架是自动化立体仓库的主要组成部分，是保管物料的场所。随着单元货物重量和仓库高度的提高，要求货架立柱、横梁的刚度和强度高。随着仓库自动化程度的提高，要求货架制造和安装精度也相应提高，高层货架的高精度是自动化立体仓库的主要保证之一。

2）巷道式堆垛机。巷道式堆垛机是在高层货架的窄巷道内作业的起重机。除控制系统外，主要由操控、走行、卷扬、存取四大装置组成。平均存取时间为70s/栈。自动运作时出现故障可改由手动操作。

3）自动化立体仓库的周围出入库配套机械设施。巷道机只能在巷道内进行存取作业，货物出入库需通过周围的配套搬运机械设施。货物进仓时，先由输送机运送进出入货平台，巷道机从此处接过货物，存入指定的货格。出仓则反之。这些配套设备是高层货架仓库必不可少的设施，其能力和自动化程度必须与仓库相适应。

自动化立体仓库中还包括网络服务器、RF服务器、管理计算机、监控计算机、出入库调置、RF基站和RF手持终端等设备。

图2-14　自动化立体仓库

项目内容

项目三　使用与维护托盘

任务一　认知托盘

任务二　使用和维护托盘

项目三　使用与维护托盘

托盘作为物流运作过程中重要的装卸、储存和运输设备，与叉车配套使用在现代物流中发挥着巨大的作用。托盘给现代物流业带来的效益主要体现在可以实现物品包装的单元化、规范化和标准化，保护物品，方便物流和商流等方面。

3 物流设备操作

任务一 认知托盘

任务目标

知识目标

1. 掌握托盘的标准。
2. 熟悉托盘的类型。

能力目标

1. 能说出托盘的常见标准。
2. 熟练认知常见托盘。

任务描述

刚刚接触到物流设备的小刘，来到物流实训中心看见了托盘，却不知道它的功能、参数规格、结构等，也不知道如何使用，你能详细地介绍一下托盘吗？

任务准备

国家标准GB/T 18354—2006《物流术语》对托盘的定义是用于集装、堆放、搬运和运输的放置作为单元负荷的货物和制品的水平平台装置。由于托盘作业效率高、安全稳定，使用率很高。为了帮助学生更好地了解托盘，需要首先介绍托盘的功能、结构等，然后再介绍其常见标准。

任务实施

步骤一：了解托盘的种类

1. 根据托盘的结构分类

（1）平托盘。一般谈到托盘都是指平托盘，因为平托盘使用范围最广，利用数量最大，通用性最好，其具体类别见表3-1。

表3-1 平托盘的种类

分类标准	举例
按照叉车叉入方式法分类	单向叉入型（见图3-1）、双向叉入型（见图3-2）、四向叉入型（见图3-3）等
按照材料分类	木制平托盘（见图3-4）、钢制平托盘（见图3-5）、塑料制平托盘（见图3-6）、复合材料平托盘（见图3-7）以及纸制托盘（见图3-8）等

图3-1 单向叉入型托盘

图3-2 双向叉入型托盘

图3-3 四向叉入型托盘

图3-4 木制平托盘

图3-5 钢制平托盘

图3-6 塑料制平托盘

图3-7 复合材料平托盘

图3-8 纸制托盘

（2）箱式托盘（见图3-9）。其基本结构是沿托盘四个边由板式、栅式、网式等各种平面组成箱体，有些箱体有顶板，有些箱体上没有顶板。箱式托盘不仅防护能力强，可有效防止塌垛、货损。

（3）轮式托盘（见图3-10）。其基本结构是在柱式、箱式托盘下部装有小型轮子。这种托盘不但具有一般柱式、箱式托盘的优点，而且可利用轮子做短距离移动。

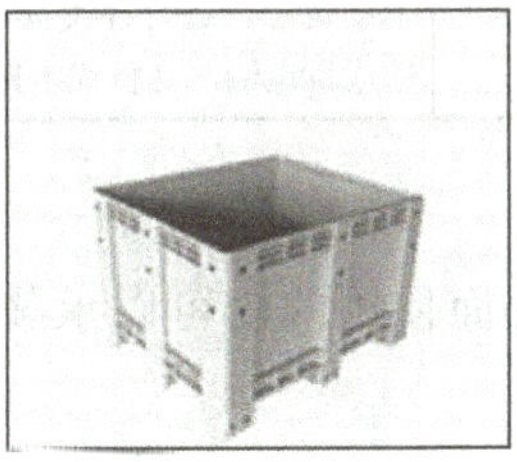

图3-9 箱式托盘

图3-10 轮式托盘

（4）柱式托盘（见图3-11）。其基本结构是托盘的四个角有固定式或可卸式的柱子，这种托盘进一步发展可从对角的柱子上端用横梁连接，使柱子成门框架。柱式托盘的柱子部分用钢材制成，多用于包装物料、棒料管材等的集装。

（5）特种专用托盘（见图3-12）。例如，航空货运或行李托运时使用的航空托盘，能支撑和固定立放平板玻璃的玻璃集装托盘；还有专门用于装放长尺寸材料的托盘、轮胎专用托盘等。

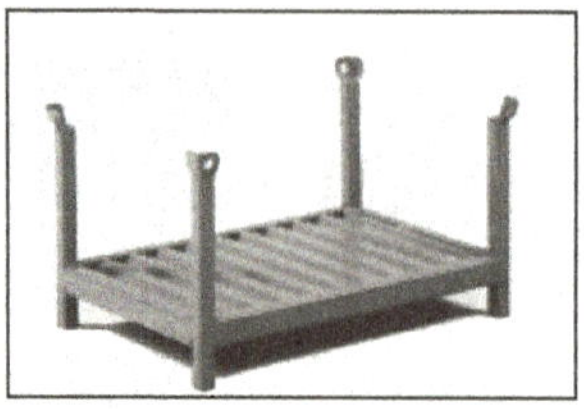
图3-11　柱式托盘

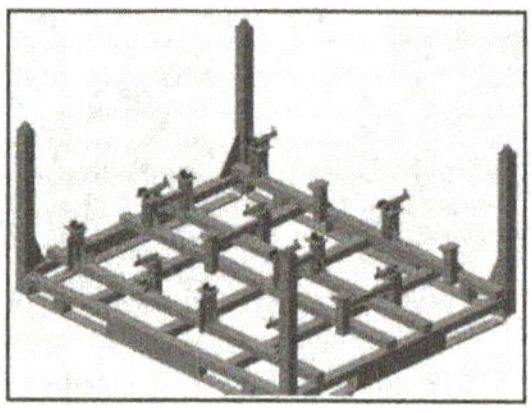
图3-12　特种专用托盘

2. 根据托盘的制造材料分类

根据不同的制造材料可将托盘分为木制托盘、塑料托盘、钢制托盘、蜂窝纸托盘、层压板托盘和高密度合成板托盘等，见表3-2。

表3-2　托盘的种类

按托盘的制造材料分类	制造材料	特点
木制托盘	以天然木材为原料	精确度高，不易变形，用高强度螺钉加固，不会起钉，牢固性好
塑料托盘	是使用PE\PP等热塑性塑料，加上一些改善性能的添加剂，通过注塑、吹塑等工艺加工而成的	具有强度大、可回收、使用寿命长（可用6～7年）
钢制托盘	采用优质特征型材制造，由面板和支腿组合而成	外形美观、坚固耐用、无需维护；结构合理，承重能力更加优化；防腐，便于清洁，不易污染，适合化工企业
蜂窝纸托盘	用蜂窝纸板与高强度蜂窝支腿经胶粘、压制复合制成的托盘	质轻、价廉、高强度、免熏蒸，并经过高温消毒或防腐处理，属绿色产品，符合环保要求，特别适合空运货物物流
层压板托盘	用废纸、草浆等杂物水解后压制而成的再生环保材料	其抗压性、承重性接近木板，适合电子产品等高档产品运输的使用
高密度合成板托盘	用各类废弃物经高温高压压制而成	避免了传统木托盘的木结、虫蛀、色差、耐湿性能差等缺点，具有高抗压、重承载、低成本的优点。适合各类货物的运输，尤其是重货的成批运输，是替代木托盘的最佳选择

步骤二：熟悉托盘的用途

托盘是为了便于货物装卸、运输、保管和配送等而使用的由可以承载若干数量物品的负荷面和叉车插口构成的装卸用垫板。

它是物流产业中最不起眼却又无处不在的一种物流器具，是静态货物转变为动态货物的主要手段。尽管只有一m^3，却“可以移动整个地球”，所以又称做“活动的地面”、“移动的货台”。

托盘作为物流运作过程中重要的装卸、储存和运输设备，与叉车配套使用在现代物流中发挥着巨大的作用。托盘给现代物流业带来的效益主要体现在可以实现物品包装的单元化、规范化和标准化，保护物品，方便物流和商流，如图3-13所示。

图3-13　托盘集装单元化、规范化和标准化

步骤三：掌握托盘的标准

托盘虽然只是一个小小的器具，但由于托盘具有重要的衔接功能、广泛的应用性和举足轻重的连带性，在装卸搬运、保管、运输和包装等各个物流环节的效率化中都处于中心位置，所以托盘的规格尺寸（见表3-3）是包装尺寸、车厢尺寸、集装单元尺寸的核心。

表3-3　托盘的规格尺寸

国家和地区	托 盘 标 准
美国	1219mm×1016mm（48in×40in）
加拿大、墨西哥	1000mm×1000mm
澳大利亚	1165mm×1165mm
欧洲	欧洲各国（大部分）国家托盘标准是1200mm×800mm，但是英国、德国及荷兰也使用1200mm×800mm及1200mm×1000mm的托盘
日本、韩国、中国台湾、新加坡等	1100mm×1100mm
中国	使用较多的是1200mm×1000mm和1100mm×1100mm

各国在制定托盘规格时都考虑了以下因素，即与桥梁、隧道、运输道路与货车站台设施相适应，以及与货车、卡车等车辆宽度相配合，再由托盘规格而决定仓库支柱的间距、货架等尺寸。所以改变托盘规格涉及一系列的复杂问题。国际间托盘规格的统一虽然很理想，但是难度较大。目前，ISO承认托盘的国际规格有1200mm×800mm（欧洲规格）、1200mm×1000mm（欧洲一部分国家、加拿大、墨西哥规格）、1219mm×1016mm（美国规格）、1100mm×1100mm（亚洲规格）等。

应用训练

训练1：根据所学的托盘知识填写表3-4。

表3-4　托盘的种类及特征

托盘的种类	特　征

训练2：说出教师提供的某类托盘图片的名称。

任务评价

任务评价表

训练项目	考核要求	配分/分	评分标准	得分/分
训练1	根据所学知识填写表3-4	60	种类填写错一个扣3分，每种托盘的特征15分，一个特点也未能写出扣15分，特点未写完整扣5分	
训练2	说出教师提供的某类托盘图片的名称	40	不能说出托盘的名称，一个扣5分	

拓展提升

一、目前中国托盘存在的问题

随着世界范围内的物流热潮升温，国内的物流企业也迅速发展壮大，但是作为现代物流基础环节的托盘存在着许多问题，势必会影响中国物流企业的健康发展。其存在的问题主要有以下几点：

（1）使用方式落后，不能完全发挥托盘的优点。托盘本身是为配合高效物流而诞生的一种单元化物流器具，可以说托盘是贯穿于现代物流系统各个环节的连接点。但是在实际使用中由于规格不统一，造成托盘仅局限于企业内部而不能在物流作业链中流通使用。

（2）受托盘周转方式的制约，流通过程成本过高。绝大多数企业的托盘都是在企业内部周转，从而使企业的产品经过多次人工搬运装卸，极大地降低了工作效率，相应增加了产品的流通成本，降低了产品在市场中的竞争力。

（3）难以与国际规格接轨。由于目前托盘的规格标准不统一，使中国的托盘使用不能与国际运输器具（如国际通用的集装箱等）相匹配。企业为了能适应相关的国际运输工具，不得不向托盘生产企业订购与该企业周转使用规格不一致的托盘，从而增加了企业的出口成本，降低了产品的国际竞争力。

小贴士

选购托盘需要考虑的因素

不同的使用环境和所承载的货物特性直接影响到托盘制造材料的选择。使用环境的不同，其温度、湿度、清洁度都有所不同，而不同材料的托盘有其性能正常发挥的温度范围，具体注意事项见表3-5。

表3-5 选购托盘注意事项

注意事项	具体内容
托盘的材料及工作环境	塑料托盘的使用温度就在-25～40℃之间，木托盘不能用于潮湿的环境，塑料托盘、塑木复合托盘可用在腐蚀性强和污染程度高的环境
托盘的用途	用于出口的托盘应尽量选择一次性的塑料托盘或者简易的免熏蒸复合材料的托盘
	用于货架堆放的托盘应选择刚性强、不易变形的、动载较大的钢制托盘和木质较硬的硬杂木托盘
托盘尺寸的通用性	尽可能地选用国际标准的托盘规格，便于托盘的交换和使用
运输工具和运输装备的规格尺寸	尤其要考虑海运集装箱和运输商用车的箱体内尺寸，可充分利用运输工具的空间，提高装载率，降低运输费用
托盘装载货物的包装规格	尽量最大限度地利用托盘的表面积，控制所载货物的重心高度。托盘承载货物的合理的指标为达到托盘80%的表面积利用率，所载货物的重心高度不应超过托盘宽度的2/3

二、木托盘和塑料托盘比较

在中国，木托盘依然是托盘中的主力军。一棵松树几十年才能成材，而一棵成年的松树只能制造6个标准托盘，受到森林资源有限、再生周期长等条件的制约，木托盘的发展空间受到限制。随着环保压力增大，铁路运输禁用木制托盘规定出台，欧洲、美国、日本等国家和地区对进口产品木质包装（包括木制托盘）提出苛刻的熏蒸与检验检疫要求，木托盘的应用受到了越来越多的限制。在木托盘面临越来越严重的发展瓶颈时，塑料托盘脱颖而出，成为后起之秀。两者的详细比较见表3-6。

表3-6　木托盘和塑料托盘比较

两种托盘功能使用对比	塑料托盘	木托盘
耐久性	使用寿命长，5～8年，耐酸、耐碱、抗冲击	0.5～1年，吸水受潮后易腐烂、自重大
可靠性	容易搬运和操作，质轻坚固，损耗小，防滑，无需维修	自重大，加大物流成本，外漏钉子及毛刺存在安全隐患
专用性	特种行业专用，如食品、医药，外观颜色可选，定制标识	使用范围受限，外观单一
环保性	损坏报废后可重新回收利用，减少垃圾处理费用	一次性使用，无法循环利用，加重树木损耗
全球趋势	国际上许多国家颁布新的标准规定使用塑料托盘	出口要经过熏蒸处理，较为繁琐

任务二　使用和维护托盘

任务目标

知识目标

1. 掌握托盘的日常使用技巧。
2. 清楚托盘的维护与保养内容。

能力目标

1. 能够根据商品信息合理组盘。
2. 能进行托盘的日常维护。

任务描述

如何规范地使用托盘及正确维护保养托盘，保证托盘的高效使用是物流企业中非常重要的一项事情，接下来详细介绍托盘的使用及维护内容。

任务准备

托盘的正确使用是迅速提高搬运效率和促进材料流动过程有序化的有效手段，在降低生产成本和提高生产效率方面起着巨大的作用。但是在实际托盘的使用过程中也存在使用不当、维护不当的现象。因此，懂得托盘的正确使用和维护是我们必须掌握的基本技能。

任务实施

步骤一：托盘的正确使用

正确使用托盘，可以延长塑料托盘的寿命，降低企业的物流成本，让企业的仓储和物流更高效、节能、环保、低成本。托盘的正确使用应该做到包装组合码放在托盘上，施加适当的捆扎和裹包，便于利用机械装卸和运输，从而满足装卸、运输和存储的要求。具体要求，见表3-7。

表3-7　正确使用托盘的要求

事　项	具体要求
托盘的材料及工作环境	选择载重量合适的托盘
托盘上放置货品的重心高度	严禁将货物从高处抛掷在托盘上。货物均匀置放，不要集中堆放，偏心堆放。一般为了运输途中的安全，所载货物的重心高度不应超过托盘宽度的2/3
托盘的堆码及承载表面积利用率	托盘堆码时，货物的码放要平整，使托盘的底面受力均匀，从而避免托盘变形量过大造成托盘的破裂。承载表面积利用率一般应不低于80%
托盘承载货物的固定方式	主要有捆扎、胶合束缚、拉伸包装，并可相互配合使用
托盘货物的码放方式	木、纸质和金属容器等硬质直方体货物单层或多层交错码放，拉伸或收缩包装
	纸质或纤维质类货物单层或多层交错码放，用捆扎带十字封合
	密封的金属容器等圆柱体货物单层或多层码放，用木质货盖加固
	需进行防潮、防水等防护的纸质品、纺织品货物单层或多层交错码放，拉伸或收缩包装或增加角支撑、货物盖隔板等来加固结构
	易碎类货物单层或多层码放，增加木质支撑隔板结构
	金属瓶类圆柱体容器或货物单层垂直码增加货框给板条加固结构
	袋类货物多层交错压实码放
承载货物的防护与加固	加固防护附件由纸质、木质、塑料、金属或者其他材料制成
液压车和叉车在使用托盘时	叉齿之间的距离应尽量放宽至托盘的进叉口外缘，进叉深度应大于整个托盘深度的2/3以上。在实际操作中应保持匀速进退和上下，避免急刹、急转引起托盘受损、造成货物倒塌。叉齿不可撞击托盘侧面，以免造成托盘破碎、裂纹，如图3-14和图3-15所示
托盘上货架	应保持托盘在货架横梁上地平稳放置，托盘长度应大于货架横梁外径50mm以上，如图3-16所示

图3-14　叉车插取托盘

图3-15　液压车插取托盘

图3-16　托盘货物正确放置在货架

步骤二：托盘的正确维护

托盘作为物流运作过程中重要的装卸、储存和运输设备，与叉车配套使用，在现代物流中发挥着巨大的作用。为了托盘能够发挥其作用和延长使用寿命，除在实际操作过程中应该正确、规范使用托盘外，还应关注托盘的维护保养。

在使用一段时间后，托盘可能因各种原因造成损坏，应该及时维修，以保持其使用寿命。对于可组合的托盘应及时更换受损部件，如木托盘的面板；对于整体不可拆分的托盘应及时整体更换。对于托盘的检查是一种有计划的预防性检查，检查的手段除人的感官以外，还要有检查工具和仪器。同时，托盘的日常维护保养必须做到制度化和规范化。

在日常使用维护中，应注意塑料托盘避免遭受阳光暴晒，木质托盘避免雨淋，以免引起塑料老化、腐烂，缩短使用寿命。平时严禁将托盘从高处抛落或从低处抛向高处，避免因猛烈撞击而造成托盘破碎、裂纹。

步骤三：知晓使用维护中异常情况处理流程

在托盘的点检、使用和周期性维护保养过程中发现设备部件或功能异常时，应根据异常情况作出初步判断，并联系维修人员进行维修。托盘维修后，相关维修负责人应及时填写《设备维修保养记录》。若遇到维修不了的情况，及时联系托盘管理员，由厂家进行维修，若无法维修需要及时更换，避免使用中出现危险。

应用训练

根据学校实训条件选择常见的塑料托盘和木托盘，让学生自己组盘操作，然后予以考核。

任务评价

任务评价表

评价项目	评价要求	配分/分	评分标准	得分/分			备注
				自评	他评	师评	
学习态度	1. 在本任务实施过程中全勤，没有迟到、早退现象 2. 认真完成各项任务，学习态度积极 3. 尊重教师和其他组员	10	违反一项扣3分				
团队角色	1. 具有较强的团队精神与合作意识，积极参与各项活动、小组讨论 2. 组织、协调能力强，主动性强，表现突出	10	不能达到一项要求扣5分				
知识技能	1. 根据货物选择合适托盘 2. 根据货物和所选托盘选择合理方式正确组盘	80	错一点扣5分				

拓展提升

一、塑料托盘的使用注意事项

在仓储物流行业中，塑料托盘是必不可少的，并且具有极大作用。正确合理使用塑料托盘，除了让其行使正常功能外，还可以使托盘的使用寿命延长，从而降低采购成本。所以，在托盘的使用过程中需要注意一些事项。塑料托盘的使用注意事项如下。

（1）应轻放塑料托盘，避免落地时受力不均，发生损坏。

（2）放置货物时，应均匀放置，避免起升搬运时发生侧歪。

（3）堆垛使用时，应考虑最下面一块托盘的承重。

（4）使用搬运设备时，应考虑货差尺寸是否适合此塑料托盘使用，避免因尺寸不合适而撑坏塑料托盘。

二、塑料托盘的维护保养注意事项

正确的使用塑料托盘应该做到包装组合码放在塑料托盘上，施加适当的捆扎和裹包，便于利用机械装卸和运输，从而满足装卸、运输和存储的要求。为了使塑料托盘能够长久安全地使用，塑料托盘也需要正确维护和保养。塑料托盘的维护保养注意事项如下。

（1）塑料托盘应避免遭受阳光暴晒，以免引起老化，缩短使用寿命。

（2）严禁将塑料托盘从高处抛落，避免因猛烈地撞击而造成托盘破碎、裂纹。

（3）严禁将货物从高处抛掷在塑料托盘内。合理确定货物在托盘内的堆放方式。货物均匀置放，不要集中堆放，偏心堆放。承载重物的托盘应放在平整的地面或物体表面上。

（4）托盘上货架时，必须采用货架型托盘，承载量根据货架结构而定，严禁超载使用。

（5）叉车或手动液压车作业时，叉刺尽量向托盘叉孔外侧靠足，叉刺应全部伸进托盘内，平稳抬起托盘后才可变换角度。叉刺不可撞击托盘侧面，以免造成托盘破碎、裂纹。

项目内容

项目四　熟知集装箱

随着科学技术的进步，必须依靠集装单元化技术才能实现对物品大批量、长距离运输。目前常见的集装单元器具主要是集装箱、托盘、集装袋等。集装箱是集装单元化发展的最高阶段。在国际物流中，集装箱联运是国际物流运输的主要方式之一。

任务一　认识集装箱

任务目标

知识目标

1. 了解集装箱的概念。
2. 熟悉集装箱的结构、分类。
3. 识别各种类型的集装箱标志，熟练说出集装箱的标准。

能力目标

1. 按货物的种类，能区分并识别不同用途的集装箱。
2. 能根据集装箱上的永久性标志，熟练识读出标志的内容。

任务描述

学校组织学生到上海洋山深水港参加专业考察活动，当他们看到一排排堆放整齐的国际集装箱时，你能不能简单介绍一下什么是集装箱？集装箱的结构是怎样的？堆场上的集装箱按其用途来分有哪些种类？当大家围着一个集装箱，你能不能根据标志上的字母和数字，熟练读出集装箱标识中隐含的箱主代号、顺序号和核对号、国家代号，尺寸代号和箱型代号，最大总重量和箱体自重等信息呢？

任务准备

集装箱是一种集装单元化器具。用集装箱运输具有节约包装费用、减少货损和货差、减少营运费用、提高周转率等特点。为了帮助大家了解集装箱，掌握集装箱选用、识别等相关技能，我们要先了解一下该种设备的概念、制造结构、类别等基本知识，然后再掌握如何按照货物用途来选用集装箱，如何根据集装箱上的标记来识读有关信息。

任务实施

步骤一：认识集装箱

我们采用权威的国际标准化组织（ISO）对集装箱的定义：集装箱是指具有一定强度、刚度和规格的，专供周转使用的大型装货容器。其特点见表4-1。

表4-1　集装箱的特点

序　号	特　点
1	具有耐久性，其坚固强度足以反复使用
2	适合一种或多种运输方式，途中转运时箱内货物无需换装
3	设有快速装卸和搬运的装置，特别便于从一种运输方式转移到另一种运输方式
4	便于货物的装满或卸空
5	具有 $1m^3$ 及以上的容积

集装箱不同于公路和铁路货车车厢，也不同于反复使用的大型包装箱，它的主要特点是有八个角件，依靠这八个十分简单、但结构和尺寸都很精确的角件，可以完成集装箱的装卸、拴固、堆码等作业。集装箱主要结构如下：

（1）门端结构，如图4-1～图4-4所示。

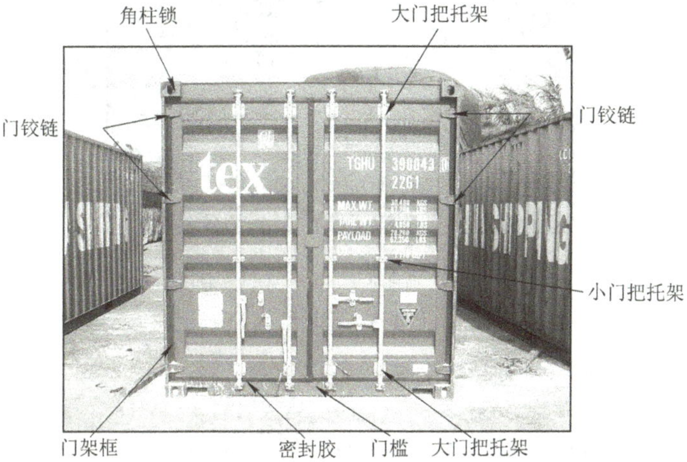

图4-1 门端结构1

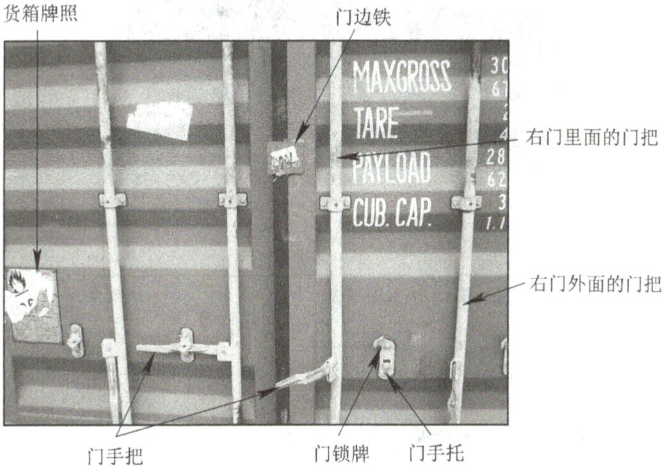

图4-2 门端结构2

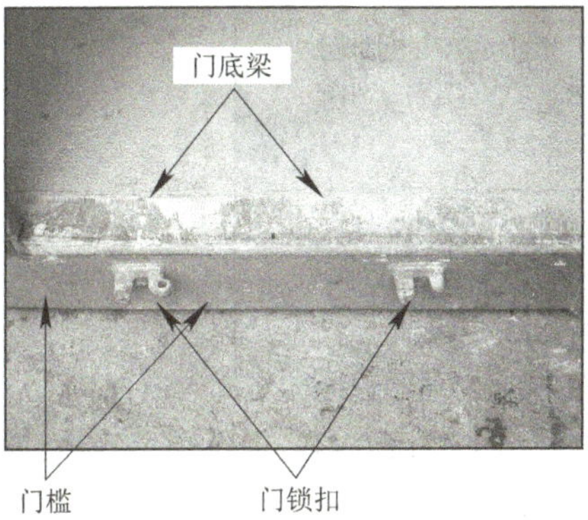

图4-3 门端结构3

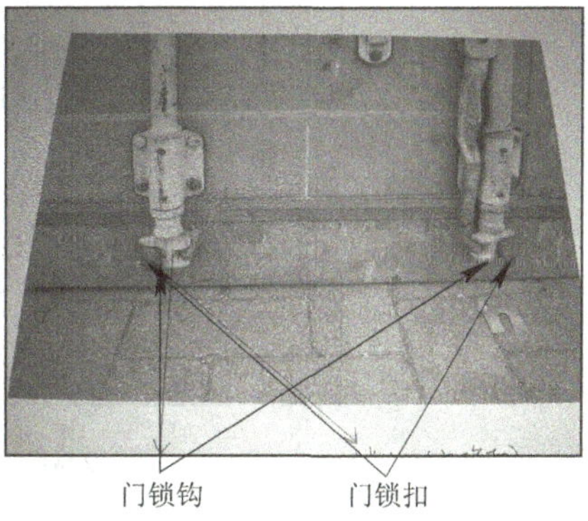

图4-4 门端结构4

（2）箱顶结构，如图4-5所示。

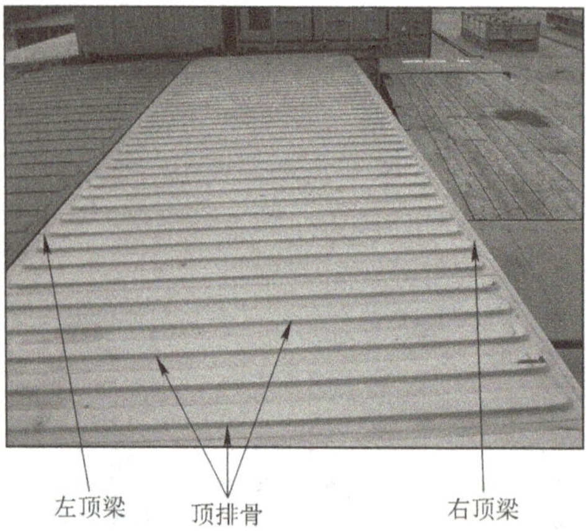

图4-5　箱顶结构

（3）底部结构，如图4-6所示。

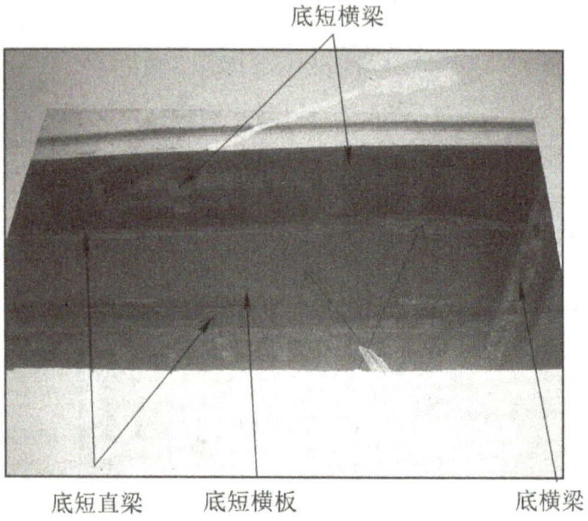

图4-6　底部结构

（4）侧壁结构，如图4-7所示。

图4-7　侧壁结构

（5）箱内结构，如图4-8所示。

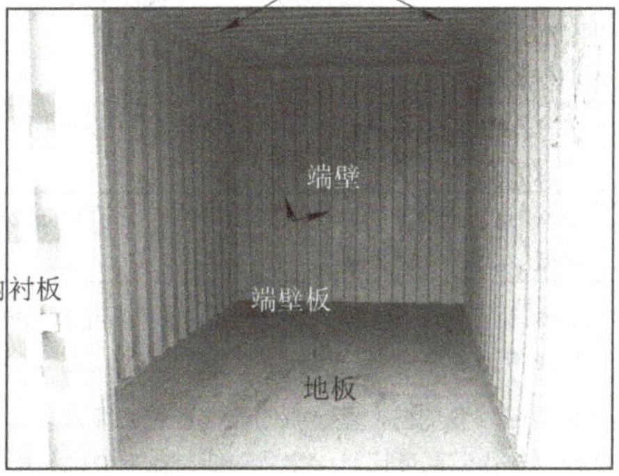

图4-8　箱内结构

（6）角件结构，如图4-9和图4-10所示。

图4-9　角件结构1

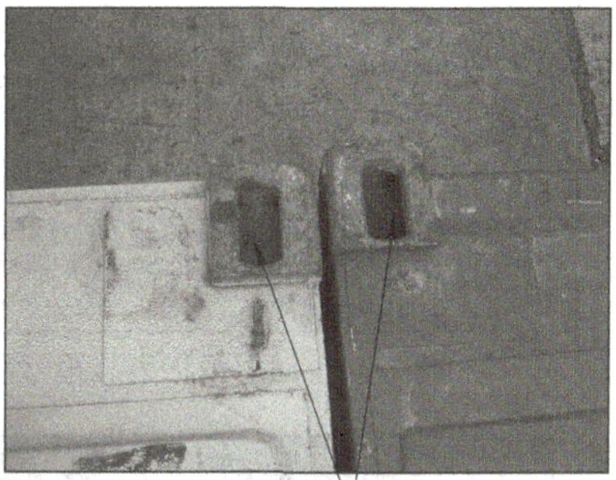

图4-10　角件结构2

步骤二：熟悉集装箱的种类

运输货物用的集装箱种类繁多，可按用途、运输方式、箱体特征等标准分类。这里着重介绍按照箱内所装货物（或用途）不同进行的分类，见表4-2。

表4-2　集装箱按照箱内所装货物（或用途）分类

类　型		描　述
通用干货集装箱（见图4-11）		它也称为杂货集装箱，是使用最广、数量最大的一类集装箱，用来运输不受温度变化影响的杂货。通常为封闭式，在一端或侧面设有箱门，具有集装箱的基本结构
保温集装箱	冷藏集装箱（见图4-12）	它是以运输冷冻食品为主，保持特定温度（温度可达-18℃）的集装箱。有自带冷冻机和依靠船舶冷冻装置供应冷气的两种类型
	隔热集装箱（见图4-13）	它是以保持货物鲜度，防止温度上升过高而具有充分隔热结构的集装箱。通常用冰做制冷剂，可保温72小时左右
	通风集装箱（见图4-14）	它是装载具有呼吸作用而不需要冷冻的货物。在端壁和侧壁上设有通风孔，关闭通风口可以作为杂货集装箱使用
灌装集装箱（见图4-15）		它是专门运输液体货物而使用的集装箱。一般为不锈钢制，由罐体和箱体框架两部分组成。装货时由灌顶的装货孔进入，卸货时由排货孔流出或顶部装货孔吸出

（续）

类　型	描　述
敞顶集装箱（见图4-16）	它也称开顶集装箱，适于较高的大型货物和需要吊装的货物，因此没有刚性箱顶，为保持水密性，需要可折式顶梁支撑的帆布或涂塑布制成的顶棚
散料集装箱（见图4-17）	其适于装载粉状或粒状货物。除有箱门外，在顶部还开有2～3个装货口。使用时要保持箱内清洁干净，便于货物从箱门卸货
动物集装箱（见图4-18）	它是专供装运动物的集装箱。箱壁用金属丝网制造，可以实现良好通风，侧壁下方设有清洁口和排水口，并设有喂食装置
汽车集装箱（见图4-19）	它是一种运输小型轿车的专用集装箱。特点是箱的框架内安有简易箱底，无侧壁，其高度与轿车一致，可运载一层或两层小轿车
服装集装箱（见图4-20）	在箱内侧梁装有许多横杆，每根横杆上垂下若干皮带扣、尼龙带扣或绳索，衣服利用衣架上的钩，直接挂在带扣或绳索上
台架式集装箱（见图4-21）	它是指没有箱顶和侧壁，甚至有的连端壁也去掉只有底板和四个角柱的集装箱。为了保持纵向强度，箱底较厚，内部高度比一般集装箱低，在下侧梁和角柱上设有系环，可以把装载的货物系紧。台架式集装箱没有水密性，不能装运怕水湿的货物，适合装载形状不一的货物
平台式集装箱（见图4-22）	它是仅有底部没有上部结构的集装箱，适于装载长而重的大件货物

图4-11　通用干货集装箱

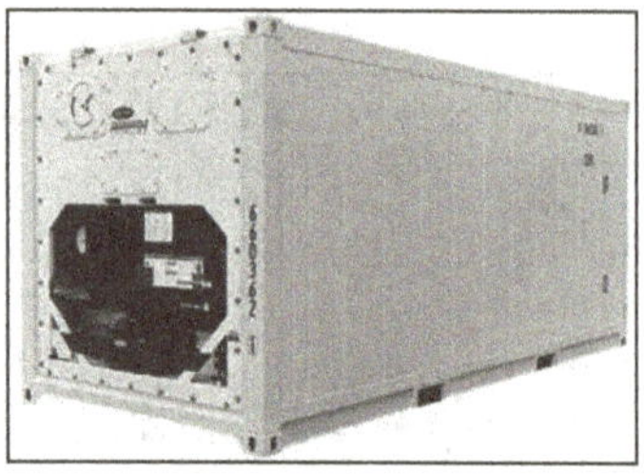

图4-12　冷藏集装箱

图4-13　隔热集装箱

图4-14　通风集装箱

图4-15　灌装集装箱

图4-16　敞顶集装箱

图4-17 散料集装箱

图4-18 动物集装箱

图4-19 汽车集装箱

图4-20 服装集装箱

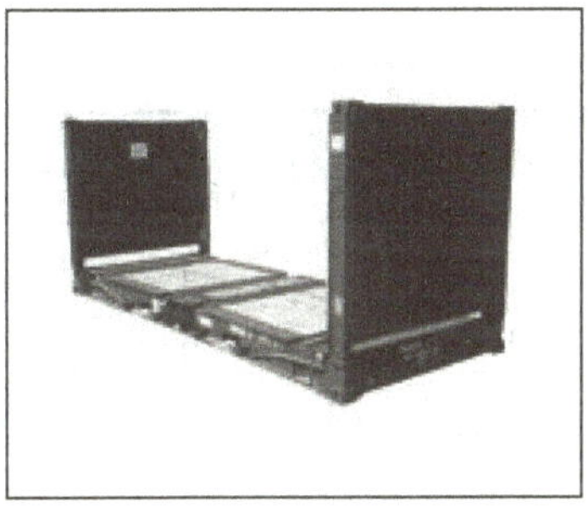

图4-21 台架式集装箱

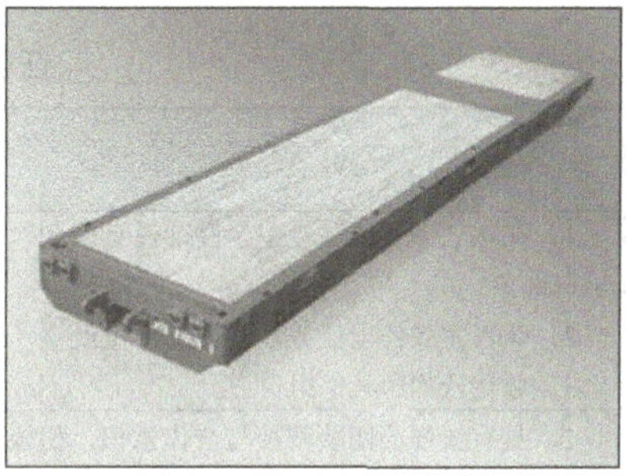

图4-22 平台式集装箱

步骤三：识别国际集装箱的标志

国际集装箱标志由字母和数字组成，如COSU 0012342、RCX2030、MAX GROSS：1234（KG）、TARE 382（KG）等。它们反映了箱主代号、顺序号和核对号、国家代号，尺寸代号和箱型代号，最大总重量和箱体自重等信息。具体内容见表4-3。

表4-3 国际集装箱标志的组成

国际集装箱标志	描 述	组 成	举 例
箱主代号	它是用来表示集装箱所有人的代号，使用前需向国际集装箱局登记注册，并不得与已有的箱主代号重复	由4个拉丁字母表示。前3位由箱主自定，第4位规定为U	COSU 001234[2]。"COSU"就是箱主代号，表示中国远洋运输集团公司
顺序号和核对号	顺序号是用来表示集装箱的箱号。核对号用来给计算机核对箱主号与顺序号正确性的号码，一般位于顺序号之后	顺序号由6位阿拉伯数字表示，如数字不足位数，在数字前加0补足。核对号由1位阿拉伯数字，加以方框醒目表示	COSU 001234[2]。"001234[2]"就是顺序号，"[2]"就是核对号

（续）

国际集装箱标志	描　述	组　成	举　例
国家代号	它是用来说明集装箱的登记国	国家代号用2个或3个大写拉丁字母表示	CN或PRC表示登记国为中华人民共和国；RCX表示中国台湾
规格尺寸代号和箱型代号	它们表示集装箱的大小、类型。箱型代号可从手册中查得	规格尺寸代号和箱型代号共有4位数符组成。前2位阿拉伯数字，是尺寸代号。后2位数符，是箱型代号	20：尺寸代号，表示20英尺长，8英尺高 30：类型代号，表示冷冻集装箱
最大总重量和箱体自重	最大总重量（MAX CROSS）又称额定重量，是集装箱的自重与最大允许装货重量之和。箱体自重（TARE）是指集装箱的空箱重量	最大总重量用数字和公斤（KG）单位标出。箱体自重用数字和磅（LB）单位标出	MAX GROSS：1234（KG） TARE 382（LB）

应用训练

1．教师出示各种货物图形和按用途分类的各种集装箱图形，学生根据货物的特点合理选用对应的集装箱。教师根据学生的选择，考核学生对各种按用途划分的集装箱种类的认识情况。

2．教师出示国际集装箱图片，要求学生根据集装箱顶部、两侧、门端、封闭端（盲端）五个面上的集装箱代号标记，识读出标记所代表的集装箱相关信息。

任务评价

任务评价表

评价项目	评价要求	配分/分	评分标准	得分/分			备　注
				自评	他评	师评	
学习态度	1．在本任务实施过程中全勤，没有迟到、早退现象 2．认真完成各项任务，学习态度积极 3．尊重教师和其他组员	10	违反一项扣3分				
团队角色	1．具有较强的团队精神与合作意识，积极参与各项活动、小组讨论 2．组织、协调能力强，主动性强，表现突出	10	不能达到标准的一项要求扣5分				
知识技能	1．严格按照货物的特性选择集装箱类型 2．正确识别国际集装箱的标志	80	不能正确识读每项扣10分				

拓展提升

一、集装箱运输的特点

集装箱运输的特点，见表4-4。

表4-4　集装箱运输的特点

序　号	特　点
1	可露天作业、存放。不怕风雨，节省仓库
2	可节省商品包装材料，保证货物质量、数量，减少货损货差
3	车船装卸作业机械化，节省劳动力，减轻劳动强度
4	装卸速度快，提高了车船的周转率，可减少港口拥挤度，扩大港口吞吐量
5	减少运输开支，降低了运费，集装箱运费要比普通件杂货运费低5%～10%

二、集装箱的标准

1. 国际标准集装箱

国际标准集装箱是指根据国际标准化组织（ISO）第104技术委员会制定的国际标准建造和使用的国际通用的标准集装箱。现行的国际标准为第1系列共13种，其宽度为2 438mm，长度有12 192mm、9 125mm、6 085mm和2 991mm4种，高度有2 896mm、2 591mm、2 438mm和小于2 438mm4种。国际标准集装箱长度中：1A型为40ft（12 192mm），1B型为30ft（9 125mm），1C型为20ft（6 058mm），1D型为10ft（2 991mm）。

2. 国家标准集装箱

国家标准集装箱是指各国政府参照国际标准并考虑本国的具体情况制定的本国集装箱标准。我国现行国家标准《系列1集装箱分类、尺寸和额定质量》（GB/T 1413—2008）中明确规定了集装箱各种型号的外部尺寸、极限偏差和额定质量。

3. 地区标准集装箱

地区标准集装箱是由地区组织根据该地区的特殊情况制定的集装箱标准，根据此类标准建造的集装箱仅适用于该地区，如根据欧洲国际铁路联盟（AIC）所制定的集装箱标准而建造的集装箱。

4. 公司标准集装箱

公司标准集装箱是某些大型集装箱船舶公司根据本公司的具体情况和条件制定的集装箱标准，这类集装箱主要在该公司运输范围内使用，如美国海陆公司的35ft（10 668mm）集装箱。

此外，目前世界上还有不少非标准集装箱。由于经济效益的驱动，世界上20ft（6.058mm）集装箱总重量达24t的越来越多，有的甚至达到30t，而且受到普遍欢迎。

任务二　配载集装货物

任务目标

知识目标

1. 知晓集装箱装箱注意事项。
2. 掌握几种常见的典型货物的装载方法。

能力目标

能够按照各种典型货物的配载要求进行配载。

任务描述

典型货物是指集装箱货物中具有代表性的大宗货物，主要是箱装货、纸箱货、捆包货、袋装货、鼓桶类货物、滚筒货和卷盘货、长件货等的装载。本任务初步学习和了解选择典型货物进行装载的方法和过程。

任务实施

一、做好货物装载前的准备工作

1. 知晓合格集装箱的标准

在集装箱货物运输中，首先应选用合格标准的集装箱，这样才能保证货运质量。合格集装箱的标准见表4-5。

表4-5 合格集装箱的标准

序号	标准
1	符合ISO标准
2	四柱、六面、八角完好无损
3	箱子各焊接部位牢固
4	箱子内部清洁、干燥、无味、无尘
5	不漏水、不漏光
6	具有合格检验证书

2. 检查集装箱

集装箱在装载货物之前，必须经过严格检查。有缺陷的集装箱，轻则导致货损，重则在运输、装卸过程中造成箱毁人亡事故。所以，对集装箱的检查是货物安全运输的基本条件之一。通常，对集装箱的检查应做到的具体事项见表4-6。

表4-6 集装箱检查的内容

项目	具体内容
外部检查	察看箱体外侧六面是否有损伤、变形、破口等，如有，即作出修理部位标志
内部检查	察看箱体内侧六面是否漏水、漏光，有无污点、水迹等
箱门检查	检查箱门是否完好，门的四周是否水密，门锁是否完整，箱门能否重复开启，能否270° 开启
清洁检查	箱内有无残留物、污染物、锈蚀异味、水湿。如不符合要求，应予以清扫甚至更换
附属件的检查	它是对货物的加固环节，如板架式集装箱的支柱、平板集装箱和敞棚集装箱上部延伸结构的检查

三、掌握集装箱的装箱方法

1. 掌握箱装货的装载方法

（1）对于较重的小型木箱，可采用骑缝装载法，使上面的木箱压在下面两木箱的缝隙上，利用上层木箱的质量限制下层木箱的移动。但最上层的木箱必须坚固牢靠。

（2）装载完毕后，如果箱门处还有较大空隙，须用木块和木条将木箱总体支撑牢固，防止其在运输过程中对箱门的冲击。

（3）对于质量较大、体积较小的木货，如果装载后期四周均有空隙时，须从四周进行加塞加固。

（4）对于重心高的木箱，除对其底部加以固定外，还须在其上方用木条撑开空隙。

2. 掌握纸箱货的装载方法

（1）装箱顺序是先从箱里向外装，或从两侧向中间装。

（2）对于小于200cm的装载空隙，在装载时，由于可利用上层货物质量相互压紧，不必进行特别处理，但最上一层则需用填塞的方式来消除空隙。

（3）为了不使下层纸箱受压变形，需要在箱内的中间层进行衬垫。衬垫材料最好用波纹纸板，其优点是质量小、价格便宜、摩擦力大，对防止货物滑动效果明显。

（4）装载小型纸箱货时，为防止倒塌，可采用纵横交错的堆装法。一般有三种堆装法，波纹纸板箱是由箱的周边支撑大部分压力的。因此，堆装时要把箱角对齐。在码垛时，一般应按砌砖砖墙的方式或交错方式进行堆装，以增强货物相互间的拉力。波纹状板箱在整个面上承受负荷时，其强度较大，因此，应正确装载使负荷承受在整个面上。

3. 掌握捆包货的装载方法

（1）捆包货因其质量与体积较大，在装箱时一般采用机械作业。

（2）捆包货装载时，为了防止其箱底潮湿对货物的不利影响，一般需要用木板对货物进行衬垫，同时便于用叉式装卸或起重机进行作业。

（3）对于鼓腹型的捆包货，为避免由于运输过程中的摇摆所造成的塌垛挤撞箱门现象，应在箱门处用方木条做成栅栏撑牢，用以保护箱门。

4. 掌握袋装货的装载方法

（1）对于装砂糖的编织袋、装水泥的纸袋、装粮谷的麻袋、装粉货的布袋等货物的装载，在装箱前，箱内应铺设塑料薄膜或帆布，防止发生破袋后漏出的货物污损集装箱。

（2）为了防止袋装货因箱顶漏水受潮和袋与袋之间的滑动，可在袋装货中间插入衬地板和防滑粗纸，在堆装时，可以采用砌墙堆放法和交错堆放法。

5. 掌握鼓桶类货物的装载方法

（1）鼓桶类货物装入集装箱时容易产生空隙，而且固定时要进行一定的技术处理。在装箱前要严格检查货物是否泄漏。

（2）装载时要将盖朝上进行堆装。堆装时鼓桶间的空隙要加入衬垫，以求负荷均匀和鼓桶稳定。对于最上层的鼓桶，可用绳索将其捆绑在一起，防止其发生滚动。

6. 掌握滚筒货和卷盘货的装载方法

（1）滚筒货通常要竖装，在侧壁和端壁上要铺设胶合板使其增强受力的能力。装载时，从箱端开始要堆装紧密。货物之间如有空隙，则用柔软的衬垫来填塞，

（2）对于滚筒货，一般情况下不宜横装，以防止其在运输中滑动，冲撞侧壁产生变形或造成货损。如果因特殊原因必须横装时，必须要利用锲子或相应材料使它离开箱体四壁，而且每一层都要用锲子固定。

（3）卷盘货在水平装载时要铺满整个箱底，为防止运输中因摇摆对箱体四壁产生冲撞，必须用若干个坚固的空心木座插在货物和端壁之间，牢固在靠在侧壁上，充分保护好端壁和箱门。

7. 掌握长件货的装载方法

（1）长件货在长度方向易滑动，因此对集装箱两端一定加衬垫，以保护端壁和箱门。货物与集装箱有空隙必须撑死，塞紧。

（2）如钢管等易滑动，装箱后，应用钢丝绳把货物扎紧。还需要在侧壁内用方形木条

竖上几根立柱，再用纵向水平木条固定连接起来。钢管还应用塑料薄膜或防水帆布覆盖。

（3）长件货通常装载在框架集装箱或开顶集装箱内，并利用机械装卸。为了便于叉车作业，要适当地利用衬垫。

应用训练

在教师指导下，在实训室组织一次典型货物的模拟装箱操作比赛。

任务评价

任务评价表

评价项目	评价要求	配分/分	评分标准	得分/分			备注
				自评	他评	师评	
学习态度	1. 在本任务实施过程中全勤，没有迟到、早退现象 2. 认真完成各项任务，学习态度积极 3. 尊重教师和其他组员	10	违反一项扣3分				
团队角色	1. 具有较强的团队精神与合作意识，积极参与各项活动、小组讨论 2. 组织、协调能力强，主动性强，表现突出	10	不能达到一项要求扣5分				
知识技能	1. 严格根据常见货物的特点，选择正确的集装箱 2. 按每种典型货物的配载要求模拟配载。说出配载时的注意事项	80	不能正确操作任一步骤扣20分				

拓展提升

一、集装箱装箱注意事项

为确保货运质量的安全，做好箱内货物的积载工作是很重要的。货物在箱内由于积载、装箱不当不仅会造成货损，还会给运输及装卸机械等设备造成损坏，甚至人身伤亡，其具体内容如下。

1. 重量配置

要根据集装箱的尺寸、单件货物的包装尺寸，来确定箱内货物的堆码层次和方法。往箱内装货时，只要总重量不超过集装箱所允许的最大载重，就要考虑充分利用箱容。

在装箱时尽可能使重量均匀地分布于集装箱底板上。在装卸集装箱时过分集中负荷或偏心荷重有倾斜或翻倒的危险。此外，当货物是重货且难以避免负荷集中分布时，可采用衬垫等方式使负荷分散。

2. 货物紧固

在可能因运输振动而使货物移动的情况下，要固定货物，称做紧固。紧固方式有以下3种，可分别进行组合使用。

（1）固定材料紧固。这是用角钢等材料将货物固定在集装箱内的方法。

（2）填充紧固。这是在货物和货物之间、货物和集装箱内壁之间用角钢等支柱在水平方向上固定的方式，包括插入阻隔物或垫子以防止货物移动的方式。

（3）捆索。这是集装箱侧壁设捆索环，用缆绳或皮带固定货物的方法。

货物装箱完毕后必须检查，要求做到没有一件货物处于松动状态，以防集装箱发生纵向或横向倾斜，造成货损。对靠箱门附近的货物采取系固措施，避免发生货物倒塌造成货物损坏和人身伤亡的事故。

3. 货物装配

不同货物在同一集装箱中时，要注意货物的性质或重量、包装对其他货物的影响，不同货种相互适应才可同箱积载，且相同卸货港的货物才能混装在一个集装箱内。货重在箱内应均匀分布，不允许偏载。要按货物标定的“不可倒置”、“平放”、“竖放”等标志装箱。箱内堆垛时，要采用全自动起升叉车在箱内作业。拼装箱货时，要注意轻货压重货，包装强度小的压包装强度大的，清洁货压受污染货，同形状和同包装货放在一起，有异味、潮湿的货物用塑料薄膜包妥后与其他货物隔开。有尖角棱刺的货物应另加保护，以免损伤其他货物。

项目内容

项目五　接触物流箱

物流箱也称周转箱，可与多种物流容器和工位器具配合，用于各类仓库、生产现场等多种场合。周转箱帮助完成物流容器的通用化、一体化管理，是生产及流通企业进行现代化物流管理的必备品。它被广泛用于机械、汽车、家电、轻工、电子等行业。

任务一　了解物流箱

任务目标

知识目标

1. 能够说出物流箱的特点及性能。
2. 知晓物流箱的种类。

能力目标

能够识别常见的物流箱。

任务描述

在参加课程实践时，小刘看到了一种设备频频出现在储存、分拣、流通加工、配送、运输等物流环节，经老师介绍他知道该设备就是物流箱。可他不知道物流箱的特点、性能且不理解它为什么使用频率那么高，你能详细地为小刘介绍一下吗？

任务准备

物流箱能耐酸耐碱、耐油污，无毒无味，可用于盛放食品等，清洁方便，零件周转便捷、堆放整齐，便于管理。其合理的设计、优良的品质，使其适用面很广。

任务实施

步骤一：领会物流箱的特点

物流箱（见图5-1）既是物流单元集装设备，也是物流整理设备。具有无毒、无味、防潮、耐腐蚀、重量轻、耐用、可堆叠、外观华丽、颜色丰富、纯正等基本特点，具体内容见表5-1。

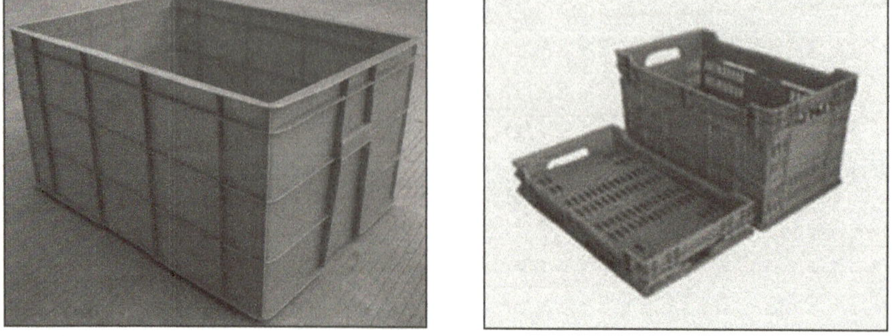

图5-1　物流箱

表5-1　物流箱的特点

特　点	具体内容
耐热耐冷	冷热箱对耐热性、耐冷性的要求比较高，在高温的水中不会变形，甚至可以用沸水消毒
耐　用	具有优越的耐冲击性，重压或撞击时不易碎裂，不会留下刮痕，可终身使用
密　封	不同品牌的产品密封方式不同，但卓越的密封性是内存食物持久保鲜的必要条件
保　鲜	国际上密封测定标准是以透湿度测试来评定的，优质的保鲜箱要比同类产品的透湿湿度低200倍，可以更长时间地保持物品的新鲜
多功能性	针对生活需要设计不同大小、配着重复使用科技冰袋使用，冰袋可以保冷，可以保热（冰袋最低可以被冷冻到-190℃，最高可以被加热到200℃，可以任意地切割尺寸）
环　保	食品级的环保LLDPE材料，无毒无味，抗紫外线，不易变色

步骤二：识别常见的物流箱

物流箱既可用于周转又可用于成品出货包装，轻巧、耐用、可堆叠。其主要类型见表5-2。

表5-2　物流箱的分类

分类标准	类　型
用　途	防静电物流箱，导电物流箱，阻燃物流箱，零部件物流箱，仪器物流箱，饮料物流箱，农药物流箱，精密仪器的内包装，药品包装箱，邮政包装箱，电子元器件包装的垫板，隔板，水果物流箱
性　能	可堆式物流箱，可插式物流箱，折叠式物流箱，万通板物流箱等
物理性能	防静电物流箱，导电物流箱，绝缘物流箱等

步骤三：了解物流箱的性能

物流箱可根据用户需求定做，如各种规格和尺寸、铝合金包边，还可加盖，以防尘，使外形美观大方；可应用于五金、电子、机械零配件、冷藏、储存、运输等行业。其主要性能，见表5-3。一般中空板物流箱根据客户提供的尺寸设计制作，做到最合理装载，并可多箱重叠（见图5-2），能有效利用厂房空间，增大零部件储存量，节约生产成本。

图5-2　重叠的多个物流箱

表5-3　物流箱的性能

物流箱的类型	性　能
可堆式物流箱	零件周转便捷，可多箱重叠，有效利用厂房空间，增大零部件储存量，节约生产成本，且堆放整齐，便于管理
可插式物流箱	自重轻，可堆叠存放（不带盖的统一规格箱体满载时可堆垛5～7层；带盖的统一规格箱体满载时可堆垛4层），与各类物流器具在使用过程中尺寸配备完好，其有效工作温度为-25～40℃，使用寿命长
折叠式物流箱	有对折式和内倒式两种折叠方法，折叠后的体积只有展开后体积的1/4～1/3，具有重量轻、占地少、组合方便等优点。可实现机械化搬运，提高了流通合理化、效率化，使用户储运成本大大降低，是一种符合现代企业推行环保要求及零库存计划的新型产品
万通板物流箱	万通板是利用共聚级聚丙烯一次性挤出制作而成，产品平整，可添加各种色料、导电料、抗静电料以及抗紫外线剂，进行特性改良后具有质轻、耐冲击、多色、防水、耐油以及耐高低温（-17～167℃）的优点，其无毒干净，符合食品GMP的标准。该产品可重复使用、再生以及减量，是符合未来需求的材料

步骤四：认识塑料物流箱

一、了解塑料物流箱的类型

塑料物流箱也称做塑料周转箱，选用具有高冲击强度的HDPE（低压高密度聚乙烯）和PP（聚丙烯）为原料。塑料物流箱按外形进行分类的类型，见表5-4。

表5-4　塑料物流箱的类型

按外形进行分类	特　点
标准式物流箱	最为普遍的可堆式物流周转箱，无论是有配套箱盖或没有箱盖都不会影响到上下两个箱体或多个箱体的灵活堆叠
斜插式样物流箱（可配套内凹型外翻箱盖，在箱体堆叠时使用）	可以在空箱时减少仓储体积，方便物流周转时的往返费用。注意如使用此款物流箱在上下两个箱体或多个箱体堆叠时必须要配套箱盖，同时使用才可实现堆叠
错位式样物流箱	可以实现灵活的多个箱体堆叠，而且在不需要其他辅助附件的帮助就可实现空箱的套叠堆放，同样可减少空箱时的仓储体积和物流周转的往返费用

二、知晓塑料物流箱的性能

塑料物流箱在生活中极其常见，如饮料、水果的外包装。塑料物流箱之所以受欢迎，主要是因为塑料物流箱所特有的性能，见表5-5。

表5-5 塑料物流箱的性能

性能	具体内容
良好的力学性能	具有韧性好、耐冲击、抗压强度高、缓冲防震、挺硬性高、弯曲性能良好等优良的力学性能
质轻节材	使用塑料中空板耗材少，成本低，重量轻
隔热、隔声	具有的中空结构使其传热、传声效果明显低于实心板材，具有良好的隔热、隔声效果
防静电、导电、阻燃	采用改性、混合、表面喷涂等方法可以使塑料中空板具有防静电、导电和阻燃的性能
化学性能稳定	可以防水、防潮、防腐蚀、防虫蚀、免熏蒸，与纸板、木板相比具有明显优势
表面光滑美观、颜色齐全	由于塑料周转箱的特殊成型工艺，通过色母粒的调色可以达到任意颜色，而且表面光滑，易于印刷
环保效果明显	具有无毒、无污染等特点，废弃处理简单，不会对环境造成污染。还可废物再利用，做成其他塑料制品
优越的耐冲击性	重压或撞击时不易碎裂，不会留下刮痕，可终身使用。其合理的设计、优良的品质，适用于工厂物流中的运输、配送、储存、流通加工等环节
抗折，抗老化，承载强度大	拉伸、压缩、撕裂、温度高、色彩丰富、做成包装箱式周转箱，既可用于周转又可用于成品出货包装，轻巧、耐用、可堆叠

应用训练

说出所列某种物流箱的名称，并指出该类型物流箱的特点。

任务评价

任务评价表

评价项目	评价要求	配分/分	评分标准	得分/分			备注
				自评	他评	师评	
学习态度	1. 在本任务实施过程中全勤，没有迟到、早退现象 2. 认真完成各项任务，学习态度积极 3. 尊重教师和其他组员	10	违反一项扣3分				
团队角色	1. 具有较强的团队精神与合作意识，积极参与各项活动、小组讨论 2. 组织、协调能力强，主动性强，表现突出	10	不能达到一项要求扣5分				
知识技能	1. 说出教师提供的某种物流箱的名称 2. 至少指出该种物流箱的3个特点	80	不能说出名称，扣20分 一个特点也未能指出，扣60分；指出不足3个特点，扣30分				

拓展提升

物流箱的主要技术参数，见表5-6。

表5-6　物流箱的技术参数

类　别	常见参数	数　值
G型第二代带盖物流箱	内容量	60.7L
	外尺寸	600mm×400mm×320mm
	内尺寸	555mm×365mm×300mm
	单箱承载	≤50kg
	堆码承载	≤250kg
	材质	共聚丙烯、聚乙烯合成
	箱盖是否为可选件	是
	1210托盘每层可堆放物流箱的个数	5个
	20尺标准柜可装物流箱个数	350只
	40尺标准柜可装物流箱个数	700只
	每1000只G箱体积	相当于76.8m^3
H型第二代无盖周转箱	内容量	25.3L
	外尺寸	600mm×400mm×148mm
	内尺寸	555mm×365mm×125mm
	单箱承载	≤30kg
	堆码承载	≤150kg
	材质	共聚丙烯、聚乙烯合成
	箱盖是否为可选件	是
	1210托盘每层可堆放物流箱的个数	5个
	20尺标准柜可装物流箱个数	800只
	40尺标准柜可装物流箱个数	1760只
	每1000只H箱体积	相当于33.6m^3
D型物流箱	内容量	52.7L
	外尺寸	600mm×400mm×320mm
	内尺寸	555mm×365mm×300mm
	单箱承载	≤40kg
	堆码承载	≤200kg
	材质	共聚丙烯、聚乙烯合成
	箱盖是否为可选件	是
	1210托盘每层可堆放物流箱的个数	5个
	20尺标准柜可装物流箱个数	400只
	40尺标准柜可装物流箱个数	880只
	每1000只D箱体积	相当于67.2m^3

（续）

类 别	常见参数	数 值
C型物流箱	内容量	24.0L
	外尺寸	400mm×300mm×280mm
	内尺寸	355mm×260mm×260mm
	单箱承载	≤25kg
	堆码承载	≤125kg
	材质	共聚丙烯、聚乙烯合成
	箱盖是否为可选件	是
	1210托盘每层可堆放物流箱的个数	10个
	20尺标准柜可装物流箱个数	800只
	40尺标准柜可装物流箱个数	1760只
	每1000只C箱体积	相当于33.6m^3
B型物流箱	内容量	12.0L
	外尺寸	400mm×300mm×148mm
	内尺寸	355mm×260mm×130mm
	单箱承载	≤20kg
	堆码承载	≤100kg
	材质	共聚丙烯、聚乙烯合成
	箱盖是否为可选件	是
	1210托盘每层可堆放物流箱的个数	10个
	20尺标准柜可装物流箱个数	1600只
	40尺标准柜可装物流箱个数	3520只
	每1000只B箱体积	相当于16.8m^3
A型物流箱	内容量	260mm×160mm×130mm
	外尺寸	300mm×200mm×148mm
	内尺寸	5.4L
	单箱承载	≤10kg
	堆码承载	≤50kg
	材质	共聚丙烯、聚乙烯合成
	箱盖是否为可选件	是
	1210托盘每层可堆放物流箱的个数	20个
	20尺标准柜可装物流箱个数	3200只
	40尺标准柜可装物流箱个数	7040只
	每1000只A箱体积	相当于8.4m^3

任务二　使用物流箱

任务目标

知识目标

1. 知晓物流箱的使用要求。
2. 清楚塑料周转箱在物流运输中的注意事项。

能力目标

能够正确使用物流箱。

任务描述

如何规范物流箱的使用，保证设备的正常运行是日常使用中非常重要的事情，接下来我们就来了解物流箱的使用要求和注意事项。

任务准备

物流箱作为物流运输过程中不可或缺的一部分，起着至关重要的作用，正确使用物流箱可以提高物流箱的利用率，减少物流成本。

任务实施

步骤一：正确使用物流箱

物流箱作为仓储物流行业不可或缺的部分，发挥着重大的作用。若按照其使用规范（见表5-7）正确使用物流箱，不但可以充分发挥其本身的作用外，还可以延长使用寿命，降低采购成本。

表5-7　正确使用物流箱的要求

序　号	正确使用物流箱的要求
1	物流箱不得放置温度过高的产品，防止因温度过高造成烧伤、热变形
2	所有物流箱转运必须使用专用运输工具或两人抬动，严禁在地面推、拉等
3	物流箱搬运时，应防止倾倒摔破
4	物流箱内放置产品时应不得超过物流箱上平面，防止因超重造成物流箱变形、开裂或产品丢失等
5	严禁将货物从高处抛掷在塑料物流箱内。合理确定货物在物流箱内的堆放方式。货物均匀置放，不要集中堆放、偏心堆放，避免尖锐面直接压在物流箱箱底部
6	使用配套托盘时，应考虑物流箱尺寸是否适合此塑料托盘使用，避免尺寸不合适、摆放不当而发生侧歪或倒箱
7	堆码使用时，应考虑自身物流箱承重、堆码高度限制
8	使用时物流箱应轻拿轻放，严禁抛扔、搁脚、垫脚等，避免因猛烈地撞击而造成物流箱破碎、裂纹
9	塑料物流箱单箱货重不超过25kg（正常人体受限），并不可装满箱，应至少留有20mm（除去上层接合处的部分）
10	塑料物流箱在堆码的时候需要加上适当的捆扎和包裹，这也是为了便于机械装卸和运输，从而满足装卸、运输和存储的要求

步骤二：知晓维护物流箱的要求

为了使物流箱能够长久安全地使用，必须按要求正确维护物流箱，见表5-8。

表5-8 正确维护物流箱的要求

要求		正确维护物流箱的要求
清洁	使用前后应保持箱内及外观干净	物流箱内剩余零件按型号、种类不同分类放置，不同部件原则上不允许放在同一物流箱内
		物流箱内垃圾、积水必须全部清理干净
		严禁人为踩踏物流箱，或将物流箱当板凳等不当行为
检查	使用前后需确认物流箱是否完好	物流箱边角处是否有开裂现象，物流箱表面及底部是否存在破损现象，物流箱整体是否已严重变形，若有以上三种情况不得继续使用，并将其放至维修车间物流箱待修区域
摆放		所有空物流箱必须摆放至指定区域并摆放整齐
		摆放区域内空物流箱堆放高度标准参照公司管理规定
		满载物流箱最高堆放参照公司管理规定
		物流箱堆放必须将底部四角与另外一只上部四角定位吻合
		大物流箱内不允许再放置小物流箱
修理、报废		物流箱严重变形、破损需及时进行调换，仓库管理员做好登记，并通知制造部鉴定、确认修理或报废
		塑料物流箱损坏需通知模具组进行修理

应用训练

学生自己选择物流箱与其他物流设备进行操作，然后予以考核。

任务评价

任务评价表

评价项目	评价要求	配分/分	评分标准	得分/分			备注
				自评	他评	师评	
学习态度	1. 在本任务实施过程中全勤，没有迟到、早退现象 2. 认真完成各项任务，学习态度积极 3. 尊重教师和其他组员	15	违反一项扣5分				
团队角色	1. 具有较强的团队精神与合作意识，积极参与各项活动、小组讨论 2. 组织、协调能力强，主动性强，表现突出	15	不能达到一项要求扣8分				
知识技能	按照物流箱的使用要求进行操作	70	不能达到一项要求扣10分				

拓展提升

一、新型物流周转箱

新型物流箱的产品设计总结了市场同类产品的优缺点，独特的一次性锁扣可以快捷稳固的封锁箱体，增强防盗性，提高物流配送效率。

新型物流箱采用100%全新抗冲击改性PP材质生产，自重轻，使用寿命长，有效工作温度是-20～65℃，具有防潮、防盗、耐用、易清洗等特点。带盖物流箱套叠率高达76%，堆叠安全稳定，同一规格产品满载可堆垛5层，载重为35kg，顶盖可沉重180kg。

二、塑料物流箱在物流运输中的注意事项

货物按一定要求成组装在一个标准塑料物流箱上组合成为一个运输单位，便于利用铲车或物流箱升降机进行装卸托运和堆存。其注意事项见表5-9。

表5-9 塑料物流箱在物流运输中的注意事项

序号	注意事项
1	必须符合物流箱积载的规定。同一批货运装载每个塑料物流箱的数量和重量必须一致；不同收货人和不同货物不能混装在一个物流箱上；物流箱平面应全部装载货物，码齐放平，四边均须平放，四角成90°，顶部保持水平；除原包装上的唛头标志外，还必须在物流箱铲车叉臂插入的两侧加刷物流箱货物的毛重、目的港、物流箱件数和编号标志，塑料物流箱的载货量不得超过规定的最大毛重量
2	对物流箱化货物运费按装货后的物流箱毛重和体积减除物流箱重量和物流箱高度计，即对物流箱本身免收运费
3	装载物流箱货物的范围有一定限制，不是所有货物都可用物流箱运输。适宜于物流箱运输的货物以包装件杂货物为限，散装、裸装、超重、超长或冷藏货物均不能作为物流箱运输。性能不同的两种危险货物，绝对不能装在同一物流箱上作为物流箱货运
4	货物以塑料物流箱运输时，必须在所有运输单证上注明“物流箱运输字样”
5	每一个塑料物流箱货载必须捆扎牢固，具有足够的强度和稳定平衡，既能承受一般海上风险，经受装卸操作和移动，又能承受一定的压力

项目内容

项目六　操作与维护分拣设备

分拣是指把物品按不同的品种、不同的地点及顾客的定货要求，把货按一定方式进行分类、集中并分配到指定地点。分拣设备是进行物件自动快速分拣作业的设备。分拣设备具有高速低耗、高适应性、高自动化、高性价比等特点。

任务一　初识分拣设备

任务目标

知识目标

1. 知晓分拣设备的类别及衡量分拣设备的主要技术指标。
2. 了解自动分拣系统的结构。
3. 认识常用的自动分拣机。
4. 了解电子标签辅助拣货系统。

能力目标

1. 能够根据分拣设备的主要技术指标来衡量分拣设备。
2. 能够根据货物特性选择合适的自动分拣机。

任务描述

配送中心库存的物品种类成千上万，每天配送的订单数量成百上千，且多为多品种、小体积、小批量订单。这就使得分拣作业的业务特别复杂，特别是对于需求频率高、送达时间要求准的配送服务，分拣作业的速度和质量直接影响到整个配送中心的信誉和生存。

任务准备

生产力高度发达的国家，物流量非常巨大，其中大量的物品需要经过物流分拣环节才能分配到各个用户，且分拣系统的规模越来越大、分拣能力越来越高。第二次世界大战以后，分拣技术快速发展，欧美各国和日本等发达国家大力研究分拣技术及其装备。为了帮助学生更好地理解和使用分拣设备，首先介绍系统的结构、组成等，然后再介绍自动分拣设备的操作方法。

任务实施

步骤一：认识分拣系统

1．分拣作业

分拣作业（见图6-1）是配送中心依据顾客的订单要求或配送计划，迅速、准确地将货物从其储位或其他区位拣取出来，并按一定的方式进行分类、集中的作业过程。

合理规划与管理分拣作业，对配送中心作业效率和降低整个配送中心作业成本具有事半功倍的效果。

图6-1　分拣作业

2. 分拣方式的分类

分拣方式的分类，见表6-1。

表6-1　分拣方式的分类

分拣方式	描　述	特　点
人工分拣	人工分拣基本上靠人力搬运，或者利用最简单的器具和手推车等进行作业	劳动强度大，效率低，差错率高
机械分拣	机械分拣大多指利用机械（如输送机）为主要的输送工具，通过在各分拣位置配备作业人员进行分拣	以机械为主要的输送工具，靠人工进行拣选。其投资不多，可减轻劳动强度，提高效率
自动分拣	自动分拣是指货物从进入分拣系统到指定的位置为止，所有的作业均是按照人的指令自动完成	能连续、大批量地分拣货物，分拣误差率极低，分拣作业基本实现无人化

3. 认识分拣设备

分拣设备是完成仓库、配送中心拣选、分货、分放作业的自动化设备，是大型物流中心、配送中心进行分拣、配送作业的强有力的技术保证，主要有储存设备、搬运设备、分类设备和信息处理设备等，具体类型见表6-2。衡量分拣设备的主要技术指标见表6-3。

表6-2　分拣设备的分类

分类标准	描　述	类　型	
人至物的分拣设备	物品固定，拣货人员到物品位置把物品拣选出来的工作方式	储存设备	包括托盘货架、轻型货架、储柜、流动货架、高层货架、数位显示货架
		搬运设备	包括无动力台车、动力台车、动力牵引堆垛机、拣选车、搭乘式存取机、无动力输送机、动力输送机、计算机辅助台车等
物至人的分拣设备	拣货人员固定位置，等待设备把物品运至拣货者面前进行拣货	储存设备	包括单元负载自动仓库、轻负载自动仓库、水平旋转自动仓库、垂直旋转自动仓库、梭车式自动仓库等
		搬运设备	包括堆垛机、动力输送带、无人搬运车等

表6-3　分拣设备的主要技术指标

技术指标	内　容
分拣效率	整个系统装备能达到的最大分拣效率，实际使用效率一般为最大效率的70%，表示为：件/小时
运行速度	主分拣线的运行线速度，表示为：米/秒
处理物件规格	表示系统装备能处理物件形状规格的限定范围，一般表示为：长：min～max（mm）；宽：min～max（mm）；高：min～max（mm）；重量：≦max（kg）
分拣格口数量	表示系统装备应具备的最多分拣路向数量
供件席位数量	分拣系统能达到最大分拣效率应具备的最少供件席位数量（用户特定需求除外）
分拣差错率	系统因各种因素引起的物件错分拣率，表示为：≦%
运行噪声	距设备约一米、分点测试后取得的最大值或平均值，表示为：最大噪声源噪声≦dB（A）或平均噪声≦dB（A）

4. 自动分拣系统的结构

自动分拣系统（见图6-2）是先进配送中心所必需的设施条件之一，具有很高的分拣效率，通常每小时可分拣商品6 000～12 000箱，一般由控制装置、分类装置、输送装置及分拣道口组成，详细内容见表6-4。它们通过计算机网络连接在一起，配合人工控制及相应的人工处理环节构成一个完整的自动分拣系统。

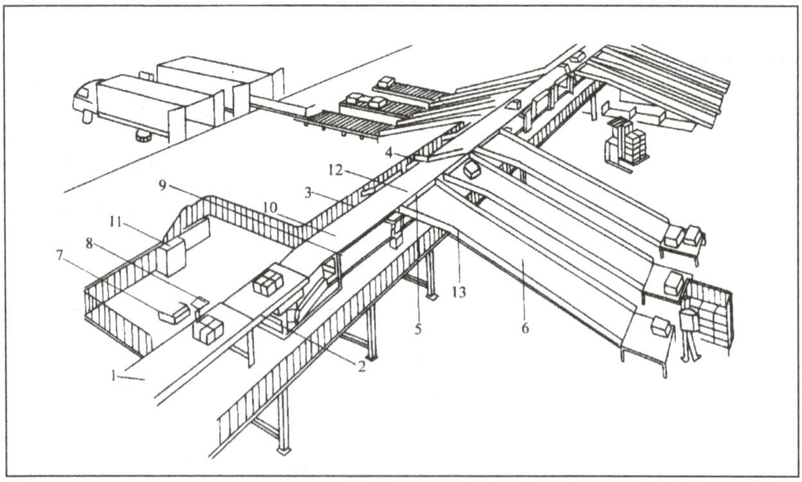

图6-2　自动分拣系统

1—输入分拣带　2—喂料分拣带　3—钢带分拣带　4—刮板式分流器　5—送出辊道
6—分拣道口　7—信号给定器　8—激光读码器　9—通过捡出器　10—磁信号发生器
11—控制器　12—磁信号读取器　13—挡板

表6-4　自动分拣系统的结构

构成部分	作用	作业过程描述
控制装置	识别、接收和处理分拣信号，根据分拣信号的要求指示分类装置按商品品种、按商品送达地点或按货主的类别对商品进行自动分类	分拣需求可以通过条码扫描、色码扫描、键盘输入、重量检测、语音识别、高度检测及形状识别等方式，输入到分拣控制系统中去，根据对这些分拣信号判断来决定某一种商品该进入哪一个分拣道口
分类装置	根据控制装置发出的分拣指示，当具有相同分拣信号的商品经过该装置时，该装置动作，改变在输送装置上的运行方向进入其他输送机或进入分拣道口	分类装置一般有推出式、浮出式、倾斜式和分支式几种，不同的装置对分拣货物的包装材料、包装重量、包装物底面的平滑程度等有不同的要求
输送装置	主要组成部分是传送带或输送机，其主要作用是使待分拣商品鱼贯通过控制装置、分类装置，输送到装置的两侧	一般要连接若干分拣道口，使分好类的商品滑下主输送机（或主传送带）以便进行后续作业
分拣道口	分拣道口是已分拣商品脱离主输送机（或主传送带）进入集货区域的通道	一般由钢带、皮带、滚筒等组成滑道，使商品从主输送装置滑向集货站台，在那里由工作人员将该道口的所有商品集中后或是入库储存，或是组配装车并进行配送作业

步骤二：熟悉自动分拣设备

1. 自动分拣机的构成

自动分拣机是自动分拣系统的一个主要设备。自动分拣机（见图6-3）一般由输送机械部分、电器自动控制部分和计算机信息系统联网组合而成。

它可以根据用户的要求、场地情况，对货物按用户、按地名、按品名进行自动分拣、装箱、封箱连续作业。机械输送设备根据输送物品的形态、体积、重量而设计定制。

图6-3　自动分拣机

2. 常用的自动分拣机

目前国内外出现的大容量的仓库和配送中心里，几乎都配备有自动分拣机。自动分拣机具有很高的分拣能力，能处理各种各样的货物。常用的自动分拣机类型见表6-5。

表6-5　常用的自动分拣机

分　类	工作原理	特　点	类　型
带式分拣机（见图6-4）	利用输送带载运货物完成分拣工作的机械设备	结构合理，充分考虑分拣人员的工作条件及视觉范围；减轻工作人员劳动强度。皮带运行稳定性好，布料均匀，减少人工辅助动作，增加分拣率。适应范围广	按输送带的设置形式分为平钢带式和胶带式分拣机两种
托盘式分拣机（见图6-5）	它主要由托盘小车、驱动装置、牵引装置等构成	适用范围较广，它对货物形状没有严格限制，箱类、袋类、甚至超薄形的货物都能分拣，分拣能力达10000件/小时	可分为轨道台车式分拣机和交叉带式托盘分拣机
翻盘式和翻板式分拣机（见图6-6）	翻盘式分拣机的传送装置是一排由链条拖行的翻盘，翻盘到设定的分拣道口时，向左侧倾斜，被分拣货物依靠重力滑入分拣道口。翻板式和翻盘式相似	优点是布置灵活；能从多处送入货物；分拣道口可两侧布置；道口间距极小，故可布置较多的道口，位置灵活，经济性好；能分拣极小的货物。缺点是对货物有撞击，噪声大；营运费用高。不适宜较大、较重、较高的货物	—
浮出式分拣机（见图6-7）	浮出式是把商品从主输送机上托起，从而将商品引导出主输送机的一种结构形式	其分拣滑道多、输送带长，一般有5条左右的上料输送带	可分为胶带浮出式分拣机和辊筒浮出式分拣机
悬挂式分拣机（见图6-8）	悬挂式分拣机是用牵引链（或钢丝绳）作牵引件的分拣设备，在空间轨道上运行的连续分拣设备	固定悬挂式分拣机可用于分拣、输送货物，它只有主输送路线，吊具和牵引链是连接在一起的；推式悬挂式分拣机除主输送线路外，还具备储存支线，并有分拣、储存、输送货物等多种功能	按照有无支线，它可分为固定悬挂式分拣机和推式悬挂式分拣机
滚柱式分拣机（见图6-9）	滚柱式分拣机是非挠性牵引构件分拣机的一种，可以沿水平或倾斜方向分拣成件物品，是生产流水线上常用的一种分拣设备	适用于包装良好、地面平整的箱式货物，分拣能力强，但结构复杂，价格较高	无驱动滚柱分拣机、有驱动滚柱分拣机

图6-4　带式分拣机

图6-5　托盘式分拣机

图6-6　翻板式分拣机

图6-7　浮出式分拣机

图6-8　悬挂式分拣机

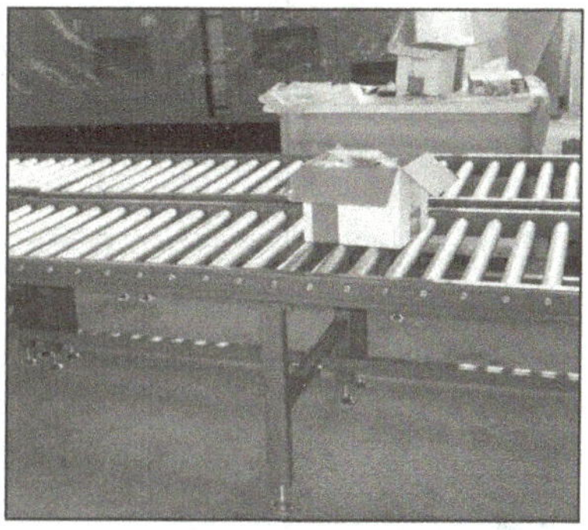

图6-9　滚柱式分拣机

步骤三：了解电子标签辅助拣货系统

1. 电子标签拣货系统的结构

电子标签拣货系统（见图6-10）是一组安装在货架储位上的电子设备，通过计算机与软件的控制，借由灯号与数字显示作为辅助工具，引导拣货工人正确、快速、轻松地完成拣货工作。其组成如图6-11所示，构成部分见表6-6。它是采用先进电子技术和通信技术开发而成的物流辅助作业系统，通常使用在现代物流中心货物分拣环节，具有拣货速度快、效率高、差错率低、无纸化、标准化的作业特点。

图6-10　电子标签拣货系统

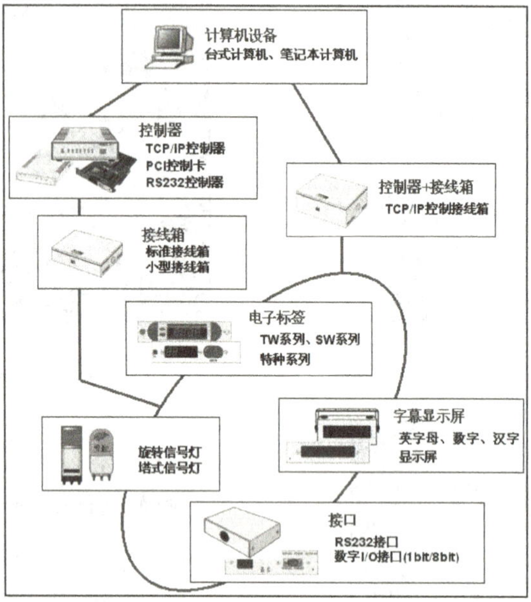

图6-11 电子标签拣货系统组成

表6-6 电子标签拣货系统的结构

构成部分	功能
控制器	通过AI-NET对各种TW系列产品设备进行控制。主要种类有PCI总线控制卡、RS-232C型控制器和TCP/IP控制器。每台控制器最多可连接32台接线箱。另外，还有适合小规模系统使用的小型控制器
接线箱	为电子标签提供电力和信号的装置。一台接线箱最多可连接160个电子标签（按3位数字电子标签计算）。另外，还有便携式小型接线箱可供选择
电子标签	主要用于作业指示，即通过电子标签亮灯和数字显示来指示拣货作业。还可用于拣货完成的确认，即在拣货作业完成后，按下亮灯的电子标签确认键，告知系统拣货作业已经完成。可供选择的电子标签种类很多，有无数字、带有确认按钮的电子标签，也有可显示1～5位数字的电子标签以及其他电子标签。电子标签的7段码所显示文字的标准高度为14.2毫米
信号灯	在每一区段作业范围内显示作业状况的指示灯，也可在电子标签发生故障时做提示用的警告灯。有旋转型、单一型和塔型信号灯可供选择
字幕显示屏	可用于显示每一区段作业的内容，大型显示屏还可用于实时显示作业进度情况，同时也可以提示下一作业区域的区域号
接口装置	用于在AI-NET上传输扫描抢输入的条码数据或传感器接收的信号，还可以把数据输出给PLC 和标签打印机

2. 传统拣货模式与电子标签辅助拣货系统的区别

与传统的人工分拣方式相比，电子标签辅助拣货系统具有绝对优势，具体内容见表6-7。

表6-7　传统拣货模式与电子标签辅助拣货的比较

分拣模式	特　点
传统拣货模式	1）依据拣货表单指示进行拣货作业 2）需对储存环境与商品属性有认知 3）人员所需要的教育训练时间长 4）视觉的误差，导致拣货错误 5）依单作搜寻，拣货速度与效率低
电子标签辅助拣货系统	1）提升作业速度与品质，降低分拣成本 2）降低前置作业时间并大幅降低错误率 3）实现无纸化、标准化作业 4）缩短操作人员上线的培训过程

应用训练

1. 分析各种分拣方式及其特点，然后予以考核。
2. 根据提供的图片，识别各种自动分拣机，并说出其特点。

任务评价

任务评价表

评价项目	评价要求	配分/分	评分标准	得分/分			备注
				自评	他评	师评	
学习态度	1. 在本任务实施过程中全勤，没有迟到、早退现象 2. 认真完成各项任务，学习态度积极 3. 尊重教师和其他组员	10	违反一项扣3分				
团队角色	1. 具有较强的团队精神与合作意识，积极参与各项活动、小组讨论 2. 组织、协调能力强，主动性强，表现突出	10	不能达到一项要求扣5分				
知识技能	1. 能说出各类分拣方式的特点 2. 能说出自动分拣机的名称和特点	80	不能说出某种分拣方式的特点扣10分，少说出一种自动分拣机名称和特点扣10分				

拓展提升

一、自动分拣系统的设计过程

自动分拣系统一般都建在有立体仓库的配送中心，系统规模大，设备多，且自动化程度高。系统控制点多且相互关联，系统控制复杂，一次性投资大。因此，无论是设计、建造，还是使用自动分拣系统都必须具备一定的技术经济条件。其设计过程见表6-8。

表6-8　自动分拣系统的设计过程

步　骤	关键的技术条件和特性要求
分析用户对所建系统的技术及特性的要求	分拣货物的特性，如长、宽、高外形尺寸，质量，材质，包装形式，输送稳定性等
	系统分拣能力、规模，分拣效率和分拣速度
	系统操作运行参数，如工作环境、操作形式、自动化程度、货物进出流量、设备能力范围、运行使用频度、货物方位、分拣货物量的波动幅度、提取和发送货物输送线的数量、新旧设备衔接、是否多向分拣和多分拣指令的并行传输等
明确系统总体概念和各环节运行方案	项目启动和系统、设备建造成本、运行和维护成本、使用寿命周期、系统管理、系统柔性以及日后的扩展变化等
选择设计系统设备装置	设备装置的性能指标、功能要求和成本
系统建造和运行调试	建造之前，先应对设计进行评估、仿真分析，对设计作进一步验证和修改。然后进行系统建造、安装调试和试运行，并给出有关报告作为技术文件和系统评价及改进的技术依据

二、分拣质量控制指标

分拣质量差将对后续作业及客户服务造成不良影响。当分拣错误上升时，必须及时查找原因，解决问题，提高分拣的准确性。常见的错误见表6-9。

表6-9　分拣作业常见错误

常见错误	原　因	对　策
作业信息传递发生错误	单据印刷不清 传递信息不明确 单据混乱发生错误	加强计算机系统的维护 实施单据分类、编号管理
拣货指示发生错误	储位指示错误 货品放置错误	信息处理标准化 加强储位管理
商品拿取错误	拣取数量错误 看错货物 作业员注意力不集中 作业员责任心不强	提高信息传递的准确性 增强货物的区分标志 改善作业环境 提高员工工作热情
货物混位串位存放	放置空间不够 储位分配不明确	加强存货控制与管理

➲小贴士

自动分拣设备的选型原则

在分拣设备的选用中，不同的储存方式和拣货方式需要采用不同的分拣设备，而拣货包装单位的大小和拣货批量是两个主要影响因素。分拣设备的正确选用和合理使用直接影响拣货的效率、效益及整个配送系统自动化程度。因此，要根据配送中心的分拣方式、使用目的、作业条件、货物类别、周围环境等条件慎重认真地选用。一般来讲，自动分拣设备的选型原则见表6-10。

表6-10　自动分拣设备的选型原则

原　则	要　求
设备的先进性	选用那些已被实践证明技术成熟、技术规格和指标明确，并能在性能上满足要求的分拣设备
经济适用性	选用的分拣设备应具有操作和维修方便、安全可靠、能耗小、噪声低、成本低、能保证人身健康及货物安全，并具有投资少、运转费用低等特点
兼顾上机率和设备技术经济性	上机率是上机分拣的货物数量与该种货物总量之比。追求过高的上机率必将要求上机分拣的货物的尺寸、质量、形体等参数尽量放宽，这将导致设备的复杂化、技术难度及制造成本增加、可靠性降低。上机率过低必将影响设备的使用效果，增加手工操作的工作量，既降低了设备的性能价格比，也使分拣作业的效益降低
相容性和匹配性	考虑相容性和协调性，使分拣和其他物流环节实现均衡作业，这是提高整个系统和保持货物配送作业畅通的重要条件
符合所分拣货物的基本特性	分拣货物的物理、化学性质及其外部形状、质量、包装等特性千差万别，必须根据这些基本特性来选用分拣设备，如浮出式分拣机只能分拣包装质量较高的纸箱等。只有这样才能保证货物在分拣过程中不受损失，保证配送作业的安全
适应分拣方式和分拣量的需求	首先，要根据分拣方式选用不同类型的分拣设备。其次，要考虑分拣货物批量大小来选用分拣设备。若批量较大，应配备分拣能力高的大型分拣设备，并可选用多台设备；若批量较小，宜采用分拣能力较低的中小型分拣设备。另外，还应考虑对自动化程度的要求，可选用机械化、半自动化、自动化分拣设备

任务二　操作与维护分拣设备

任务目标

知识目标

1. 熟知分拣设备的安全操作规程。
2. 掌握分拣设备操作步骤。

能力目标

1. 能够正确操作分拣设备。
2. 能够对分拣设备进行简单的维护保养。

任务描述

正确使用与精心维护是设备管理的重要环节，其使用期限的长短、生产效率的高低，除了取决于设备本身的结构性能，在很大程度上还取决于它的使用和维护情况。为了保障分拣设备的安全和使用高效，本任务简单介绍一下设备的使用要求与维护内容。

任务准备

在美国、日本等发达国家的物流中心、配送中心或流通中心，自动分拣系统是必需的设施条件。当供应商和货主通知物流中心按配送指示发货时，自动分拣系统在最短时间内从庞大的高层货架存储系统或其他指定地点中准确找到要出库的不同数量的商品并按配送地点的不同运送到不同的理货区域、配送区域或配送站台集中，以便装车配送。为了保证其高效、准确地分拣货物，必须保证系统的正常运行。

任务实施

正确使用分拣设备可防止其发生非正常磨损和避免突发性故障，延长其使用寿命，提高使用效率；维护设备则可改善其技术状态，延缓劣化进程。因此，必须明确生产部门与使用人员对设备使用维护的责任与工作内容。

步骤一：熟知分拣设备的安全操作规程

分拣机操作规程（见表6-11）规定了设备的正确使用方法和注意事项，要求操作者按规程操作，按规定交接班，不允许安排不符合设备规范和操作规程的作业任务。

表6-11　分拣设备的安全操作规程

序　号	注意事项
1	不了解机器结构性能或操作程序者不应擅自开动机器
2	机器在工作过程中，不应进行检修；禁止人体进入工作区间内（尤其是皮带下方空间）
3	当机器发现皮带跑偏或者其他异常（如动作不可靠、噪声大、震动等）时应停车分析原因，设法排除，不得带病投入生产
4	当有杂物进入皮带缝及电机传动系统时，应先停机再清除杂物
5	不得使用铁锹等锋利的金属工具刮碰皮带，避免皮带损伤
6	使用叉车上料时，应有同伴指挥，防止磕碰上料平台和扶手
7	上料平台工作人员使用工具时注意安全；同时严禁踏入上料口
8	特殊情况，按下紧急停止按钮
9	电气设备接地必须牢固可靠

步骤二：操作分拣设备

1. 开机前准备

（1）检查传送带及上料平台是否有杂物。如有，需先清理。

（2）检查传送带是否跑偏。如有跑偏，需先调整。

2. 开机

按下绿色电源按键，电源指示灯亮，变频器显示屏亮。调节变频器频率达到工艺值后，按下电机启动按键，电机启动，传送带运行。

3. 操作

（1）若要加快传送速度，则调高变频器频率；若要降低传送速度，则调低变频器频率。

（2）传送带末端车满时，先按下变频器停止按钮，使传送带停止运行后方可换车。换车后，再按下电机启动按钮使传送带运行。

4. 停机

（1）传送带和操作平台均无料残留时方可关机。

（2）关机时，先按下变频器上的电机停止按键，再按下红色断电按钮。

步骤三：维护保养分拣设备

1. 建立分拣设备维护制度

为了保证生产的顺利进行，正常发挥分拣设备的功能，必须建立起设备维护制度，见表6-12。

表6-12　分拣设备的维护制度

序　号	注 意 事 项
1	建立设备巡视检查制度，每天对设备进行巡查，特别是关键部位
2	建立设备点检制度，设定每半月对设备进行点检一次，点检部位是运动量大、振动大和润滑部位；检查电源线路；对控制柜进行清理除尘
3	建立设备周期维护制度，设定每个季度对设备作一次较全面的检修，更换一些磨损较大的配件
4	建立设备年检制度，对设备作一个全面检修计划，对所有的控制计算机主机进行一次除尘处理，对所有的控制系统软件进行维护

2. 维护保养分拣设备

分拣设备维护保养的基本内容（见表6-13）是指对分拣设备进行清洁、润滑、调整、防腐、检查等一系列工作的总称。其目的是减少设备的磨损，及时发现和处理设备运行中出现的异常现象。自动分拣系统由控制装置、分类装置、机械传动装置及信息系统组合而成，它是一个现代科技的组合，其维护的具体内容见表6-14。

表6-13 分拣设备维护保养工作的基本内容

项 目	注意事项
清 洁	将上料平台清扫干净，机器擦拭干净，尤其是传送带和托管，做到无灰、无尘、整齐，保持良好的工作环境，避免设备腐蚀；定期清洁调节压管
安 全	安全保护装置齐全，装置不漏水、不漏油、不漏气、不漏电，保证安全，不出事故
润 滑	对电机减速器使用润滑油，定期检查润滑油量，保证润滑充分，减少摩擦磨损，保证运转顺畅
防 腐	防止设备腐蚀生锈，提高设备运转的可靠性和安全性
检 查	判断和确定设备的技术状态是否在规定范围内，据此作出继续使用、采取预防措施或停机修理的结论

表6-14 分拣设备维护保养工作的具体内容

维护项目	具体内容
机械装置	检查螺栓是否紧固，特别是在传动部位着力点的固定螺栓易造成松动，输送机段与段之间的连接处易发生偏移
	安装辊筒注意传送带和辊筒的张紧力，以保证辊筒能带动皮带运行而不打滑，防止皮带跑偏
	调整链轮和链条的松紧度，且相互传动的链轮和齿轮在同一平面，同时保证润滑
	定期更换机油来维护减速器
	保持空气的纯净和干燥来进行气缸的维护
电器设备（电器集中安装在控制柜中）	检测开关要注意安装位置是否牢固，检测距离是否精准，灵敏度调整是否适当
	检查电源接线是否良好，电机是否发热，运行声音是否正常，电机固定螺栓是否牢固
	加热元件的电源接头固定牢固，并保证上下运用有足够的运行强度
	控制柜门需关闭以防止粉尘进入，杜绝金属物品意外进入柜内引起电器线路短路
	控制柜内应通风、干燥、干净、整洁，排线整齐合理，线号标注清晰，线路接头牢固可靠
	定期清理控制柜内粉尘，检查线路接头是否有松动、变色、发热现象
控制系统软件	定期清理垃圾文件，操作计算机最好不要接入外网，以防止病毒侵入
	对整个系统作镜像备份，并有及时恢复系统的应对措施；对所有的文件进行拷贝
	请教供应商软件工程师，学会系统的安装和各种参数设置

应用训练

1. 在教师指导下，学生进行分拣设备的操作，然后予以考核。
2. 学生进行分拣设备的维护保养，教师对其实施要点进行考核。

任务评价

任务评价表

评价项目	评价要求	配分/分	评分标准	得分/分			备注
				自评	他评	师评	
学习态度	1．在本任务实施过程中全勤，没有迟到、早退现象 2．认真完成各项任务，学习态度积极 3．尊重教师和其他组员	10	违反一项扣3分				
团队角色	1．具有较强的团队精神与合作意识，积极参与各项活动、小组讨论 2．组织、协调能力强，主动性强，表现突出	10	不能达到一项要求扣5分				
知识技能	1．严格按照实施步骤进行操作 2．能够按照维护项目对分拣设备实施维护保养	80	不能正确操作任一步骤扣10分；少维护一个项目扣10分				

拓展提升

一、分拣操作需要遵循的原则

在分拣操作过程中遵循一定的原则（见表6-15），对于提高分拣效率、降低差错率是非常必要的。

表6-15　分拣操作需要遵循的原则

原　则	要　求
少等待	尽可能缩短闲置时间
少拿取	尽可能采用输送设备或搬运设备，减少人工搬运
少走动	作好拣货路线设计，尽可能缩短行走路径
少思考	尽可能做到操作简单化
少寻找	通过储位管理或电子标签等辅助拣选设备，尽可能缩短寻找货物的时间
少书写	尽可能不用纸制单据进行拣货，不但能够提高拣货效率，还能降低出错率
少检查	尽可能利用条码设备进行货品检查，减少人工目视检查

二、物流设备的点检制度

物流设备的点检制度（见表6-16）是一种现代先进的设备检查制度，是对影响设备正常运行的一些关键部位进行经常性检查和重点控制的方法。

表6-16 物流设备的点检制度

项　目	内　容
点检的含义	设备的“点”是指预先规定的设备关键部位或薄弱环节，设备的“检”是指通过人的五官或运用检测的手段进行检查，及时准确地获取设备部位（点）的技术状况或劣化的信息，及早预防维修
点检的意义	进行设备点检能够减少设备维修工作的盲目性和被动性，及时掌握故障隐患并予以消除，从而掌握主动权，提高设备完好率和利用率，提高设备维修质量，并节约各种费用，提高总体效益
点检的方法	1）运行中检查。2）停机检查，其中包括停机解体检查和停机不解体检查。3）凭感官和经验检查；4）使用仪表仪器检查
点检的步骤	1）确定设备的检查点。设备的检查点往往是设备的关键部位或薄弱环节，检查点一经确定，轻易不要变动，并要长期积累历次检查的数据和资料。2）确定点检路线：检查点确定后，要根据设备的分布和类型等具体情况组成一条点检路线，并明确点检前后顺序。点检路线确定后，不可轻易变动。3）确定点检标准：设备的点检标准要根据设备的各种资料并结合实际经验来制定，其标准要定量化，便于检查。4）确定点检周期：不同的设备，其性能、特点、寿命不同，点检周期也不同。要根据实际情况，分别制定各种设备的点检周期，以保证设备按时接受检查
点检的检查	做好点检工作，对今后设备的修理工作会起到重要作用，因此要加强领导，定期检查、考核，杜绝不负责任的点检，使点检工作真正起到成效

项目内容

项目七　操作与维护起重设备

起重设备主要用于搬运成件物品。由于起重设备种类繁多，本项目主要介绍起重机。桥式起重机在室内外工矿企业、钢铁化工、铁路交通、港口码头以及物流周转等部门和场所均得到广泛的运用；门式起重机具有场地利用率高、作业范围大、适应面广、通用性强等特点，在港口、室外的货场、料场货得到广泛使用。

7 物流设备操作

任务一　操作常用起重设备

任务目标

知识目标

1. 熟悉常用起重设备的种类。
2. 列举常用起重设备的特点。

能力目标

1. 说出起重机的组成及适用范围。
2. 掌握常用起重设备的操作规程。

任务描述

小刘来到天津港参观，看到了港口一派繁忙的景象，各种起重设备高效运转。经了解天津港已经形成了以集装箱、原油及制品、矿石、煤炭为“四大支柱”，以钢材、粮食等为“一群重点”的货源结构。可是他不知道那些起重设备的名称及操作方法，你能够介绍一下吗？

任务准备

了解常用的起重设备及正确使用起重设备，可以减少机器的磨损，防止故障的发生，对于优质、低耗、安全地完成生产任务，起着重要的作用。

任务实施

步骤一：认识起重设备

起重设备（见图7-1）是指用于搬运或移动重物的机电设备。它是一种做循环、间歇运动的机械。多数起重设备在取料之后即开始垂直或垂直兼有水平的工作行程，到达目的地后卸载，再回到取料地点，完成一个工作循环，然后再进行第二次吊运或搬运。起重设备的主要类别见表7-1。

a）　　b）　　c）　　d）

图7-1　起重设备

a）桥式起重机　b）汽车起重机　c）塔式起重机　d）门式起重机

表7-1　起重设备的种类

按结构不同分类	适用范围	举例
电动葫芦	电动葫芦是一种轻小型起重设备，具有体积小、自重轻、操作简单、使用方便等特点，用于工矿企业、仓储码头等场所。起重量一般为0.1～80t，起升高度为3～30m	环链电动葫芦、钢丝绳电动葫芦（防爆葫芦）、防腐电动葫芦、双卷筒电动葫芦、卷扬机、群吊电动葫芦、多功能提升机等
升降机	作垂直或近于垂直的升降运动，具有固定的升降路线，其额定起重量大于或等于0.5t	电梯、升降台、矿井提升机和料斗升降机等
起重机	在一定范围内垂直提升并水平搬运重物的多动作起重设备，其额定起重量大于或者等于1t，且提升高度大于或者等于2m	桥式起重机、门式起重机（龙门吊）、臂架类型起重机（包括塔式、汽车、轮胎起重机）等

步骤二：认识起重机

1. 桥式起重机

桥式起重机（见图7-2）是横架于车间、仓库和料场上空进行物料吊运的起重设备。它的两端坐落在高大的水泥柱或者金属支架上，形状似桥。桥式起重机的桥架沿铺设在两侧高架上的轨道纵向运行，可以充分利用桥架下面的空间吊运物料，不受地面设备的阻碍。其主要类别见表7-2。

a）

b）

c）

图7-2　桥式起重机

a）普通桥式起重机　b）简易梁桥式起重机　c）冶金专用桥式起重机

表7-2　桥式起重机的种类

桥式起重机类型	结构	工作特点
普通桥式起重机	由起重小车、桥架运行机构、桥架金属结构组成。起重小车又由起升机构、小车运行机构和小车架三部分组成	采用电力驱动，一般在司机室内操纵，也有远距离控制的。起重量可达500t，跨度可达60m
简易梁桥式起重机	其结构组成与普通桥式起重机相似	起重量、跨度和工作速度均较小
冶金专用桥式起重机	其基本结构与普通桥式起重机相似，但在起重小车上装有特殊的工作机构或装置	使用频繁，条件恶劣，工作级别较高

2. 门式起重机

门式起重机，俗称龙门吊，是桥式起重机的一种变形（见图7-3）。它的金属结构像门形框架，承载主梁下安装两条支脚，可以直接在地面的轨道上行走，主梁两端可以具有外伸悬臂梁。其主要类别见表7-3。

a)　　b)　　c)　　d)

图7-3　门式起重机

a）全门式起重机　b）半门式起重机　c）双悬臂门式起重机　d）单悬臂门式起重机

表7-3　门式起重机的种类

分类标准	种类		结构与特点
按门框结构形式分	门式起重机	全门式起重机	主梁无悬伸，小车在主跨度内进行
		半门式起重机	支腿有高低差，可根据使用场地的建筑要求而定
	悬臂门式起重机	双悬臂门式起重机	最常见的一种结构形式，其结构的受力和场地面积的有效利用都是合理的
		单悬臂门式	因场地的限制而选用这种结构形式
按主梁形式分	单主梁门式起重机		结构简单，制造安装方便，自身质量小，主梁多为偏轨箱形架结构，适用范围：起重量Q≤50t、跨度S≤35m
	双主梁门式起重机		承载能力强，跨度大，整体稳定性好，品种多
按主梁结构分	桁架梁门式起重机		使用角钢或工字钢焊接而成。造价低，自重轻，抗风性好。但焊接点多，需频繁检测焊点；桁架梁的挠度大、刚度小、可靠性相对较低，适用于对安全要求较低、起重量较小的场地
	箱梁门式起重机		使用钢板焊接成箱式结构，安全性高，刚度大，但造价高，自重大，一般用于大吨位及超大吨位
	蜂窝梁门式起重机		一般指“等腰三角形蜂窝梁”，主梁端面为三角形，两侧斜腹上有蜂窝孔，上下部有弦杆。它吸收了桁架梁和箱梁的特点
按用途形式分	普通龙门起重机		多采用箱型式和桁架式结构，用途最广泛。起重量在100t以下，跨度为4～39m
	水电站龙门起重机		主要用来吊运和启闭闸门，也可进行安装作业。起重量达80～500t，跨度为8～16m；起升速度较低，为1～5m/min
	造船龙门起重机		用于船台拼装船体，常备有两台起重小车。起重量一般为100～1 500t；跨度达185m；起升速度为2～15m/min，还有0.1～0.5m/min的微动速度
	集装箱龙门起重机		用于集装箱码头。起升速度为8～10m/min；跨度最大为60m；起重量分别约为20t、25t和30t

步骤三：操作起重机

使用单位应当按照起重机使用维护说明书的要求正确使用。其操作要求见表7-4。

表7-4　起重机的操作要求

环节	操作要求
作业前	使用前按照产品最大起重量装好配重，并根据所吊重物的重量选择相应的滑轮吊钩组
	对制动器、吊钩、钢丝绳和安全装置等部件按点检卡的要求检查；检查油管和油箱是否漏油，水箱是否漏水；润滑油、液压油是否充足；向油箱加注清洁的、符合标号的柴油；向水箱内加注清洁的冷却水
	启动后，检查机油压力表、电流表、水温等刻度是否在规定范围内

（续）

<table>
<tr><th>环　节</th><th colspan="2">操 作 要 求</th></tr>
<tr><td rowspan="11">作业中</td><td colspan="2">第一次起吊重物时（或负荷达到最大重量时），应在吊离地面高度0.5m后重新将重物放下，检查制动器性能，确认可靠后再进行正常作业</td></tr>
<tr><td rowspan="4">操作者在作业中应按规定鸣铃报警</td><td>起升、降落重物时，开动大、小车行驶时</td></tr>
<tr><td>起重机行驶在视线不清楚通过时，要连续鸣铃报警</td></tr>
<tr><td>起重机行驶接近跨内另一起重机时</td></tr>
<tr><td>吊运重物接近人员时</td></tr>
<tr><td colspan="2">操作运行中应按统一规定的指挥信号进行</td></tr>
<tr><td colspan="2">工作中突然断电时，应将所有的控制器手柄置于“零”位，在重新工作前应检查起重机动作是否正常</td></tr>
<tr><td colspan="2">起重机大、小车在正常作业中，严禁开反车制动停车；变换大、小车运动方向时，必须将手柄置于“零”位，使起重机完全停止运转后方能反向开车</td></tr>
<tr><td colspan="2">有两个吊钩的起重机，在主、副钩换用时和两钩高度相近时，主、副钩必须单独作业，以免两钩相撞</td></tr>
<tr><td colspan="2">两个吊钩的起重机不准两钩同时吊两个物件；不工作的情况下调整起升机制动器</td></tr>
<tr><td colspan="2">不准利用极限位置限制器停车，严禁在有负载的情况下调整起升机制动器</td></tr>
<tr><td>作业后</td><td colspan="2">将吊钩升高至一定高度，大车、小车停靠在指定位置，控制器手柄置于“零”位；拉下保护箱开关手柄，切断电源</td></tr>
</table>

应用训练

在教师指导下，在实训基地组织一次起重机的操作训练，然后予以考核。

任务评价

任务评价表

评价项目	评价要求	配分/分	评分标准	得分/分			备注
				自评	他评	师评	
学习态度	1. 在本任务实施过程中全勤，没有迟到、早退现象 2. 认真完成各项任务，学习态度积极 3. 尊重教师和其他组员	10	违反一项扣3分				
团队角色	1. 具有较强的团队精神与合作意识，积极参与各项活动、小组讨论 2. 组织、协调能力强，主动性强，表现突出	10	不能达到一项要求扣5分				
知识技能	1. 严格按照实施步骤进行操作 2. 能够说出作业前的准备工作 3. 能够说出驾驶起重机的要求 4. 能够说出作业后的工作	80	不能正确实施任一环节扣20分				

拓展提升

一、起重机的功能

起重设备主要用于搬运成件物品，其范围规定为额定起重量大于或者等于0.5t的升降机；额定起重量大于或者等于1t，且提升高度大于或者等于2m的起重机。它使用广泛，配备抓斗后可搬运煤炭、矿石、粮食之类的散状物料，配备盛桶后可吊运钢水等液态物料。在港口和车站装卸物料的起重机是主要的作业机械；有些起重机械也可用来载人，如电梯。

二、起重机的主要技术参数

起重机的主要技术参数表征起重机主要技术性能指标，见表7-5。它是起重机设计的依据，也是起重机安全技术要求的重要依据。

表7-5 起重机的主要技术参数

类别	常见参数		含义
主要性能参数	起重量G	额定起重量G_n	起重机能吊起的物料连同可分吊具或属具（如抓斗、电磁吸盘、平衡梁等）质量的总和
		总起重量G_z	起重机能吊起的物料连同可分吊具和长期固定在起重机上的吊具（包括吊钩、滑轮组、起重钢丝绳以及在起重小车以下的其他起吊物）的质量总和
		有效起重量G_p	起重机能吊起的物料的净质量
	起升高度H	下降深度h	当取物装置可以放到地面或轨道顶面以下时，其下放距离称为下降深度。即吊具最低工作位置与起重机水平支承面之间的垂直距离
		起升范围D	起升范围为起升高度和下降深度之和，即吊具最高和最低工作位置之间的垂直距离
	跨度S	跨度S是指桥式起重机运行轨道中心线之间的水平距离，单位为m；桥式起重机的小车运行轨道中心线之间的距离称为小车的轨距；地面有轨运行的臂架式起重机的运行轨道中心线之间的距离称为该起重机的轨距	
	幅度L	旋转臂架式起重机的幅度是指旋转中心线与取物装置铅垂线之间的水平距离，单位为m。非旋转类型的臂架起重机的幅度是指吊具中心线至臂架后轴或其他典型轴线之间的水平距离	
	工作速度V	起升速度V_q	起升速度是指起重机在稳定运行状态下，额定载荷的垂直位移速度，单位为m/min
		大车运行速度V_k	大车运行速度是指起重机在水平路面或轨道上带额定载荷的运行速度，单位为m/min
		小车运行速度V_t	小车运行速度是指稳定运动状态下，小车在水平轨道上带额定载荷的运行速度，单位为m/min
		变幅速度V_l	变幅速度是指稳定运动状态下，在变幅平面内吊挂最小额定载荷，从最大幅度至最小幅度的水平位移平均线速度，单位为m/min
		行走速度V	行走速度是指在道路行驶状态下，流动式起重机吊挂额定载荷的平稳运行速度，单位为km/h
		旋转速度ω	旋转速度是指稳定运动状态下，起重机绕其旋转中心的旋转速度，单位为r/min

三、起重机的操作注意事项

在操作起重机时必须注重安全，无操作证不允许驾驶起重机，酒后页不允许驾驶起重机。其注意事项见表7-6。

表7-6　起重机的操作注意事项

作业环节	注意事项	
作业前	操作者必须在确认走台或轨道上无人时，才可以闭合主电源	
作业前	每台起重机必须在明显的地方挂上额定起重量的标牌	
作业前	车上要清洁干净；不许乱放设备、工具、易燃品、易爆品和危险品	
作业前	修理和检查用的照明灯，其电压必须在36V以下	
作业中	操作中必须精神集中，不许谈话、吸烟或做无关的事情	
作业中	严格执行“十不吊”的制度	指挥信号不明或乱指挥不吊；超过额定起重量时不吊；吊具使用不合理或物件捆挂不牢不吊；吊物上有人或有其他浮放物品不吊；抱闸或其他制动安全装置失灵不吊；行车吊挂重物直接进行加工时不吊；歪拉斜挂不吊；具有爆炸性物件不吊；埋在地下物件不吊；带棱角块口物件、未垫好不吊
作业中	不允许在被吊起的物件上施焊、锤击及在物件下面工作（有支撑时可以）或设备上空运行	
作业中	升降制动器存在问题时，不允许升降重物	
作业中	对吊运小于额定起重量50%的物件，允许两个机构同时动作；吊运大于额定起重量50%的物件，则只可以一个机构动作	
作业中	起重机在没有障碍物的线路上运行时，吊钩或吊具以及吊物底面必须离地面2m以上。如果越过障碍物时，须超过障碍物0.5m高	
作业中	吊钩处于下极限位置时，卷筒上必须保留有两圈以上的安全绳圈	
作业后	工作完毕后，开到指定地点，将所有手柄均转到零位，切断电源	
作业后	进行日常维护保养，做好交接班工作，定期做安全技术检查，做好预检预修工作	

小提示

选购起重机需要考虑的因素

企业在选购起重机时，要对企业的使用范围、工作频繁程度、利用率、额定起重量等因素进行综合考虑，选择适合企业使用要求的起重机。根据拟定的技术参数进行市场调研。选择的供货厂家，必须是具备特种设备安全许可证的专业起重机制造企业。同时，考察制造厂家加工设备的配套性、生产的规范性、产品的先进性，进行比较后选择价格合理、质量好、性能优良、安全装置齐全的起重机械。

设备到货后，开箱验收时要检查随机技术资料是否齐全，随机配件、工具、附件是否与清单一致，设备及配件是否有损伤、缺陷等，并做好开箱验收记录。

任务二　维护与保养起重设备

任务目标

知识目标

1. 掌握起重设备的维护与保养内容。

2. 清楚起重设备的常见故障及解决办法。

能力目标

1. 能够进行起重设备的日常维护。
2. 会排除起重设备的常见故障。

任务描述

如何规范起重设备的维护内容和周期，保证设备的正常运行是日常使用中非常重要的事情，接下来我们就来学习起重机的维护内容及常见故障处理方法。

任务准备

在使用起重设备时要对起重设备进行安全检查和维修保养，及时发现异常情况并处理，确保起重机械安全运行，避免任何意外事故发生。把一些隐患消灭在萌芽状态，这样不单单是对工作进度的负责，更是对工作人员的生命财产负责。

任务实施

步骤一：制订日常维护计划

1. 日检

起重机每班使用前由司机负责作业的例行保养项目，主要内容为清洁卫生，润滑传动部位，调整和紧固工作。通过运行测试安全装置灵敏可靠性，监听运行中有无异常声音，并作好记录。

2. 周检

由维修工和司机共同进行，除日检项目外，主要内容是外观检查，检查吊钩、取物装置、钢丝绳等使用的安全状态，制动器、离合器、紧急报警装置的灵敏性、可靠性，运行检测传动部件有无异常响声及过热现象，并作好记录。

3. 月检

由设备安全管理部门组织检查，同使用部门有关人员共同进行，除周检内容外，还要对起重设备的动力系统、起升机构、回转机构、运行机构、液压系统进行状态检测；更换磨损、变形、裂纹、腐蚀的零部件；检查馈电装置、控制器、过载保护、安全保护装置是否可靠。通过测试运行检查起重设备由泄漏、压力、温度、振动、噪声等原因引起的故障征兆。对起重设备的结构、支承、传动部位进行主观检测，了解掌握起重设备技术状态，检查确定出现异常现象的故障源，并做好记录。

4. 年检

由单位领导组织设备安全管理部门负责，联合相关部门共同进行，主要对除了月检项目外的起重设备进行技术参数检测、可靠性试验；通过检测仪器对起重设备各工作机构运动部件的磨损、金属结构的焊缝、测试探伤；通过安全装置及部件的试验，对起重设备运行技术状况进行评价。安排大修、改造、更新计划，并作好记录。

步骤二：实施维护和保养起重机

只有正确使用、定期检查以及经常维护起重机，才能保持起重机正常和安全工作，其维护和保养技术见表7-7。

表7-7　起重机的维护和保养技术

维护和保养项目		维护和保养方法
金属结构		定期进行油漆保养
主梁		端梁和主端连接的焊缝，如发现有裂缝时应停止使用，进行补焊
		主梁有残余变形时（或腹板失稳）应停止使用，进行修复
主要零部件	钢丝绳	定期进行润滑，并根据使用场合、工作类型和设计安全系数来确定报废日期
	轴承	应始终保持润滑状态，最新涂油前轴承应用油洗净，当发现轴承温度太高或噪声很大时必须检查，有缺陷的轴承应立即更换
	车轮	当车轮缘始磨损超过厚度的30%或轮缘部分崩溃时应更换车轮。两个主动车轮的工作直径在不均匀磨损后所产生的相互尺寸偏差，不得超过其公称直径的1/600，如果超过比值，允许重新车削。车轮踏面厚度磨损、车削达到厚度的10%时，也应进行更换
	制动器	起升机构的制动器应每天检查一次，运行机构的制动器2～3天检查一次，检查时因注意制动系统各部分动作应灵活，闸瓦正确地贴在制动盘上，闸瓦表面应无损坏，闸瓦张开时在制动轮两侧的间隙应相等
电气设备	经常保持电气设备如电阻器、控制柜内的变频器、PLC、接触器、制动单元、制动电阻及电磁铁的清洁。清除电气设备内外部的灰尘、污垢附着物，防止漏电击穿、短路等现象的发生	
	经常观察电机的转子、滑环、电刷接触是否良好，是否有磨损等情况	
	电动机、变频器、继电器和电磁开关等在运行中所发声音是否正常	
	检查联动控制台、接触器等的触头是否有烧毛现象，如有这些情况，应及时更换或用沙布磨平后使用	
	检查制动器推动器是否有过热现象，是否由于推动器的推动过载或是制动器的工作条件与推动器的特性不符导致，查明后加以消除	
	使用条件恶劣时，应定期测量电动机、电缆及电线的绝缘电阻，并注意滑车线夹与电缆绝缘及各项设备外壳接地情况	
	滑车轨道上的铁锈和污垢必须随时清除干净，减少滚轮小车运行阻力	
	检查各电气设备安装是否牢固，不允许有松动现象。活动部分转动是否灵活，经常给予润滑，以消除转动不灵活情况	

步骤三：解决常见故障

常见故障的解决办法见表7-8。

表7-8　常见故障的解决办法

常见故障		故障原因	解决方法
渗漏		小车减速机因受振动、磨损、压力、温度等因素影响，各结合面的静密封部位常出现漏油现象	1．拆卸减速机，更换密封垫片或涂抹密封胶，密封效果一般 2．采用高分子复合材料现场治理渗漏，修复效果较传统方法更为有效
磨损		主动车轮和大车减速机运转频繁，多次反转急停和停车会造成减速机各轴的扭矩、振动增大，易造成渗漏情况	1．以补焊或刷镀后机加工修复为主，在各种力的作用下仍会造成再次磨损 2．以高分子复合材料进行修复
减速器故障	齿面接触不良	齿轮加工公差不符合技术要求或箱体中心距、两轴线平行偏差过大	加注液压油
	连续的噪声	齿顶与齿根相互挤磨而引起的声音	将齿顶的尖角用细锉锉平即可
	不均匀的噪声	斜齿的齿斜角不对或箱体两侧的对应孔不同，使齿的接触偏在齿端部	报废
		组装时箱体孔中落进了脏物，垫在滚动轴承的外圈上，圆锥滚子轴承锥面未顶紧	清洁，修复
	断续而清脆的撞击声	啮合的某齿面上有疤或黏着脏物	用细锉刀或油石磨掉
	发热	轴承损坏，齿轮与轴承之间缺乏润滑油脂，负载持续时间过长，旋转卡住	更换，加注润滑油、修复
	震动	检查与主动轴、被动轴相连接的部件的轴线是否同心，是否松动；检查底座或支架的刚度是否足够	进行调整、修复、加固
小车运行机构	打滑	轨道上有油污或冰霜	清除油污或冰霜
		轮压不均，特别是主动轮轮压太小	调整车轮轴的高低，增大主动轮的轮压
		同截面内两轨道标高差过大，严重超过允许值	调整轨道的标高差，使其达到技术要求标准
		起动过猛（鼠笼电动起动时）	改变电动机启动方式

应用训练

选择实训基地存在故障的起重设备，让学生自己进行维护，然后予以考核。

任务评价

任务评价表

评价项目	评价要求	配分/分	评分标准	得分/分			备注
				自评	他评	师评	
学习态度	1．在本任务实施过程中全勤，没有迟到、早退现象 2．认真完成各项任务，学习态度积极 3．尊重教师和其他组员	10	违反一项扣3分				
团队角色	1．具有较强的团队精神与合作意识，积极参与各项活动、小组讨论 2．组织、协调能力强，主动性强，表现突出	10	不能达到一项要求扣5分				

（续）

评价项目	评价要求	配分/分	评分标准	得分/分			备注
				自评	他评	师评	
知识技能	1. 准确进行故障诊断 2. 正确分析故障原因 3. 正确实施故障解决方法	80	少诊断一个故障扣5分 少分析或错误一个故障原因扣5分 不能正确排除一个故障扣5分				

拓展提升

起重机定期月保养记录的具体内容见表7-9。

表7-9 起重机定期月保养记录

管理编号	机械名称	规格型号	使用单位	保养负责人	保养时间	审核人

序号	作业项目	技术要求	实际作业记录	作业人
1	安全保护装置			
1.1	检查该机械上各种限位开关	有效、可靠		
1.2	有重量限制器的起重机，效核重量限制器	与实际重量相差小于5%		
1.3	检查轨道端档、夹轨器缓冲装置及扫轨板	有效、可靠，扫轨板距轨道小于10mm		
2	金属构件			
2.1	检查门架各钢结构及焊缝	无变形，焊缝无裂纹		
2.2	检查运动构件的防护罩及栏杆	松动时对其紧固		
2.3	检查支腿上平台和主梁平台连接螺栓情况	发现异常及时处理		
3	吊具			
3.1	查看吊钩表面	光洁、无毛刺及裂纹或塑性变形		
3.2	检查吊钩转动情况	转动灵活		
3.3	紧固吊钩两侧锁紧螺母	如有松动，对其进行紧固		
4	钢丝绳			
4.1	检查钢丝绳	不得有笼状、断丝、弯折等		
4.2	检查钢丝绳润滑情况	钢丝绳表面无锈蚀，否则均匀涂抹润滑脂		
4.3	紧固钢丝绳两端的压板和钢丝绳卡子	无松动（小钩、大钩、行走小车、电缆盘等）		
5	滑轮及卷筒			

（续）

序号	作业项目	技术要求	实际作业记录	作业人
5.1	检查滑轮及滑轮组	运转灵活，无异常响声，滑轮外观无裂纹、缺口，防护装置无异常		
5.2	检查卷筒转动情况	转动灵活、无异常响声		
6	制动装置			
6.1	检查制动轮	表面光洁、干燥，不得有裂纹		
6.2	检查制动器上摩擦垫片	制动轮与制动垫片接触均匀，制动块开度不超过1mm，摩擦垫片厚度不小于原厚度50%		
6.3	润滑各转动铰点	对各转动铰点加20号机械油		
6.4	检查制动器上弹簧	无裂纹，否则更换		
6.5	检查推杆制动器的油位	达不到标准油位时加油		
7	联轴器			
7.1	检查联轴器	螺栓无松动，胶圈磨损严重应更换		
8	机械转动			
8.1	检查机械转动部位	运转平稳、无异响		
8.2	紧固电机和减速机并检查减速机油位	机构不得松动和跳动；减速机油位不足时添加		
8.3	查看开式齿轮	无断齿、尖齿及大面积点蚀		
8.4	检查钢轨上的行走轮（啃轨）	轮缘不得变形，踏面磨损正常无裂纹		
9	润滑			
9.1	按照润滑点图表对所有油嘴加注润滑脂	加注润滑脂，润滑良好		
10	电气系统			
10.1	检查导线电缆、电缆绞盘及电缆卷筒上导电环和碳刷磨损情况	不得破损、腐蚀、拉伤，碳刷接触均匀，否则应进行处理或更换		
10.2	清理各控制柜中电气元件上的尘土	干净、触头接触良好		
10.3	紧固各控制柜中电气元件端子的螺栓	牢固不得松动		
11	地基及轨道			
11.1	检查地基	不得有塌陷及坑凹不平现象		
11.2	检查钢轨	钢轨无裂痕，头部无明显下陷、变形及严重磨损，钢轨接头无明显错位及间隙变化，焊缝不得有裂纹、开裂，钢轨连接螺栓无松动与脱落		

检查情况及维保作业记录：

维保负责人：　　　　　　　　　　　　年　月　日

项目内容

项目八　操作与维护连续输送机械

任务一　熟知常用连续输送机械

任务二　维护常用连续输送机械

项目八 操作与维护连续输送机械

连续输送机械是指能在一个区间内连续搬运物料的物流搬运设备。由于连续运输机械能在规定时空内连续输送大量货物，搬运效率高且成本低，搬运时间可以比较准确地控制，货流稳定，因而，被广泛运用于现代散货和小件杂货物流系统中。它不仅是生产加工过程中机械化、自动化、智能化、连续化的流水线运输作业中不可缺少的组成部分，也是物流多环节装卸转运的基本设备。

任务一　熟知常用连续输送机械

任务目标

知识目标

1. 掌握常用连续输送机械的操作规程。
2. 熟悉常用连续输送机械的结构、类型、技术参数。

能力目标

1. 说出常用连续输送机械的组成及各部件功能。
2. 熟练操作常用连续输送机械。

任务描述

中国古代的高转筒车和提水的翻车，是现代斗式提升机和刮板输送机的雏形；17世纪，出现了架空索道；19世纪中叶，各种现代结构的输送机相继出现。此后，输送机受到机械制造、电机、化工和冶金工业技术进步的影响，不断完善，逐步由完成车间内部的输送，发展到完成企业内部、企业之间甚至城市之间的物料搬运，成为物料搬运系统机械化和自动化不可缺少的组成部分。作为物流服务与管理专业的学生需要掌握哪些关于连续输送机械的知识呢？

任务准备

输送机械能沿固定路线不停地输送物料，其工作机构的装卸都是在运行过程中进行的，因而输送机的启动、制动次数少，其工作效率高。为了帮助学生更好地使用输送机械，需要首先介绍该设备的功能、结构等，然后再详细介绍其操作方法。

任务实施

步骤一：认识连续输送机械

连续输送机械（见图8-1）是以连续、均匀、稳定的输送方式，沿着一定的线路搬运或输送散状物料和成件物品的机械装置，简称输送机械。连续输送机械的类型见表8-1。

a)　　b)　　c)　　d)

图 8-1　输送机械

e)　　f)　　g)

图8-1　输送机械（续）

a）带式输送机　b）链式输送机　c）斗式输送机　d）悬挂式输送机　e）振动式输送机　f）气力式输送机　g）螺旋式输送机

表8-1　连续输送机械的类型

分类标准	类　型	内　容
按安装方式分类	固定式输送机	主要用于固定输送场合，如专用码头、仓库、工厂专用生产线等，具有输送量大、效率高、单位电耗低等特点
	移动式输送机	移动式输送机指可以移动的输送机，具有机动性强、利用率高和调度灵活等特点，主要适用于输送量不太大、输送距离不长的中小型仓库
按结构特点分类	有挠性构件的输送机	牵引构件是一个往复循环的封闭系统，如带式、链式等
	无挠性构件的输送机	利用工作构件的旋转运动或振动，使物料向一定方向输送，构件不具有往复循环形式，如螺旋、振动输送机等
按输送对象分类	散料输送机	输送各种散装物料的输送机
	成件输送机	输送成件物品的输送机
	通用输送机	输送各种物料的输送机
按采用原动力分类	动力式输送机	依靠电动进行输送物料的输送机
	无动力式输送机	依靠物料自重惯性或人工推力进行输送物料的输送机
按输送物体的形式分类	固体物料输送机械与设备	（1）输送各种固体物料的输送机，如带式输送机、螺旋式输送机、刮板输送机、斗式提升机 （2）气力输送装置
	流体输送装置	输送各种液体物料的输送机，如真空吸料装置、液料泵

步骤二：了解常用的连续输送机械

常用连续输送机械的比较，见表8-2。

表8-2　常用连续输送机械的比较

常用类型	主要部件	工作原理	特　点
带式输送机	驱动装置、滚筒、输送带、托辊、张紧装置、清扫器、机架、溜槽（料斗）、导料板、制动器、逆止器等	输送带既是承载货物的承载构件，又是传递牵引力的牵引构件，依靠输送带与滚筒之间的摩擦力平稳地进行驱动	主要应用于水平方向或坡度不大的倾斜方向连续输送散粒货物，也可用于输送重量较轻的大宗成件货物，在仓库、港口、车站、工厂、煤矿、矿山、建筑工地等得到广泛应用
链式输送机	链条、板条、金属网带、辊道等	用若干绕过链轮的无端链条作牵引构件，由驱动链轮通过轮齿与链节的啮合将圆周牵引力传递给链条，在链条上或固接着一定的工作构件上输送货物	应用于食品、罐头饮料、化妆品、洗涤产品等行业 在水平方向或小倾角方向上输送煤炭、砂子、谷物等粉粒状或块状的物料

（续）

常用类型	主要部件	工作原理	特点
斗式提升机	畚斗带、头轮、底轮、畚斗、机头、机座、机筒、传动轮、张紧装置、进料口、卸料口、插板等	掏取式装料，混合式或重力卸料，链轮轮缘经特殊处理寿命长，下部如采用重力自动张紧装置，能保持恒定的张力，避免打滑或脱链，同时在料斗遇阻时，有一定的容让性能够有效地保护运动部件	广泛用于粮油、饲料加工厂，是实现较大垂直方向颗粒状、粉状散体物料输送的机械输送设备
辊道式输送机	驱动装置、传动滚筒、输送带、槽型上托辊、下托辊、机架、清扫器、拉紧装置、改向滚筒、导料槽、重锤张紧装置及电器控制装置等	辊道输送机的输送带绕经传动滚筒和尾部改向滚筒形成环行封闭带。辊道输送机承载输送带及上面输送的物料	它与生产过程和装卸搬运系统能很好地衔接和配置，并有功能的多样性，易于组成流水线作业。在仓库、港口、货场等得到了广泛应用
螺旋式输送机	转动轮、轴承、料槽、悬挂轴承、轴、叶片、进料口等	螺旋式输送机是一种用于短距离水平或垂直方面输送散体物料的连续性输送机械	用于粮油、饲料加工厂生产工艺过程中物料的输送
气力式输送机	吸嘴、分离器、供料器、除尘器、风机等	运用风机使管道内形成气流来输送物料	输送成件物品的输送机

步骤三：操作常用的连续输送机械

由于连续输送机械类别繁多，下面就以带式输送机为例介绍其操作要求，见表8-3。

表8-3　带式输送机的操作要求

环　节	操作要求
作业前	应确认输送机运行范围内没有人员触摸机件，以防开机拖带伤及人员
作业中	开机后检查指示灯、电动机、减速机等有无异常
	检查输送带是否平稳，输送带表面是否清洁，输送带是否在中心移动
	注意输送物料是否均匀地分布在输送带上，必要时应调节进料处的挡板位置以调节物料的均匀度；输送成件物品时，应注意掌握单件物品的重量不得过重，整台输送机上物品总重不得超过输送机的承载能力
	输送机的输送带一般为橡胶制品，不能承受过大的冲击载荷，也经受不了尖利物品的刺割，故物品装卸应轻放轻拿
	输送机工作中应经常巡视，发现异常时应尽快通知系统管理人，尽可能将整个系统的输送机同时关机检修
作业后	带式输送机关机后，检查各运动零部件是否有损坏
	及时清理掉输送带上的黏附物
	填写设备检查记录，交代应予维修的部分

应用训练

在实训基地组织一次带式输送机的操作训练，然后予以考核。

任务评价

任务评价表

评价项目	评价要求	配分/分	评分标准	得分/分			备注
				自评	他评	师评	
学习态度	1. 在本任务实施过程中全勤，没有迟到、早退现象 2. 认真完成各项任务，学习态度积极 3. 尊重教师和其他组员	10	违反一项扣3分				
团队角色	1. 具有较强的团队精神与合作意识，积极参与各项活动、小组讨论 2. 组织、协调能力强，主动性强，表现突出	10	不能达到一项要求扣5分				
知识技能	1. 说出操作常用输送机械的注意事项 2. 严格按照实施步骤进行操作 3. 作业前的准备工作 4. 作业后的工作	80	不能正确实施任一环节扣20分				

拓展提升

一、连续输送机械的特点

输送机械能沿固定路线不停地输送物料。被输送的散料均匀分布于承载构件上，被输送的成件物料也同样按一定的次序以连续方式输送。其特点和优、缺点见表8-4。

表8-4 连续输送机械的特点和优缺点

项目	具体内容
特点	高速性。装货、输送、卸货连续进行，且输送过程中极少紧急制动和启动，因此可以采用较高的工作速度，所以效率很高，且不受距离远近的影响
	自动控制简单。由于输送路线预设且固定，运动方式简单，且调速简单，所以较容易实现自动控制
	专用性强。一般来说，一种连续输送机械仅适用于相对固定的几种类型的货物
	经济性好。连续输送机械性价比好，耐用性好
	通用性好。该类设备零部件标准化、系列化，维修简单
优点	具有较高的生产率
	在同样生产率下，自身质量轻，外形尺寸小，成本低，驱动功率小
	传动机构的机械零部件负荷较低，冲击小
	结构紧凑，制造和维修容易
	输送物料路线固定，动作单一，便于实现自动控制
	工作过程中负载均匀，所消耗的功率几乎不变
缺点	只能按固定的路线输送物料，每种机型只适用于一定类型的物料，一般只能输送质量不大的物料，通用性差
	大多数输送机械不能自取物料，因此必须配置相应的装载、卸载机械

二、连续输送机械的主要技术参数

一般根据物料搬运系统的要求、物料装卸地点的各种条件、有关的生产工艺过程和物料的特性等来确定连续输送机械各主要参数。其主要技术参数见表8-5。

表8-5 连续输送机械的主要技术参数

类别	常见参数	含义
主要技术参数	输送能力（t/h）	输送机的输送能力是指单位时间内输送的物料量。在输送散状物料时，以每小时输送物料的质量或体积计算；在输送成件物品时，以每小时输送的件数计算
	输送速度（m/s）	输送速度是指被运货物或物料沿输送方向的运行速度
	构件尺寸（mm）	包括输送带宽度、板条宽度、料斗容积、管道直径和容器大小等
	输送长度（m）	输送长度指输送机装载点与卸载点之间的展开距离
	倾角（°）	输送线路长度和倾角大小直接影响输送机的总阻力和所需要的功率
	充填系数	充填系数是指输送机械承载构件被物料或货物填满程度的系数
	提升高度	提升高度指货物或物料在垂直方向上的输送距离

其他技术参数还有安全系数、制动时间、起动时间、电动机功率、轴功率、单位长度牵引构件的质量传入点张力、最大动张力、最大静张力、预张力、拉紧行程等技术性能参数。

➲小提示

1．选购连续输送机械需要考虑的因素

选购连续输送机械时重点考虑所运货物的物理性质和集装形式，合理地确定所选输送设备及其零部件的形式和结构。具体选型时，通常应考虑的技术参数有：生产效率、输送速度、输送带宽、输送长度、提升高度。

2．连续输送机械的操作注意事项

在操作连续输送机械时必须注重安全，其注意事项见表8-6。

表8-6 连续输送机械的操作注意事项

序号	注意事项
1	固定式输送机应按规定的安装方法安装在固定的基础上。移动式输送机正式运行前应将轮子用三角木楔住或用制动器刹住，以免工作中发生走动；有多台输送机平行作业时，机与机之间、机与墙之间应有1m的通道
2	输送机使用前须检查各运转部分、胶带搭扣和承载装置是否正常，防护设备是否齐全。胶带的张紧度须在启动前调整到合适的程度
3	皮带输送机应空载启动，等运转正常后方可入料。禁止先入料后开车
4	有数台输送机串联运行时，应从卸料端开始，顺序启动。全部正常运转后，方可入料
5	运行中出现胶带跑偏现象时，应停车调整，不得勉强使用，以免磨损边缘和增加负荷
6	工作环境及被送物料温度不得高于50℃和低于-10℃。不得输送具有酸碱性油类和有机溶剂成分的物料
7	输送机上禁止行人或乘人
8	停车前必须先停止入料，等皮带上存料卸尽方可停车
9	输送机电动机必须绝缘良好。移动式输送机电缆不要乱拉和拖动。电动机要可靠接地
10	皮带打滑时严禁用手去拉动皮带，以免发生事故

任务二 维护常用连续输送机械

任务目标

知识目标

1. 掌握常用连续输送机械的维护与保养内容。

2. 清楚常用连续输送机械的常见故障及解决办法。

能力目标

1. 能够进行常用连续输送机械的日常维护。
2. 会排除常用连续输送机械的常见故障。

任务描述

如何规范常用连续输送机械的维护内容和周期，保证设备的正常运行是日常使用中非常重要的事情，接下来就详细介绍常用连续输送机械的维护内容及常见故障处理方法。

任务准备

输送设备是高强度连续性工作的，其连续工作时间长、负荷较大，设备的一个小毛病很可能随着疲劳强度的加大使故障扩大化，最后给整条生产线造成严重事故。所以维护人员一定要制定详细的、周密性的周期性检查，重视每一处异常现象并及时发现、探究和维修护理，这样才能保证输送设备和生产线的正常运行。

任务实施

步骤一：制订周期性维护计划

以带式输送机为例，学习常用连续输送机械的维护保养，其维护保养项目见表8-7。

表8-7　连续输送机械的维护保养项目

项　目	具体内容
日常检查与维护（每日至少要有2～4小时集中检查维修）	输送带的运行是否正常，有无卡、磨、偏等不正常现象，输送带接头是否良好
	上下托辊是否齐全，转动是否灵活
	输送机各零部件是否齐全，螺栓是否紧固、可靠
	减速器、联轴器、电动机及滚筒的温度是否正常，有无异响
	减速器和液力耦合器是否有泄漏现象，油位是否正常
	输送带张紧装置是否处于完好状态
	各部位清扫器的工作状态是否正常
	检查、试验各项安全保护装置
	检查有关电气设备（包括电缆等）是否完好
	检查有关电气设备（包括电缆等）是否完好
常规维修	带式输送机常规维修工作主要是对易损零件的换修
中、大修管理	通常0.5～1年组织一次中修，1～2年组织一次大修

步骤二：解决常见故障

输送机械长期以来受物料、矿石、煤块甚至金属的冲击，会产生摩擦，造成严重的冲击磨损，最为常见的是落煤筒冲击磨损及导流板的冲击磨损等。其常见故障的解决办法见表8-8。

表8-8 常见故障的解决办法

故障	故障原因	解决方法
电动机不能启动或启动后就立即慢下来	线路故障、电压下降、接触器故障、在1.5s内连续操作	检查线路、检查电压、检查过负荷电器、减少操作次数
电动机发热	由于超载、超长度或输送带受卡阻，使运行阻力增大，电动机超负荷运行	测电动机功率，找出超负荷运行原因，对症处理
	传动系统润滑条件不良，致使电动机功率增加	各传动部位及时补充润滑
	电动机风扇进风口或径向散热片中堆积粉尘，使散热条件恶化	清除粉尘
满负荷时，液力偶合器不能传递额定力矩	液力偶合器油量不足	加油（当双电机驱动时，必须用电流表测量两电动机，通过调查充油量使功率趋向一致）
减速器过热	减速器中油量过多或太少；油使用时间过长；润滑条件恶化，使轴承损坏	按规定量注油；清洗内部，及时换油修理或更换轴承，改善润滑条件
输送带跑偏	机架、滚筒没有调整平直	调整机架或滚筒，使之保持平直
	托辊轴线与输送带中心线不垂直	利用托辊调位，纠正输送带跑偏
	输送带接头与中心线不垂直，输送带边呈S形	重新做接头，保证接头与输送带中心垂直
	装载点不在输送带中央（偏载）	调整落煤点位置
输送带老化、撕裂	输送带与机架摩擦，产生带边拉毛，开裂	及时调整，避免输送带跑偏
	输送带与固定硬物干涉产生撕裂	防止输送带挂到固定构件上或输送带中掉进金属结构件
	保管不善，张紧力过大	按输送带保管要求贮存
	铺设过短使挠曲次数超过限值，使提前老化	尽量避免短距离铺设使用
断带	带体材质不适应，遇水、遇冷变硬脆	选用机械物理性能稳定的材质制作带芯
	输送带长期使用，强度变差	及时更换破损或老化的输送带
	输送带接头质量不佳，局部开裂未及时修复或重打	对接头经常观察，发现问题及时处理
打滑	输送带张紧力不足，负载过大	重新调整张紧力或者减少运输量
	淋水使传动滚筒与输送带之间摩擦系数降低	消除淋水，增大张紧力
	超出使用范围，倾斜向下运输	对接头经常观察，发现问题及时处理

步骤三：知晓维护中异常情况处理流程

在设备的点检、使用和周期性维护保养过程中发现设备部件或功能异常时，应由组长或车间主任根据异常情况作出初步判断，并联系机修人员进行维修；设备维修后，相关维修负责人应及时填写《设备维修保养记录》。若遇到维修不了的情况，及时联系设备管理员，由厂家进行维修。

应用训练

让学生维护存在故障的带式输送机，然后予以考核。

任务评价

任务评价表

评价项目	评价要求	配分/分	评分标准	得分/分			备注
				自评	他评	师评	
学习态度	1. 在本任务实施过程中全勤，没有迟到、早退现象 2. 认真完成各项任务，学习态度积极 3. 尊重教师和其他组员	10	违反一项扣3分				
团队角色	1. 具有较强的团队精神与合作意识，积极参与各项活动、小组讨论 2. 组织、协调能力强，主动性强，表现突出	10	不能达到一项要求扣5分				
知识技能	1. 准确进行故障诊断 2. 正确分析故障原因 3. 正确实施故障解决方法	80	少诊断一个故障扣5分；少分析或错误分析一个故障原因扣5分；不能正确排除一个故障扣5分				

拓展提升

1. 连续输送机械日常保养注意事项

连续输送机械日常保养注意事项，具体内容见表8-9。

表8-9　连续输送机械日常保养注意事项

序号	日常保养事项	保养方法
1	启动前	认真检查高、低度限位器是否灵敏可靠，作一下试验，并进行调整使其符合力矩要求
2	变速箱油位	对起升机构的变速箱油位进行检查，达不到油标尺时应加油，对各部螺栓进行紧固
3	电盘	每星期对电盘进行清扫，检查触点是否烧坏，烧坏时应进行更换，以防缺相烧坏电机
4	螺栓	物料提升机上部螺栓每三天紧固一次
5	钢丝绳	应每班检查一次，每米出现的断头超过国家标准时，应停止使用，进行更换
6	物料提升机	不准带病运转，出现问题，随时进行处理

2. 皮带输送机的调试步骤

皮带输送机的调试步骤，具体内容见表8-10。

表8-10　皮带输送机的调试步骤

序号	具体步骤
1	各设备安装后精心调试皮带输送机，满足图样要求
2	各减速器、运动部件加注相应润滑油
3	安装皮带输送机达到要求后，各单台设备进行手动工作试车，并结合起来调试皮带输送机以满足动作的要求
4	调试皮带输送机的电气部分，包括对常规电气接线及动作的调试，使设备具备良好性能，达到设计的功能和状态

项目内容

项目九　操作与维护手动液压搬运车

任务一　操作手动液压搬运车

任务二　维护手动液压搬运车

项目九
操作与维护手动液压搬运车

手动液压搬运车，即需要手动起搬运货物作用的物流搬运设备。手动液压车是小体积的液压装置，操作简单，使用方便。它是托盘运输工具中最简便、最有效、最常见的装卸、搬运工具，广泛应用于物流、仓库、工厂、医院、学校、商场、机场、体育场馆、车站机场等场所。

9 物流设备操作

任务一　操作手动液压搬运车

任务目标

知识目标

1. 掌握手动液压搬运车的操作规程。
2. 熟悉手动液压搬运车的结构、类型、技术参数。

能力目标

1. 说出手动液压搬运车的组成及各部件功能。
2. 熟练操作手动液压搬运车。

任务描述

由于小刘没有学习过物流设备相关知识，他来到物流实训中心，看见了手动液压搬运车，却不知道它的专业名称、功能、参数、结构等，也不会操作手动液压车，你能详细地介绍一下手动液压搬运车的操作方法吗？

任务准备

手动液压搬运车属一种低起升和限于搬运托盘式货物的搬运工具，又称托盘搬运车，具有升降平稳、操纵轻便、安全可靠等特点。为了帮助学生更好地使用手动液压搬运车，需要首先介绍该车的功能、结构等，然后再详细介绍其操作方法。

任务实施

步骤一：认识手动液压搬运车

搬运车即起搬运货物作用的物流搬运设备。搬运车又称托盘车，如图9-1所示，主要类别见表9-1。

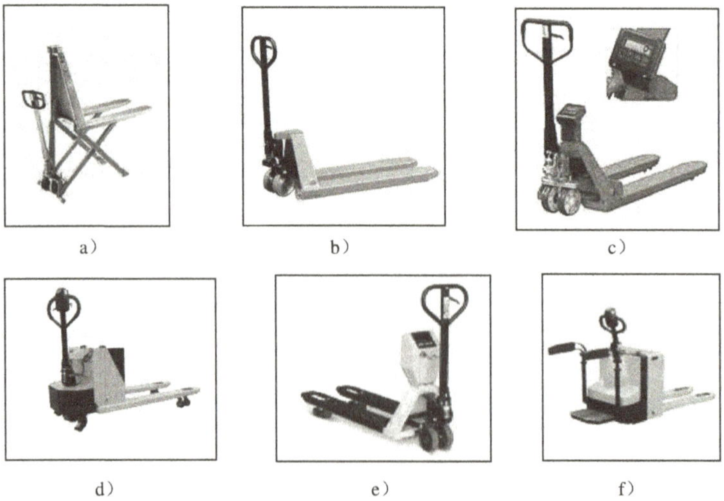

图9-1　搬运车

a）高升起剪式搬运车　b）手动液压搬运车　c）手动电子秤搬运车
d）手电动托盘搬运车　e）电子称托盘液压搬运车　f）电动托盘搬运车

表9-1　搬运车的类型

类　型	举　例
手动搬运车	手动液压搬运车、高起升剪式搬运车、电子秤搬运车、手工托盘搬运车等
全电动搬运车	全电动搬运车、全电动托盘车、电动托盘搬运车等
半电动搬运车	半电动搬运车、半电动托盘车等

手动液压搬运车主要适用于一些需要水平搬运、低频率和相对低起升堆垛的小型堆垛货物的场合，其手动液压搬运车的承载能力基本在1.0～5.0t之间，作业通道宽度一般为2.3～2.8m。

手动液压搬运车具有提升、搬运、放下三大功能。它是托盘运输工具中最简便、最有效、最常见的装卸、搬运工具，广泛应用于物流、仓库、工厂、医院、学校、商场、机场、体育场馆、车站机场等场所。

步骤二：了解手动液压搬运车的操作装置

手动液压搬运车在使用时将其承载的货叉插入托盘孔内，由能力驱动液压系统来实现托盘货物的起升和下降，并由人力拉动完成搬运作业。它是托盘运输工具中最简便、最有效、最常见的装卸、搬运工具。各部分具体名称如图9-2所示。

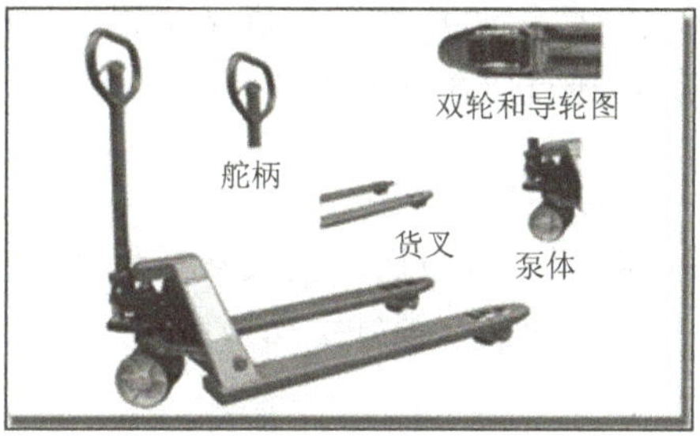

图9-2　手动液压搬运车的操作装置

步骤三：操作手动液压搬运车

1. 取出设备

直接从设备存放区取出手动搬运车。在手动搬运车初始状态时，用双手握住手柄将其顺时针转动90°，然后下压手柄使其与地面成一定角度后用力拉出，沿通道路线行驶。行走过程中应单手握住手柄拉动手动搬运车，身体向前，目视前方，如图9-3所示。

图9-3　行走中的姿势

2. 插取货物

从设备存放区取出手动搬运车至货物存放位置后停放好设备，再用货叉插取托盘货物。

（1）将货叉推入托盘槽内，手柄应与地面或货叉保持垂直。同时，手臂伸直，两手同时抓住手柄的两端，如图9-4所示。将手动搬运车面向托盘槽停放，保持舵柄与地面或货叉垂直，手臂延伸，将货叉推入托盘槽内。

（2）将舵柄下压启动液压设备，如图9-5所示。

（3）身体后退，双手握紧舵柄下压，反复上下摇动，使所插取的货物托盘底部上升至与地面无摩擦距离后即可移动，如图9-6所示。在拉动手动搬运车前，需将手柄恢复初始位置，如图9-7所示。

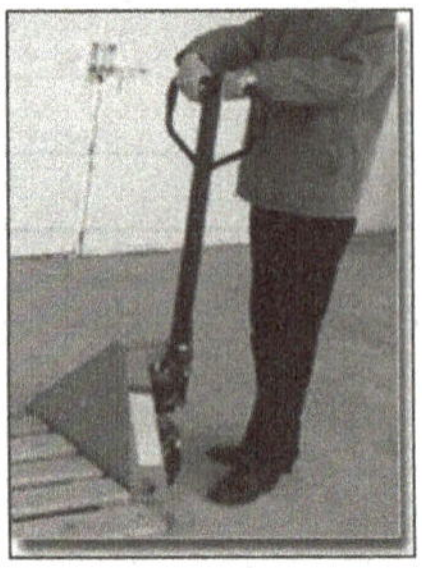
图9-4 插取托盘货物

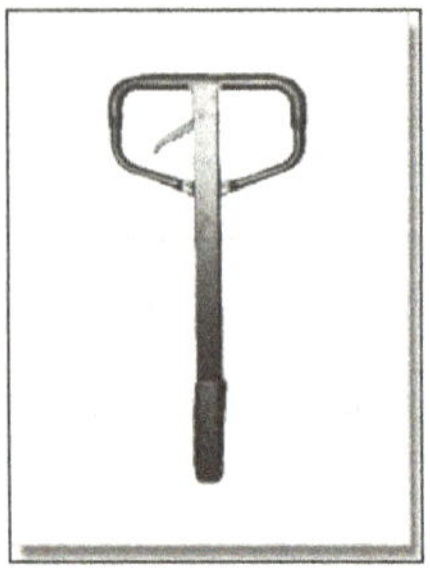
图9-5 开启舵柄

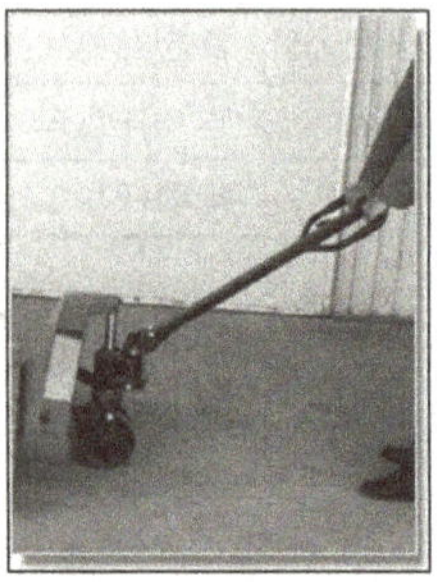
图9-6 起升货叉

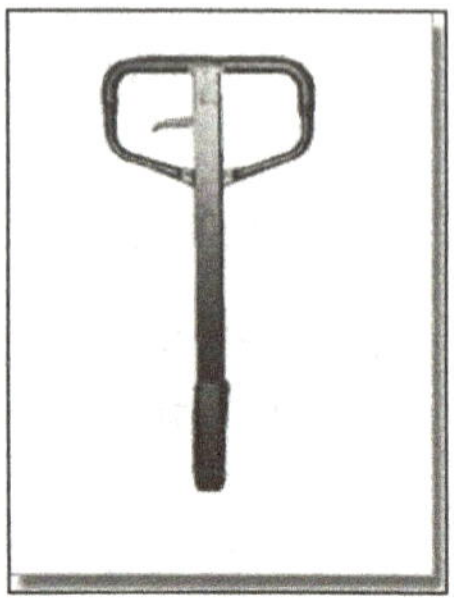
图9-7 恢复手柄

3. 搬运货物

插取货物托盘后，沿指定路线将货物托盘拉至货物存放区。拉动手动搬运车时应身体向前目视前方，并始终保持单手拉动搬运车舵柄。

4. 停放货物

按指定路线到达货物存放区后，调整搬运车货叉位置，将托盘货物卸载。之后向上拉起手柄，释放液压压力，将货物托盘放在地面上。

5. 设备归位

停放好货物后，双手握住舵柄，将搬运车货叉从托盘槽内向后拉出，再将手动搬运车放回至设备存放区，之后90° 旋转舵柄，锁好手动搬运车。

应用训练

在实训室组织一次手动液压搬运车操作比赛，线路如图9-8所示，然后教师予以考核。

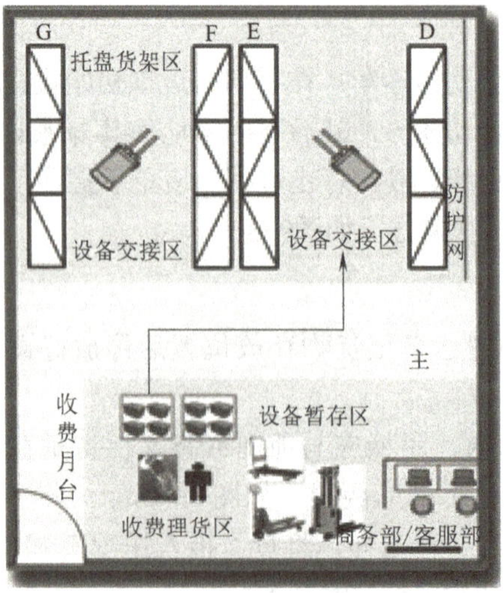

图9-8 单程行驶路线

任务评价

任务评价表

评价项目	评价要求	配分/分	评分标准	得分/分			备注
				自评	他评	师评	
学习态度	1. 在本任务实施过程中全勤，没有迟到、早退现象 2. 认真完成各项任务，学习态度积极 3. 尊重教师和其他组员	10	违反一项扣3分				
团队角色	1. 具有较强的团队精神与合作意识，积极参与各项活动、小组讨论 2. 组织、协调能力强，主动性强，表现突出	10	不能达到一项要求扣5分				
知识技能	1. 严格按照实施步骤进行比赛 2. 利用手动液压搬运车叉取货物 3. 正确提升手动液压搬运车货叉 4. 正确的行进方法 5. 正确复位手动液压搬运车	80	不能正确操作任一步骤扣20分；超出指定区域一次扣10分				

拓展提升

一、手动液压搬运车的功能

手动液压搬运车根据人机工程原理设计的控制方式使得所有的操作都十分舒适，主要适用于一些需要水平搬运、低频率和相对低起升堆垛的小型堆垛货物的场合，同其他机动叉车种类相比，具有结构简单、使用轻便、价格相对便宜等优点。用户可以根据不同的情况需求选择最适合的型号。手动液压搬运车的承载能力基本在1.0～5.0t之间，作业通道宽度一般为2.3～2.8m。

二、手动液压搬运车的主要技术参数

手动液压搬运车主要技术参数见表9-2。

表9-2 手动液压搬运车的主要技术参数

类别	常见参数	含义	以诺力牌（AC20）为例
主要技术参数	额定负载（kg）	货物重心位于货叉中心距范围以内时，允许液压托盘搬运车举起的最大重量	2000
	货叉最低高度（mm）	货叉空降降落至最小位置，从叉面至地面的垂直距离	85
	货叉最高高度（mm）	货叉满载起升至最大位置，从叉面至地面的垂直距离	200
	转向轮直径（mm）	货叉尾部下方的转向叉轮直径	200
	叉轮直径（mm）	货叉尖顶下方的叉轮直径	82
	货叉总宽度（mm）	两条货叉最外缘的距离	450
	货叉长度（mm）	货叉尖顶至斜面角的水平距离	800

➲小提示

选购手动液压搬运车需要考虑的因素

1. 货叉的宽度

选择货叉的宽度取决于日常使用托盘的尺寸，一般的手动液压车标准尺寸分宽车和窄车，宽车685mm×1200mm，窄车540mm×1150mm。

2. 载重

一般来讲，国际标准的有2.0t、2.5t、3.0t、5.0t，4种载重量。

3. 货叉升降高度

国标的托盘高度一般在100mm，所以国标的手动液压搬运车最低高度低于100mm。一般的液压搬运车放到最低点时高度有85mm、75mm两种。当然也有特殊的低放型手动液压搬运车，最低高度甚至可达到35mm，但其钢板相对来说比较薄，载重最多只有1.5t。

4. 货叉钢板厚度

一般质量较好的3.0t的车采用的是4mm钢板。而质量差的钢板厚度加上油漆厚度都达不到4mm，有的甚至只能达到3mm，这样的车容易在后续的使用中出现故障。另外，标准型的5.0t的手动液压搬运车钢板厚度也要达到8mm以上，否则很难承受如此自重。

5. 轮子材料

手动液压搬运车轮子材料要根据作业地面的状况来选择。地面状况平滑的，可以选择尼龙轮子，因为尼龙的轮子相对比较便宜，而且拉着也比较省力。地面状况不好的，可以选择铝合金加聚氨酯的轮子，它比较耐磨。如果不想磨损地面，比如有些工厂用的是地坪的地面，最好不要用尼龙的轮子，应该选用聚氨酯的。因为尼龙轮子太硬了，聚氨酯轮子相对来说软一些。

三、手动液压搬运车的操作注意事项

在操作手动液压搬运车时必须注重安全，其注意事项见表9-3。

表9-3 手动液压搬运车的操作注意事项

序号	注意事项
1	在经过必要的培训、充分熟悉该手动液压搬运车并获得授权操作之前，禁止操作该液压搬运车
2	操作前注意检查本车，尤其是注意检查轮子、手柄组件、叉架以及摆杆的状态
3	不应将身体的任何部位放置于本车的机械提升部位附近、所载货物上的一级货叉下方
4	禁止载人
5	操作者最好戴上劳保手套，用以保护双手
6	不应使用本车来搬运松弛或未捆紧的货物
7	禁止超载
8	搬运货架时，请注意将货架置于货叉的中心，切勿将货载置于货架的尾部
9	只有货物的重量均匀地分布在货架上时，手动液压搬运车才能承受最大载重量
10	请确保货叉长度大于或等于货盘的长度
11	不使用手动液压搬运车时，将货叉降至最低高度

任务二　维护手动液压搬运车

任务目标

知识目标

1. 掌握手动液压搬运车的维护与保养内容。
2. 清楚手动液压搬运车的常见故障及解决办法。

项目九　操作与维护手动液压搬运车

9

能力目标

1. 能够进行手动液压搬运车的日常维护。
2. 会排除手动液压搬运车的常见故障。

任务描述

如何规范手动液压搬运车的维护内容和周期，保证设备的正常运行是日常使用中非常重要的事情，接下来就详细介绍手动液压搬运车的维护内容及常见故障处理方法。

任务准备

手动液压搬运车是较常用的物流搬运设备，由于它使用便利、性价比高而广受各企业、工厂的青睐，但如果维护保养不到位，会导致手动搬运车产生故障，特别是油缸部位维护不当很容易发生故障而无法使用。因此，不可忽视搬运车的保养及维护。

任务实施

步骤一：制订周期性维护计划

周期性维护计划如下：

（1）选择周期性维护方法。周期性维护工作包括清洁、紧固、检查及更换等措施。

（2）确定维护周期。维护周期以维护保养过程中具体周期为依据。

（3）指定维护责任人。设备的周期性维护由操作人员和机修人员共同完成，操作人员协助机修人员完成设备部件的清洁、检查、润滑及更换等工作。

（4）确定周期性维护内容。周期性维护内容见表9-4。

表9-4　周期性维护内容

序　号	部件（部位）	维 护 内 容	周　期
1	轮子和芯轴	清除轮子和轴芯上的线、破布等	建议每天
2	货叉	卸下货叉上的货物后，货叉降到最低位置	建议每天
3	传动部件	为传动部件添加润滑油脂	建议7天
4	车轮轴承	添加润滑油脂	建议15天
5	液压油缸	添加液压油	建议6个月

步骤二：解决常见故障

常见故障的解决办法见表9-5。

表9-5　常见故障的解决办法

故　障	故 障 原 因	解 决 方 法
货叉升不到最高高度	液压油不够	加注液压油
货叉不能升起	没有液压油	加注液压油
	液压油不纯	更换液压油
	调整螺母太高或调整螺钉太紧导致释放阀打开	调整螺母或螺钉
	液压油中有空气	排出空气

（续）

故障	故障原因	解决方法
叉架不能下降	由于货物的放置偏向一边或超载，使得大活塞或泵体受到损坏	更换大活塞或油泵体
	叉架处于升高位置很长一段时间，使大活塞暴露而生锈，阻碍活塞运动	不使用时请把叉架降到最低位置，注意及时润滑活塞杆
	调整螺母或调整螺钉不在正确位置	调整螺母或调整螺钉
漏油	密封件老化或受损	更换新件
	一些部件破裂	更换新件
货叉自降	因液压油不纯导致释放阀不能关紧	换油
	液压系统的某些部件破裂或损坏	检查并更换新件
	空气混入液压油中	排出空气
蓄电池不能充电	密封件老化或受损	更换新件
	调整螺母或调整螺钉不在正确位置	调整螺母或调整螺钉

步骤三：知晓维护中异常情况处理流程

在设备的点检、使用和周期性维护保养过程中发现设备部件或功能异常时，应由组长或车间主任根据异常情况作出初步判断，并联系机修人员进行维修，设备维修后，相关维修负责人应及时填写《设备维修保养记录》。若遇到维修不了的情况，及时联系设备管理员，由厂家进行维修。

应用训练

根据学校实训条件选择存在故障的手动液压搬运车，让学生自己进行维护，然后予以考核。

任务评价

任务评价表

评价项目	评价要求	配分/分	评分标准	得分/分			备注
				自评	他评	师评	
学习态度	1. 在本任务实施过程中全勤，没有迟到、早退现象 2. 认真完成各项任务，学习态度积极 3. 尊重教师和其他组员	10	违反一项扣3分				
团队角色	1. 具有较强的团队精神与合作意识，积极参与各项活动、小组讨论 2. 组织、协调能力强，主动性强，表现突出	10	不能达到一项要求扣5分				
知识技能	1. 准确进行故障诊断 2. 正确分析故障原因 3. 正确实施故障解决方法	80	少诊断一个故障扣5分；少分析或错误分析一个故障原因扣5分；不能正确排除一个故障扣5分				

拓展提升

1．手动液压搬运车日常保养

手动液压搬运车日常保养注意事项，具体内容见表9-6。

表9-6　手动液压搬运车日常保养注意事项

序　号	日常保养事项	保养方法
1	加油	每月检查一次油量
2	排气	把手柄扳到下降位置，上下往复运动数次
3	日常检查与维修	重点检修轮子和芯轴线和破布等。当搬运完毕后，应卸下货叉上的物品，并将叉架降到最低位置
4	润滑油	在每月的间歇或每次彻底检查时，往所有的运动部件上加润滑油

2．手动液压搬运车日常使用维护

手动液压搬运车日常使用维护，具体内容见表9-7。

表9-7　手动液压搬运车日常使用维护技巧

序　号	日常使用维护事项	维护技巧
1	保持工作区域清洁	1．向油箱中加油或重新注油时，只能使用清洁的油和漏斗或容器，切勿将脏物带入系统中 2．维护油缸液压系统时，只能将清洁的塑料用于密封管路的端部 3．维护液压部件时，工作台必须绝对清洁，使用工具也应清洁
2	保持液压油清洁	1．将液压油储存在清洁位置，加换液压油时必须小心谨慎。只能使用配备细格滤网的清洁漏斗将油从容器倒入油缸 2．好的液压油含有多种添加剂，这些添加剂可防止油变质或堵塞系统零件，定期更换可确保添加剂发挥作用。按建议的周期更换过滤器，以便保持系统清洁

项目内容

项目十 使用与维护电动叉车

任务一 初识电动叉车

任务二 操作与维护电动叉车

项目十 使用与维护电动叉车

随着人们环保意识的不断提高，电动叉车因其无污染、机动性能好、功率较大等特点而受到青睐，其需求量也不断增加。

任务一　初识电动叉车

任务目标

知识目标

1. 掌握电动叉车的主要类型。
2. 熟悉电动叉车的选用方法。

能力目标

1. 能够熟练说出电动叉车的名称。
2. 能够熟练领会电动叉车的主要技术参数。

任务描述

某职业学校准备购买龙工电动叉车供学生实训使用，请给学校提供一些建议，选择电动叉车时需要注意叉车的哪些技术指标？

任务准备

电动叉车操作控制简便、灵活，其电动转向系统、加速控制系统、液压控制系统以及刹车系统都由电信号来控制，大大降低了操作人员的劳动强度，且其工作效率以及工作的准确性较高。为了让学生更好地使用电动叉车，应首先让学生知道电动叉车的特点、类型及技术参数等。

任务实施

步骤一：了解电动叉车

电动叉车是指以直流电源为动力进行装卸及搬运作业的叉车，大多数都是蓄电池工作。而蓄电池是电池中的一种，它的作用是把有限的电能储存起来，在合适的地方使用。蓄电池的工作原理是把化学能转化为电能。目前，电动叉车的耐用性、可靠性和适用性都得到显著提高，完全可以与内燃机叉车相抗衡。

步骤二：认识电动叉车的类型

电动叉车的类型，见表10-1。

表10-1　电动叉车的类型

类　型	特　点
平衡重式电动叉车（见图10-1）	以电动机为动力，以蓄电池为能源。承载能力1.0～4.8t，作业通道宽度一般为3.5～5.0m，没有污染、噪声小

（续）

类型	特点
仓储电动叉车（见图10-2）	仓储电动叉车主要是为仓库内货物搬运而设计的，其车体紧凑、移动灵活、自重轻和环保性能好
前移式电动叉车（见图10-3）	承载能力1.0～2.5t，门架可以整体前移或缩回，缩回时作业通道宽度一般为2.7～3.2m，提升高度最高可达11m左右，常用于仓库内中等高度的堆垛、取货作业
电动托盘搬运叉车（见图10-4）	承载能力1.6～3.0t，作业通道宽度一般为2.3～2.8m，货叉提升高度一般在210mm左右，主要用于仓库内的水平搬运及货物装卸，一般有步行式和站驾式两种操作方式
电动托盘堆垛叉车（见图10-5）	承载能力为1.0～1.6t，作业通道宽度一般为2.3～2.8m，在结构上比电动托盘搬运叉车多了门架，货叉提升高度一般在4.8m内，主要用于仓库内的货物堆垛及装卸
电动拣选叉车（见图10-6）	在不需要整托盘出货，而是按照订单拣选多种品种的货物组成一个托盘，此环节称为拣选。按照拣选货物的高度，电动拣选叉车可分为低位拣选叉车（2.5m内）和中高位拣选叉车（最高可达10m），承载能力2.0～2.5t（低位）、1.0～1.2t（中高位，带驾驶室提升）
低位驾驶三向堆垛叉车（见图10-7）	通常配备一个三向堆垛头，叉车不需要转向，货叉旋转就可以实现两侧的货物堆垛和取货，通道宽度1.5～2.0m，提升高度可达12m。叉车的驾驶室始终在地面不能提升，主要用于提升高度低于6m时
高位驾驶三向堆垛叉车（见图10-8）	与低位驾驶三向堆垛叉车类似，高位驾驶三向堆垛叉车也配有一个三向堆垛头，通道宽度1.5～2.0m，提升高度可达14.5m。其驾驶室可以提升，驾驶员可以清楚地观察到任何高度的货物，也可以进行拣选作业
电动牵引车（见图10-9）	它是由电机带动的，配置电机（按牵引力配置）自带的刹车系统——电磁刹车，配置车载电瓶，充气橡胶轮等。根据车的用途，电动牵引车可分为坐驾式电动牵引车、站驾式电动牵引车、迷你型牵引车、电动双驱动牵引车、手扶式电动牵引车、电动物料牵引车、全电动堆高车、平衡式电动堆高车、牵引式电动堆高车等

图10-1 平衡重式电动叉车

图10-2 仓储电动叉车

图10-3 前移式电动叉车

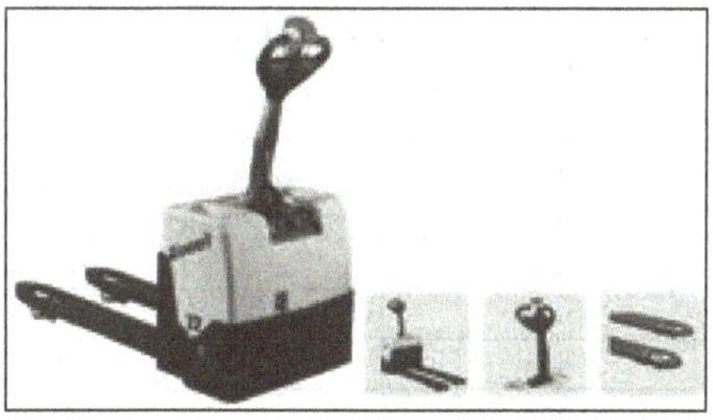

图10-4 电动托盘搬运叉车

图10-5 电动托盘堆垛叉车

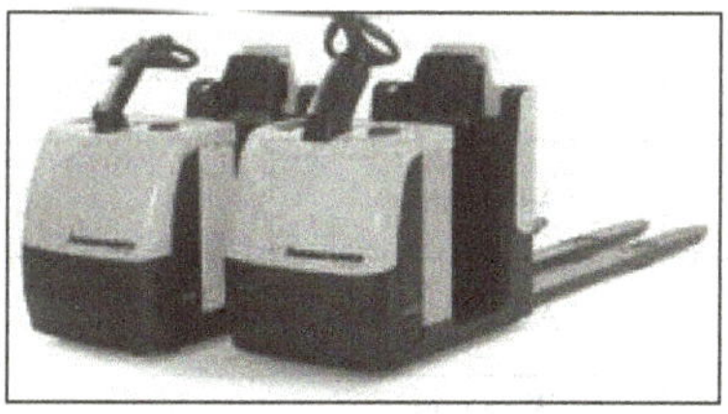

图10-6 电动拣选叉车

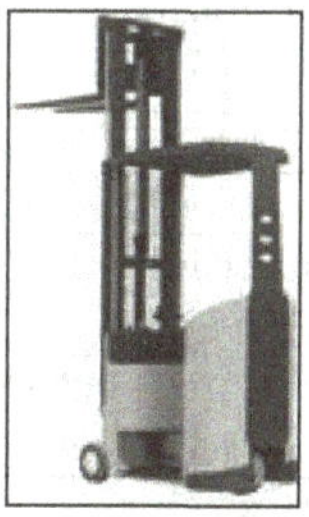

图10-7 低位驾驶三向堆垛叉车

图10-8　高位驾驶三向堆垛叉车

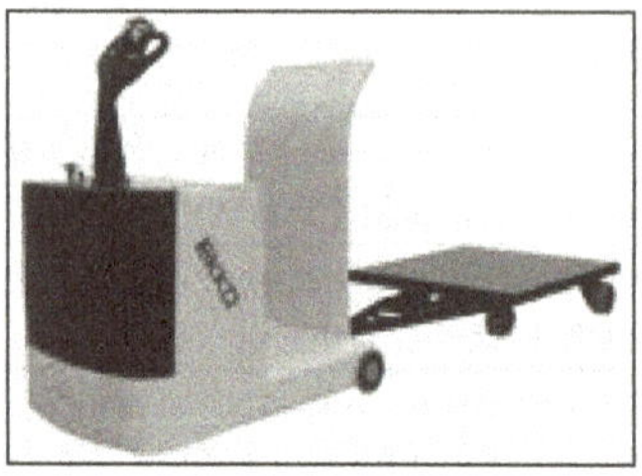

图10-9　电动牵引车

步骤三：电动叉车主要技术参数

电动叉车的技术参数是用来说明和反映叉车的结构特性和工作性能的，其主要技术参数见表10-2。

表10-2　电动叉车的主要技术参数

技术参数	类　别	单　位	以FB16/FB16AC为例
特　征	驾驶方式	—	坐驾
	额定载荷Q	kg	1600
	载荷中心距c	mm	500
	前悬距x	mm	395
	轴距Y	mm	1380
重　量	自重	kg	3050
	轴负载，满载时前/后轴	kg	4092/558
	轴负载，空载时前/后轴	kg	1220/1830
尺　寸	轮子尺寸（前轮）	—	Φ590×179
	轮子尺寸（后轮）	—	Φ470×137
	轮，前后数量（x=驱动轮）	—	2×2/4×2
	前轮轮距b_{10}	mm	890
	后轮轮距b_{11}	mm	920
	门架/货叉—前/后倾角	Grad	6°～12°
	门架缩回时高度h_1	mm	2015
	自由提升高度h_2	mm	0
	起升高度h_3	mm	3000～6000
	作业时门架最大高度h_4	mm	4067
	护顶架高度（驾驶室）h_6	mm	2015
	座位高度/站立高度h_7	mm	1043
	总体长度l_1	mm	3205
	叉面长度l_2	mm	2135
	车体宽度b_1	mm	1100
	叉架DIN15173，等级/类型A，B	—	2A
	叉架宽度b_3	mm	1088
	门架下端离地间隙m_1	mm	105
	轴距中心离地间隙m_2	mm	115
	通道宽度，托盘1 000×1 200（1 200跨货叉放置）	Ast（mm）	3500
	通道宽度，托盘800×1 200（1 200沿货叉放置）	Ast（mm）	3300
	转弯半径	Wa（mm）	1900
	内部转弯半径b_{13}	mm	850

（续）

技术参数	类　别	单　位	以FB16/FB16AC为例
性能数据	行驶速度，满载/空载	km/h	0～15
	提升速度，满载/空载	m/s	300
	下降速度，满载/空载	m/s	<600
	最大牵引力，装载/卸载	N	10 990
	最大爬坡能力，满载/空载	%	15
	加速时间，装载/卸载	s	0～3
电动机	驱动电机功率	kW	5
	提升电机功率	kW	8.2
	蓄电池电压/额定容量	V/Ah	48/450
	蓄电池重量	kg	820
其他	驱动控制方式		直流/交流
	工作压力	Pa	17MPa
	流量	l/min	25.6
	驾驶员耳边噪声等级符合DIN12053	dB（A）	<63

应用训练

训练一：请认真阅读表10-3，填写表10-4。

表10-3　宁波如意电动叉车系列主要技术参数和性能参数

特征	制造商（缩写）		宁波如意	宁波如意	宁波如意
	型号		CPD10S—10	CPD10S—16	CPD10S—20
	驱动方式		电动	电动	电动
	驾驶方式		坐驾	坐驾	坐驾
	额定载荷Q	kg	1	1.6	2
	载荷中心距	mm	500	500	500
	前悬距	mm	284	338	338
	轮距	mm	1080	1380	1480
重量	自重（带电瓶）	kg	2180	3200	3400
	轴负载，满载时前/后轴	kg	2700/480	3840/960	4450/950
	轴负载，空载时前/后轴	kg	720/1460	1340/1960	1440/2060
轮子底盘	轮子（橡胶轮，高弹性体，气胎轮，聚氨酯轮）		高弹性实心（前轮） 聚氨脂（后轮）	高弹性实心	高弹性实心
	轮子尺寸，前轮		16×6×10½	18×7×12⅛	18×7×12⅛
	轮子尺寸，后轮		Φ280x100	16x6x10½	16x6x10½
	轮，前后数量（x=驱动轮）		2/1x	2/1x	2/1x
	前轮轮距	mm	892	990	990
	后轮轮距	mm	0	0	0

（续）

尺 寸	门架/货叉—前/后倾角	Grad	3/6	3/6	3/6
	门架缩回时高度	（mm）	2126	2 126	2 126
	自由提升高度	（mm）	0	0	0
	起升高度	（mm）	3 000	3 000	3 000
	作业时门架最大高度	（mm）	3 617	3 617	3 617
	护顶架高度（驾驶室）	（mm）	1 965	2 024	2 024
	座位高度/站立高度	（mm）	850	990	990
	连接器高度	（mm）	480	510	510
	总体长度	（mm）	2 498	3 070	3 170
	叉面长度	（mm）	1 575	2 000	2 100
	车体宽度	（mm）	1 012	1 168	1 168
	货叉尺寸	（mm）	35/100/920	35/100/1 070	40/120/1 070
	叉架DIN15 173等级/类型A，B	—	A	A	A
	叉架宽度	（mm）	900	920	920
	门架下端离地间隙	（mm）	100	100	100
	轴距中心离地间隙	（mm）	85	120	120
	通道宽度，托盘 1 000×1 200（1 200跨货叉放置）	（mm）	3 150	3 340	3 440
	通道宽度，托盘 800×1 200（1 200沿货叉放置）	（mm）	3 250	3 450	3 550
	转弯半径	（mm）	1 290	1 650	1 750
	内部转弯半径	（mm）	1 290	1 650	1 750
性能数据	行驶速度，满载/空载	km/h	6.2/6.5	10.5/11.5	10.5/11.5
	提升速度，满载/空载	m/s	0.12/0.15	0.26/0.4	0.26/0.4
	下降速度，满载/空载	m/s	0.16/0.6	0.5/0.4	0.5/0.4
	牵引力，装载/卸载	N	624/428	822/628	822/628
	爬坡能力，装载/卸载	%	8/10	10/15	10/15
	最大爬坡能力，满载/空载	%	10/15	15/20	15/20
	行车制动	—	机械	机械+液压	机械+液压
电动机	驱动电机功率	kW	2.2	5	5
	提升电机功率	kW	3	9.2	11
	蓄电池电压/额定容量	V/Ah	24/400	48/400	48/500
	蓄电池重量	kg	330	612	712
	蓄电池尺寸（长×宽×高）	mm	812×322×490	814×524×620	814×624×620
其 他	驱动控制方式		交流变频	交流变频	交流变频
	工作压力	bar	120	120	120
	流量	l/min	6	14.5	14.5
	驾驶员耳边噪声等级符合DIN12053	dB（A）	68	68	68
	牵引连接器，型号DIN	Q（t）	插销	插销	插销

表10-4　宁波如意电动叉车部分技术参数和性能参数

型　　号	额定载荷	载荷中心距	提升速度（满载）	行驶速度（满载）	最大爬坡能力（空载）	工作压力	满载时前轴负载
CPD10S-10							
CPD10S-20							

训练二：说出教师提供的某类叉车图片中设备的名称，并指出该类型叉车的3个特点。

任务评价

任务评价表

训练项目	考核要求	配分/分	评分标准	得分/分
训练一	根据已知的技术参数表10-3填写表10-4	56	填写错一个空扣4分	
训练二	说出教师提供的某类叉车图片中设备的具体名称；至少指出该类叉车的3个特点；指出该类叉车的适用范围	44	不能说出某类叉车的名称，扣5分；一个特点也未能指出，扣15分，指出不足3个特点，扣5分；未能指出该类叉车的适用范围，扣10分	

拓展提升

一、如何选择电动叉车

一般在电动叉车的说明书中会介绍叉车的车型和配置。由于受到使用环境、工作量、所搬运物的体积的大小、提升货物的高度、通道大小、载重量大小等多种因素影响，导致电动叉车的选型是一个复杂综合的工作，其具体注意事项见表10-5。

表10-5　选择电动叉车注意事项

序　　号	注意事项	具体内容
1	工作环境	对地面的要求很高，地面平整度不能相差太大。如果地面是油脂、油漆地面，选择叉车时必须选购防滑型堆高车
2	作业工作量	不同的工作量选择相对匹配的蓄电池，订购时用户须加以说明，生产时可根据用户的工作量选用匹配的蓄电池。所搬运货物的大小关系到货叉的载荷中心，货叉的长短关系到叉车承载能力，选择匹配的货叉、叉车特别重要
3	货物的起升高度	根据所搬运货物的高度，选择电动叉车时一般是指1.6m内，每上升200mm，载重量下降50kg，以此推算
4	通道大小	通道的大小关系到电动叉车的转变半径，选购叉车时须加以说明

二、电动叉车的使用特点

（1）在起升车辆中，叉车的机动性和牵引性能最好，充气轮胎的内燃叉车可在室内外作业，电瓶叉车则适合在室内作业。

（2）叉车常用起升高度在2～4m之间，有的起升高度可达到8m，叉车可用在车站、码头装卸货物，也可用在工地和企业的车间内外搬运机件。

（3）叉车的作业生产率在起升车辆中最高，它的行驶速度、起升速度和爬坡能力也最强，在选用起升车辆时可优先考虑。

（4）叉车主要用于装卸作业，也可在50m左右的距离做搬运作业。

（5）叉车可带各种属具，以扩大其用途。

任务二　操作与维护电动叉车

任务目标

知识目标

1. 掌握电动叉车的操作步骤。
2. 熟悉电动叉车的维护与保养内容。

能力目标

1. 能够熟练驾驶电动叉车。
2. 能够简单维护和保养电动叉车。

任务描述

在任务一中，我们认识了电动叉车。在这个任务中，我们将对电动叉车进行正确的操作。在操作电动叉车的过程中，维护是必不可少的，所以本任务需要学习的另外一个内容就是简单维护电动叉车。

任务准备

在正确操作电动叉车之前，我们首先需要熟悉电动叉车的操作规程和规范；同时为了使电动叉车处于良好的工作状态，必须对电动叉车进行一系列的维护和保养。

任务实施

步骤一：电动叉车的操作步骤

各种电动叉车的操作方法基本相同，但由于车型、构造上的差别，也都有各自的特点。运行时，必须按照正确的操作规范和操作顺序进行操作，否则会造成控制系统自我保护，无法正常运行。具体步骤如下：

（1）行驶前的准备工作。

驾驶员在作业前，应严格按照规定要求穿戴工作服，严禁赤膊、赤足和穿高跟鞋、凉鞋进行作业，并对电动叉车做好各项技术检查工作，具体内容见表10-6。

表10-6　电动叉车行驶前准备工作的内容

序　号	具体内容
1	蓄电池电解液的液面不得低于隔板；电解液比重应符合要求；蓄电池单体电压不得低于规定电压，电解液比重不能低于规定比重。电动叉车控制系统中有保护蓄电池寿命的功能：当仪表上电量显示出现欠压保护时，应及时充电；各电极接头应清洁和紧固

（续）

序　号	具体内容
2	各电线接头应连接紧固，接触良好，熔断器和保险丝应完好，各开关及手柄应在停止位置
3	合上急停开关，打开电锁，检查仪表、灯光、喇叭等工作是否正常
4	检查转向机构，应灵活轻便
5	检查制动装置，应灵活可靠
6	检查各部轴承及有关运转部分是否润滑良好，动作灵活
7	检查行走部分及叉车液压系统工作是否正常，特别是管路、接头、油缸、分配阀等液压元件有无漏油现象
8	检查货叉、压紧机构、横移机构、起重链、门架等应工作良好，使用可靠
9	发现故障，及时排除，决不带故障出车

（2）起步和行驶中的工作。

行车前，司机应首先察看和清理现场、通道，使其适于叉车作业起步时正确操作顺序：以正确姿势坐在驾驶座椅上→合上急停开关→方向开关和加速器处在放松状态→打开电锁→松开手制动→扳好方向开关的位置→逐步轻踏加速器→鸣喇叭→缓慢起步并逐渐加速。严禁在未打开电锁时将加速器踩下超过20%，否则控制系统将出现“踏板高位”保护，叉车不能启动；当出现“操作顺序”和“踏板高位”保护故障时，关断电锁，重新按照上述操作顺序执行，故障会自动消除。电动叉车行驶时的注意事项见表10-7。

表10-7　电动叉车行驶时的注意事项

序　号	具体内容
1	行驶时应逐渐加速，不允许长时间低速行驶；会、让车时，应空车让重车
2	行驶中严禁扳动方向开关，只有在车停稳后，才能扳动方向开关换向。应尽量避免急刹车，如遇紧急情况，应迅速关断急停开关和电锁，踩下制动踏板，即刻停车
3	起步、转弯时要鸣喇叭，转弯、下坡、路面不平或通过窄通道时要减速慢行
4	在道路上行驶时，要靠右侧通行，叉车货叉应离地在300～400mm，门架在后倾位置；两台车同向行驶时，前后应保持5m以上距离
5	多台叉车在站台上行驶时，前后间距应在5m以上，在较窄站台上同向时应严禁并行，且距离站台边缘300mm以上
6	叉车或牵引车牵引拖车时，禁止连续曲线行驶，以免大电流放电和影响安全；无论满载、空载、上坡、下坡等，严禁倒车行驶；转弯时，应减速慢行，以免货物散落，同时要注意内轮差，以防拖车刮碰内侧或驶出路外
7	拖车装载高度距车底板不超过1.5m，两边宽度不超出拖车边沿200mm
8	一般情况下，叉车行走电机和油泵电机尽量避免同时工作，以延长蓄电池的使用寿命
9	当蓄电池工作电压低于欠压保护时，应停止工作，及时进行充电
10	行车中如发现有异常现象，应立即停车检查，并及时排除故障；禁止货叉载人及拖车载人；严禁带故障行驶

（3）电动叉车停驶后的工作，见表10-8。

表10-8　电动叉车停驶后的工作

序　号	具体内容
1	叉车使用完毕后，应及时清洁全车，并停放在合适地方，注意防冻、防日晒、防雨淋
2	应关闭电锁，关闭急停开关，将换向开关和灯开关关闭，将货叉落地，并将各油缸活塞杆缩入油缸内，拉上手制动
3	清洁、检查蓄电池，补充蒸馏水，检查和调整电解液比重和蓄电池电压，及时充电
4	检查液压系统的油管、接头、油缸、分配阀、油箱等是否有渗漏现象
5	做好交接班工作，完成班保养项目，特别要做好叉车安全装置的保养，掌握其完好状态

步骤二：电动叉车的维护

为了确保电动叉车的寿命、性能，要对其进行定期的检查和保养工作。电动叉车维护保养内容见表10-9。

表10-9　电动叉车维护保养内容

维护保养类型	维护保养项目	维护保养内容
日常保养	渗漏检查	各管接头、制动泵、升降油缸、水箱、发动机、变速器、驱动桥、压转向器、转向油缸等
	轮胎气压检查	不足应补充至规定值，确认不漏气。检查轮胎接地面和侧面有无破损，轮辋是否变形
	聚氨脂轮胎的检查	检查路面状况的同时看轮胎是否有较大程度的磨损；安装有花纹的轮胎时，应注意车轮滚动方向的标记
	制动液、水量检查	查看制动液是否在刻度范围内，并检查制动管路内是否混入空气。添加制动液时，防止灰尘、水混入。向水箱加水时，使用清洁自来水，若使用了防冻液，应回流同样的防冻液。水温高于70°时，打开水箱盖，打开盖子时垫一块薄布，不要带套拧水箱盖
	电动叉车液压油、电解检查	先拨出机油标尺，擦净尺头后插入再拉出检查油位是否在两刻度线之间。工作油箱内油位应在两根刻度线之间；油太少，管路中会混入空气，太多会从盖板溢出。电瓶电解液也同样要处在上下刻度线之间，不足则要加蒸馏水到顶线
	制动跳板、微动踏板、手制动检查	踩下各踏板，检查是否有异常迟钝或卡阻。确认电动叉车手柄的安全可靠
	皮带、喇叭、灯光、仪表等检查	检查电动叉车皮带松紧度是否符合规定，没有调整余量或破损有裂纹时须更换；喇叭、灯光、仪表均应正常有效
	蓄电池维护	电动叉车使用中应特别注意及时对蓄电池充电和蓄电池及维护，蓄电池充电时要注意方法，既要使蓄电池充足电，又不能造成蓄电池过量充电。发现电量不足时，应尽快充电，防止蓄电池过量放电
	机油滤清器沉淀物检查	除去机油滤清器沉淀物
	各部位的坚固情况检查	货叉架支承、起重链、车轮螺钉、车轮固定销、制动转向器螺钉
	转向器维护	检查转向器的可靠性、灵活性
	清洗电动叉车上污垢、泥土和垢埃	货叉架及门架滑道、发电机及启动器、蓄电池电极叉水箱、空气滤清器
一级保养	蓄电池架	清洗蓄电池，保持清洁无杂物，保证蓄电池内硫酸浓度正常
		蓄电池接头应清洁牢固，无锈蚀现象，接线应整齐
		蓄电池架清洁，无严重锈蚀现象，涂补防锈红丹
	转向机构和制动装置	清洗各部分，保持清洁、无油污
		各加油孔应畅通，及时添加润滑油
		转向机构应灵活，并在接头中添加润滑油
		制动应安全可靠
	直流电动机的电刷部分	清扫电刷架，保持清洁，电刷压力应正常
		更换磨损的电刷
		运转时电刷架基本不冒火花
	电器触头及电路接头	电器触头接触良好
		电路接头无松动，无异常发热现象
	充电设备	清洁，保证无积灰杂物
		充电夹安放整齐安全，弹性正常
		各电器电路保持良好接触

步骤三：电动叉车主要部件维护保养

电动叉车主要部件维护保养内容，见表10-10。

表10-10　电动叉车主要部件维护保养内容

维护保养项目	维护保养内容
电控总成	由于电控总成的设计工作环境温度在一定范围内，所以使用电控总成的车辆不宜在超出一定范围的环境温度下工作（尤其是高温）。如在超出环境温度下工作，低温时应预热半小时以上，高温时应注意工作1小时左右即检查散热板温度，否则电控装置会进行热保护
	严防城市雨水或其他液体溅入，严禁用高压水冲洗电动车辆，避免电路系统短路
	电气系统中在安装时必须保证所有接线端和接插件连接良好，接触器触点等应经常检查，清除灰尘、油污，保证接触可靠
	在连接电机引线时，应注意不要接错电机电枢线和励磁线，如果接错，则会烧坏控制器及电机
	定期检查全部安装点及电气连接点、紧固件的可靠性，检查各接触器触点的拉弧烧损情况，当触点严重烧损时应及时更换接触器
	电瓶组充电时，首先把电瓶组插头与电控装置插头分开，应注意不要将充电插头错插到电控装置的插头上，否则会烧坏电控
	要更换接触器等易损部件时，应按原型号更换，如使用代换型号，应征求专业维修人员的意见
	电控装置在出厂时，按主机厂技术要求设定了内部参数，非专业人员不得擅自变更内部参数及电路
蓄电池	蓄电池使用后，应及时充电；严禁超强度工作（过放电）、过充电、大电流充电、充电不足时放电。此类现象会导致电阻增大，正负极板损坏，电池容量下降，严重时使用困难
	每周检查一次电解液液面，保持电解液液面高度，过高在充电中会致使电解液溢出，过低会使单体内部出现分层现象；液面要注意调整，过高要将多余电解液吸出，过低要及时补加补充液，以保持正常电解液高度和密度
	充电时打开上盖，保持空气通畅，结束时应将上盖盖上，常用清水清洁电池表面，充电应在通风的仓库内，严禁火源
	注意电池的工作环境、工作强度，防止粉尘、杂物，特别是防止铁落入电池内部，此类物质进入电池内部会使电池快速放电，或者导致电池内部短路
	蓄电池在充电时有氢氧气体析出，严禁烟火接近以防发生爆炸现象
	防止正负极柱之间搭铁，注意极柱、连接线、连接条松动现象，发现后应及时解决
	在蓄电池使用过程中应每月进行一次均衡充电，即适量的过充电
	蓄电池需贮存时，应充足电，调整好电解液液面高度及密度；在贮存期中，每月须按蓄电池普通充电方法进行一次普通充电
充电机	安全事项：首次使用充电机之前，请仔细阅读随机的使用说明书，在连接使用蓄电池之前，请仔细查阅相关蓄电池说明书。专业人员必须检查蓄电池与充电机是否匹配，并且确认蓄电池正确连接在相匹配的充电机上。由于充电过程中会产生析气现象（易燃易爆气体），在充电过程中应指派专人检查。充电机内部电压会危及生命，只有专业人员才允许打开和维修充电机
	叉车司机须知：充电机应安装在专用的、通风良好、干燥、无严重粉尘、无腐蚀性气体、无强电磁场干扰的场所。机壳应可靠接地（箱体后下部有接地螺栓）。充电机仅适用于室内、非车载使用，机内严禁进水。输出线应视距离远近，选用适合的电缆。机器运转时应距周边影响其通风散热的墙体等障碍物一定距离，要定期检查风机是否运转正常。切勿进行连续性充电，连续对多个电瓶充电，将导致充电机过热或损坏。充电机在充电后应休息一小时，方可再次使用
	充电方法：先将电池电缆插头可靠地连接到相应的充电机输出插头上，再将充电机输入插头接上交流电源后启动充电；结束充电的操作顺序刚好相反。若将充电机输出插头错插在电动车的电控端插头上，充电机将无法充电，屏幕“电池”指示灯亮，应马上予以更正

（续）

维护保养项目	维护保养内容
充电机	充电启动：充电机接通交流电源，合上电源空气开关，通电后机器自启动充电，电源指示灯亮，充电机进入自动检测状态，屏幕数字显示当前系统版本、可充电池电压、当前蓄电池电压、充电电流最大值等信息。检测过程完毕，充电机进入正式充电程序开始充电。当显示屏“充满”指示灯亮时，表示蓄电池已充满，充电机进入自动浮充电状态，应经常检查电池的液面高度，及时按规定补充蒸馏水
	均衡充电：蓄电池组使用一段时间后，各电池之间性能参数会有差异，需进行均衡（恒流）充电（注意：均衡充电状态下充电机输出电流连续且不停机，充电时必须按蓄电池说明书的要求对电池进行电压及比重的检查，并可根据需要决定均衡充电时间，由工人操作关机，停止充电。关机后再按一下“均衡”功能键，将充电机恢复到正常充电状态）
	停止充电：断开电源开关，再拔掉充电机输入电源，最后将充电机输出电缆插头与电池端插头断开就完成了全部充电过程

应用训练

训练一：场内“工”字驾驶训练

1. 驾驶线路图

驾驶线路图如图10-10所示。

场地尺寸：A=车总长+500mm，B=2倍车宽，C=车宽+600mm，D=1 300mm，M=2A+B，N=B+B+B，两货盘尺寸相同。

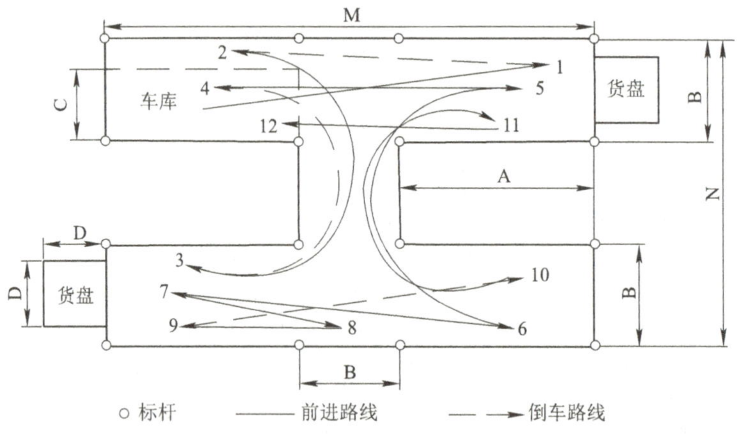

图10-10 驾驶线路图

2. 行驶路线

叉车从车库行驶到1，叉起一货盘后倒车至2，从2驶到3，放下货盘后倒车至4，从4驶到5叉起剩下的货盘前进至6，从6驶到7，放下货盘后倒车至8，再前行至9，叉起两货盘后退至10，由10驶到11，放下两货盘后倒车至车库12。

3. 操作时间要求

5分钟内完成。计时从叉车起步行驶开始，至整个叉载“工”字行驶考核完成、人离开驾驶室时结束。要求起步和结束时都要鸣号示意。

4. 操作要求

操作的具体要求如下：

①车辆严格按规定路线行驶；②起步要鸣号，起步和转向时都要打转向灯；③行驶中不准碰桩，发动机不得无故熄火；④行驶中和停车后，车辆任何部分都不能出线和压线；⑤装卸货盘时门架要垂直，拉手刹，挂空档；⑥操作要平稳，不得碰撞和推移货盘，叉载时叉齿必须完全进入货盘，卸载时货盘必须放置在画线范围内并且堆叠要整齐；⑦行驶中货盘离地面300～400mm，门架要略往后倾，不得边行驶边调整货叉高度和角度；⑧不得原地打方向盘和长时间半联动行车；⑨车没停稳不得反向起步；⑩倒车时必须向后瞭望，确定安全后再倒车；⑪动作要规范，操作要熟练准确，不得有明显的失误；⑫整个操作过程要连贯，中途不得无故停顿、反复操作和调整；⑬行驶中车轮不得频繁左摇右摆或车速过高造成单边车轮离地；⑭行驶中双手不准同时离开方向盘；⑮操作完成后，整车必须停在车库内，挂空挡，拉手刹，货叉水平落地，并鸣号示意；⑯听从指挥，不得有违规违纪行为。

训练二：日常检查电动叉车

教师组织学生到物流实训室对电动叉车进行日常检查，并填写表10-11。

表10-11 叉车日常检查维护记录表

日期：　　　年　月　　　　　　　　　　　　　　　　　车号：

序　号	检查内容	记　录
1	☆全车各部位吹尘、清洁（重点是全车引擎、电控线路板）	
2	☆电池充电（放电深度达80%时需立即充电）	
3	☆检查电池是否需要加蒸馏水（充电后，如水位不够，需即加水）	
4	△全车润滑（包括链条、门架、黄油嘴）	
5	☆检查轮胎的磨损情况	
6	☆检查电线（缆）及插头是否破损	
7	☆灯光信号、喇叭、倒后镜是否正常无损	
8	☆检查是否有漏油现象（包括油喉/液压泵/液压阀/齿轮箱/刹车总分泵等）	
9	☆检查是否有异常声音或异常感觉	
10	☆检查是否有任何螺丝、固定架等松动（松脱）现象	
11	☆检查刹车系统是否正常	
12	☆检查油喉是否磨损及牙箱油量、液压油量	
13	☆检查仪表盘有无异常显示	
14	△检查行车、液压、转向马达碳刷的磨损情况（如可能）	
备注：	1. ☆表示每日必做；“△”表示每周做一次 2. 良好用“O”表示，待修用“×”表示 3. 做清洁除尘时，请先将电源插头拔掉	
异常处理记录		
异 常 序 号	处 理 情 况	处理人签名

检查员：　　　　　　　　　　　　　　　　　　　　　　　审核：

任务评价

任务评价表

训练项目	考核要求	配分/分	评分标准	得分/分	备注
训练一	按照训练中的操作要求进行操作	60	违反操作要求中的任一要求，一次扣5分；发生安全事故，零分处理。		
训练二	根据表中的内容对叉车进行日常维护	40	少维护一个项目扣5分		

拓展提升

一、叉车作业中操作原则

叉车作业中应遵守“八不准”。

（1）不准单叉作业，如图10-11所示。

（2）不准将货物升高长距离行驶，如图10-12所示。

图10-11　单叉作业

图10-12　货物升高长距离行驶

（3）不准用货叉挑翻货盘的方法取货。

（4）不准用货叉直接铲运化学药品、易燃品等危险品。

（5）不准用惯性力取货。

（6）不准用制动性力流放圆形或易滚物品，如图10-13所示。

图10-13　用制动性力流放易滚物品

（7）不准在货盘或货叉上带人作业，货叉升起后货叉下严禁站人，如图10-14和图10-15所示。

（8）不准在斜坡路面上横向行驶。

图10-14 货叉升起后货叉下站人

图10-15 货叉上带人作业

二、电动叉车操作的注意事项

电动叉车操作的注意事项，见表10-12。

表10-12 电动叉车操作注意事项

注意事项	具体内容
驾驶人员	电动叉车必须由已经有过电动叉车操作培训的人员来操作，并且通过安全生产监督部门的考核，取得特种操作证。能对使用者进行有关移动和操纵货物的操作演示，同时熟知有关操作说明书的内容。如果使用的电动叉车是步行控制式的（如步行平衡重式叉车、半电动堆高车、半电动搬运车），则驾驶人员在操作时还必须穿安全鞋。同时能明确地指导使用者如何来操作电动叉车，严禁无证操作，严禁酒后驾驶，行驶中不得就餐、闲谈、打手机和讲对讲机，严禁用叉车来运输或提升人员
故障和缺陷	电动叉车出现故障或缺陷必须马上通知管理人员。如果电动叉车不能安全地操作（如轮子磨损或刹车故障），务必要停止使用，直到完全修好
修理	没有经过专业培训和明确的授权，不允许驾驶人员对电动叉车进行任何修理或更改。驾驶人员决不能更改开关、安全装置的安装位置，从而导致工作效率降低
危险区域	危险区域通常是指以下范围：电动叉车或它的载荷提升装置（如货叉或附件）在运行或升降动作时对人员的危险，或正在进行运输载荷的区域。通常这个范围延伸至载荷降落或车辆附件降落的区域
安全装置和警告标志	安全装置、警告标志以及在操作说明书中介绍的警告注意事项必须引起足够的重视

三、电动叉车电池安全使用及维护

电动叉车电池安全使用及维护的要点，具体内容见表10-13。

表10-13 电动叉车电池安全使用及维护的要点

使用和维护要点		具体内容
日常检查	液面	注意电解液是否足够，低于额定的液面，将缩短蓄电池的使用寿命，而且电解液太少将导致蓄电池发热损坏
	接线柱、导线、盖子	检查蓄电池接线柱接合处、与导线的连接处因氧化引起的腐蚀情况，同时检查盖子是否变形、是否有发热现象
	外观	蓄电池表面肮脏将引起漏电，应使蓄电池表面随时清洁、干燥
保养	加水	按规定的液面添加蒸馏水，不要为了延长加水间隔时间而添加过多的蒸馏水。加水过多，电解液会溢出导致漏电
	充电	充电过程中蓄电池会产生气体，应保持充电场所通风良好，周围没有明火，同时充电过程中产生的氧气、酸性气体将对周围产生影响。充电期间拔下充电插头会产生电弧，将充电机关闭后，方可拔下插头。充电后在蓄电池周围滞留许多氢气，不允许有任何明火，应开启蓄电池上的盖板进行充电
	清洁	若不太脏，可以用湿布擦干净；若非常脏，就要将蓄电池从车上卸下，用水清洗后使之自然干燥

（续）

使用和维护要点		具体内容
保管	保管场所	不能使之短路；因雨淋导致短路可能产生火灾，并可能产生少量氢气，因此必须将蓄电池存放在通风、阴凉的场所
	废旧的蓄电池	废旧的蓄电池仍然存有电能，应按照使用的蓄电池存放方法进行保管
电解液操作	检查比重	使用吸入式比重计检查比重，作业时不要让电解液溅洒出来，并要穿戴保护用具
	除检查以外的操作	应向专业人员咨询，特别是补充电解液（稀硫酸）时
	电解液泄露	由于蓄电池倾翻、破损导致电解液泄露，应立即进行紧急处理
寿命终期蓄电池	寿命终期蓄电池的操作	蓄电池接近寿命终期时，单格电池内的电解液消减得非常快，应每天补充蒸馏水
	废旧蓄电池的处理	对于废旧蓄电池，抽出电解液，将蓄电池分解。可商谈是否由蓄电池生产厂家回收
紧急处理	电解液溅到皮肤上，用大量水冲洗	
	电解液溅洒到眼睛，用大量清水冲洗，然后接受专业医生的治疗	
	电解液溅洒到衣服，立即脱下衣服，用水冲洗后再用弱碱性皂液冲洗	
	电解液泄露到外部时，立即用石灰、强碳酸苏打或碳酸苏打等进行中和，并用大量的水冲洗	

项目内容

项目十一
驾驶与维护内燃叉车

内燃叉车机动性能好，功率大，能在较恶劣的工作环境中工作，是目前物流业应用最为广泛的叉车类型。

任务一 驾驶内燃叉车

任务目标

知识目标

1. 掌握内燃叉车的操作步骤。
2. 熟悉内燃叉车的主要类型、技术参数。

能力目标

1. 熟练驾驶内燃叉车。
2. 准确说出内燃叉车的名称。

任务描述

了解了叉车具有装卸、起重及运输等综合功能，且其工作效率高、操作使用方便、机动灵活等，但当小刘看到内燃叉车时却不熟悉它，更不会正确驾驶，你能详细介绍一下内燃叉车正确的驾驶方法吗？

任务准备

内燃叉车广泛应用于车站、码头、车间、货场等地，是机械化装卸、堆垛、短途运输综合作业的理想物流设备，是目前厂内机动车中应用最广、拥有量最多的一种物流设备。为了帮助学生正确地驾驶内燃叉车，首先需要熟悉其操作规程和规范，并且知晓该叉车的特点、类型及技术参数等。

任务实施

步骤一：认识内燃叉车

内燃叉车是指使用柴油、汽油或者液化石油气为燃料，由发动机提供动力的叉车，如图11-1所示。其载重量为0.5～45t，特点是储备功率大，作业通道宽度一般为3.5～5.0m，行驶速度快、爬坡能力强、作业效率高、对路面要求不高，但其结构复杂、种类较多（见表11-1）、维修困难、污染环境、噪声较大，常用于室外作业。

表11-1 内燃叉车的种类

分类标准	类型	特点
动力形式	柴油叉车	发动机动力性较好（低速不易熄火、过载能力强、长时间作业能力强）、燃油费用低，但振动大、噪声大、排气量大、自重大、价格高。使用场地一般在室外，荷重量可由0.5～45t
	汽油叉车	发动机外形小、自重轻、输出功率大、工作噪声及振动小且价格低，但汽油机过载能力较差、长时间作业能力较差、燃油费用相对较高。荷重量可由0.5～4.5t
	液化石油气叉车	液化石油气叉车是在平衡重式汽油叉车上加装液化石油气转换装置，即成为LPG叉车，通过转换开关能进行使用汽油和液化气的切换。其尾气排放好（一氧化碳排放明显少于汽油机）、燃油费用低（15kg的液化气相当20L汽油），适用于对环境要求较高的的室内作业

（续）

分类标准	类　型	特　点
结构形式	平衡重式内燃叉车	采用柴油、汽油、液化石油气燃料，载荷能力0.5～45t，10t以上多为柴油叉车，具有整机重心低、稳定性好、转弯半径小、工作效率高、驾驶视野开阔、操作轻便灵活、维修方便等优点，适用于仓库、货场、港口、工地及一般厂矿企业等场所作成件货物的装卸、堆垛和短途运输
	集装箱叉车（正面吊）	采用柴油发动机作为动力，是用来装卸集装箱的一种吊车。承载能力为8～45t。主要应用于码头、堆场、铁路场站的重箱集装箱堆垛及短距离搬运。适用于高度为8ft、8ft6in、9ft6in，长度为20ft或40ft等集装箱满箱的搬运和堆垛，最高可堆5层，可跨三列作业
	侧面式内燃叉车	采用柴油发动机作为动力，承载能力3.0～6.0t。货叉安装在叉车侧面，具有直接从侧面叉取货物的能力，主要用来叉取长条形的货物，如木条、钢筋等。它能装载各种超长重物，在狭窄的通道上运行；能进行各种成型货物的堆垛作业，提高货物的空间储放量，是板院、仓库、货场实现规范化作业的必备机械；能自装、自运、自卸各种大型货物，一机多能，节省作业的中间工序，提高工作效率；能在多种场所灵活转运各类器材和货物，使用范围广，机动性好

a)　　b)　　c)

图11-1　内燃叉车

a）平衡重式内燃叉车　b）集装箱叉车　c）侧面式内燃叉车

步骤二：驾驶内燃叉车

驾驶内燃叉车的操作步骤，见表11-2。

表11-2　驾驶内燃叉车的操作步骤

步　骤	具体操作
检查车辆	叉车作业前后，应检查外观，加注燃料、润滑油和冷却水
	检查启动、运转及制动性能，检查灯光、音响信号是否齐全有效
	叉车运转过程中应检查压力、温度是否正常
	叉车运行后还应检查外泄漏情况并及时更换密封件
起步	起步前，观察四周，确认无妨碍行车安全的障碍后，先鸣笛后缓慢平稳起步
	气压式制动的车辆，制动气压表读数必须达到规定值方可起步
	叉车在载物起步时，驾驶员应先确认所载货物平稳可靠
行驶	行驶时，货叉底端距地高度应保持300～400mm，门架须后倾
	行驶时不得将货叉升得太高，若升得太高，还会增加叉车总体重心高度，影响叉车的稳定性。进出作业现场或行驶途中，要注意上空有无障阻物刮碰
	卸货后应先降落货叉至正常的行驶位置后再行驶
	转弯时，如附近有行人或车辆，应先发出信号，并禁止高速急转弯。高速急转弯会导致车辆失去横向稳定而倾翻
	叉车在下坡时严禁熄火滑行
	非特殊情况禁止载物行驶中急刹车
	载物行驶在超过7°和用高于一挡的速度上下坡时，非特殊情况不得使用制动器
	叉车在运行时要遵守厂内交通规则，必须与前面的车辆保持一定的安全距离
	叉车运行时，载荷必须处于不妨碍行驶的最低位置，门架要适当后倾。除堆垛或装车时，不得升高载荷。在搬运庞大物件时，物件挡住驾驶员的视线，应倒开叉车

（续）

步　骤	具体操作
行驶	叉车由后轮控制转向，所以必须时刻注意车后的摆幅，避免初学者驾驶时出现的转弯过急现象
	禁止在坡道上转弯，也不应横跨坡道行驶
	叉车厂区安全行驶速度为5km/h，进入生产车间区域必须低速安全行驶
装卸	叉载物品时，应按需调整两货叉间距，使两叉负荷均衡，不得偏斜，物品的一面应贴靠挡物架，叉载的重量应符合载荷中心曲线标志牌的规定
	载物高度不得遮挡驾驶员的视线，禁止超载作业
	在进行物品的装卸过程中，必须用制动器制动叉车
	货叉在接近或撤离物品时，车速应缓慢平稳，注意车轮不要碾压物品垫木
	用货叉叉货时，货叉应尽可能深地叉入载荷下面，还要注意货叉尖不能碰到其他货物或物件。应采用最小的门架后倾来稳定载荷，以免载荷后向后滑动。放下载荷时可使门架少量前倾，以便于安放载荷和抽出货叉
	禁止高速叉取货物和用叉头碰撞坚硬物体
	叉车作业时禁止人员站在叉车上或货叉周围
	禁止用货叉举升人员从事高处作业，以免发生高处坠落事故
	不准用制动惯性溜放物品
	不准在码头岸边直接叉装船上货物
离开叉车	停车制动手柄拉死或压下驻车制动开关
	禁止货叉上物品悬空时离开叉车，离开叉车前必须卸下货物或降下货叉架
	发动机熄火、停电
	拔下钥匙

应用训练

对学生进行场内“8”字驾驶训练，然后予以考核。

1. “8”字训练线路图

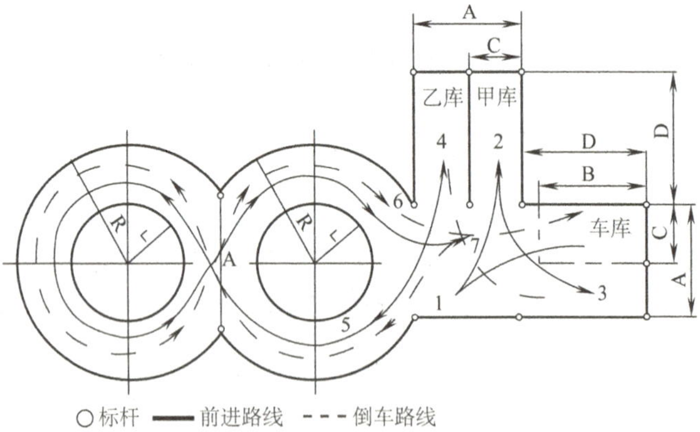

图11-2 “8”字驾驶训练

场地尺寸：A=2倍车宽+1 200mm，B=车长+500mm，C=车宽+600mm，D=车长+1 000 mm，R=2倍轴距的长度+600mm，r=轴距的长度+200mm。

2. 驾驶路线

采用空车行驶，叉车从车库驶出到达1，由1倒车至2（甲库），从2前进到3，由3倒车至4（乙库），从4前进到5走一次8字，经6行驶到7，由7倒车经5入走第二次8字，由6回至车库。

3. 时间要求

5分钟内完成。计时从叉车起步行驶开始，至整个场内“8”字行驶考核完成、人离驾驶室时结束。要求起步和结束时都要鸣号示意。

4. 操作要求

（1）叉车货叉全开，空车行驶。
（2）严格按规定路线行驶。
（3）起步要鸣号，起步与转向时都要打转向灯（“8”字行驶除外）。
（4）行驶中不准碰桩，发动机不得无故熄火。
（5）行驶中和停车后，车辆任何部分都不能出线和压线。
（6）车没停稳不得反向起步。
（7）倒车时必须向后瞭望，确定安全后再倒车。
（8）行驶中货叉离地面300～400mm，门架要略往后倾，不得边行驶边调整货叉高度和角度。
（9）不得原地打方向盘和长时间半联动行车。
（10）动作要规范，操作要熟练准确，不得有明显的失误。
（11）整个操作过程要连贯，中途不得无故停顿、反复操作和调整。
（12）行驶中车轮不得频繁左摇右摆或转弯时车速过高。
（13）行驶中双手不准同时离开方向盘。
（14）操作完成后，整车必须停在车库内，拉手刹，挂空挡，货叉水平落地，并鸣号示意。
（15）听从指挥，不得有违规违纪行为。

任务评价

任务评价表

评价项目	评价要求	配分/分	评分标准	得分/分			备注
				自评	他评	师评	
学习态度	1. 在本任务实施过程中全勤，没有迟到、早退现象 2. 认真完成各项任务，学习态度积极 3. 尊重教师和其他组员	10	违反一项扣3分				
团队角色	1. 具有较强的团队精神与合作意识，积极参与各项活动、小组讨论 2. 组织、协调能力强，主动性强，表现突出	10	不能达到一项要求扣5分				
知识技能	严格按照驾驶步骤进行操作按照训练中的要求进行操作	80	违反操作要求中的任一要求，一次扣5分				

拓展提升

一、内燃叉车主要技术参数

叉车的技术参数是用来表明叉车的结构特征和工作性能的。内燃叉车的主要技术参数见表11-3。

表11-3 内燃叉车的主要技术参数

技术参数	说明
额定起重量	额定起重量是指货物重心至货叉前壁的距离不大于载荷中心距时，允许起升的货物的最大重量，以t（吨）表示
载荷中心距	载荷中心距是指在货叉上放置标准的货物时，其重心到货叉垂直段前壁的水平距离，以mm（毫米）表示。对于1t叉车规定载荷中心距为500mm
最大起升高度	最大起升高度是指在平坦坚实的地面上，叉车满载，货物升至最高位置时，货叉水平段的上表面离地面的垂直距离
门架倾角	门架倾角是指无载的叉车在平坦坚实的地面上，门架相对其垂直位置向前或向后的最大倾角。前倾角的作用是为了便于叉取和卸放货物；后倾角的作用是当叉车带货运行时，预防货物从货叉上滑落。一般叉车前倾角为3°～6°，后倾角为10°～12°
叉车最大起升速度	叉车最大起升速度是指叉车满载时，货物起升的最大速度，以m/min（米/分）表示。提高最大起升速度，可以提高作业效率，但起升速度过快，容易发生货损和机损事故。目前国内叉车的最大起升速度已提高到20m/min
最高行驶速度	起重量为1t的内燃叉车，其满载时最高行驶速度不少于17m/min
最小转弯半径	当叉车在无载低速行驶、打满方向盘转弯时，车体最外侧和最内侧至转弯中心的最小距离分别称为最小外侧转弯半径$R_{min外}$和最小内侧转弯半径$R_{min内}$。最小外侧转弯半径愈小，机动性愈好
最小离地间隙	最小离地间隙是指车轮以外，车体上固定的最低点至地面的距离，它表示叉车无碰撞地越过地面凸起障碍物的能力。最小离地间隙愈大，则叉车的通过性愈高
轴距及轮距	叉车轴距是指叉车前后桥中心线的水平距离。轮距是指同一轴上左右轮中心的距离。增大轴距有利于叉车的纵向稳定性，但使车身长度增加，最小转弯半径增大。增大轮距有利于叉车的横向稳定性，但会使车身总宽和最小转弯半径增加
直角通道最小宽度	直角通道最小宽度是指供叉车往返行驶的成直角相交的通道的最小宽度，以mm表示。一般直角通道最小宽度愈小，性能愈好
堆垛通道最小宽度	堆垛通道最小宽度是指叉车在正常作业时通道的最小宽度
整备质量载负荷	叉车按出厂技术条件装备完整，各种油、水添满后的重量

二、安全驾驶叉车的要求

1. 驾驶员

驾驶员每天与叉车打交道，对驾驶员的安全操作意识的培养直接关系到作业安全。

（1）未经特种叉车培训和授权的人员不得操作任何叉车。在公路上驾驶叉车需要至少B级驾驶执照。在工作区操作叉车，必须有雇主书面签发的驾驶许可。

（2）驾驶员切勿在药物和酒精作用后驾驶，行驶中不得吸烟、饮食。驾驶人必须了解叉车的构造和性能，熟悉操作方法和保养要求，经过专业培训，并经有关部门考核合格，发给合格证，方准单独操作。严禁无证驾驶，实习驾驶员须有持证司机随车教练，不得单独操作。另外，没有供应商或制造商的许可不得擅自改装叉车，以防叉车的性能受到损害。

（3）在驾驶叉车时请始终系好安全带，驾驶员在叉车附近工作时必须穿着防护鞋。根据个人需要调整座位、踏板、控制杆和靠背，以达到最佳驾驶位置。若在嘈杂环境中工作，请使用防护耳罩。

（4）使用叉车运输人员时必须严格遵守相关的规定，学习并遵守公司章程。不允许任何人在升高的叉车下走动。

2. 装卸作业

（1）驾驶员在开始装卸工作之前应保证叉车能正常工作，必须检查以下各处：①检查燃油储量。②检查油管、水管、排气管及各附件有无渗漏现象。③检查工作油箱的容量是否达到规定的容量。④检查车轮螺栓紧固程度及各轮胎气压是否达到规定值。⑤检查转向及制动系统的灵活性和可靠性。⑥检查电气线路是否有搭线，接头是否有松动现象，喇叭、转向灯、制动灯及各仪表工作是否正常。

（2）开始工作。在搬运货物的时候需要注意以下事项：①不允许操作不安全或不稳定的装载，货物的堆放要注意安全性和稳定性，以防倾倒和翻车事故的发生。②如果装载遮住了前方视线，请反向驾驶。③不得使用有缺陷或损坏的货盘，这样容易发生意外。④注意要将货盘放在专门的区域，不得随意摆放。⑤驾驶叉车时需在转弯处减速，鸣笛示警，以防碰撞事故。⑥升高托盘时应注意提升高度，因为它将影响叉车的稳定性。⑦要注意避免大负荷操作对叉车的伤害，在连续长时间工作过程中，应注意调解休息时间。⑧如若载荷能力不足，务必换用更大型的叉车，不得超负荷工作。

当叉车装上卡车时，驾驶员应注意叉车的总重量，并确保以下事项：上（下）叉车的登车桥装置能正常使用、卡车轮胎被锁住、有足够的空间容纳叉车的门架（如果不能容纳，需要把门架和车体分离后再装载运输）。

在装载货物时，应根据货物大小来调整货叉的距离，货物的重量应平均地由两货叉平均分担，以免偏载或叉车运行时货物向一边滑脱。货叉进入货堆，叉壁应与货物一面相接触，然后门架后倾，将货叉升起离地面200mm左右再行驶。

严禁高速急转行驶，在行车过程中禁止起升或下降货物等，起重架下绝对禁止有人。在超过7° 的坡度上运载货物应使货物在坡的上方。运载货物行驶时不得进行急刹车并且慢速行驶，以防货物滑出。在搬运大体积货物时，货物挡住视线，叉车应倒车低速行驶。

严禁停车后让发动机空转而无人看管，更不允许将货物吊于空中而驾驶员离开驾驶位置。叉车在中途停车，发动机空转时应后倾收回门架，当发动机停车后应使滑架下落，并前倾使货叉着地。在工作过程中，如果发现可疑的噪声或不正常的现象，必须立即停车检查，及时采取措施加以排除，在没有排除故障前不得继续作业。

工作一天后，应对燃油箱加油，这样不仅可以驱出油箱内的潮气，而且也能防止潮湿的气体在夜间凝成水珠溶于油液中。另外，未经公司领导同意，任何人不得动用叉车。为了提高叉车的使用寿命及防止意外事故的发生，保持叉车最佳运行状态和各零部件正常运转，在使用过程中必须对叉车进行严格的定期保养。

任务二　维护内燃叉车

任务目标

知识目标

掌握内燃叉车的维护与保养内容。

能力目标

简单维护和保养内燃叉车。

任务描述

在掌握了内燃叉车的驾驶步骤后，老师强调在操作内燃叉车的过程中，内燃叉车的维护是必不可少的，它可使内燃叉车处于良好的工作状态，以保证设备的正常运行。可是小刘该怎样进行内燃叉车的维护和保养呢？

任务准备

我们已经掌握了内燃叉车的操作规程和规范，但是为了提高内燃叉车的使用寿命及防止意外事故的发生，为保持其最佳运行状态和各零部件正常运转，在使用过程中必须对内燃叉车进行严格的定期保养。

任务实施

步骤一：日常维护内燃叉车

日常维护内燃叉车的具体内容：

（1）清洗叉车上污垢、泥土和尘埃，重点清洗部位：货叉架及门架滑道、发电机及启动器、蓄电池电极柱、水箱、空气滤清器。

（2）检查各部位的紧固情况，重点检查货叉架、起重链拉紧螺丝、车轮螺栓、制动器、转向器螺栓等部位。

（3）检查脚制动器、转向器的可靠性、灵活性。

（4）检查渗漏情况，重点检查各管接头、燃油箱、工作油箱、制动总泵、多路阀、升降油缸、倾斜油缸、水箱、水泵、发动机油底壳、变速器、驱动桥、减速器、液压转向器、转向油缸、变矩器等部位。

（5）放去机油滤清器沉淀物。

步骤二：一级维护内燃叉车

按照日常维护项目进行，并增加下列工作：

（1）检查气缸压力或真空度。

（2）检查与调整气门间隙。

（3）检查节温器工作是否正常。

（4）检查多路换向阀、升降油缸、倾斜油缸、转向油缸及齿轮泵工作是否正常。

（5）检查变速器的换挡工作是否正常。

（6）检查与调整手、脚制动器的制动片与制动鼓的间隙。

（7）更换油底壳内机油，检查曲轴箱通风接管是否完好，清洗机油和柴油滤清器滤芯。

（8）检查发电机及起动电机安装是否牢固，与接线头是否清洁牢固，检查碳刷和整流子有无磨损。

（9）检查风扇皮带松紧程度。

（10）检查车轮安装是否牢固，轮胎气压是否符合要求，并清除胎面嵌入的杂物。

（11）由于进行保养工作而拆散零部件，当重新装配后要进行叉车路试。

不同程度下的制动性能，应无跑偏、蛇行。在陡坡上，手制动拉紧后能可靠停车。倾听发动机在加速、减速、重载或空载等情况下运转，有无不正常声响。路试一段里程后，应检查制动器、变速器、前桥壳、齿轮泵处有无过热。货叉架升降速度是否正常，有无颤抖。

（12）检查柴油箱油进口过滤网有否堵塞破损，并清洗或更换滤网。

步骤三：二级维护内燃叉车

除按一级技术保养各项目外，还有二级维护，一般包括如下内容：

（1）清洗各油箱、过滤网及管路，并检查有无腐蚀、撞裂情况，清洗后不得用带有纤维的纱头、布料抹擦。

（2）清洗变矩器、变速箱、检查零件磨损情况，更换新油。

（3）检查传动轴轴承，视需要调换万向节十字轴方向。

（4）检查驱动桥各部紧固情况及有无漏油现象，疏通气孔。拆检主减速器、差速器、轮边减速器，调整轴承轴向间隙，添加或更换润滑油。

（5）拆检、调整和润滑前后轮毂，进行半轴换位。

（6）清洗制动器，调整制动鼓和制动蹄摩擦片间的间隙。

（7）清洗转向器，检查转向盘的自由转动量。

（8）拆卸及清洗齿轮油泵，注意检查齿轮、壳体及轴承的磨损情况。

（9）拆卸多路阀，检查阀杆与阀体的间隙，如无必要时勿拆开安全阀。

（10）检查转向节有无损伤和裂纹，转向桥主销与转向节的配合情况，拆检纵横拉杆和转向臂各接头的磨损情况。

（11）拆卸轮胎，对轮辋除锈刷漆，检查内外胎和垫带，换位并按规定充气。

（12）检查手制动机件的连接紧固情况，调整手制动杆和脚制动踏板工作行程。

（13）检查蓄电池电液比重，如与要求不符，必须拆下充电。

（14）清洗水箱及油散热器。

（15）检查货架、车架有无变形，拆洗滚轮并检查各附件固定是否可靠，必要时补添焊牢。

（16）拆检起升油缸，倾斜油缸及转向油缸，更换磨损的密封件。

（17）检查各仪表感应器、保险丝及各种开关，必要时进行调整。

步骤四：润滑全车

新叉车或长期停止工作后的叉车，在开始使用的两星期内，对于应进行润滑的轴承在加油润滑时，应利用新油将陈油全部挤出，并润滑两次以上，同时应注意下列几点。

（1）润滑前应清除油盖、油塞和油嘴上面的污垢，以免污垢落入机构内部。

（2）用油脂枪压注润滑剂时，应压注到各部件的零件结合处至挤出润滑剂为止。

（3）在夏季或冬季应更换季节性润滑剂（机油等）。

应用训练

教师组织学生到物流实训室对内燃叉车进行日常检查，并填写表11-4。

表11-4　叉车日常检查维护记录表

日期：　　年　　月　　　　　　　　车号：

序　号	检查内容	记　录
1	全车各部位吹尘清洁清理（重点是发动机外表发电机、起动机、空气格、水箱散热片、电池外表的除尘）	
2	检查电池12V、24V是否需要加蒸馏水（充电后，如水位不够，需要立即加补充液）	
3	检查水箱是否需要加水，燃油箱中的存油量是否够	
4	检查发动机机油位，如不够应添加至机油尺上下限之间位置	
5	启动后检查是否有异常响声或异味等现象	
6	检查整车是否有漏气、漏油、漏水等现象出现	
7	检查整车螺丝（如发动机脚、前后轮毂、固定架链条等是否有松动、开裂现象）	
8	检查轮胎（有磨损、开裂、着地不平衡）、转向轴承（有开裂、变形、损坏等）是否正常	
9	检查信号灯、喇叭、倒后镜是否正常	
10	检查转向、升降、刹车系统是否正常	
11	检查各油喉、燃油管是否漏油，电线是否有损坏磨损等情况	
12	整车各黄油嘴处打润滑油（包括链条、内外门架等）	

检查员：　　　　　　　　　　　　　　　　　审核：

任务评价

任务评价表

评价项目	评价要求	配分/分	评分标准	得分/分			备　注
				自评	他评	师评	
学习态度	1. 在本任务实施过程中全勤，没有迟到、早退现象 2. 认真完成各项任务，学习态度积极 3. 尊重教师和其他组员	10	违反一项扣3分				
团队角色	1. 具有较强的团队精神与合作意识，积极参与各项活动、小组讨论 2. 组织、协调能力强，主动性强，表现突出	10	不能达到一项要求扣5分				
知识技能	根据表11-4中的内容对叉车进行日常维护	80	少维护一个项目扣5分				

拓展提升

一、叉车维护的基本原则

叉车维护应贯彻“预防为主，强制维护”的原则，及时发现和消除故障和隐患，使叉车经常处于良好的技术状况，随时提供可靠的装卸运输能力。叉车维护的基本原则如下：

（1）在叉车全部维护工作中，要加强科学管理，建立和健全叉车维护的原始记录统计制度，随时掌握叉车技术状态。经常分析原始记录、统计资料，总结经验，发现问题，改进维护工作，不断提高叉车的维护质量。

（2）叉车维护作业，包括清洁、补给、检查、润滑、紧固和调整等。除主要总成发生故障必须解体外，一般不得对其解体。

（3）严格执行技术工艺标准，加强技术检验，实现检测仪表化。采用先进的不解体检测技术，完善检测方法，使叉车维护工作科学化、标准化。

（4）叉车维护作业应严密作业组织，严格遵守操作规程，广泛采用新技术、新材料、新工艺，及时修理或更换零部件，改善配合状态和延长机件的使用寿命。

二、内燃叉车维护注意事项

在进行任何维护保养工作之前，必须完成以下流程操作，包括将叉车放置在平面上并确定其不会突然移动；完全放下货叉；关闭叉车并移除钥匙；按下紧急制动按钮。内燃叉车维护注意事项，见表11-5。

表11-5　内燃叉车维护注意事项

维护内容	内燃叉车维护注意事项
清洁	叉车的清洁频率由叉车的使用环境决定。若叉车接触刺激性强的物质，如盐水、化肥、化学用品、水泥等，则必须在每次使用后进行彻底清洁
	清洗的时候需使用高压空气、冷水和清洁剂。可以使用湿布清洁车身。不要将水龙头直接对准叉车，不得使用汽油类产品或溶液进行清洁，因为这些物质可能损坏电子部件或塑料部件
更换零件	更换车灯灯泡之前，先检查一下保险丝是否完好，并且应该确定换上的灯泡和损坏灯泡是相同型号的
	更换车轮首先应判断什么时候应该给予更换。对于充气轮胎，当轮胎花纹厚度等于或小于1.6mm时应该予以更换；对于实心轮胎，当轮胎达到容许的最大磨损量时应予以更换。此磨损量度由制造商在轮胎侧面标有一道线作为标识。如叉车使用于湿滑地面，在轮胎表面花纹厚度小于1mm时即应予以更换
电池的保养维护	遵守电池的使用说明来为电池充电。充电不足将缩短电池的使用寿命
	操作电池时必须佩戴防护眼镜和手套，在断开电池连接之前首先关闭充电器
	使用电池也要小心谨慎

项目内容

项目十二　操作与维护堆高车

堆高车是指对成件托盘货物进行装卸、堆高、堆垛和短距离运输作业的各种轮式搬运车辆。它可广泛应用于石油、化工、制药、轻纺、军工、煤炭等工业，以及港口、铁路、货场、仓库等含有爆炸性混合物的场所，并可进入船舱、车厢和集装箱内进行托盘货物的装卸、堆码和搬运作业。

任务一 操作堆高车

任务目标

知识目标

1. 掌握堆高车的操作规程。
2. 熟悉堆高车的结构、类型、技术参数。

能力目标

1. 说出堆高车的组成及各部件功能。
2. 熟练操作堆高车。

任务描述

小刘在前面的学习中了解到货架在实现仓库的现代化管理、改善仓库功能以及在实现仓储机械化、自动化作业中所起的重要作用，同时他也看到了堆高车在仓库中不断地穿梭，可是他却不知道它的专业名称、功能、参数、结构等，更不会操作。你能详细地介绍一下堆高车的操作方法吗?

任务准备

堆高车具有结构简单、操控灵活、微动性好、防爆安全性能高等特点，适用于狭窄通道和有限空间内的作业，是高架仓库、车间装卸托盘化的理想设备。正确地使用堆高车，可以有效地提高操作员的安全以及堆高车的寿命。为了帮助学生更好地使用堆高车，需要首先介绍该设备的功能、结构等，然后再详细介绍其操作方法。

任务实施

步骤一：认识堆高车

堆高车（见图12-1）是指对成件托盘货物进行装卸、堆高、堆垛和短距离运输作业的各种轮式搬运车辆。其主要类型（见表12-1）和常见分类（见表12-2）。

表12-1 堆高车的类型

类型		定义
手动液压堆高车		手动液压堆高车是一种无污染、无动力的装卸产品
电动堆高车	全电动堆高车	电动堆高车是以蓄电池电力作为能源，电机作为动力源的一种仓储设备
	半电动堆高车	

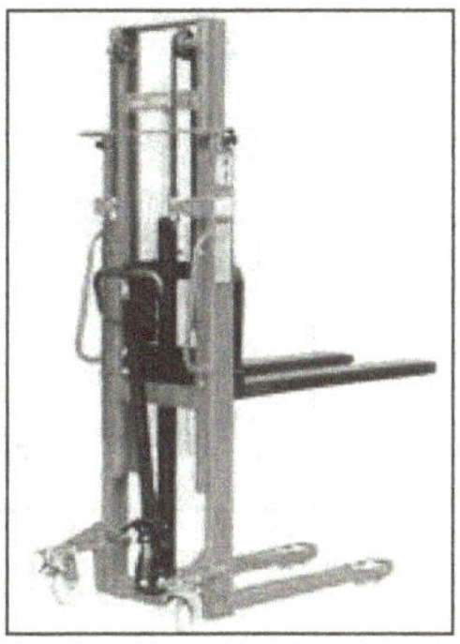

a）

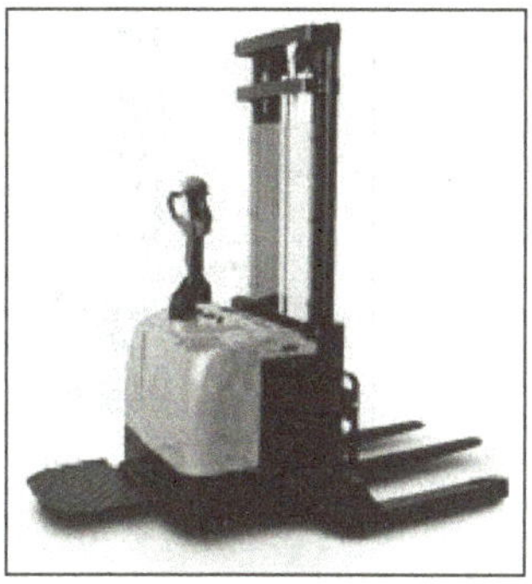

b）

c）

图12-1　堆高车

a）手动液压堆高车　b）全电动堆高车　c）半电动堆高车

表12-2　常见堆高车的分类

类　型	特　点
托盘式堆高车（见图12-2）	堆高车前有底腿，适用于国标单面托盘或不用托盘的货物装卸转运
宽支腿堆高车（见图12-3）	堆高车前底腿做宽，一般内宽为550或680mm，宽支腿的可做到1200或1500mm，可装卸双面托盘，优点价格适中，可解决双面托盘或某些特殊货物的要求
平衡重式堆高车（见图12-4）	堆高车前无底腿，堆高车后加配重块，货叉可适量前倾与后倾，以保证铲货后水平。优点：适用面广，类似于传统的内燃式叉车；缺点：整车过重过长，对通道距离要求比较高，且价格较高
前移式堆高车（见图12-5）	基本方面与平衡重式类似，无前底腿，有配重，不同点是该车的货叉与门架可向后、向前移动一定距离，一般为560mm。这样可适量缩短堆高车长度，对通道要求有一定缓解，价格平衡重堆高车类似
全不锈钢堆高车（见图12-6）	整车以不锈钢为材料制作，适用于对环境卫生要求较高的场所
防爆堆高车（见图12-7）	属特殊车型，有强制生产许可要求，适用于安全要求较高的地方，价格高昂，技术要求较高，防爆堆高车有防爆等级标识
侧移堆高车（见图12-8）	堆高车的货叉安装在侧面，侧面进行装卸作业，主要解决通道过小的场合；该车一般生产方式是加装侧移属具，但正规生产方式是一体化侧移货叉
独柱式堆高车（见图12-9）	独柱式堆高车在传统门架升降的形式下，改为独杆升降，使升降速度不受两边平行限制，稳定匀速，传动方式也从链条式改为皮带式拉动，使之均匀升降

图12-2　托盘式堆高车

图12-3　宽支腿堆高车

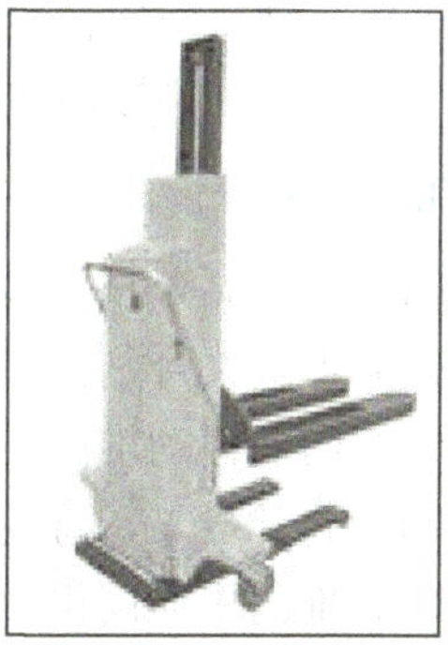

图12-4　平衡重式堆高车

图12-5 前移式堆高车

图12-6 全不锈钢堆高车

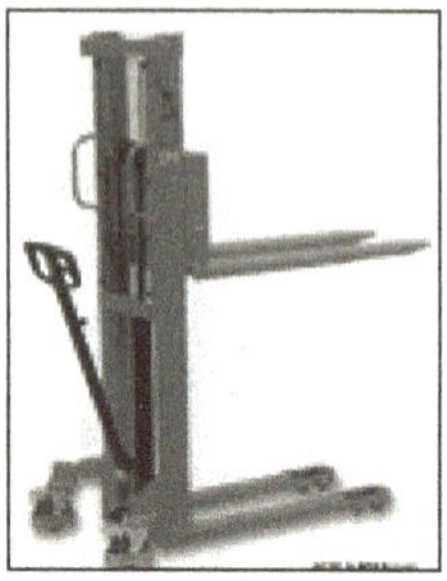

图12-7 防爆堆高车

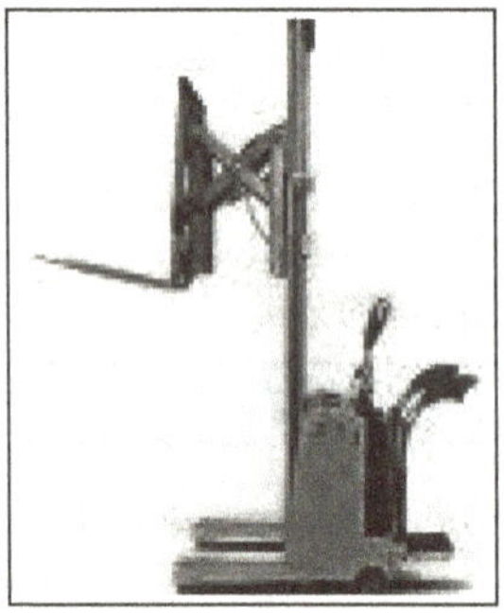

图12-8 侧移堆高车

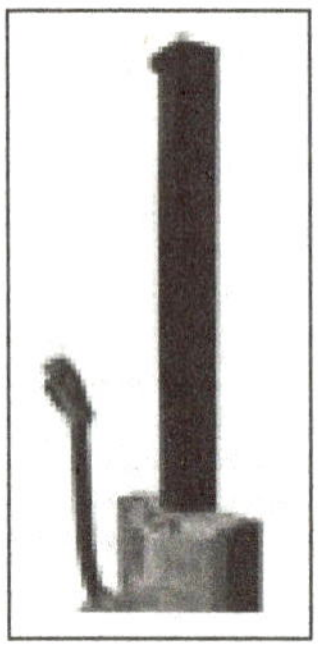

图12-9 独柱式堆高车

步骤二：操作堆高车

1. 设备准备

（1）用前检查。各螺栓紧固可靠，无缺失、松动现象；链条完整、润滑良好，链片无损坏、扭曲现象。提升导向轮润滑、紧固可靠，无磨损、裂缝现象；各运动部位润滑良好，如出现磨损情况及时调整、维修。

（2）关闭卸荷阀，上下摇动手把（或上下踩踏脚踏把），此时链条带动货叉缓缓起升。

（3）打开卸荷阀，油缸内的压力油回流到油箱内，活塞杆下降，货叉部件靠自重应能自然下降到底部。自然下降速度的快慢可通过卸荷阀的开度大小进行控制。

（4）运行中注意是否平稳，若发现卡滞、杂音、不动作等异常情况应及时调整、维修。

2. 行驶

车辆行驶以前应检查刹车和泵站的工作状况，并确保蓄电池被完全充电。双手握住操纵手柄，用力使车辆慢慢向工作货物行驶，如果要停车，可用手刹制动或脚刹，使车辆停车。

3. 载物

（1）把堆高车移近重物的正前方。

（2）把货叉升到低于重物底面的适当高度。

（3）向前移动堆高车，使货叉伸到重物的下方。

（4）起升货叉，直到装上重物。

（5）堆高车连同重物一起后移，直至货叉具有下降空间。

（6）慢慢降低重物至适当高度。

4. 卸货

（1）在货叉低位的情况下与货架保持垂直，小心接近货架后插入货盘底部。

（2）回退堆垛车让货叉移出货盘。

（3）升起货叉到达要求的高度，慢慢移动到待卸货盘处，同时确保货叉容易进入货盘，并且货物处在货叉的安全位置上。

（4）提升货叉直到货盘从货架上被抬起。

（5）在通道中慢慢后退。

（6）缓慢放低货物的同时确保货叉在降低过程中不接触障碍。

5. 堆垛

（1）保持货物低位小心接近货架。

（2）提升货物到货架平面的上方。

（3）慢慢向前移动，当货物处在货架上方时停止，在这个点上放下货盘并注意货叉不给货物底下的货架施力，确保货物处在安全位置。

（4）缓慢回退并确保货盘在牢固的位置。

（5）放低货叉到堆垛车可以行驶的位置。

6. 设备归位

双手握住操纵手柄，并锁好堆高车。停放好货物后，双手握住舵柄，将搬运车货叉从托盘槽内向后拉出，使车辆慢慢向设备存放区行驶，可用手刹制动或脚刹，使车辆停车，之后90°旋转舵柄，锁好手动搬运车。

应用训练

在实训室组织一次堆高车操作比赛，然后予以考核。

任务评价

任务评价表

评价项目	评价要求	配分/分	评分标准	得分/分			备注
				自评	他评	师评	
学习态度	1. 在本任务实施过程中全勤，没有迟到、早退现象 2. 认真完成各项任务，学习态度积极 3. 尊重教师和其他组员	10	违反一项扣3分				
团队角色	1. 具有较强的团队精神与合作意识，积极参与各项活动、小组讨论 2. 组织、协调能力强，主动性强，表现突出	10	不能达到一项要求扣5分				
知识技能	1. 严格按照实施步骤进行比赛 2. 利用堆高车叉取货物 3. 正确提升堆高车货叉 4. 正确的行进方法 5. 正确复位堆高车	80	不能正确操作任一步骤扣20分；超出指定区域一次扣10分				

拓展提升

一、手动堆高车的主要技术参数

手动堆高车采用的是人力液压装置。其主要技术参数见表12-3。

表12-3 手动堆高车的主要技术参数

项目/Ltem	单位/Unit	规格/Size			
		SYC-500	SYC-1000	SYC-1500	SYC-2000
额定载重 /Capacity	kg	500	1000	1500	2000
载荷中心 /Load center	mm	300	500	400	400
起升高度 / lift height	mm	85～1200	100～1600	100～1600	100～1600
货叉长度 /Fork leight	mm	600	1000	800	800
货叉宽度 /Fork width	mm	700	745	760	760
全长 /Overall lrngth	mm	1100	1400	1350	1350
全宽 /Overall width	mm	720	780	800	800
全高 /Overall height	mm	1510	1850	1870	1870
净重 /Net weight	kg	100	224	240	270

二、选购堆高车需要考虑的因素

1. 根据作业功能选择电动堆高车

堆高车的基本作业功能分为水平搬运、堆垛/取货、装货/卸货、拣选。特殊的作业功能会影响到堆高车的具体配置。若搬运的是纸卷、铁水等，需要堆高车安装属具来完成。

2. 根据作业要求选择堆高车

堆高车作业要求包括托盘或货物规格、提升高度、作业通道宽度、爬坡度等一般要求，同时还需要考虑作业习惯（如习惯坐驾还是站驾）、作业效率（不同的车型其效率不同）等方面。

3. 作业环境

（1）如果企业需要搬运的货物或仓库环境对噪声或尾气排放等环保方面有要求，在选择车型和配置时应有所考虑。

（2）若是在冷库中或是在有防爆要求的环境中，堆高车的配置应该是冷库型或防爆型的。

（3）仔细考察叉车作业时需要经过的地点，设想可能出现的问题。例如，出入库时门高对堆高车是否有影响；进出电梯时，电梯高度和承载对堆高车的影响；在楼上作业时，楼面承载是否达到相应要求等。

另外，不同的车型的工作效率不同，且不同车型所需的通道宽度不同，提升能力也有差异，因此叉车数量、司机数量和仓库布局也会随之变化。

三、堆高车的操作注意事项

在操作堆高车车时必须注重安全，其操作注意事项见表12-4。

表12-4　堆高车的操作注意事项

序　号	注 意 事 项
1	起重前必须了解货物的重量，货重不得超过叉车的额定起重量
2	起重包装货物时应注意货物包扎是否牢固
3	根据货物大小尺寸，调整货叉间距，使货架货物均匀分布在两叉之间，避免偏载
4	货物装入货叉后，尽可能将货物降低，然后方可行驶
5	升降货物时一般应在垂直位置进行
6	在进行人工装卸时，必须使用手制动，使货叉稳定
7	行走与提升不允许同时操作

任务二　维护与保养堆高车

任务目标

知识目标

1. 掌握堆高车的维护与保养内容。
2. 熟知堆高车的常见故障及解决办法。

能力目标

1. 能够进行堆高车的日常维护。
2. 会排除堆高车的常见故障。

任务描述

如何规范堆高车的维护内容，保证设备的正常运行是日常使用中非常重要的事情，接下来就详细介绍堆高车的维护与保养内容及常见故障解决方法。

任务准备

堆高车主要用于货架堆高和货物的装卸提升，其保养在堆高车使用过程中属于最主要的环节。一般情况下在电动堆高车运行一周后，对其要进行一次常规保养，电动堆高车的效率、寿命及安全取决于日常的保养。通过本任务的学习，要求掌握堆高车的维护内容及常见故障处理方法。

任务实施

步骤一：制订周期性维护保养计划

为了确保堆高车机件的寿命、性能，要对其进行定期检查和保养工作。周期性维护保养内容见表12-5。

表12-5　周期性维护保养内容

维护保养类型	维护保养内容	周　期
日常保养	保持车身表面清洁，将蓄电池表面清理干净，检查电源线是否牢固，链条松紧是否正常	建议每天
一级保养	检查各部件工作情况是否正常，各紧固件是否有松动，链条松紧是否适当，链条接头连接销是否弯扭，内、外门架上下运动是否正常，液压接头是否漏油，机械部分是否有不正常的磨损，电器部分是否有不正常的升温和火花等	建议每周
二级保养	对本车进行全面检查	按期进行

步骤二：电动堆高车的维护保养内容

电动堆高车的效率、寿命及安全取决于日常的维护保养。检查维护电机应在断电状态下进行，其具体内容见表12-6。

表12-6　电机的维护与保养内容

项　目	维 护 内 容
电机的维护	每3个月用250V兆欧表测量电动机冷态绝缘电阻，其阻值应大于0.5MΩ，如阻值小于0.5MΩ，应进行干燥处理
	检查电机出线的连接线是否正确、牢固
	检查换向片之间是否清洁，电刷在刷盒内应滑动自如
	检查所有紧固件是否紧固
	每3个月对电刷磨损情况做一次检查，酌情更换电刷
	每年做一次电机的全面维护

（续）

项　目	维护内容	
电机的保养	为保证电池寿命，电池投入使用前应充足电，充电不足的电池不可使用	
	电池尽量避免过度充电和放电。电池过度充电和放电会严重影响电池性能和寿命	
	电池液孔塞和气盖应保持清洁，充电时取下或打开，充电完毕应装上或闭合。电池表面、连接线及螺钉应保持清洁、干燥。如有硫酸，用棉纱蘸上碱液擦去，但应注意不要让碱液进入电池内	
	充电完成后，应检查电池液位，及时补加蒸馏水以保持液面高度。正常情况下严禁补加稀硫酸	
	电池使用后，应及时充电，放置时间一般不超过24h	
	充电时应保持良好的通风，严禁烟火	
	电池不用时，贮存期满1个月须按普通充电方法进行一次补充电	
	电池应避免阳光直射，离热源距离不得少于2m	
	避免与任何液体和有害物质接触，任何金属杂质不得掉入电池内	
	电池进行均衡充电	正常使用的电池每3个月充一次电
		长时间搁置未使用的电池，电池需作均衡充电
		电池组中存在“落后电池”（落后电池是指充放电过程中电压值低于其他电池或因故障检修过的电池），此时均衡充电只对落后电池单独进行

步骤三：解决常见故障

常见故障原因及其解决方法见表12-7。

表12-7　常见故障原因及其解决方法

故　障	故障原因	解决方法
堆高车驱动轮速度明显降低或驱动电机严重过载	电池电压太低或桩头接触电阻太大	检查堆高车负载时电池端电压或清洗桩头
	电机换向器片之间积碳引起片间短路	清理换向器
	电机制动器调整不当而使电机带制动运行	调整制动器间隙
	驱动头齿轮箱及轴承缺少润滑或底座卡阻	检查清洗并重新加注润滑油，清除卡阻现象
	电机电枢短路	更换新电机
堆高车起重无力或不能起重	齿轮泵与泵提磨损过度	更换磨损或齿轮泵
	换向阀内的溢流阀高压不当	重新调整
	油压管路漏油	检查并修复
	液压油油温过度	更换不合格的液压油并检查油温度升高的原因
	门架滑架存在卡阻现象	检查并调整
	油泵电机转速过低	检查电机并排除故障

（续）

故　障	故障原因	解决方法
堆高车门架自动倾斜困难或动作不够流畅	倾斜油缸壁与密封圈过度磨损	更换O形密封圈或油缸
	换向阀内阀杆弹簧失效	更换合格弹簧
	活塞卡住缸壁或活塞杆弯曲	更换损坏件
	倾斜油缸内积垢过多或密封件过于压紧	清洗调整
油泵压力不足或速度过慢	泵盖槽内密封圈损坏，内漏过多	更换
	齿轮磨损	更换油泵
	油泵电机转速降低	检查整流子，清除片间积碳，调整碳刷位置
	管道中有异物堵塞	检查清洗
电器运作不不正常	电器盒内微动开关损坏或位置调整不当	更换微动开关，重新调整位置
	主电路保险丝或控制电器保险丝熔断	更换同型号保险丝
	电池电压过低	重新充电
	接触器触点烧毛，或污物太多造成接触不良	修理触点，调整或更换接触器
	触点不动作	检查接触器线圈有无断路或更换接触器

应用训练

选择存在故障的堆高车，让学生自己进行维护，然后予以考核。

任务评价

任务评价表

评价项目	评价要求	配分/分	评分标准	得分/分			备　注
				自评	他评	师评	
学习态度	1．在本任务实施过程中全勤，没有迟到、早退现象 2．认真完成各项任务，学习态度积极 3．尊重教师和其他组员	10	违反一项扣3分				
团队角色	1．具有较强的团队精神与合作意识，积极参与各项活动、小组讨论 2．组织、协调能力强，主动性强，表现突出	10	不能达到一项要求扣5分				
知识技能	1．准确进行故障诊断 2．正确分析故障原因 3．正确实施故障解决方法	80	少诊断一个故障扣5分；少分析或错误分析一个故障原因扣5分；不能正确排除一个故障扣5分				

拓展提升

堆高车日常保养注意事项，具体内容见表12-8。

表12-8　堆高车日常保养注意事项

序　号	日常保养事项
1	检查各控制和驱动装置，如发现损坏或有缺陷时，应在修理后操作
2	检查护顶架、挡货架、各类开关、操作手柄、踏板、轮子及紧固件
3	起动时保持适当的起动速度。注意观察电压表的电压，若低于限制电压时，叉车应立即停止运行注意驱动系统，转向系统的声音是否正常，发现异常声音要及时排除故障，严禁带病作业
4	搬运时负荷不应超过规定值，货叉须全部插入货物下面，并使货物均匀地放在货叉上，不许用单个叉尖挑物
5	平稳地进行起动、转向、行驶、制动和停止，在潮湿或光滑的路面转向时应减速
6	行驶与提升不宜同时进行
7	行驶时应注意行人、障碍物和坑洼路面；不准人站在货叉上，车上不准载人
8	不准人站在货叉下或在叉下行走；不要搬运未固定或松散堆垛的货物，小心搬运尺寸较大的货物；行驶时不得超过叉车最大载重
9	一般情况下不能将行走电机和起升电机同时工作，否则将使电池放电电流过大，使效率降低，影响使用寿命
10	不得让叉车电量耗尽至叉车不能移动时才进行充电，这样会使电瓶寿命缩短；电瓶带有高电压和能量，切勿让工具接近电瓶两极，以免引起火花或短路；叉车在行走过程中，不允许扳动方向开关而改变行驶方向，以防烧坏电器元件或损坏齿轮
11	离车时，将货叉下降着地，断开电源，将车锁好。引擎运转中不得离开车辆

项目内容

项目十三　操作与管理运输设备

项目十三

操作与管理运输设备

运输是实现人和物空间位置变化的活动，各种运输方式和运输工具都有各自的特点，不同类型物品对运输的要求也不尽相同。合理选择运输方式，是合理组织运输、保证运输质量、提高运输效益的一项重要内容。

任务一 操作与管理公路运输设备

任务目标

知识目标

1. 认识公路运输的经济技术特点。
2. 掌握组织公路运输的方法。

能力目标

1. 说出公路运输的经济技术指标。
2. 认识常见的公路运输装备。

任务描述

小刘学习过运输方式的选择，了解部分公路运输的知识，但是对公路运输设备知之甚少，你能详细地介绍一下吗？

任务准备

物流活动中的公路运输一般是指用汽车在公路上载运货物或旅客的运输方式。为了帮助学生更好地了解公路运输设备，需要首先介绍公路运输的经济技术特点，了解公路运输的经济技术指标，掌握组织公路运输的方法，然后再详细介绍公路运输的装备。

任务实施

步骤一：认识公路运输的经济技术特点

公路运输的经济技术特点，见表13-1。

表13-1 公路运输的经济技术特点

序号	特点
1	机动灵活，适应性强
2	可实现“门到门”直达运输
3	在中短途运输中，运送速度较快
4	原始投资少，资金周转快
5	掌握车辆驾驶技术较容易
6	运量较小，运输成本较高
7	运行持续性较差
8	安全性较低，污染环境较大

步骤二：了解公路运输的经济技术指标

1. 公路构成

公路是一种线形工程构造物，主要由路基（见图13-1）、路面（见图13-2）、涵洞（见图13-3）、隧道（见图13-4）等基本构造物和其他辅助构造物及设施组成。

图13-1　路基

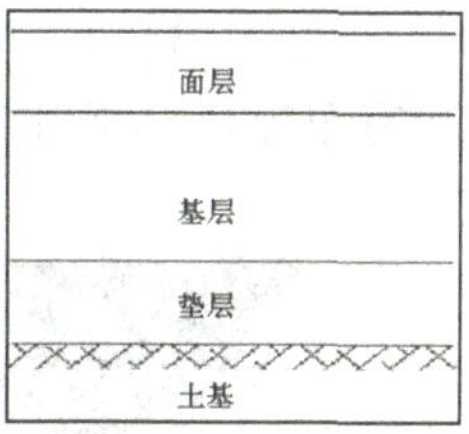

图13-2　路面的分布图

图13-3　涵洞

图13-4　隧道

2. 公路等级

公路根据其作用及使用性质分类，可分为国家干线公路（国道）、省级干线公路（省道）、县级干线公路（县道）、乡级公路（乡道）以及专用公路；按我国公路工程技术标准规定，根据交通量、使用任务的性质分类，公路可分为高速、一级、二级、三级和四级公路五个等级。各级公路所适应的交通量和在交通网中的意义见表13-2。

表13-2　公路等级

公路等级	在交通网中的意义	年平均昼夜交通量
高速公路	具有分隔带、多车道、出入口受限制、立体交叉的汽车专用道，专供汽车分道行驶。具有特别重要的政治、经济意义	25 000辆以上
一级公路	汽车分道行驶并且部分控制出入、部分立体交叉，连接重要的政治、经济中心	5 000～25 000辆
二级公路	连接政治、经济中心或较大工矿区等地的干线公路，或运输任务繁忙的城郊公路	2 000～5 000辆
三级公路	连接县及县以上城市的一般干线公路	200～2 000辆
四级公路	连接县、乡、村的支线公路	200辆以下

3. 公路站场及其附属设施

（1）公路站场。

1）货运站（见图13-5）。货运站是货物运输过程中进行货物集结、暂存、装卸搬运、信息处理、车辆检修等活动的场所，具有运输组织、中转换装、装卸储存、多式联运和运输代理、通信信息和综合服务功能的设施。

图13-5　机场货运站

2）停车场（库）（见图13-6）。停车场（库）指的是供停放车辆使用的场地。停车场可分为暖式车库、冷室车库、车棚和露天停车场四类。停车场（库）的主要任务是保管停放车辆，收取停车费。

图13-6　停车场（库）

（2）公路枢纽（见图13-7和图13-8）。公路枢纽是指在公路运输网络中两条或者两条以上交通干线交汇的场所，具有运输组织与管理、中转换乘与换装、装卸存储、多式联运、信息流通和辅助服务六大功能的综合性设施，是城市对外交通的桥梁和纽带，并与城市交通系统有着密切的联系。

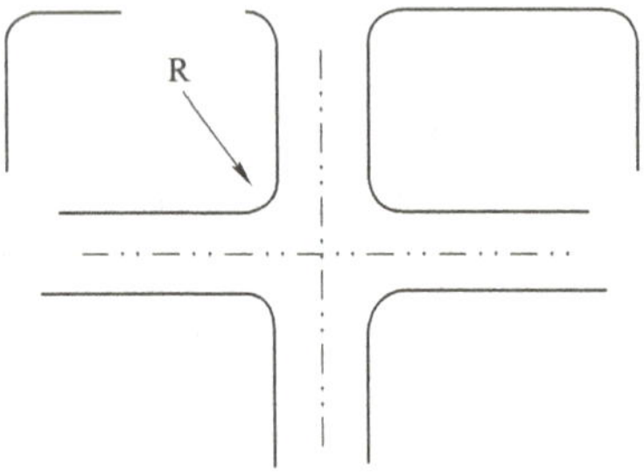

图13-7　十字交叉

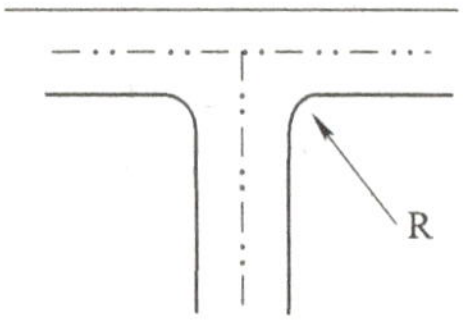

图13-8　T形交叉

步骤三：掌握组织公路运输的方法

1. 双班运输

双班运输的组织见表13-3。

表13-3　双班运输的组织

定　员	开工形式	优　点	缺　点
一车两人	日夜双班	能做到定人、定车，能保证车辆有充裕的保修时间；驾驶员的工作、学习和休息时间能得到正常的安排；行车时间安排也比较简单，伸缩性较大，易于得到物资单位及有关部门的配合	车辆在时间上利用不够充分，驾驶员不能做到当面交接
一车两人	轮流驾驶 日夜双班	定人、定车，最大可能地提高车辆利用时间	驾驶员在车上得不到正常的休息
一车两人	日夜双班 分段交班	与“第一条”相同，但能保证驾驶员当面交接	车辆在时间上利用不够充分
一车三人	日夜双班 分段交班	车辆在时间上利用充分，运输效率较高，能做到定人、定车运行；驾驶员的工作时间比较均衡	车辆几乎全日行驶，若不能做到快速保养，则遇保养时需另派机车顶替
一车三人	二工一休	能做到定人、定车，车辆出车时间较长，运输效率较高	每班驾驶员一次工作时间较长，容易出现疲劳；安排车辆和保修时间比较紧张，需要配备驾驶员数量也较多
两车三人	日夜双班 分段交班	能做到定人、定车运行，可减少驾驶员的配备，车辆在时间上利用较好，车辆保养时间充分	驾驶员工作时间较长，不利于正常休息，运行组织工作要求严格

2. 定时、定点运输

定时运输指车辆按运行计划中所拟定的行车时刻表进行工作；定点运输指按发货点相对固定车队，专门完成固定货运任务的运输组织形式。定点运输适用于装卸地点都比较固定集中的货运任务，也适用于装货地点集中而卸货地点分散的固定性货运任务。

3. 零担货物运输

零担货物运输作业流程，如图13-9所示。

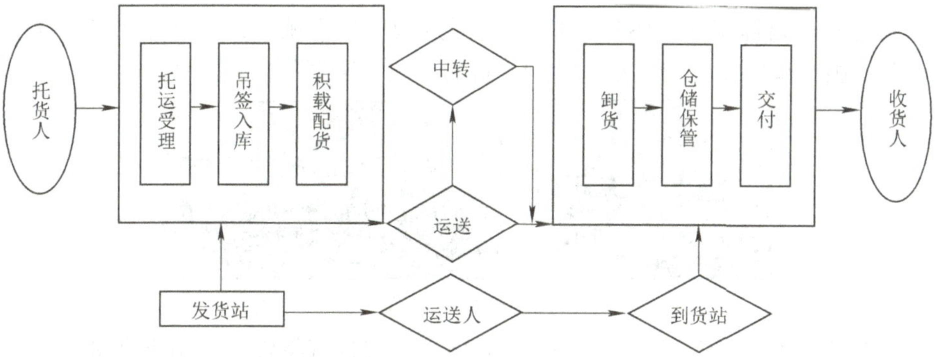

图13-9　零担货物运输作业流程图

4. 拖挂运输

拖挂运输也称汽车运输列车化，它是以汽车列车形式参加生产活动的一种运行方式。汽车运输事业的发展，要求增大车辆的载重量。增加单辆汽车载重量，要受到轴数、轴负荷和道路、桥梁承载能力等条件的限制。而使用拖挂运输可以在不提高轴负荷的情况下增加车辆的载重量。

5. 直达联运

以车站、港口和物资供需单位为中心，按照运输的全过程，把产、供、销部门的各种运输工具组成一条龙运输，一直把货物从生产地运到消费地。

步骤四：认知公路运输装备

公路运输装备主要分为以下几种。

（1）厢式汽车。厢式汽车（见图13-10～图13-12）是指具有独立封闭结构的车厢或与驾驶室连成一体的整体式封闭结构车厢，装有专用设施，用于载运人员、货物或承担专门作业的专用汽车和列车。

图13-10　普通厢式运输车

图13-11　邮政车

图13-12　运钞车

（2）罐式汽车。罐式汽车（见图13-13）是载货汽车的一种，载货部位的结构为封闭罐体的载货汽车。

图13-13　罐式汽车

（3）自卸车。自卸车（见图13-14）是指通过液压或机械举升而自行卸载货物的车辆，又称翻斗车，由汽车底盘、液压举升机构、货厢和取力装置等部件组成。

图13-14　自卸车

（4）半挂牵引车。半挂牵引车（见图13-15）是装备有特殊装置用于牵引半挂车的商用车辆。前面有驱动能力的车头叫牵引车，后面没有牵引驱动能力的车叫挂车，挂车是被牵引车拖着走的。

图13-15　半挂牵引车

（5）冷藏车。冷藏车（见图13-16）是用来运输冷冻或保鲜货物的封闭式厢式运输车，是装有制冷机组的制冷装置和聚氨酯隔热厢的冷藏专用运输汽车，常用于运输冷冻食品、奶制品、蔬菜水果、疫苗药品等。

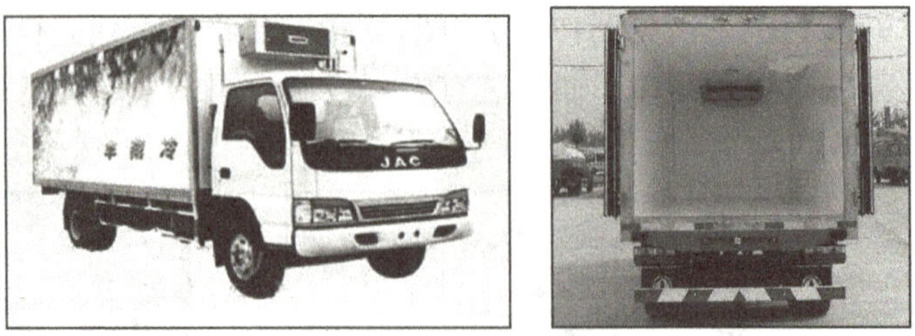

图13-16　冷藏保温车

应用训练

结合所学内容，回答下列问题。

1. 公路运输的经济技术特点？

2．列举常见的公路运输方法。

任务评价

任务评价表

评价项目	评价要求	配分/分	评分标准	得分/分			备注
				自评	他评	师评	
学习态度	1．在本任务实施过程中全勤，没有迟到、早退现象 2．认真完成各项任务，学习态度积极 3．尊重教师和其他组员	10	违反一项扣3分				
团队角色	1．具有较强的团队精神与合作意识，积极参与各项活动、小组讨论 2．组织、协调能力强，主动性强，表现突出	10	不能达到一项要求扣5分				
知识技能	1．正确说出公路运输的经济技术特点 2．列举常见的公路运输方法	80	不能正确回答扣40分				

拓展提升

公路运输是指用汽车在公路上运送客货的运输方式。既可供专业运输部门使用，也可以供社会和个人使用。公路运输方式见表13-4。

表13-4　公路运输方式

公路运输方式	内　容
集装箱汽车运输	集装箱汽车运输以集装箱为容器，使用汽车运输的方式
整批货物运输	整批货物运输指托运人一次托运货物计费重量3t以上或不足3t，但其性质、体积、形状需要一辆汽车运输的方式
大型、特型笨重物件运输	大型、特型笨重物件运输指因货物的体积、重量的要求，需要大型或专用汽车运输的方式
快件货物运输	快件货物运输指在规定的距离和时间内将货物运达目的地的；应托运人的要求，采取即托即运的，为特快件货物运输
出租汽车货运	采用装有出租营业标志的小型货运汽车，供货主临时雇用，并按时间、里程和规定费率收取运输费用
搬家货物运输	为个人或单位搬迁提供运输和搬运装卸服务，并按规定收取费用
危险货物汽车运输	危险货物汽车运输指承运《危险货物品名表》列名的易燃、易爆、有毒、有腐蚀性、有放射性等危险货物和虽未列入《危险货物品名表》但具有危险货物性质的新产品

任务二　操作与管理铁路运输设备

任务目标

知识目标

1．认识铁路运输的经济技术特点。

2．掌握组织铁路运输的方法。

13 物流设备操作

能力目标

1. 说出铁路运输的经济技术指标。
2. 认识常见的铁路运输装备。

任务描述

如何正确理解铁路运输与公路运输的差异，了解铁路运输的经济技术指标，知晓组织铁路运输的方法，接下来就详细介绍铁路运输设备。

任务准备

铁路运输是在铁路上以车辆编组，组成列车载运货物的一种方式。铁路运输作为陆路运输的一种主要方式，已经发展了一百余年，在物流和综合运输体系中具有十分重要的地位，也是现代重要的货物运输方式之一。因此，不可忽视铁路运输的设备。

任务实施

步骤一：了解铁路运输的经济技术特点

铁路运输的经济技术特点，见表13-5。

表13-5　铁路运输的技术经济特点

序　　号	特　　点
1	适应性强
2	运输能力大
3	安全程度高
4	运行速度快
5	运输成本较低
6	能耗小
7	环境污染程度小
8	投资成本高

步骤二：认知铁路运输的经济技术指标和铁路车站设施

1. 铁路线路等级

铁路线路等级见表13-6。

表13-6　铁路等级一览表

等　　级	铁路在路网中的意义	远期年客运量/t
I级铁路	在路网中起骨干作用的铁路	$\geqslant 20\times10^6$
II级铁路	在路网中起骨干作用的铁路	$<20\times10^6$
	在路网中起联络、辅助作用的铁路	$\geqslant 10\times10^6$
III级铁路	为某一区域服务，具有地区运输性质的铁路	$<10\times10^6$

2. 铁路车站设施

铁路车站设施主要由以下几部分组成。

（1）铁路车站（见图13-17）和铁路中间站（见图13-18）。铁路车站或简称铁路站，也称火车站，是供铁路列车停靠的地方，用以搬运货物或让乘客乘车。中间站是为沿线城乡人民及工农业生产服务，提高铁路区段通过能力，保证行车安全而设的车站。

图13-17　铁路车站

图13-18　铁路中间站

（2）区段站。区段站多设在中等城市和铁路网上牵引区段（机车交路）的起点或终点，是指解体与编组区段和沿零摘挂区段站的待编列车的车站。它是根据机车牵引区段的长度和路网的布局和规划设置的，负责办理一定数量的列车编解作业和客货运业务。

（3）编组站。它是铁路网上集中办理大量货物列车到达、解体、编组出发、直通和其他列车作业，并为此设有比较完善的调车作业的车站。在货物运转设备方面，调车场和调车设备的规模和能力比区段站大得多。

（4）铁路货运站（见图13-19）。货运站是货物运输过程中进行货物集结、暂存、装卸搬运、信息处理、车辆检修等活动的场所。

（5）铁路货场（见图13-20）。货场也称“露天仓库”，是指用于堆放商品的场地。它比库房、货棚用料省、建造快、花钱少、容量大，只要平整地有围墙，就可存放商品，但对自然条件的适应能力差，储存的商品有一定局限性。

图13-19　铁路货运站

图13-20　铁路货场

3. 机车

铁路机车有内燃机车、电力机车、蒸汽机车等，是牵引和推送车辆运行的车辆，本身不能装载。

4. 货车

铁路货车是铁路运输的基本载运工具，有敞车、棚车、平车、罐车、保温车等类型需用机车牵引或推送。

步骤三：知晓组织铁路运输的方法

铁路货物运输作业根据托运货物的重量、体积、性质、形状分为整车运输、零担运输和集装箱运输三种。

1. 整车运输

一般地说，一批货物按照它的重量或体积需要单独使用30t以上的一辆或超过一辆的货车装运，或者虽然不能装满一辆货车，但是由于货物的性质、形状或运送条件等的原因，必须单独使用一辆货车装运时，都应该以整车的方式运输。整车货物以每车货物为一批。

2. 零担运输

如果货物按照它的性质、形状、运送条件不需要单独使用一辆货车运输，可以与其他几批货物拼装一辆货车运送时，则按零担的方式运输。零担运输以每张运单为一批。

不得按零担运输托运的货物如下：①需要冷藏或加温运输的货物；②按规定需要整车办理的危险货物（装入铁路批准使用爆炸品保险箱运输的除外）；③易于污染其他货物的污秽品（经过卫生处理不致污秽其他货物的除外）；④蜜蜂；⑤不易计算件数的货物；⑥未装入容器的活动物（零担运输办法允许者除外）；⑦一件重量超过2t、体积超过$3m^3$或长度超过9m的货物（发站认为不致影响中转站或到站卸车作业者除外）。

3. 集装箱运输

铁路货物运输中，符合集装箱运输条件的可按集装箱托运。例如，以贵重、易碎、怕湿货物为主的“适箱货物”，如家电、仪器、仪表、小型机械、玻璃陶瓷、建材、工艺品、文化体育用品、医药、卷烟、酒、食品、日用品、化工产品、针纺织品、小五金和其他适合集装箱运输的货物。

不能使用集装箱运输的货物包括：①易损坏、污染箱体的货物；②鲜活货物；③危险货物。

步骤四：掌握铁路运输装备类型

铁路运输装备类型如下：

（1）客车（见图13-21），是指在铁路轨道上行驶，以人为运载对象的交通工具，通常由多节车厢所组成。

图13-21 客车

（2）货车（见图13-22～图13-29），是指在铁路轨道上行驶，以货物为运载对象的交通工具，通常由多节车厢所组成。

图13-22　棚车

图13-23　敞车

图13-24　平车

图13-25　罐车

图13-26　保温车

图13-27　漏斗车

图13-28　长大货物车

图13-29　架桥车

应用训练

结合所学内容，回答下列问题：

1．举例说出组织铁路运输的方法。

2．常见的铁路车辆有哪些？说出各自的特点。

任务评价

任务评价表

评价项目	评价要求	配分/分	评分标准	得分/分			备注
				自评	他评	师评	
学习态度	1．在本任务实施过程中全勤，没有迟到、早退现象 2．认真完成各项任务，学习态度积极 3．尊重教师和其他组员	10	违反一项扣3分				
团队角色	1．具有较强的团队精神与合作意识，积极参与各项活动、小组讨论 2．组织、协调能力强，主动性强，表现突出	10	不能达到一项要求扣5分				
知识技能	1．举例恰当 2．正确分析选择的方法 3．正确说出铁路车辆的各自特点	80	举例不恰当、少分析或错误分析一个方法、不能正确说出特点的，每项扣5分				

拓展提升

整车运输、零担运输和集装箱运输的区别，具体内容见表13-7。

表13-7 整车运输、零担运输和集装箱运输的区别

比较项目	具体内容
数量	零担货物规定一批货物的重量和体积不够一辆30t货车，一件货物的体积最小不得小于0.02m³，每批不得超过300件；使用集装箱运输的货物重量，每箱不得超过集装箱最大载重量。铁路集装箱最大载重量为一吨箱810kg，五吨箱4 200kg
货物品类及其性质	按零担或集装箱运输时有一定的限制，零担运输规定中所列七类货物不能按零担承运；集装箱运输规定中所列的三类货物不能使用集装箱装运；而按整车运输时则没有这类限制
货物运送单位	整车以每车为一批，跨装、爬装及使用游车的货物，以每车组为一批。而零担或集装箱运输的货物，以每张运单为一批。使用集装箱运输的货物，铁路按批办理，每批必须同一箱型，至少一箱，最多不得超过铁路货车一车所能装运的箱数
货物运费核收	不同批次的整车货物与零担货物的运价号、运价率都不同。按集装箱运输时，一整车集装箱按货车标重及其适用的整车运价率计费；零担集装箱按货物重量（低于起码重量的按起码重量）及其适用的零担运价率计费

任务三 操作与管理水路运输设备

任务目标

知识目标

认识水路运输的技术经济特点。

能力目标

认识常见的水路运输装备。

任务描述

小刘了解了公路运输和铁路运输相关的设备，对于运输方式中水路运输设备也产生了浓厚的兴趣，你能详细地介绍一下水路运输装备吗？

任务准备

水路运输是指使用船舶及其他航运工具在江、河、湖、海、运河上载运货物的一种运输方式。人类使用船舶作为水上交通工具，几乎同人类文明史一样悠久。为了帮助学生更好地了解水路运输设备，需要首先介绍水路运输经济技术特点，然后再详细介绍其运输装备。

任务实施

步骤一：认识水路运输的经济技术特点

水路运输的经济技术特点，见表13-8。

表13-8　水路运输的经济技术特点

序　号	特　点
1	运输能力大
2	投资少，运输成本低
3	航速较低
4	受气候影响较严重

步骤二：了解水路运输装备

1. 货船

（1）杂货船（见图13-30）是干货船的一种，它是装载一般包装、袋装、箱装和桶装的普通货物船。

（2）散货船（见图13-31）是散装货船的简称，是专门用来运输不加包扎的货物，如煤炭、矿石、木材、牲畜、谷物等，散装运输谷物、煤、矿砂、盐、水泥等大宗干散货物的船舶。

（3）冷藏船（见图13-32）是指使鱼、肉、水果、蔬菜等易腐食品处于冻结状态或某种低温条件下进行载运的专用运输船舶。

图13-30　杂货船

图13-31　散货船

图13-32　冷藏船

（4）油轮（见图13-33）是指载运散装石油或成品油的液货运输船舶。从广义上讲，油轮是指散装运输各种油类的船，除了运输石油外，还可以装运石油的成品油、各种动植物油、液态的天然气和石油气等。

（5）液化气船（见图13-34）是指专门装运液化气的货船，可以分为液化天然气船和液化石油气船。

（6）集装箱船（见图13-35）没有内部甲板，机舱设在船尾，船体是一座庞大的仓库，可达300m长，再用垂直导轨分为小舱。它装卸速度高，停港时间短，大多采用高航速，通常为每小时20～23n mile（1n mile=1 852m）。

图13-33　油轮

图13-34　液化气船

图13-35　集装箱船

（7）滚装船（见图13-36）又称“开上开下”船、“滚上滚下”船，它是利用运货车辆来载运货物的专用船舶，是用牵引车牵引载有箱货或其他件货品的半挂车或轮式托盘直接进出货舱装卸的运输船舶。

图13-36　滚装船

（8）驳船、顶推船与拖船。

1）驳船（见图13-37）本身无动力或只设简单的推进装置，依靠拖船或推船带动的或由载驳船运输的平底船。

2）顶推船（见图13-38）是指专门用于顶推非自航货船的船舶。

图13-37　驳船

图13-38　顶推船

3）拖船（见图13-39）是指用于拖带其他船只或浮动建筑物的船舶。其船身较小，功率较大，自身并不载运货物或旅客。

图13-39　拖船

2. 客船

客船是指专门用于运送旅客及其可携带行李和邮件的船舶。

应用训练

结合所学内容，回答下列问题。

1. 简述常见的货船，并说出各自的特点。
2. 水路运输、公路运输、铁路运输各有哪些优势？

任务评价

任务评价表

评价项目	评价要求	配分/分	评分标准	得分/分			备注
				自评	他评	师评	
学习态度	1. 在本任务实施过程中全勤，没有迟到、早退现象 2. 认真完成各项任务，学习态度积极 3. 尊重教师和其他组员	10	违反一项扣3分				
团队角色	1. 具有较强的团队精神与合作意识，积极参与各项活动、小组讨论 2. 组织、协调能力强，主动性强，表现突出	10	不能达到一项要求扣5分				
知识技能	1. 正确举例说出常见货船及其特点 2. 正确比较水路、公路、铁路运输方式的特点	80	不能正确举例一项扣20分；比较方式不全面扣10分				

拓展提升

水路运输的形式如下：

（1）沿海运输。沿海运输是使用船舶通过大陆附近沿海航道运送客货的一种方式，一般使用中、小型船舶。

（2）近海运输。近海运输是使用船舶通过大陆邻近国家海上航道运送客货的一种运输形式，视航程可使用中型船舶或小型船舶。

（3）远洋运输。远洋运输是使用船舶跨大洋的长途运输形式，主要使用运量大的大型船舶。

（4）内河运输。内河运输是使用船舶在陆地内的江、河、湖、川等水道进行运输的一种方式，主要使用中、小型船舶。

任务四　操作与管理航空运输设备

任务目标

知识目标

认识航空运输的经济技术特点。

能力目标

认识常见的航空运输装备。

任务描述

小刘对于航空运输装备几乎一无所知，特别想要了解国内航线和国外的航线，以及世界上主要的货运机场，你能给他介绍一下吗？

任务准备

航空运输又称飞机运输，它是在具有航空线路和航空港（飞机场）的条件下，利用飞机运载工具进行货物运输的一种运输方式。在我国运输业中，航空运输的货运量占全国货运量的比重逐年上升，其重要性也越来越明显。因此，不可忽视航空运输的设备。

任务实施

步骤一：了解航空运输的经济技术特点，见表13-9

表13-9　航空运输的经济技术特点

序　号	特　点
1	航空运输的速度快
2	航空运输的灵活性高
3	航空运输的安全性高
4	航空运输建设周期短，回收快
5	航空运输在物流中占的比重小

步骤二：认知航空运输装备

1. 航空器

航空器（见图13-40和图13-41）是指在大气层中飞行的飞行器，包括飞机、飞艇、气球及其他任何借空气的反作用力，得以飞行于大气中的器物。无动力装置的滑翔机、以旋翼作为主要升力面的直升机以及在大气层外飞行的航天飞机都不属飞机的范围。

图13-40　波音飞机

图13-41　运输直升机

2. 航线

（1）主要的运输枢纽。

目前，世界航空货运已形成一个全球性的运输网和若干运输枢纽，主要的运输枢纽见表13-10。

表13-10　国际主要的航空运输枢纽

地　区	主要城市
亚洲	北京、上海、台北、中国香港、东京、马尼拉、曼谷、新加坡、雅加达、仰光、加尔各答、孟买、新德里、卡拉奇、德黑兰、贝鲁特、吉达
欧洲	伦敦、巴黎、法兰克福、苏黎世、罗马、维也纳、柏林、哥本哈根、华沙、莫斯科、布加勒斯特、雅典、里斯本
北美洲	纽约、华盛顿、芝加哥、蒙特利尔、亚特兰大、洛杉矶、旧金山、西雅图、温哥华、火奴鲁鲁
非洲	开罗、内罗毕、约翰内斯堡、布拉柴维尔、拉各斯、阿尔及尔
南美洲	墨西哥城、加拉加斯、里约热内卢、圣地亚哥、利马
大洋洲	悉尼、奥克兰、帕皮提

（2）世界主要的货运机场。

法国戴高乐机场、德国的法兰克福机场（见图13-42）、荷兰的阿姆斯特丹的斯希普霍尔机场、英国的希思罗机场、美国的芝加哥机场（见图13-43）、日本的成田机场、中国香港的赤腊角机场等，都是现代化、专业化程度较高的大型国际货运空中枢纽。

图13-42　法兰克福机场

图13-43　美国的芝加哥机场

应用训练

富士通的快速货运

富士通个人计算机公司在日本和美国之间建立了一座空中桥梁，其从美国接受订单，在日本完成产品的加工和装配，到将产品直接运到太平洋彼岸美国客户的手中，这个过程只要5～7天。其结果使得富士通公司在一年之内就运出了15万件货物，将在美国的存货量降低了88%。同时，个人计算机成为富士通公司最为赢利的领域之一。

计算机装配好之后，富士通是如何将计算机快速从日本配运到美国顾客手中的呢？

首先，将装配好的计算机从工厂运往5分钟路程之外的富士通物流中心。在那里，工人们给包装盒贴上标签，把货物装上卡车，准备运往6小时路程以外的大阪国际机场。这个过程是由该公司下属公司富士通物流的车队来完成的。

到了机场之后，UPS公司开始接手货物的运输。UPS会给每一件包裹贴上它们自己的标签，以便对其进行跟踪。经过拼箱之后，这些货物就被放到由我国台湾起飞途经大阪飞往美国的飞机上。

飞机到达美国阿拉斯加州的安克雷奇后，UPS负责为富士通公司的货物进行清关。清关结束后，依据最终到达目的地不同，货物又被拆分成不同的小包装，分别由UPS的货机送往位于加利福尼亚州的安大略市和肯塔基州的路易斯威尔市的分拨中心。之后这些货物再由分拨中心送往UPS位于全美各地的分中心，以便送往最终客户或企业的手中。

从下订单到交货，通常最多需要7天的时间，大部分订单的完成到交货只需5天的时间。因此，如果星期一订货，星期五就会交货，最迟也不会超过下一个星期一。在根据订单加工的情况下，快速货运之所以成为可能，原因之一就是每天都有很多航班来往于日美之间。但富士通公司也利用了时差的优势，由于跨太平洋的航班穿越了国际日期变更线，因此从日本起飞的货物在同一天即可到达美国。

问题：

1．富士通个人计算机从日本加工到美国客户手中通常要使用几种运输方式？

2. 计算机运到大阪国际机场后，再由UPS完成后续配运有何优势？

3. 快速货运为何能使个人计算机成为富士通公司最为赢利的领域之一？

任务评价

任务评价表

评价项目	评价要求	配分/分	评分标准	得分/分			备注
				自评	他评	师评	
学习态度	1. 在本任务实施过程中全勤，没有迟到、早退现象 2. 认真完成各项任务，学习态度积极 3. 尊重教师和其他组员	10	违反一项扣3分				
团队角色	1. 具有较强的团队精神与合作意识，积极参与各项活动、小组讨论 2. 组织、协调能力强，主动性强，表现突出	10	不能达到一项要求扣5分				
知识技能	1. 准确说出案例中使用的运输方式 2. 正确分析选用运输方式的优势 3. 正确分析富士通公司成功之处	80	少说出一种方式扣10分；少分析或错误分析一个优势扣5分				

拓展提升

航空运输的特殊规定如下：

（1）凡对人体、动植物有害的菌种、带菌培养基等微生物制品，非经民航总局特殊批准不得承运。

（2）凡经人工制造、提炼，进行无菌处理的疫苗、菌苗、抗生素、血清等生物制品，如托运人提供无菌、无毒证明可按普货承运。

（3）微生物及有害生物制品的仓储、运输应当远离食品。

（4）植物和植物产品运输需凭托运人所在地县级（含）以上的植物检疫部门出具的有效“植物检疫证书”。

（5）托运人要求急运的货物，经承运人同意，可以办理急件运输，并按规定收取急件运费。

（6）骨灰应当装在封闭的塑料袋或其他密封容器内，外加木盒，最外层用布包装。

任务五　操作与管理管道运输设备

任务目标

知识目标

认识管道运输的经济技术特点。

项目十三　操作与管理运输设备

能力目标

认识管道运输装备。

任务描述

小刘在学习运输方式前，并不了解管道运输，对管道运输的设备更不清楚，你能为他详细地介绍管道运输设备吗？

任务准备

管道运输是利用管道输送气体、液体和粉状固体的一种运输方式。其运输形式是靠埋藏在地下的管道内的压力差完成移动的，和其他运输方式的重要区别在于管道设备是静止不动的。为了帮助学生更好地了解管道运输，需要认识管道运输的技术经济特点，然后再详细介绍其设备。

任务实施

步骤一：认识管道运输的经济技术特点

管道运输的经济技术特点，见表13-11。

表13-11　管道运输的经济技术特点

序　号	特　点
1	运量大
2	占地少
3	管道运输建设周期短、费用低
4	管道运输安全可靠、连续性强
5	管道运输耗能少、成本低、效益好
6	灵活性差

步骤二：掌握管道运输装备

1. 油品管道运输装备（见图13-44）

油品管道运输装备的种类，见表13-12。

图13-44　油品管道运输

表13-12 油品管道运输装备的种类

主要装备	描述
输油管	输油管分原油管和成品油管两种，它们同时承担着油料输送介质的功能
油罐	它设置在首站输油站、末站输油站中，用于对发、收的油品进行存储
泵机组	输油泵和带动它的原动机以及相应的连接装置或变速装置组成泵机组，供给输油所需的压力能，这是泵站的核心装备
阀门组	各种阀门的主要功能是对输送路径、压力、流量、平稳性等进行调节和控制
清管器收发装置	清管是指在输油前清除遗留在管内的机械杂质等堆积物，管内壁上的石蜡、油脂等凝聚物以及盐类的沉积物等的工作步骤，目的是保证输油管能长期在高输量下安全运转
计量装备	计量装备主要由流量计、过滤器、温度及压力测量仪表、标定装置、通向污油系统的排污管等五部分组成。其中，以流量计和标定装置最为关键
加热装置	在输送含蜡多、黏度大、凝固点高的原油时需要通过加热装置进行加热输送

2. 天然气管道运输装备（见图13-45）

天然气管道运输装备的种类，见表13-13。

图13-45 天然气管道运输

表13-13 天然气管道运输装备的种类

主要装备	描述
输气管	输气管分为矿场输气管、干线输气管和城市输气管三类
压缩机组	压缩机及与之配套的原动机统称为压缩机组。压缩机组是干线输气管道的主要工艺设备，同时也是压气站的核心部分
燃气计量仪表	燃气的数量可以用它的标准体积、质量或能量值（热值）来度量，据此可将燃气计量方法分为体积流量计量、质量流量计量和能量流量计量三种
储气装备	储气装备包括储气罐和地下储气管束

3. 固体物料的浆液管道运输

用管道输送各种固体物质的浆液，目前在世界各国已被公认为经济、可靠的输送方式之一。其基本措施是将待输送的固体物料破碎成粉粒状，与适量的液体配置成可泵送的浆液，在长输送管道中以固液相混合的状态输送到目的地，然后再将固体与液体分离后送给用户，包括浆液制备厂、输送管道和浆液的后处理系统（包括颗粒的脱水、干燥和水处理等）三个部分。

应用训练

结合所学内容，回答下列问题。

1. 谈谈管道运输的优缺点。
2. 举例说出选用管道运输的情况。

任务评价

任务评价表

评价项目	评价要求	配分/分	评分标准	得分/分			备注
				自评	他评	师评	
学习态度	1．在本任务实施过程中全勤，没有迟到、早退现象 2．认真完成各项任务，学习态度积极 3．尊重教师和其他组员	10	违反一项扣3分				
团队角色	1．具有较强的团队精神与合作意识，积极参与各项活动、小组讨论 2．组织、协调能力强，主动性强，表现突出	10	不能达到一项要求扣5分				
知识技能	1．正确说出管道运输的优缺点 2．正确说出采用管道运输的情况	80	不能正确说出优缺点扣20分；举例不合理扣10分				

拓展提升

现代管道运输始于19世纪中叶，1865年美国宾夕法尼亚州建成第一条原油输送管道。然而它的进一步发展是从20世纪开始的。随着二次大战后石油工业的发展，管道的建设进入了一个新的阶段，各产油国竞相开始兴建大量石油及油气管道。

20世纪60年代开始，输油管道开始趋于采用大管径、长距离，并逐渐建成成品油输送的管网系统。同时，开始了用管道输送煤浆的尝试。全球的管道运输承担着很大比例的能源物资运输，包括原油、成品油、天然气、油田伴生气、煤浆等。其完成的运量远远超出人们的想象。

近年来，管道运输也被进一步研究用于解决散状物料、成件货物、集装物料的运输，以及发展容器式管道输送系统。

项目内容

项目十四
操作与维护常用包装设备

包装是指为在流通过程中保护产品、方便储运、促进销售，按一定技术方法而采用的容器、材料及辅助材料的总体名称。包装也包括为了达到上述目的而进行的操作活动。从有产品的那一天起，就有了包装，包装已成为现代商品生产不可分割的一部分。随着科学技术的飞速发展，包装已成为促进销售、增强竞争力的重要手段。

任务一　操作包装设备

任务目标

知识目标

1. 掌握常见的包装设备。
2. 熟悉常用的包装技术。

能力目标

1. 说出常见的包装设备。
2. 熟练包装操作。

任务描述

小刘到快递公司参观了不同标准尺寸的包装箱和包装袋，同时也看到了工作人员操作包装设备进行包装工作，可他不知道这些包装设备的名称、功能、使用，也不会操作，你能详细地为他介绍一下吗?

任务准备

我们常见的包装包括手动打包包装和半自动打包机包装，为了帮助学生更好地学习包装技术，需要首先介绍包装设备的名称、功能、结构等，然后再详细介绍其操作方法。

任务实施

步骤一：认识手动打包的包装设备

手动打包包装设备，如图14-1～图14-6所示。

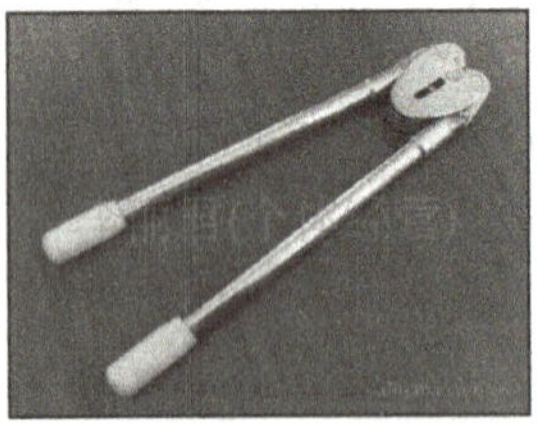

图14-1　钳

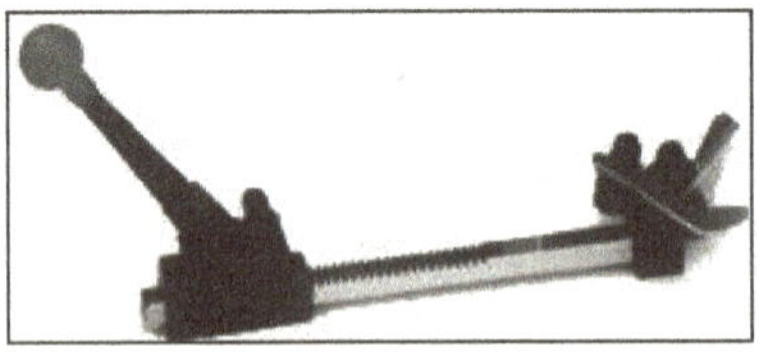

图14-2　打包机

图14-3　钢扣

图14-4　打包带

图14-5　封箱器

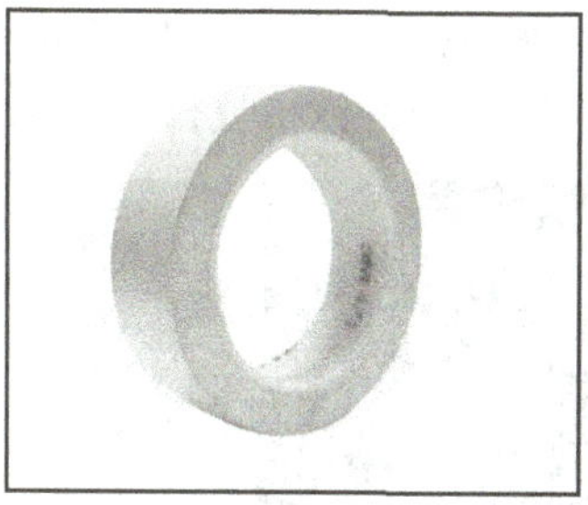

图14-6　胶带

步骤二：掌握手动打包的打包技术

手动打包机的打包步骤如下：

（1）装箱。选择物品装入纸箱，如图14-7所示。

（2）封箱。用胶带将纸箱封闭，如图14-8所示。

图14-7　装箱

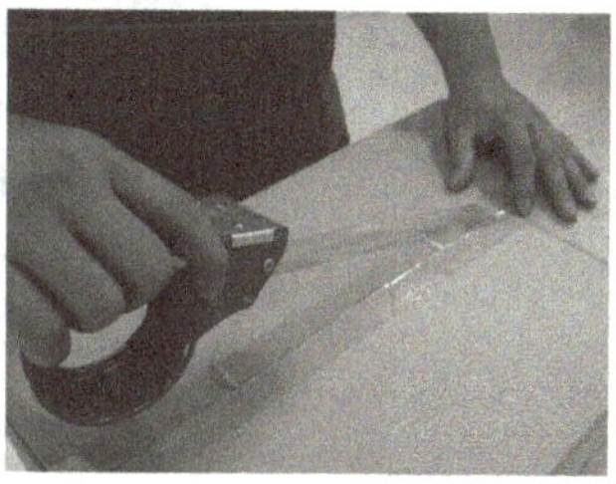

图14-8　封箱

（3）绕箱。将包装带环绕纸箱，如图14-9所示。

（4）裁断。用打包机将包装带裁断，如图14-10所示。

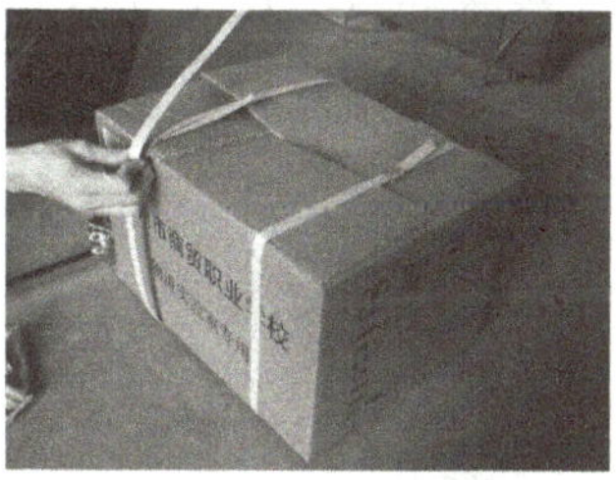

图14-9　绕箱

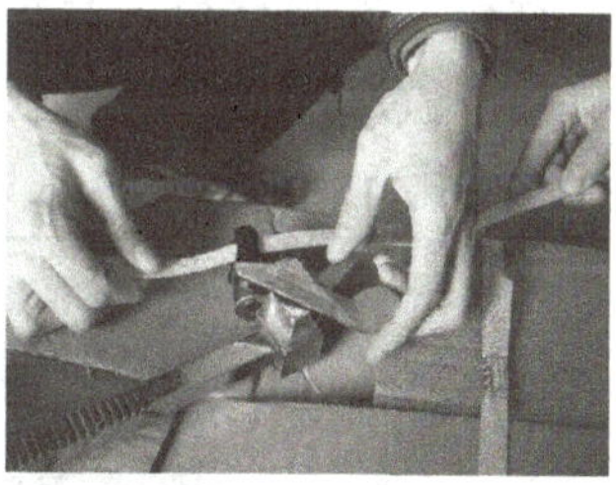

图14-10　裁断

（5）夹紧。用打包机夹紧包装带两端，如图14-11所示。

（6）套扣。套上钢扣，如图14-12所示。

图14-11　夹紧

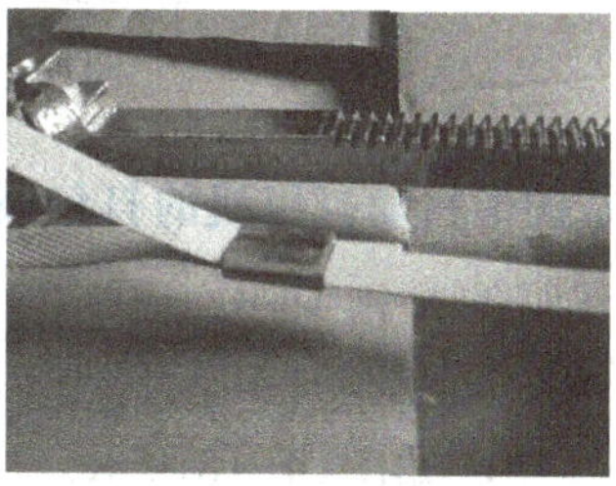

图14-12　套扣

（7）拉紧。两端拉紧，如图14-13所示。

（8）咬合。用钳子将钢扣咬合，如图14-14所示。

图14-13　拉紧

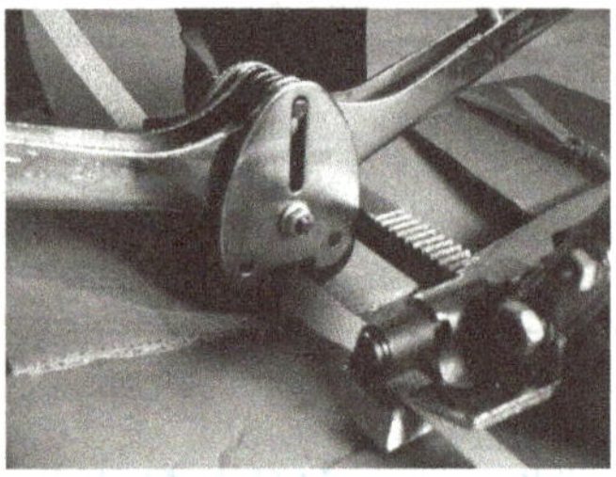

图14-14　咬合

（9）检查。松开钳子，检查咬合情况，如图14-15所示。

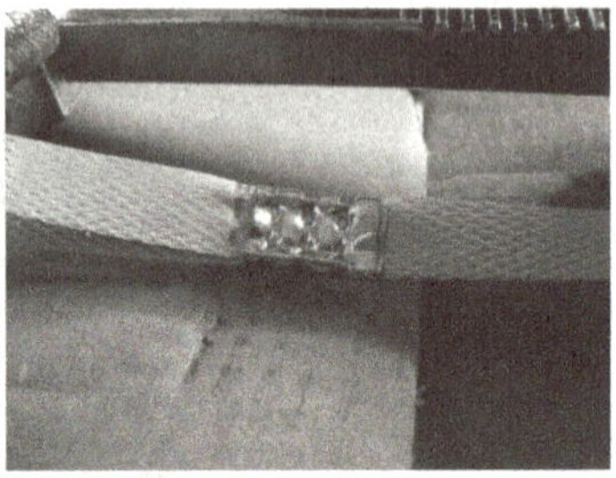

图14-15　检查

步骤三：认识半自动打包机

半自动打包机（见图14-16）广泛用于食品、医药、五金、化工、服装、邮政等行业，适用于纸箱打包、纸张打包、包裹信函打包、药箱打包、轻工业打包、五金工具打包、陶瓷制品打包、汽车配件打包、日化用品打包、文体用品打包、器材打包等各种大小货物的自动打包捆扎。

图14-16　半自动打包机

步骤四：掌握半自动打包机的打包技术

半自动打包机的打包步骤如下：

（1）接通电源如图14-17所示。

（2）机器预热，如图14-18所示。

（3）设定自动出带长度，如图14-19所示。

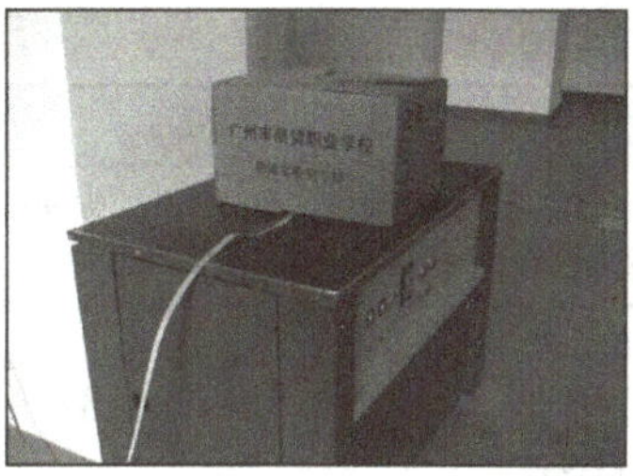

图14-17　接通电源

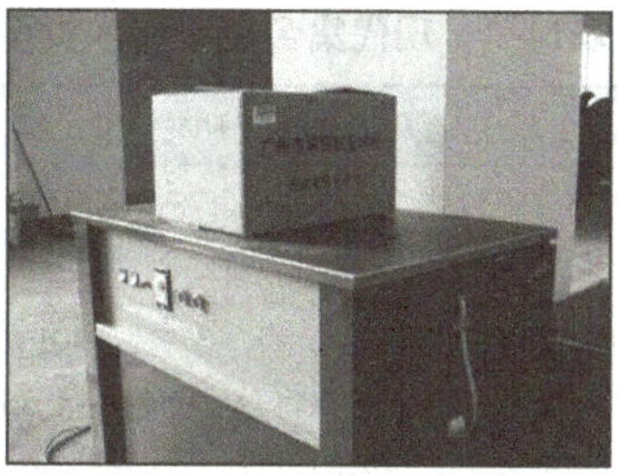

图14-18　机器预热

图14-19　设定自动出带长度

（4）捆扎，如图14-20所示。

（5）手动退带与切带，如图14-21所示。

图14-20　捆扎

图14-21　手动退带与切带

应用训练

在实训室组织手动打包机包装练习和半自动打包机包装练习，然后予以考核。

任务评价

任务评价表

评价项目	评价要求	配分/分	评分标准	得分/分			备注
				自评	他评	师评	
学习态度	1. 在本任务实施过程中全勤，没有迟到、早退现象 2. 认真完成任务，学习态度积极 3. 尊重教师和其他组员	10	违反一项扣3分				
团队角色	1. 具有较强的团队精神与合作意识，积极参与各项活动、小组讨论 2. 组织、协调能力强，主动性强，表现突出	10	不能达到一项要求扣5分				
知识技能	严格按照实施步骤进行操作	80	不能正确操作任一步骤扣5分				

拓展提升

1. 现代集合包装技术

现代集合包装技术类型及其介绍，见表14-1。

表14-1　现代集合包装技术类型及其介绍

现代集合包装技术类型	描　述
集合包装	它是指将若干包装件或商品组合在一起形成一个适合运输的单元。能促使装卸合理化，促使包装合理化；方便运输及保管作业，便于管理，有效利用运输工具和保管场地的空间，大大改善环境
托盘包装	它是为了有效地装卸、运输、保管，将其按一定的数量组合放置于一定形状的台面上，这种台面有供叉车从下部插入并将台板托起的插入口。以这种结构为基本结构的平扳台板和各种在这种基本结构基础上所形成的各种形式的集装器具都称托盘包装
集装箱包装	它是一种用于货物运输、便于用机械装卸的一种集合包装容器。集装箱是一个大型包装箱，适合多种运输工具使用，具有安全、迅速、简便、节省等优点，是一种较好的运输方式

2. 危险品包装技术及其他

（1）危险品包装技术。危险品包装技术（见表14-2）就是按照危险品的性质、特点，按照有关法令、标准和规定专门设计的包装技术与方法。危险品的运输包装上必须标明不同性质、类别的危险货物标志以及装卸、搬运的要求标志。

表14-2　危险品包装技术

危险品类型	包 装 技 术
易燃易爆物品	防爆包装方法是采用塑料桶包装，然后将塑料桶装入铁桶或木箱中。每件净重不超过50kg，并有自动放气的安全阀，当桶内的压力达到一定气体压力时能自动放气
腐蚀性物品	注意避免物品与包装容器的材料发生化学作用。如金属类的包装容器，要在容器内壁涂上涂料，防止腐蚀
有毒物品	严密包装，不透气。包装上要有明显的有毒标志，并标明装卸、搬运要求

（2）防虫、鼠害等包装技术。防虫、鼠害等包装方法是在包装主物品时，放入一定量的驱虫剂以达到防虫害的目的。包装物品的容器也应当做防虫处理。例如，竹片或条筐必须经过消毒或熬煮，所用糨糊应加放防腐剂，防止害虫滋生，注意不要把处理包装材料的药剂与所包装的物品直接接触。

任务二　维护与保养常用包装设备

任务目标

知识目标

1. 了解常用的包装设备。
2. 清楚包装设备的常见故障及解决办法。

能力目标

1. 能够进行包装设备的日常维护。
2. 会排除包装设备的常见故障。

项目十四　操作与维护常用包装设备

14

任务描述

如何规范包装设备的维护内容和周期，保证设备的正常运行是日常使用中非常重要的事情。接下来就介绍包装设备的维护内容和保养方法。

任务准备

包装工艺复杂，其过程包括充填、裹包、封口等主要工序以及与其相关的前后工序，如清洗、堆码和拆卸等。此外，包装还包括计量或在包装件上盖印等工序。这就要求其使用包装设备来提高生产率，减少劳动强度，适应大规模生产的需要，并满足卫生要求。所以学生要了解在日常生活中还有哪些包装设备，并了解如何对它们进行保养和维护。

任务实施

步骤一：了解常见包装设备

1．充填机械

充填机械，即将产品按预订量充填到包装容器中的机器。它应适用于包装粉末、颗粒状的固态物品。

实际生产中，由于产品的状态、性质及所要求的计量精确度等因素各不相同，因此对于不同的物料，所用的充填方法也各有不同，这样就形成了各种各样的充填机械，如容积式充填机（见图14-22）、称重式充填机（见图14-23）、计数式充填机等。

图14-22　容积式充填机

图14-23　称重式充填机

2．灌装机械

灌装机械（见图14-24）是将液体产品按预定的量充填到包装容器内的机器，它不仅可以依靠自重以一定速度流动而灌装黏度较低的物料，如酒类、油类、饮料、药水等，也可以依靠压力以一定速度流动而灌装某些黏稠物料或半流体物，如酱类、牙膏、洗发膏、药膏等。在生产中，灌装机械多用于食品工业，尤其是饮料制造业。

现代包装业中，液体的灌装设备多为“灌装—封口”、“清洗—灌装—封口”等多功能设备。同时，灌装机的光、机、电一体化和可编程控制器已普遍应用到灌装机的控制系统中，从而实现了灌装机运行的智能化。

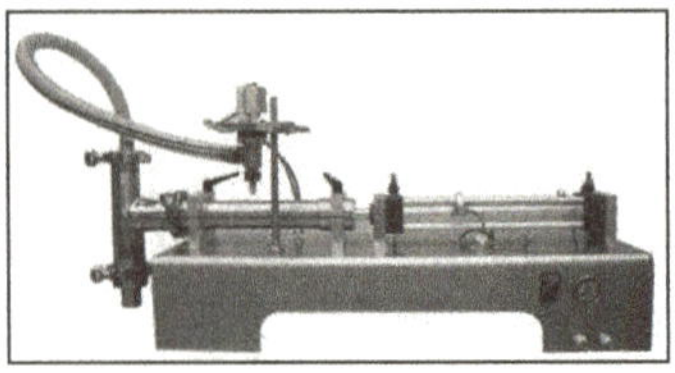

图14-24　液体灌装机

3. 裹包机械

裹包机械是用挠性材料全部或局部裹包产品的机器，它适合于块状或具有一定刚度的物品的包装。同时，该设备对于某些粉状和散粒状物品经过浅盘、盒等预包装后，也可进行包装。按包装成品的形态，裹包机械可分为全裹包机和半裹包机；按裹包方式，裹包机械可分为折叠式裹包机、接缝式裹包机、覆盖式裹包机、缠绕式裹包机（见图14-25）、拉伸式裹包机、贴体式裹包机、收缩式裹包机（见图14-26）等，具体内容见表14-3。

表14-3　裹包机械分类

裹包机械按裹包方式分类	描　述
折叠式裹包机	它是用挠性包装材料裹包产品，将末端伸出的包装材料按一定的工艺方式进行折叠封闭。折叠式裹包机常用于长方体物品的裹包，包装后外观规则整齐，视觉效果好
接缝式裹包机	它是用挠性包装材料裹包产品，将末端伸出的包装材料按同面衔接的方式进行加热加压封闭、分切。接缝式裹包机通常是不间断地连续动作，工作效率较高
覆盖式裹包机	它是用两张挠性包装材料覆盖在产品的两个相对面，采用热封或黏合的方法进行封口
缠绕式裹包机	它是用成卷的挠性包装材料对产品进行多圈缠绕裹包
拉伸式裹包机	它是使用拉伸薄膜，在一定张力下对产品进行裹包，常用于把集积在托盘上的产品连同托盘一起裹包
贴体式裹包机	它是将产品置于底板上，用覆盖产品的塑料薄片在加热和抽真空作用下紧贴产品，并与底板封合，使包装物品有较强的立体感
收缩式裹包机	它是用热收缩薄膜对产品进行裹包封闭，然后再进行加热，使薄膜收缩后裹包产品，收缩包装机可再分为隧道式、烘箱式、框式和枪式等多种，适用于矿泉水、啤酒、饮料、易拉罐、玻璃瓶等瓶装罐装物的有底托（半盒）或者是其他盒装物品的包装
缠绕式裹包机	它是利用拉伸膜的回缩性将货物和托盘束缚成整体，起到固定的作用，便于装卸与运输。同时，全封闭的塑料薄膜外包装能起到防尘、防潮、防水的作用，缠绕式裹包机可以应用到各行各业，在化工、造纸、食品、玻璃制瓶、电子、医药等领域缠绕式裹包机发挥了巨大的作用

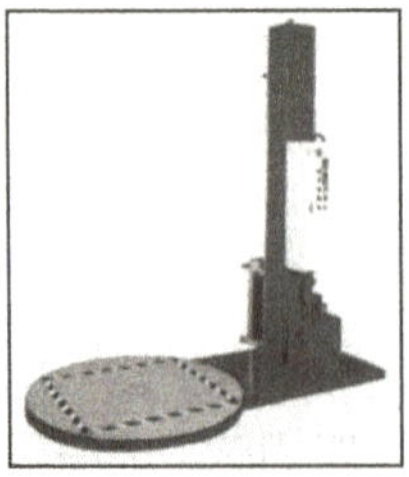

图14-25　缠绕式裹包机

图14-26　收缩式裹包机

4. 封口机械

封口机械（见图14-27）是在包装容器内盛装产品后，将容器的开口部分封闭起来的机器。封口是包装工艺中不可缺少的工序，封口的好坏直接影响到被包装产品的保质期和美观性。封口设备主要由机身、封口装置等构成。

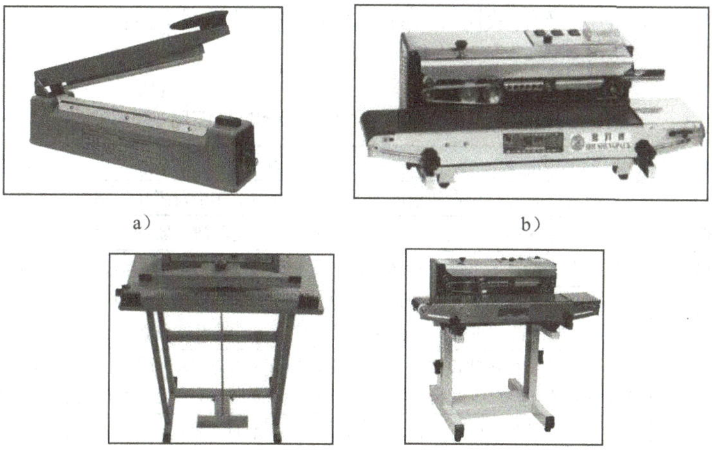

a）　b）　c）　d）

图14-27　封口机械

a）手动式封口机　b）卧式封口机　c）脚踏式封口机　d）落地式封口

5. 捆扎机械

捆扎机械（见图14-28）是采用柔软的线材对包装件进行自动捆结的机器，属于外包装设备，广泛应用于食品、医药、五金、化工、服装、邮政等行业，适用于纸箱打包、纸张打包、包裹信函打包、药箱打包、轻工业打包、五金工具打包、陶瓷制品打包、汽车配件打包、日化用品打包、文体用品打包、器材打包等各种大小货物的自动打包捆扎。

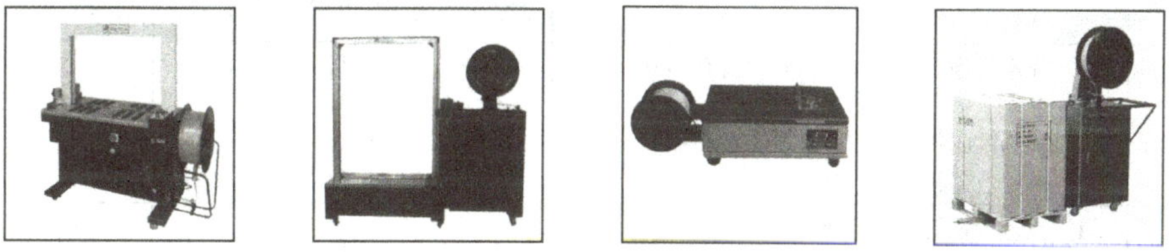

a）　b）　c）　d）

图14-28　捆扎机械

a）自动捆扎机　b）低台式捆扎机　c）台式捆扎机　d）侧面捆扎机

6. 贴标机械

贴标机械（见图14-29）是将事先印制好的标签粘贴到包装容器特定部位的机器，其工艺过程包括取标签、送标签、涂胶、贴标签、整平等。

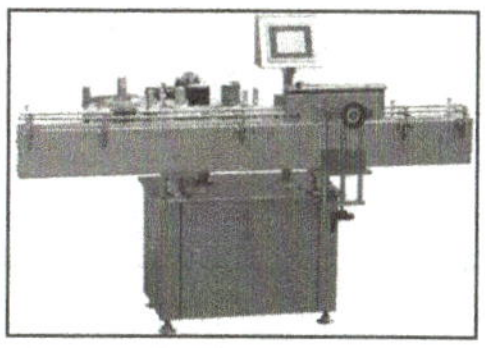

图14-29　不干胶自动贴标机

贴标机械主要用于两面贴标机，适用于对医药、食品、润滑油、化妆品等行业的产品两个对应表面进行贴标签。目前市面上提供了多种贴标机械，主要有扁瓶贴标机、单面贴标机、侧面贴标机、洗发水瓶贴标机、不干胶贴标机、自动贴标机、全自动贴标机、两面贴标机等。

步骤二：学会维护和保养常用包装设备

包装机械维护保养应注意：清洁、紧固、调整、润滑、防腐。在日常维护中保养员应做到：根据机器包装设备的保养手册及保养规程，在规定周期内严格执行各项保养工作，降低零件的磨损速度，消除产生故障的隐患，延长机器的使用寿命。其维护和保养的具体内容见表14-4。

表14-4 维护和保养包装设备的具体内容

保养项目		具体内容
例行保养		以清洁、润滑、检查和紧固为重心，在机器工作中及工作后都要按要求进行例行保养
定期保养	一级保养	在例行保养的基础上进行的，重点工作内容是润滑、紧固并检查各有关部位及其清洁工作
	二级保养	以检查、调整为重点。具体要检查发动机、离合器、变速器、传动构件、转向和制动构件
	三级保养	重点是检测、调整、排除故障隐患及平衡各部件的磨损程度。要对影响设备使用性能的部位及有故障征兆的部位进行诊断检测和状态性检查，进而完成必要的更换、调整及故障排除等工作
特殊保养	换季保养	换季保养是指包装设备每年入夏和入冬前应重点对动力系统（发动机）、输送系统（螺旋转轴及皮带输送）、空压系统（检查空气压缩机的润滑及密封）和控制系统等构件的检测和修复
	停用保养	停用保养是指包装设备因季节因素（如冬休期）等需要停用一段时间时，应做好清洁、整容、配套、防潮、防腐等工作

应用训练

学生选择包装设备后进行设备维护和保养，并予以考核。

任务评价

任务评价表

评价项目	评价要求	配分/分	评分标准	得分/分			备注
				自评	他评	师评	
学习态度	1. 在本任务实施过程中全勤，没有迟到、早退现象 2. 认真完成各项任务，学习态度积极 3. 尊重教师和其他组员	10	违反一项扣3分				
团队角色	1. 具有较强的团队精神与合作意识，积极参与各项活动、小组讨论 2. 组织、协调能力强，主动性强，表现突出	10	不能达到一项要求扣5分				
知识技能	1. 准确进行故障诊断 2. 正确分析故障原因 3. 正确实施故障解决方法	80	少诊断一个故障扣5分；少分析或错误分析一个故障原因扣5分；不能正确排除一个故障扣5分				

拓展提升

1. 设备故障的原因

设备故障是指设备在投入生产使用和运行过程中，由于某种原因使系统、机器或构成系统、机器的零部件丧失了其规定机能的事件。造成设备故障的主要原因如下：

（1）周围环境的影响。

（2）机器运转时各机构的相互作用。

（3）制造装配过程中隐藏的缺陷。

2．设备故障的发生规律

与设备磨损规律的三个阶段相对应形成发展的三个阶段，按其规律得出的曲线图形似“澡盆”。因此，我们常把这一曲线称为“澡盆曲线”。设备故障发生规律表，见表14-5。

表14-5　设备故障发生规律表

设备故障的三个阶段	定　义	特　点
初期故障阶段（初发故障期）	初期故障阶段是指新设备安装调试过程至移交生产试用阶段，由于设计、制造中的缺陷，以及零部件加工质量、操作工操作不习惯或尚未全部熟练掌握其性能等原因所产生的故障	这一阶段故障较多，是充分暴露问题的时候。随着调试、运转逐渐正常，故障发生率逐步下降
偶发故障期	经过第一阶段的调试、试用后，设备的各部分机件已进入磨损阶段，操作工也已逐步掌握了设备的性能、原理和机构调整的特点。此时，设备进入正常运行阶段，故障明显减少	此阶段所发生的故障一般是由于设备维护、使用不当、工作条件（负荷、环境等）变化等原因，或者由于材料缺陷、控制失灵、结构不合理等到设计、制造上存在的问题所致
磨损劣化故障期（故障多发期）	由于设备随着使用时间的延长，各部分机件因磨损、老化、腐蚀逐步加剧而丧失机能，使设备故障增多，生产效能下降，为排除故障所需时间也不断增长，维修费用上升	该阶段设备的一些零部件已到了使用寿命期，应该采取不同形式的检修，更换已磨损件，才能恢复生产效能。如果继续使用，就可能造成事故

3．设备故障的管理

要减少故障和消灭故障，就必须重视故障的研究和管理，重点在记录故障、分析故障，并将所获得的各种数据进行整理、储存，为改进设计，加强修理、制造质量管理，改善管理工作，提供大量的、可靠的信息，预防同类故障发生。

设备的故障管理包括设备检查、故障记录、故障统计分析、减少故障和消灭故障的措施研究和管理等四个方面的工作，具体内容见表14-6。

表14-6　设备的故障管理内容

设备的故障管理项目		具 体 内 容
设备的检查	设备使用的日常检查	通常指操作工在操作设备前、使用过程中和设备有异常现象时，以及在交接班过程中的检查
	设备日常维护修理巡回检查	维修工经常巡回于所负责部门，对每一台设备使用、操作、维护保养和设备的技术状况做到勤看、勤听、勤问、勤检查
	设备的使用管理检查	设备的使用管理检查是设备检查员在巡回检查、督促设备的使用和维护保养过程中，对设备的使用管理和技术状况的检查
	定期检查	定期检查指设备检查员和维修工，在操作工的参与和配合下，根据设备在日常观察中所反映的功能状况和按各类设备的特性、工艺技术要求等，定期进行检查
设备故障维修记录		故障维修记录是设备发生故障时，经检查、诊断、采取相应措施予以排除后，把故障发生发展直至排除的全过程简要记录下来。故障记录的内容包括：故障发生前的迹象、原因，发生故障的部位、诊断结果和排除措施，更换和修复磨损件的名称、数量和磨损特点，排除故障所需的时间
设备故障的统计与分析		设备故障统计是在故障记录的基础上，对设备发生的原因、性质和有关数据的统计，是故障分析的基础资料。故障分析可分为单台设备在统计期内发生故障的具体分析和同类型设备（或同型号设备）在统计期内所发生故障的综合分析
减少故障和消灭故障的措施		应根据故障分析，针对设备在不同时期出现的故障，采取一系列技术、组织和管理措施

参 考 文 献

[1] 张翠花．物流设备使用与维护[M]．北京：北京理工大学出版社，2010．

[2] 赵智锋．物流设备使用与管理[M]．北京：人民邮电出版社，2010．

[3] 孙红．物流设备与技术[M]．南京：东南大学出版社，2006．